윤종걸 지음

과학의 창으로 본

생각과 논리의 역사

한울
아카데미

차 례

들어가면서

오늘날 과학기술의 발전은 과학과 공학을 전공하는 전문인에게도 놀랍게 비춰질 정도로 비약적일 뿐만 아니라, 전공 분야가 아니면 최근 과학 지식을 따라잡기조차도 힘들거나 불가능하게 느껴진다. 국제화된 환경에 놓여 있는 지구촌 국가들의 국제 경쟁력도 과학기술의 발전에 크게 의존할 수밖에 없어서 최근에는 기술 패권을 둘러싼 국가 간 견제와 갈등도 점점 심해지고 있다. 이러한 현상은 과학기술의 발전이 사회, 경제, 문화, 정치 등 인간의 삶 전반에 걸쳐 그 어느 때보다도 지대한 영향을 주고 있음을 대변해 주고 있다.

그럼에도 불구하고 이러한 과학기술의 발전은 오히려 일반인이 과학기술로부터 소외감을 느끼게 하여, 과학 지식에 대한 무조건적 수용 내지 무관심, 또는 과학에 대한 맹신적 태도를 갖게 하는 부작용도 커지고 있는 듯하다. 사실 과학기술의 발전은 인간의 삶을 윤택하게 하는 긍정적 측면이 분명히 크다. 그러나 밝은 만큼 그림자가 짙은 것처럼 다른 측면에 대한 성찰도 확실히 필요한 시점이다. 과학기술의 긍정적 측면에 반하여 다른 면에서는 인류를 위협하는 도구가 될 수도 있음을 일본에 투하된 원자폭탄을 통해 이미 경험했다. 과학기술이 보여주는 이러한 양면성은 과학기술에 대한 무비판적 수용과 맹목적 믿음이 얼마나 위험할 수 있는지를 보여주며,

자기 성찰이 없는 과학기술은 오히려 과학기술 자체를 황폐하게 하는 독이 될 수도 있다.

과학기술의 문제에 대해 생각할수록 어려운 점은 여러 가지다. 기업 활동에 있어서도 과학기술의 발전에서 동기를 얻지 않으면 지속성을 보장받기가 힘들다. 그리고 자유 시장경제 체제에서의 첨단과학에 기초한 자본과 기술의 독점, 상업화가 초래하는 부의 양극화 현상과 이로 인한 불평등 문제, 자연환경 파괴와 기후변화 등은 끊임없이 제기되는 문제다. 또한 과학기술 발전의 열매가 사회적으로 분배되는 과정이나 활용의 윤리적 정당성에 대한 논의도 심화되고 있다. 이러한 측면에서 과학기술 지식에 대한 올바른 이해와 그 의미를 살펴보는 작업은 학문적 영역은 물론, 평범한 지식인 내지 일반인의 관점 모두에서 중요하다. 즉, 오늘날의 과학기술의 발전을 어떻게 바라보고, 해석하고, 수용하는 것이 바람직한지를 비판적 시각에서 살펴볼 필요가 있다.

사실상 20세기에 들어오면서 과학의 발전 과정을 이해하려는 시도가 이루어지기 시작했고, 이 과정에서 과학사학자들의 활동에 철학사학자들이 영향을 주면서 과학철학의 학문 분야가 새로 탄생했다. 과학철학은 과학에 대한 철학적 성찰을 다룬 학문으로서 과학의 보편법칙 등을 추론하는 논리적 방법과 사유 과정에 대한 타당성을 논의한다. 즉, 여러 철학 이론을 바탕으로 과학을 재조명하는 학문으로 출발했다. 그러나 오늘날 과학기술이 사회에 미치는 영향이 훨씬 더 커지고, 과학기술의 사회·윤리적 측면 또한 중요하게 제기되면서 이러한 문제들도 학문적으로 다룰 필요성이 증대되고 있다. 과학기술 발전의 불확실성과 예측 불가능성이 점차로 확대되고 있으며, 인간적 측면에서 어떤 과학기술의 발전을 취사선택할지 등은 과학철학에서 점점 중요한 문제로 등장하고 있다. 이러한 문제들까지도 통찰하는 것이 현대의 과학철학이라고 할 때, 문제의 복잡성이나 중요성만큼 접근 방법도 쉽지 않고 또 중요하다. 이럴 때일수록 인간 사유의 처음으로 돌아가서 생각하는 것도 필요한 방법 중 하나가 될 것이다.

과학과 철학은 그 태생이 같다는 점에서 학문적 쌍둥이라고 할 수 있기에, 과학의 철학적 사유가 어떻게 보면 전혀 낯선 것은 아니다. 그 기원을 따져보면, 고대 그리스의 탈레스를 시작으로 플라톤, 아리스토텔레스, 코페르니쿠스, 갈릴레이, 뉴턴, 베이컨 등 과학혁명에 이르기까지 철학 및 과학의 대가들은 과학과 철학을 구분하지 않고 동시에 탐구했기 때문에 이들의 활동이 과학철학의 기반이 된다고 볼 수 있다. 다만, 근대 이후 그동안 두 분야가 걸어왔던 여정이 무척이나 달랐던 점에서 두 분야의 융합이 쉽지 않은 것도 사실이고, 현대사회가 제기하는 문제의 다양성과 이의 해결을 위한 시대적인 요구가 커지는 만큼 다양한 접근 방법과 신중함이 필요할 것이다.

이 책은 인간 사유의 열매로서의 과학을 생각하면서 과학적 사고의 발전 및 과학 지식의 이해, 가치와 의미를 과학사를 통해 되새겨 보려는 뜻으로 쓴 것이다. 특히 과학의 발전 측면에서는 '공유와 확산', 내용 측면에서는 '본질과 현상'이라는 핵심어를 중심으로 인간의 논리적 사유의 전체적인 흐름과 발전 과정을 정리하려고 노력했다. 직접적으로는 대학 교양 내지 일반 지식인의 관점에서 과학 발전의 전반적인 흐름과 과학철학의 문제를 생각해 볼 수 있도록 안내하려고 했고, 다른 한편으로는 과학과 관련한 여러 가지 내용을 평범하지만 좀 색다른 시각에서 접근하여 설명하려고 했다. 욕심을 낸다면 독자들이 이 책을 통해 과학적 사고와 세계관의 지평을 넓힘과 동시에 과학 지식을 어떻게 이해하고 받아들일지를 다시 생각해 볼 수 있는 기회를 가졌으면 한다.

과학적 논리의 발전과 방법론에서 물리학이 이바지한 부분이 크다 보니 과학적인 내용 대부분이 물리학 분야의 내용으로 채워진 것은 아쉬운 부분이다. 화학과 생물학 분야의 발전 과정에서 과학적 사유 및 논리와 관련된 중요한 내용을 빠짐없이 챙기려고 했지만, 미흡한 부분이 많은 것은 저자의 능력 부족 때문이다. 이 부분은 독자들이 따로 관심을 두고 해당 전공 분야의 깊이 있는 책들을 참고할 필요가 있다. 그리고 현대사회에서 사회, 문화, 경제 및 정치적 변화의 동인으로 작용하는 과학기술의 인간적·윤리적 측면을 살펴보고 사회적 관점에서 성찰하는 것도 필요한 까닭에 그러한 생각을 강조하여 담으려 했지만, 저자의 능력으로는 역부족이라는 느낌을 지울 수가 없다. 부족한 생각을 적어놓은 것에 대해서는 거친 비판도 감내할 것이다.

내용적인 부분에서는 '생각과 논리의 역사'라는 제목처럼 인간이 자연을 경험하면서 어떻게 생각을 펼쳐나가고 또 논리적인 사유를 통해 과학 법칙들을 발견해 나갔는지를 살펴보는 형태로 구성했다. 따라서 거의 시간 순으로 이야기가 전개되고 있다. I부는 인류가 처음 문명을 일으키는 순간부터 고대 그리스 자연철학 및 중세까지의 자연철학을 살펴보았고, II부는 과학혁명부터 근대과학까지의 내용 그리고 III부는 현대물리학과 분자생물학, 우주의 역사 및 인공지능을 다루었다.

거대 담론이 될지 모르겠지만, 책을 집필하면서 '우리 인류가 어디에서 시작하여 어디로 가고 있는가?'라는 질문이 머릿속을 떠나지 않았던 것을 기억하면서 독자들도 이 질문에 대해 함께 자유롭게 생각해 보는 기회를 가져보았으면 좋겠다.

2022년 8월

와우산 언덕 빈유실貧諭室에서

I부

문명의 새벽

도시의 형성 **BC 4000년**

이집트, 문명의 시작 **BC 3300년**

BC 3000년경 수메르인, 설형문자 발명

『함무라비법전』 편찬 **BC 1850년**

BC 600년경 탈레스, 그리스 자연철학의 시조

플라톤, 『국가』 **BC 429년**

BC 400년경 데모크리토스, 고대 원자론 제창

헬레니즘 시대 개막 **BC 384년**

BC 387년 플라톤, 아카데미아 개원

BC 335년 아리스토텔레스, 리케이온 설립

BC 300년 유클리드 기하학 집대성

BC 230년 에라토스테네스, 지구의 크기 측정

BC 200년 갈레노스, 고대 의학 집대성

105년 후한 채륜, 종이 발명

150년경 프톨레마이오스, 천동설 주장

기독교 공인 **325년**

게르만족의 이동 **375년**

로마제국 분열 **395년**

서로마제국 멸망 **476년**

751년 제지법 전래

신성로마제국 성립(~1806년) **962년**

1000년 송, 나침반과 화약 발명

제1차 십자군 원정 **1096년**

1150년 볼로냐대학교 설립

십자군의 콘스탄티노폴리스 약탈 **1204년**

1200년 파리대학교 설립

1220년 옥스퍼드대학교 설립

1265년 토마스 아퀴나스 『신학대전』

1266년 로저 베이컨 『대저작』

1372년 『직지심체요절』

동로마제국 멸망 **1453년**

1450년 구텐베르크, 인쇄술 발명

콜럼버스, 신대륙 발견 **1492년**

01

생각의 시작과 인간 공동체

인간의 사유는 언제 어떻게 시작되었을까?

'인간은 생각하는 동물'이라고 한다. 인류 문화에서 인간 사유思惟, thinking의 결과로서 얻은 가장 큰 지적 유산을 말한다면 아마 과학과 철학일 것이다. 과학과 철학은 인류를 지금의 모습으로 바꾸어놓았다. 이렇게 인류가 이루어놓은 문명은 긴 우주의 역사를 기준으로 보면 놀랍기만 하다. 현재 인류의 모습이 여러 가지 문제점을 안고 있기는 하지만, 이 놀라운 업적은 부정할 수 없다. 이제 인류를 이렇게 변모시킨 인간 사유의 역사, 그 '생각의 흐름'을 살펴보는 긴 이야기를 시작해 보자.

인간은 세상에 태어나면서부터 '생각'하기 시작했을 것이다. 아마도 인간의 생각은 자신을 둘러싼 환경과 사람, 자연현상에 관한 경험에서 시작되었을 것이고, 이렇게 시작된 생각은 환경과 자신의 존재의 관계를 이해하고 삶을 좀 더 안전하게 살아가는 방법과 가치에 관한 생각으로 이어졌을 것이다. 문명 발전의 관점에서 인간이 다른 동물과 구분되는 특징으로 도구 사용 능력을 이야기하기도 한다. 그러나 영장류 동물도 돌과 막대 같은 간단한 도구를 사용할 수 있다는 점에서 인류를 특별한 존재로 만드는 조건은 아니다. 불의 사용이 인류 문명의 발전에 있어서 전환의 계기가 되었다고 보는 견해도 있다. 고고 인류학이 지금까지 밝혀준 부분에서는 원인原人으로 분류되는 호모 에렉투스*Homo erectus*가 약 140만 년 전에 불을 사용한 흔적이 있다고 한다. 그러나 불의 사용이 빙하기를 거치면서도 인류가 생존할 수 있게는 했겠지만, 문명의 획기적 발전으로 곧바로 이어지지는 않았다. 불을 이용하여 토기를 만들어 사용한 증거는 불의 최초 사용 후 100만 년이나 지나서 발견될 만큼 기술의 진보는 상당히 늦게 진행된다. 그런데 신석기 말기부터 문명의 발전은 급격히 빨라지기 시작한다. 그전에는 그렇게 느렸던 발전이 왜 이렇게 빨라지게 되었을까?

인류 출현과 문명의 시작

인류가 지구상에서 문명을 일으키기 시작한 정확한 시기는 알기 어렵지만, 구석기 문명 이전부터 도구를 사용하여 자신의 생명을 보전하고 환경을 극복하려고 한 흔적을 여러 곳의 유적과 유물에서 찾아볼 수 있다. 고고 인류학에서 현생인류인 호모 사피엔스*Homo sapiens*는 고생인류로 분류되는 네안데르탈인*Homo neanderthalensis*과 비슷한 시기에 살았던 것으로 조사된다. 지금으로부터 대략 20만~50만 년 전에 나타난 이들은 모두 무리를 지어 사냥이나 채집 활동을 하면서 생활했을 것으로 생각된다. 그중에서 호모 사피엔스가 진화의 경쟁에서 살아남은 것으로 본다.

네안데르탈인보다 체격이 작아서 상대적으로 신체 조건이 좋지 않았던 호모 사피엔스가 생존경쟁에서 승자로 선택된 이유는 무엇일까? 이에 대해서는 아직 합의된 의견은 없다. 여러 가지 추측을 할 수 있지만, 그 이유 중 하나는 두 인류 중에서 호모 사피엔스가 의사소통과 공감 능력이 상대적으로 좋았기 때문이라고 보는 견해가 있고, 상당히 설득력이 있어 보인다. 하라리Yuval N. Harari는 저서 『사피엔스』에서 언어의 사용이 '인지 혁명'을 일으켰다고 역설했다. 즉, 의사소통 능력이 생각의 발전을 이루어내는 중요한 요인임을 말한 것이다.

≡ 의사소통과 문명 발전

인류 문명의 발전은 의사소통 및 공동체의 형성과 밀접한 관련이 있다고 생각한다. 이제 이 부분부터 살펴보도록 하자. 문명의 발전은 기본적으로 경험과 학습을 통해 터득한 기술이나 지식을 얼마나 효과적으로 동료들과 공유하여 집단 능력으로 발전시키느냐에 달려 있다. 개별적인 능력은 집단 내에서의 자리다툼에는 중요한 요소가 되지만, 종의 전체적인 발전에는 큰 영향을 미치기 어렵다. 물론 집단 내에서의 경쟁을 통해 개별적 성장을 함으로써 전체적인 종의 발전이 이루어질 수는 있다. 그러나 발전 속도는 느릴 수밖에 없고, 다른 종에서도 그런 종류의 발전은 가능하기 때문이다. 한편, 의사소통 능력은 이미 습득한 기술과 지식을 전달하고 확산할 수 있게 하므로 개별적인 경험을 통한 기술과 지식의 습득보다 훨씬 효과적으로 생존 경쟁력을 높이며 빠른 속도로 발전을 이루어낼 수 있다. 이러한 관점에서 호모 사피엔스의 의사소통 능력이 다른 고생인류보다 좋았을 것으로 추측하는 것이다.

원시 언어는 표정이나 몸짓, 분절음 형태의 감정 표현이 먼저 이루어졌을 것이므로, 의사소통의 출발점은 공감 능력이라고 볼 수 있다. 이렇게 감정적 공감을 통해 군집 내에서 필요한 간단한 의사소통을 시작하여 점차

그림 1-1 스페인 알타미라 동굴벽화. 기원전 1만 5000~1만 년에 그렸을 것으로 보이는 이 벽화는 공동체 소통과 종교 행위의 일부로 해석된다.

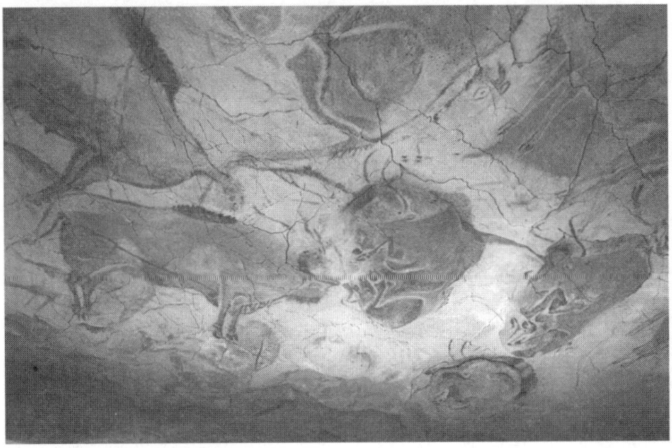

다수의 사람이 공유하는 개념적 형태의 언어로 발전했을 것이다. 그들이 남겨놓은 동굴벽화는 자기표현임과 동시에 당연히 동료들과의 의사소통을 위한 수단이었고, 집단이 공유한 정신세계나 종교 의식과도 관계가 있다고 볼 수 있다. 이러한 의사소통 능력은 효율성의 관점에서 언어와 문자의 발명과 깊은 관련이 있을 수밖에 없다. 따라서 문명의 발전을 논의할 때는 활동과 성과 중심의 평가만큼 중요하게 보아야 할 것이 공동체의 형성과 언어 및 문자의 사용을 통한 지식의 공유와 확산에 관한 부분이다.

시기적으로 호모 사피엔스는 빠르게는 지금으로부터 약 30만 년 이전에 출현(Galway-Witham and Stringer, 2018)했을 것으로 본다. 인도네시아와 프랑스, 스페인 등지에서 발견된 동굴벽화는 멀게는 지금으로부터 3만~5만여 년 전에 그린 것들인데, 이들을 보면 고대인들은 일찍부터 수렵 활동을 하면서 가족 단위의 공동체 2~4개가 모여 20명 안팎으로 집단생활을 한 것으로 보인다. 좀 더 가까이는 오할로 II라고 이름 붙은 이스라엘의 유적지(Blater, 2005)에서 덤불로 만든 오두막 세 곳이 불에 탄 유적과 함께, 인간 매장지 그리고 화로 몇 개가 발견되었다. 이 장소는 고대인들이 연중 내내 수렵과 채집 생활을 하면서 소규모로 모여 있던 곳으로, 약 2만 3000년 전의 것임이 드러났다. 이같이 공동체로서 생존 능력을 증대시킴은 물론, 공동 의식과 문화를 공유하는 시기부터 삶의 질에서 더 큰 변화와 발전이 일어나고, 그래서 공동체의 크기를 점점 키워나가면서 초보적인 형태의 종교의식도 생겨나기 시작했을 것이다.

≡ 생각의 공유와 지식의 확산

의사소통과 지식의 공유는 항상 '생각'이라는 사고 작용이 전제되어 있다. 지식의 공유와 확산에 필요한 언어의 발전은 기본적으로 감정과 생각을 공유할 때만 가능하고, 이는 결국 인간 공동체의 형성과 깊이 관련되어 있다. 언어의 사용은 또한 공동체의 형성을 촉진한다. 인간은 언어를 통해 만족감과 불안감을 서로 나누면서 공동체성을 형성함과 동시에 좀 더 효과적인 생존 방식을 찾을 수 있다. 집단 능력은 자연의 거친 위협으로부터도 효과적으로 자신들을 보호할 수 있었을 것이다.

공동체 활동으로 공유된 기술이 생겨나고, 이러한 경험적 지식을 언어를 통해 공동체의 구성원들과 공유함과 동시에 다음 세대로 전달이 가능해지면 발전은 그 이전보다 훨씬 빨리 진행된다. 다시 말하면, 공동체 내에서 언어를 통한 효과적인 지식의 축적과 전달 및 확산이 인류 문명 발전의 핵심 요소라고 볼 수 있다. 그렇지 않으면 모든 종류의 지식은 한 인간의 개인적 차원이나 가족 단위와 같은 소규모 집단 내에 머물다가 사라져 갈 것이다. 그러면 모든 개체나 소집단은 거의 비슷한 형태의 삶을 반복하다가 죽어갈 수밖에 없기에, 발전이 가능하지 않거나 매우 느릴 것이다. 따라서 인류 문명은 공동체를 형성함으로써 집단적 생존 능력이 커지고 언어를 통해 효과적인 지식 전달과 확산이 가능해진 시기부터 획기적 발전이 시작되었다고 볼 수 있다.

언어의 사용과 공동체 문화

"보라, 저들은 한 겨레이고 모두 같은 말을 쓰고 있다. 이것은 그들이 하려는 일의 시작일 뿐, 이제 그들이 하고자 하는 것은 무엇이든 못할 일이 없을 것이다. 자, 우리가 내려가서 그들의 말을 뒤섞어 놓아, 서로 남의 말을 알아듣지 못하게 만들어버리자"(구약성경, 창세기 11장).

구약성경 창세기 편에는 바벨탑과 관련된 내용이 있는데, 인간들이 자신들의 능력을 발전시켜 꼭대기가 하늘에 닿는 탑을 세워 이름을 날리자며 모여들자, 이를 경계하는 신이 그들의 언어를 뒤섞어 흩어버렸다는 것이다. 성경적으로는 인간의 교만함을 경고하는 의미를 담고 있지만, 다른 의미로도 충분히 살펴볼 가치가 있다. 그것은 바로 같은 말을 쓰며 공동체를 이루고 있음을 표현한 부분인데, 여기서 언어가 공동체의 형성이나 어떤 목적을 위해 힘을 모으는 데 얼마나 중요한지를 고대의 사람들도 인식하고 있었음을 엿볼 수 있다.

≡ 언어는 사고의 공통분모

'언어'의 사용은 경험이나 기술을 공유하고 지식을 전달하는 방식을 크게 변화시킬 수 있다. 즉, 지식의 공유 형태가 단순하게 타인의 행위를 지켜보고 흉내를 내는 방식에서 '음성'을 통한 일종의 '교육' 행위로 발전할 수 있다. 초기에는 소집단 내에서만 사용하며 소통하던 개별 언어가 다른 집단의 인간들과 접촉을 하면서 조금씩 변화하고 개념적으로 공유되는 형태로 발전했을 것이다. 그리고 어느 규모 이상의 공동체가 형성되려면 필수적으로 다수의 사람과 의사소통이 가능해야 하므로, 어떤 형태로든 공통의 언어가 생겨나야 한다. 합의된 형태의 언어는 비록 개념적으로 분화가 잘 이루어진 것은 아니라 할지라도 공동체 내에서 질서를 유지해 나가기에는 충분한 정도로 발전된 언어가 초기 인간 공동체 내에서 사용되었을 것으로 추측할 수 있다. 이때부터 언어는 집단의 힘과 능력을 모으는 도구가 된다.

언어의 중요성은 고대 그리스의 자연철학자들에게도 큰 관심사였다. 헬레니즘 시대의 자연철학자 에피쿠로스Epicurus(BC 341~270)는 「헤로도토스Herodotus에게 보내는 편지」에서 자신의 자연학 체계를 설명하는 가운데 어떤 생각을 정확히 이해하기 위해서 명확한 의미의 단어를 사용해야 한다고 강조했다. 그러고는 문명의 발전과 언어의 기원에 관해 언급했다. 그는 자연에서 받은 느낌과 인상으로부터 나오는 자연적인 소리가 언어의 기원이라고 주장했다. 인간은 본성적으로 환경의 제약을 받을 수밖에 없는 존재이므로 처음에는 사물과 현상을 지시하는 언어(이름)가 지역에 따라 다르게 만들어지지만, 이후 추론을 통해 그 의미가 좀 더 정교하게 다듬어지고 합의에 이르는 개념화 과정이 진행되는 것으로 그는 보았다.

즉, 처음에는 자연현상에 대한 감각적 경험을 통해 만들어진, 상대적으로 모호한 의미의 언어가 시간이 지나면서 생각을 공유하고 받아들임으로써 그 의미가 명확하게 결정되어 원활한 소통이 가능해진다는 것이다. 그러므로 언어는 사고의 결정체로 볼 수 있다. 새로운 이름(개념)도 이런 방식으로 만들어진다는 것인데, 이러한 언급은 명확하게 개념화된 언어가 문명의 발전은 물론 진리 추구에 있어서 중요한 기본 전제 중 하나임을 오래전부터 인식하고 있었음을 보여준다. 시인 김춘수의 시 「꽃」은 존재의 본질과 언어에 대한 성찰을 인상 깊게 표현하고 있다.

내가 그의 이름을 불러 주기 전에는
그는 다만
하나의 몸짓에 지나지 않았다.

내가 그의 이름을 불러 주었을 때
그는 나에게로 와서
꽃이 되었다.
(후략)

이렇게 언어를 사용하면서 인간은 서로의 생각을 공유하고 의사소통을 활발히 하면서 점점 더 큰 규모의 공동체를 형성했을 것이다. 그리고 집단으로 활동하는 문화, 즉 협업과 분업 같은 형태의 노동 문화가 만들어졌을 것이다. 인류가 대규모 공동체로 정착하면서 농경 생활을 시작한 시기부터 인류의 문명은 급속한 발전이 이루어지기 시작했다. 농경 생활로의 이전은 지금으로부터 대략 1만 4000년 전에 시작된 것으로 추측한다. 고고학자들은 선사시대 인류가 유목 생활에서 벗어나 마을을 건설하고 토지를 경작하기 시작한 이 시기를 '신석기 혁명' 또는 '생산 혁명'이라고 한다.

≡ 공동체 형성과 인류문명

세계에서 가장 오래되고 잘 보존된 신석기시대 유적지인 튀르키예•의 차탈회위크Çatalhöyük 도시 유적(BC 7000년경 건설)은 인류가 집을 짓고 정착하면서 대규모의 공동체를 형성하여 무려 8000여 명에 이르는 인구가 모여

• 최근까지 터키(Turkey)라는 이름이 사용되었지만, 2022년에 그 지역의 원어 발음을 반영하여 '튀르키예(Turkiye)'로 공식 변경되었다.

그림 1-2 기원전 7000년경에 건설된 차탈회위크 유적. 인류가 대규모 공동체를 형성하고 살았던 대표적 신석기 유적이다.

집단생활을 한 모습을 생생히 보여준다. 이 유적을 두고 사람들은 인류 공동체의 형성 원인에 대해 질문을 하고, 또 서로 다른 의견을 제시하고 있다. 사람들이 공동체를 먼저 형성한 후에 농업이 발명되었을까? 아니면 농경생활을 위해 공동체를 형성했을까? 신석기 혁명을 일으킨 원인에 대해서는 오랫동안 논쟁이 계속되고 있다. 어떻게 보면 닭과 달걀의 문제와 같이 전혀 독립적이지 않은 문제에 대해 질문을 던지는 것이 별로 큰 의미가 없는 것 같기도 하지만, 인간의 인지 능력 발전과 문화 형성의 관점에서는 중요할 수도 있다.

농경문화의 시작에 대해 학자들은 여러 가지 가설을 내놓고 있으나, 기후 및 환경 변화 그리고 인구 증가가 인간의 생존 조건을 바꾸면서 지속적으로 노동을 해야 하는 농경문화를 일으켰을 것으로 보는 것이 공통적인 의견이다. 농업보다 공동체의 형성이 먼저라고 보는 것이다. 기후·환경적인 조건이 좋아서 채집과 수렵을 통해 생존 문제가 충분히 해결된다면 굳이 힘든 농경을 택할 이유가 없다. 결국, 공동체 구성원의 증가와 함께 환경적 제약 조건을 극복하기 위해 그들이 공유하고 있던 경험과 지식을 이용하여 발전시킨 생존 기술이 농경이라고 볼 수 있다. 농경 생활은 이리저리 옮겨 다니는 생활을 포기하고 정착 생활을 하도록 하면서 더 큰 인간 공동체를 형성했을 것이다. 동시에 사회질서의 유지를 위해 더 많은 의사소통 요구가 있었을 것이다.

한편, 인간 심리와 인지의 변화가 공동체의 형성에 큰 역할을 했다는 견해도 있다. 영국의 고고학자인 호더Ian Hodder(1948~)는 첫 번째 인간 공동체의 형성은 인류 발전의 주요 전환점이었다고 하면서 차탈회위크는 이를 극적으로 보여주고 있다고 평가했다. 인간의 가장 큰 두려움은 죽음인데, 생존은 물론 죽음의 공포를 극복하는 방편으로 공동체 생활을 선택하고, (유적에서 발견되듯이 주거 공간과 시신을 묻은 매장지가 같은 공간에 있는 것 등) 죽음을 삶 속에 가져다 놓는 심리적·종교적 요인이 공동체 형성에 크게 작용했다는 것이다. 그는 생존 자체보다는 문화와 종교에 더 높은 우선순위를 두었고, 오늘날 사람들처럼 종교와 같은 가치를 공유하는 공동체가 형성되었다고 주장했다(Hodder, 2010).

이러한 주장은 인간 공동체의 형성 기원을 생존과 같은 본능적인 것보다는 훨씬 높은 차원에 두고 있다. 즉, 인간의 사고 활동이 공동체 형성에서 더 큰 요인으로 작용한다는 것이다. 삶과 죽음의 문제를 인간의 사유 속으로 끌어들이고 원시적인 종교의식을 통해 공동체 의식을 키워나갔다는 생각이다. 물론 이러한 주장에 대해 모든 학자가 동의하는 것은 아니지만, 적어도 인지적 측면에서 공동체의 형성이 인류 문명의 발전에 매우 중요한 역할을 했다는 사실에 대해서는 동의하고 있음을 강조할 필요가 있다.

인간 공동체 형성의 기원에 대해서 쉽게 결론을 내리기는 어렵지만, 지식과 기술의 발전 관점에서는 인간 공동체의 형성이 생존과 안정적 삶에 필요한 기술을 공유하고 전수하면서 공동으로 생존 능력을 키울 수 있는 가장 효과적이고 좋은 방법이었다고 할 수 있다. 그것이 수렵이든 채집이든, 아니면 농경 생활이든 무슨 상관이겠는가? 단순하게 생각해 보아도 언어의 사용과 함께 생각을 공유하면서 공동체를 형성하고 집단 소속감이 먼저 형성되기 시작했을 것이다. 그다음으로 개별적 경험의 공유와 전수받은 지식과 기술을 바탕으로 농경 기술을 발전시킴으로써 생존 능력을 키워나갔을 것으로 보는 것이 더 자연스럽다. 요즘 같은 현대에도 어떤 목적으로 사람을 모으는 일이 보통 어려운 일이 아닌데, 소통이 그렇게 원활하지 않았을 것으로 보이는 고대의 인간들이 농경 활동을 위해 공동체를 형성하는 상황은 상상하기도 힘들고, 거의 불가능에 가까운 일이라고 생각한다.

≡ 빨라지는 문명 발전

인류는 공동체를 이루고 농경 생활을 하면서 어느 정도 생존력을 갖추게 되자 새로운 시기로 넘어간다. 불의 사용은 불을 다룰 수 있는 능력을 키웠을 뿐만 아니라, 이를 이용하여 추위를 피할 수 있었으며 음식을 조리하여 소화를 쉽게 함으로써 육체적인 능력도 키울 수 있었다. 나아가 토기를 만들고, 금속을 제련하기까지 불을 사용하는 기술의 발전을 이루어낼 수 있었다. 도구의 사용에서는 구석기와 신석기 그리고 청동기 유물을 통해 볼 수 있는 것처럼 상당히 세련된 기술을 발전시켰음을 알 수 있다. 그러나 이러한 기술과 도구의 사용은 원시생활보다는 상당히 발전된 모습이지만, 매우 느리게 진행되었다.

인류가 도구를 사용한 시기와 과학기술의 발전 속도를 이해하기 위해서 〈그림 1-3〉을 참고해 보도록 하자. 그림에서 가로축은 기원전 시간을 10의 지수함수(10^n)로 하여 큰 눈금을 매겼음을 주목한다. 앞에서 언급했듯이 소규모의 군집 생활을 하던 시기인 구석기시대에는 큰 발전이 없다. 예를 들

그림 1-3 인류 문명의 발전과 도구의 사용 역사

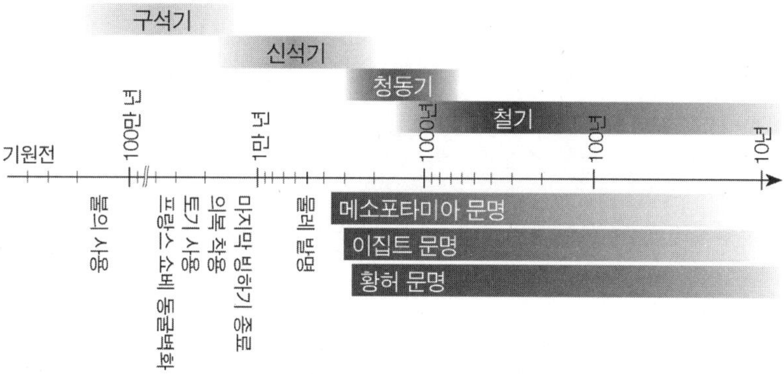

어보면, 불의 사용에서부터 불을 이용하여 토기를 만들기 시작한 신석기시대에 이르기까지 적어도 50만~100만 년의 시간이 걸린다. 그러나 불을 사용하여 구리나 청동을 제련하는 기술을 사용하기까지는 대략 2만 년 정도의 시간이 걸리고, 다시 더 높은 온도가 필요한 철을 제련하는 기술을 얻기까지는 불과 2000년 정도밖에 걸리지 않는다. 수학적 표현을 쓰면 지수함수의 형태로 기술 발전의 속도가 점점 빠르게 진행된다.

이런 현상을 어떻게 설명할 수 있을지에 대한 해답은 이제 분명해 보인다. 공동체 내에서의 경험과 기술의 공유 및 확산, 자연현상을 이해하려는 인간의 지적 호기심 증대, 관심의 공유와 토론 등의 활동이 이루어지고, 이것이 언어와 문자를 통해 세대를 이어 발전적으로 전달이 가능해진 것이 가장 중요한 요인이라고 생각해 볼 수 있다. 실제로 문자의 발명 이후부터 문명의 발전이 급속도로 이루어졌음을 알 수 있다. 인류 고대 문명의 발상지는 지리적으로 흩어져 있어서 어떤 연관성을 찾기가 힘든 것 같지만 몇 가지 공통점을 보인다. 시기적으로 기원전 3000년경 전후의 신석기 말기와 청동기시대에 촌락과 도시들이 형성되어 큰 규모의 공동체 구조로 발전했고, 지배층과 피지배층의 지배 구조가 나타나기 시작했으며, 특히 문자가

발명되어 사용되고 있었다는 점이다. 각 지역에서 고대 문명이 꽃피운 시기도 문명사의 긴 시간적 거리로 보아 1000년 정도의 비교적 비슷한 시기라는 점에서 인간의 활동 범위가 넓어지면서 제한적이지만 비교적 멀리 떨어진 지역과의 교류가 가능했고, 소통도 이루어졌을 것으로 추측해 볼 수 있다.

이렇게 인간들 사이의 소통과 교류가 가능해지면서 기술의 발전은 더욱 빨라졌고, 이로 인해 인간 공동체 사회에도 많은 변화가 일어났다. 또한 기술의 발전은 필연적으로 인간 개체는 물론 인간 공동체 집단 사이의 삶의 질에 차이를 만들어냈을 것이다. 인류 문명 발전의 초기에 형성된 이러한 작은 차이는 점점 더 큰 차이를 만들어냈고, 인간 사회의 불평등도 어떻게 보면 이때 시작되었다고 볼 수 있다.

≡ 인간과 세상

언어의 사용과 공동체의 형성, 기술과 문명의 발전은 인간이 세상에 대해 더 많은 질문을 던지는 계기가 되었다. 우리의 어린 시절도 아마 그러했겠지만, 어린아이들은 어느 정도 인지 능력이 생기고 대화가 가능한 시기가 되면 사물에 대한 호기심이 부쩍 늘어나는 걸 볼 수 있다. 그래서 끊임없이 질문한다. "이건 뭐야?", "그건 왜 그래?", "저것도 그런 거야?" 등등. 인간은 어려서부터 이렇게 많은 질문을 던지면서 스스로 경험이나 학습을 통해 답을 얻기도 하고, 교육을 통해 지식을 습득하면서 지성을 가진 인간으로 성장한다. 사실 조금만 의식적으로 관심을 가지면 지금도 변화무상하게 전개되는 자연현상과 사물들이 여전히 우리에게 많은 질문거리를 던져주고 있음을 알 수 있다.

고대인들도 생존만을 위해 모든 노력과 시간을 투자하던 과거에 비해 생존의 직접적 위협이 어느 정도 사라진 분위기에서 또 다른 싸움을 시작하게 된다. 시시때때로 닥쳐오는 자연재해와 이해할 수 없는 자연현상들을 경험하면서 두려움과 놀라움을 동시에 느꼈을 것이다. 공동체를 통해 생존과 안전을 보장받을 수 있고 발전을 도모할 수 있지만, 인간 집단들 사이의 불화와 갈등, 싸움도 점점 늘어났을 것이다. 또한 인간이 자신을 둘러싼 외부 조건에 대해 어느 정도 대응 능력을 갖추면서 사물과 인간 존재에 대한 여러 가지 의문도 갖기 시작했을 것이다. 피할 수도 없고 쉽게 극복할 수도 없는 문제들에 맞닥뜨리면 인간은 스스로 질문을 던지고 답을 찾아가는 형태로 사고의 차원을 한층 높여나가기 시작한다. 이제 인간은 세상에 질문을 던지기 시작하며 추상적인 지적 활동을 시작한다. 이러한 사고 활동은 여러 지역에 있는 고대 신화에 반영되어 나타남을 볼 수 있다.

신화의 탄생

우리에게 가장 익숙한 고대 그리스 신화에서는 여러 신에 관한 이야기들이 광범위하게 펼쳐지는데, 신화에 등장하는 신들은 의인화되어 인간의 삶 속으로 깊숙이 들어와 있다. 그러나 이 이야기는 종교적인 성격과는 직접 관계가 없고, 오히려 자연에 존재하는 사물과 자연현상 그리고 인간의 삶에 대한 설명이다. 즉, 우주 속에 존재하는 사물들이 어떻게 존재하게 되었고, 어떤 자연현상들은 왜 일어나는지, 그리고 인간은 왜 생로병사와 희로애락을 겪으며 살아가는지를 설명하려는 시도가 담겨 있다. 물론, 유희적인 요소를 포함하여 문학적인 성격이 많이 가미되어 있고, 이런 부분에 대한 평가가 오늘날은 훨씬 더 큰 비중을 차지하는 것은 틀림없다. 단지 여기서 주목하는 것은 인간이 자신을 둘러싼 모든 존재와 현상들을 설명하고 이해하고자 시도한 최초의 결과가 신화로 표현되었다는 것이다.

인간의 능력으로는 극복할 수 없는 자연재해나 이해할 수 없는 자연현상 앞에서 그들은 인간의 능력을 초월하는 존재인 신을 개입시킨 것이다. 그리고 인격화된 신들 사이의 관계를 설정함으로써 인간의 삶과 밀접한 다양한 현상들을 이해하고자 했다. 예를 들면, 제우스는 하늘의 주인이자 비를 내리는 신이며 구름을 모아들이고 벼락을 내리는 신으로 등장하는데, 천둥과 번개는 제우스가 벼락을 내리칠 때 일어나는 것이라고 설명했다. 고대 농경 사회에서 기후와 관계된 자연현상은 가장 중요한 관심사일 수밖에 없다. 제우스는 최고의 신으로 등장하지만 전지전능한 신이 아니고, 다른 신들에게는 다른 역할이 맡겨져 있다. 제우스의 동생으로 바다의 신인 포세이돈은 분노하면 폭풍우를 일으키고, 대지를 띄우고 있는 바다를 흔들어 지진을 일으킨다고 이야기하고 있다. 인류 문명 전환의 계기라고 하는 불은 프로메테우스가 제우스를 속이고 훔쳐온 것이라고 하는 것이나, 사랑의 감정을 에로스(큐피드)라는 존재를 통해 설명한 것도 마찬가지다.

이렇듯이 고대 신화는 당시의 인류가 자신들을 둘러싼 자연현상과 사물 그리고 삶을 관통하는 원리들을 이해하려고 시도한 한 모습이지만, 지금의 시각에서 보면 지식적 측면에서 우스꽝스럽기까지 한, 그래서 재미있기도 한 시대에 뒤진 믿음이다. 플라톤을 중심으로 한 고대 그리스 철학자들도 논리적 사고를 의미하는 로고스logos와 대비하여 신화(뮈토스mythos)는 환상적이고 거짓으로 가득 차 있으므로 자기 정체성을 설명하지 못한다고 비판했다. 그렇지만 신화는 자연에 대한 인간 사유의 한 부분과 역사를 보여준다고 볼 수 있다.

≡ 신화와 과학

신화와 관련해서 현대의 유명한 과학사학자이자 과학철학자인 쿤Thomas Kuhn(1922~1996)은 저서 『과학혁명의 구조』 서론에서 "시대에 뒤지는 이러한 믿음을 신화라고 부르기로 한다면, 신화는 현재에도 과학적 지식에 이르는 동일 유형의 방법에 의해서 형성될 수 있고, 동일 유형의 이치에 의해서 생성될 수 있다"라고 언급한다. 또 "그런 것들을 과학이라고 부르기로 한다면, 과학은 현재 우리가 가진 것들과는 상당히 부합되지 않는 믿음의 무리를 포함한 것이 된다. … 시대에 뒤진 이론들이 폐기되어 버렸다는 이유로 해서 원칙적으로 비과학적인 것은 아니다"(쿤, 2011)라고 하면서 오류투성이인 고대와 근대 과학의 산물들을 평가하고 과학 발전의 과정에 대한 자신의 의견을 피력하기 시작한다. 말하자면 신화는 인간의 사고 활동에 있어서 사물 인지 능력의 시대적 한계를 보여주고 있으며, 이러한 한계는 오늘날에도 여전히 존재한다. 그것은 인간의 지식이 불완전하다는 것이고, 그래서 오늘날의 과학도 또 하나의 신화일 수 있다는 것이다.

그렇다면 신화는 과학의 관점에서 완전히 폐기되어야 할까? 아니면 아직도 살펴보아야 할 무엇이 있을까? 이러한 질문에 굳이 큰 의미를 부여할 생각은 없다. 단지, 오늘날까지 공유되고 이어져 오는 인간의 사유 방식, 어떻게 보면 생각의 시작이라고도 할 수 있는 직관적인 사유에 대해 짚고 넘어가는 것도 의미가 전혀 없는 것은 아니겠다는 생각을 한다. 여기서 살펴볼 부분은 사물이나 현상에 대한 설명보다는 인간의 생각이 어디에서부터 시작되고 있는지에 관한 것이다. 흥미롭게도 고대인들은 공통으로 우주의 기원에 관해 이야기하고 있다. 이제 고대 서양과 동양의 신화 내용 중에서 우주의 기원에 관한 이야기들을 살펴보자.

우주의 발생과 기원에 관한 이야기는 고대 그리스 신화에서 가장 극적으로 표현되고 있다. 그리스의 천지창조 이야기는 혼돈(카오스chaos)에서 시작한다. 기원전 8세기 말 또는 기원전 7세기 초에 고대 그리스의 시인 헤시오도스가 훨씬 오래전부터 구전되어 온 것을 수집하고 정리하여 확립한 『신들의 탄생』에서 이 내용을 볼 수 있다. 이 창세 신화는 신의 탄생에서 출발한다. 심연의 혼돈을 의미하는 신인 카오스가 먼저 태어나고, 그다음으로 대지의 신 가이아Gaia와 사랑의 신 에로스Eros가 태어났다고 한다. 여기서 카오스는 무질서 또는 혼돈 자체를 의미하는 것이 아니고 존재를 향해 열려 있는, 아직 자리가 잡혀 있지는 않지만 천지가 생겨나 자리 잡을 수 있도록 하는 '열림'의 의미로 해석한다(이진성, 2011).

카오스로부터 '어둠'의 신인 에레보스Erebos와 '밤'의 여신 닉스Nyx가 태어났고, 에레보스와 닉스 사이에서 '창공(빛)'의 신 아이테르Aither와 '낮'의 여신 헤메라Hemera가 태어났다. '어둠'과 '빛'의 절대적 대립을 '밤'과 '낮'의 대립적 교체로 표현함으로써 우주의 조화로운 질서와 운행을 표현했다. 대지의 여신 가이아는 생산과 출산을 의미하는 것으로 받아들이고 있는데, 태초의 어둠 속에서 스스로 잉태하여 하늘의 신 우라노스Ouranos와 높은 산들의 신 오레Ore, 힘차고 사나운 먼바다 물결의 신 폰토스Pontos를 낳고, 우라노스는 가이아와 결합하여 하늘과 땅, 지하 세계를 지배하는 신들과 인간 세상을 이끌어갈 주역들을 낳음으로써 천지창조의 초기 단계를 완성한다. 이렇게 그들은 우주의 원리를 지배하는 신을 생각했다.

그러나 우라노스는 에레보스와 닉스가 자리를 잡았을 때 생겨났기 때문에 세상은 아직 어두웠고, 아직은 낮과 밤이 교대하는 하늘이 아니었다. 그리고 에로스가 처음 한동안 우라노스를 가이아에게 지나치게 달라붙어 있게 하는 바람에 가이아의 자식들이 땅속 깊이 갇혀 있었다. 에로스는 카오스, 가이아와 함께 천지창조의 주역인데, 생성을 일으키는 강하게 끌어 잡아당기는 힘을 나타낸다. 가이아가 티탄 형제 중 여섯째인 크로노스Kronos를 시켜 자신을 껴안고 누르는 우라노스를 거세하여 떼어놓자 비로소 대지와 하늘이 분리되고 가이아의 자식들도 풀려나와 빛을 보게 된다. 우라노스에 억눌렸던 공간과 시간이 자유롭게 펼쳐져 세계의 모든 것들이 제 모습을 갖게 된 것이다. 고대 그리스인이 신화적으로 그려낸 우주의 탄생은 마치 대폭발을 통해 형성되는 우주의 한 모습을 그려낸 듯하다.

동양에서도 비슷한 시기에 우주 창조에 관한 신화가 만들어졌다. 기원전 7세기경에 만들어진 중국의 우주 창조 신화에서는 천지가 생성되기 이전의 세상은 어떠한 것도 존재하지 않는 혼돈의 세상이었고, 이 혼돈의 세상은 검고 흐린 모습의 거대한 '알'로 표현되었다. 이 알 속에 '반고'라는 창조자가 잠들어 있었는데, 깜깜한 가운데 어느 날 잠에서 깨어나면서 손을 뻗치다가 알이 깨졌고, 그 결과로 가볍고 맑은 기운은 위로 올라가면서 하늘이 되고, 무겁고 혼탁한 기운은 아래로 내려가 땅이 되었다고 한다. 그러나 다시 무거운 것과 가벼운 것이 모여 혼돈의 상태로 가려고 하자, 반고는 땅을 딛고 하늘을 떠받치기 시작했다. 이 과정에서 반고는 매일 자라나서 하늘과 땅이 멀어졌고, 그래서 세상이 혼돈으로 돌아갈 수 없게 되었을 때 죽음을 맞이했다고 한다. 그들도 팽창하는 우주를 직관적으로 느끼고 있던 것일까?

반고의 죽음은 세상을 완성하는 데 중요한 역할을 한다. 반고의 숨결은 바람과 구름, 목소리는 천둥, 몸은 흙이 되고, 뼈는 암석이 되었으며, 눈은 태양과 달, 피는 강물, 머리카락과 수염, 피부와 털은 식물 등이 되었다는 식이다. 이처럼 중국의 우주 창조 신화는 시간과 공간의 개념이 반영된 혼돈과 인체를 소우주로 보는 우주관을 그려내고 있다.

구약성경 창세기에도 7일간의 천지창조의 노정이 표현되어 있다. 맨 처음에 하늘과 땅이 창조되고, 땅이 아직 형체를 갖추지 못했을 때 빛이 생겨나서 빛과 어둠으로 갈라져 낮과 밤이 생기며, 그다음에 땅이 바다와 육지로 갈라진 후에 생물들이 창조되는 순서로 창조 이야기가 전개되고 있다.

≡ 근본적인 질문들

이들 신화에서 공통으로 나타나는 것은 처음 우주가 어떻게 생겨났고,

사물들의 기원은 어디에 있는지에 대한 존재론적 관심이다. 그리고 그들은 신이란 존재를 개입시켜 자신들의 생각을 신화에 투영했는데, 그들이 만들어낸 이야기는 인간의 직관적 사고가 사물과 우주에 대해 어떤 설명을 붙였는지를 보여준다. 공통점을 살펴보면, 맨 처음에 혼돈이 있었고 이로부터 먼저 낮과 밤, 하늘과 땅이 나뉘었으며, 그다음으로 사물의 기원을 설명하는 방식이다. 즉, 그들은 시간과 공간의 탄생을 가장 먼저 생각하고, 그다음으로 물질의 생성과 변화를 이해하고자 했다. 빛과 어둠 같은 대비 현상이 만들어내는 낮과 밤은 그들이 경험한 시간이었으며, 하늘과 땅은 모든 현상계가 펼쳐지는 공간이었다.

우리에게 가장 익숙한, 그리고 어쩌면 고대 그리스 자연철학자들에게 큰 영향을 주었을 것으로 보이는 고대 그리스 신화에서는 여러 신에 관한 이야기들이 광범위하게 펼쳐진다. 신화 속에서 펼쳐지는 신들의 이야기에는 우주의 형성에 관한 생각뿐만 아니라 세상에서 일어나는 다양한 일들, 특히 그들의 일상생활과 관련된 사물이나 사건들에 대한 그들 나름의 이해와 설명이 포함되어 있다고 보아야 한다. 이것이 신화를 통해 그들의 사고와 문화를 이해하려고 하는 중요한 이유일 것이다.

그리고 인간의 창조에 관한 이야기는 신들의 이야기가 마무리될 때쯤 나오며, 인간 세상을 이끄는 영웅들은 대개 신과 인간의 자손으로 등장한다. 어떤 면에서는 대규모 공동체를 형성한 인간 사회를 지배하는 권력을 신으로부터 물려받은 능력에서 나온 것으로 합리화하려는 의도가 숨어 있다고도 볼 수 있지만, 인간 존재의 근원과 가치에 대한 그들의 인식과 사고가 숨어 있다고도 볼 수 있다. 즉, 인간 스스로 자신을 특별한 존재로 인식하고, 자신의 존재에 대해 가치와 의미를 부여하기 시작했다는 것이다.

그들의 삶에 가장 중요하고 필수적인 요소로 여겨졌던 흙, 물, 공기 등이 사물의 근원과 관련된 내용으로 등장하는 것도 자신들의 경험을 통해 사물을 직관적으로 이해하고 설명한 것으로 볼 수 있다. 어떻게 보면 그들의 직관은 현재의 우리가 세상에 던지는 질문의 본질과 다르지 않다. 그들이 나름대로 이해한 방식을 우주 창조 신화로 표현했다면, 우리는 현재 좀 더 분화된 현대의 언어로 우리 나름대로 이해하고 있는 우주를 표현하고 있다. 결국, 광활하게 펼쳐진 우주 안에서 '세상과 사물은 어떻게 생겨났으며, 인간이란 어떤 존재인가?', '세상과 나, 인간과 인간 사이의 관계는 어떠한 것인가?' 등의 근본적인 질문을 통해 인간 존재의 의미, 그 정체성을 찾고자 하는 욕구와 필요가 인간의 지적 활동을 자극한 가장 깊은 동기가 된 것으로 생각한다. 궁극적으로 우주와 인간이라는 큰 틀에서 인간 존재의 의미와 위치에 대한 사유가 인간이 던지는 근본적인 질문의 밑바탕에 숨어 있을 것이다.

02
과학과 철학의 태동

한 노인이 밤하늘을 쳐다보며 걷다가 시궁창에 발을 헛디뎌 자빠진다. 이를 본 하녀가 급히 노인을 부축해 일으키며 안타까운 말투로 책망하듯이 말한다. "아휴, 어르신! 괜찮으신가요? 크게 다칠 뻔했네요. 아니, 이렇게 발아래 세상도 제대로 못 보면서 어떻게 하늘 일을 아시겠다고 그러십니까?"

이 상황은 고대 그리스의 자연철학자인 탈레스Thales(BC 624~545?)에 얽힌 일화를 표현한 것이다. 탈레스가 밤하늘의 천체를 관찰하며 걷다가 시궁창에 빠져 넘어졌던 것이다. 우리는 학문적으로 과학과 철학의 기원을 이 탈레스란 인물을 비롯한 고대 그리스의 밀레투스학파(또는 이오니아학파)에서 찾는다. 물론 '과학이란 무엇인가?'에 대한 현대의 논쟁에서는 다소 다른 의견이 제시되고 있지만, 이 시기에 비로소 자연현상에 대한 설명에서 신화적인 요소가 배제되고 자연을 자연 자체로서 이해하려는 시도가 시작되었다. 그뿐만 아니라, '만물의 근원이 무엇인가?'와 같은 질문에 관한 토론과 비판의 전통이 시작되었기 때문에 과학자와 철학자들은 대부분 여기서 과학과 철학의 기원을 찾는다.

예를 들면, 지진 현상의 설명에서 신의 분노가 원인이라는 신화적 설명에서 벗어나 '땅은 물 위에 떠 있고, 물이 흔들리면 지진이 일어난다'라는 설명을 붙이거나, '만물의 근원은 물이다'라는 주장에 대해 반론을 하고 다른 의견을 제시하는 전통이 시작되었음을 볼 수 있다. 이러한 시도는 고대 그리스 신화가 인간 주변의 현상이나 사물의 본질에 대해 초자연적 관점을 보인 것과 비교하면, 전혀 새로운 사고의 틀이 만들어지기 시작했음을 명백히 보여준다.

쿤은 과학 발전의 역사를 언급하면서 과거의 신화나 미신도 그 당시 사람들의 관점에서 현상을 설명하는 하나의 견해였고, 오늘날의 과학도 미래의 어느 관점에서는 신화나 미신처럼 오류를 지닌 하나의 견해에 불과할 수 있다고 말한다. 인간의 지식이 불완전함을 말한 것이기는 하지만, 고대의 신화나 미신에서 표현된 견해와 설명은 자연 초월적인 요소가 들어가 있고 토론과 비판이 이루어지지 않았다는 점에서 오늘날의 관점에서 보는 과학과는 분명히 차이가 있다.

고대 문명과 기술 발전

우리가 고대 그리스의 이오니아 지역에서 시작된 지적 활동을 과학과 철학의 시작이라고 할 때, 그것을 가능하게 한 배경 활동이 있었음을 간과해서는 안 된다. 이미 인류는 오래전부터 인간 자신을 포함하여 자신들을 둘러싼 환경에 대해 인식하고 있었으며, 나름대로 다양한 형태의 그림이나 문자를 통해 그러한 인식을 공유하고 있었을 뿐 아니라 이를 극복하고 이용하려는 끊임없는 노력을 기울여 왔다. 농업 생산이나 건축, 공예품, 직물 등 기술적으로도 놀랄 만한 발전을 이루었고, 여러 지역 간 교류와 교역도 이루어질 만큼 항해술도 발전해 있었다. 이러한 문명의 발전이 있었기에 고대 그리스에서 과학과 철학이 잉태될 수 있었다. 그러한 모든 요소를 여기서 다 다룰 수는 없지만, 과학과 철학이 잉태될 수 있도록 한, 인간의 세상과 우주에 대한 인식의 발전과 관련된 중요한 요소 두 가지를 먼저 언급하고 넘어갈 필요가 있다.

≡ 생각의 펼침

첫 번째는 인간의 삶이 우연적인 것이 아닌, 어떤 상관관계에 따라 영향을 받거나 지배를 받고 있다고 인식하기 시작했다는 점을 들 수 있다. 이것은 상관관계를 밝혀주는 법칙을 찾고자 하는 노력으로 이어진다. 신석기 혁명 또는 생산 혁명이라고 일컫는 농경 생활로의 변화는 농경에 가장 큰 영향을 주는 계절의 변화와 기후변화에 더 큰 관심을 기울이게 했다. 주기적인 계절의 변화와 홍수나 가뭄, 비바람과 같은 기후의 영향은 농업에 큰 영향을 주므로 다른 어느 것보다 예민하게 생각했던 자연현상이다. 그래서 그들은 계절의 변화와 기후를 주관하는 현상을 이해하려고 했고, 이것이 하늘에서 일어나는 변화와 상관관계가 있음을 조금씩 인식하기 시작했다.

농업에 경제 기반을 둔 고대 지중해 지역에서 기후의 설명과 예측에 관심이 높았던 것은 놀랄 만한 일이 아니며, 바빌로니아와 이집트에서 일찍부터 천문학이 발전한 것도 이와 연관이 있다. 천문학을 이용해서 달력을 만든 이유가 우선으로는 농업에 활용하기 위한 것이었다. 이집트에서는 기원전 2800년경부터 이미 달력을 사용했다. 그들은 농업 활동에 있어 중요한 사건인 나일강의 범람이 해돋이와 함께 동녘 지평선에 나타나는 시리우스Sirius성과 관계가 있음을 발견하고 이를 기준으로 달력을 만들었다. 나일강이 범람하는 시기를 '아케트Akhet', 물이 빠져서 파종하는 시기를 '페레트Peret', 곡식이 자라고 추수하는 시기인 여름철은 '쉐무Shemu'라 정하고, 30일을 한 달로 하여 네 달로 묶어 각 계절을 나누었다.

그림 2-1 태양의 변화와 추수해야 할 작물 등이 나타나 있는 이집트 고대 달력

ⓒ Ad Meskens / Wikimedia Commons / CC BY-SA 3.0 / GFDL. https://commons.wikimedia.org/wiki/File:Kom_Ombo_Temple_Calendar_2.JPG?uselang=ko.

고대 천문학은 기후 예측뿐만 아니라, 인간세계의 사건이 천체 현상과 관계가 있다고 믿었기 때문에 점성술astrology과 구분되지 않았다. 이런 경향이 르네상스까지 이어지는 것을 보면 그들의 우주관이 어떤 것이었는지를 추측할 수 있다. 중세를 지나 르네상스기의 튀코 브라헤와 케플러 그리고 갈릴레이와 같이 천문학의 발전에 크게 이바지한 유명한 사람들의 직업이 점성술사였다는 사실도 흥미롭지만, 그만큼 천체 현상이 인간의 삶과 관계가 있다고 믿었음을 보여준다. 물론 오늘날의 관점에서는 천체 현상과 인간의 삶이 직접 관련이 있다고 생각하지 않기 때문에 그 사이에 어떤 법칙이 있을 수는 없다. 그러나 여전히 인간의 사고에는 큰 영향을 미치고 있다. 아무튼, 인류 문명사의 차원을 한 단계 높인 천체에 대한 관측 활동은 맨눈으로 관측 가능한 천체들의 움직임을 보며 계절의 변화를 알아내고 기후변화에 대처하기 위한 노력과 함께 시작되었다고 볼 수 있다.

기원전 1800년경부터 고대 바빌로니아인들은 뛰어난 천문학적 업적을 남겼는데, 그들은 지구가 세상의 중심이고 태양이 하루에 한 번씩 지구 주

위를 돈다고 생각하고, 낮과 밤을 각각 12시간으로 정했다. 1년 동안의 태양의 경로를 나타내는 황도에 대한 이론의 기원도 바빌로니아에서 찾는데, 그들은 한 해를 각각 30도씩의 구간으로 나누고 열두 개의 별자리로 표시할 만큼 세심한 관측을 했다.

현대인들이 자신에게 필요한 정보를 스마트폰과 같은 모바일 기기로 인터넷을 통해 찾아보는 것 못지않게 고대인들이 하늘을 보며 필요한 정보를 얻으려고 했다는 사실은 인간이 세상을 인식하는 방식의 차이만 있을 뿐이지 '사고 활동'이라는 관점에서는 차이가 없음을 보여준다. 기술 문명의 발전에 관해 이야기할 때 단순히 도구의 사용이나 형태, 재료의 발전에 시선을 두게 되지만, 더 중요한 것은 그 이면에 있는 인간의 사유 과정을 잘 살피는 것이다. 과학과 철학을 인간이 자신의 삶과 자신을 둘러싼 환경, 즉 우주와의 상관관계를 파악하고 인식하는 과정에서 생겨난 것으로 본다면, 고대인들도 이미 현대인에 못지않은 훌륭한 사고 활동을 시작했다. 오히려 현대인이 그들에게 빚을 지고 있다.

≡ 문자언어의 발명과 지식의 공유

다음으로 주목해야 할 사실은 문자언어의 발명이다. 고대인들은 왜, 어떻게 문자언어를 사용하기 시작했을까? 사실 인간의 인식은 불완전하고, 더욱이 어떤 내용을 다른 사람과 공유하려고 할 때 불완전한 인식은 이를 방해한다. 똑같은 내용이 음성언어를 통해 전달될 때에는 인식력과 기억력의 차이로 인해 변형될 여지가 많고, 따라서 정확성을 가지기 어렵다. 즉, 관념과 지식의 공유라는 측면에서 문자언어의 발명은 과학과 철학의 발전에 매우 중요한 역할을 했다.

기원전 3500년경에 고대 메소포타미아의 수메르인은 세계 최초로 문자언어를 발명했다. "쐐기"라는 뜻에서 나온 이 설형문자는 상업 거래 및 기록 보관을 위한 수단으로 사용되었는데, 날카로운 갈대로 부드러운 점토에 일련의 쐐기 모양 기호를 눌러 표시한 간단한 그림문자 형태였다. 이 문자는 점진적으로 발전하여 기원전 2800년경에 이르면 음성언어는 물론 더욱 추상적인 개념까지 기록할 정도가 되었다.

비슷한 시기이거나 조금 뒤에 이집트에서도 상형문자가 발명되었다. 중국에서도 기원전 1400년경에 갑골문자가 사용되기 시작했다. 이집트 상형문자는 꽃병과 석재 조각에서 발견되기도 하지만, 중요한 이집트 역사에 대한 기록을 갈대로 만든 파피루스에 남겨놓은 것들이 많다. 이집트의 상형문자는 좀 더 간단한 형태로 변형되어 기원전 1100년경에 페니키아 문자로, 기원전 800년경에는 그리스에서 초기 형태의 알파벳으로 발전하는 모체 역할을 했다.

문자언어의 발명은 음성언어보다 정확한 내용을 오랜 시간 동안 보관하거나 멀리까지 의사나 생각을 전달할 수 있는 능력을 인류가 가지게 되었음을 의미한다. 체계적인 성문법으로 널리 알려진 바빌로니아의 함무라비 법전이 대표적인 예다. 이는 인간의 인식 능력은 물론 생각과 지식을 공유하고 발전시키는 데 중요한 요소가 된다. 더욱이 문자언어의 사용은 생각과 지식을 공유하고 전달하는 효과적인 수단 이상으로 인간의 사고에 영향을 미친다. 문자언어의 사용은 좀 더 체계적으로 사고하고, 인식하고, 개념을 정확히 정리하는 데 결정적인 역할을 한다.

플라톤과 아리스토텔레스가 고대 자연철학에 큰 영향을 미치게 된 이유를 그들의 사상과 학문적 업적에서 먼저 찾아볼 수 있지만, 그들이 남긴 문자언어로 된 방대하고 체계적인 자료 덕분에 훨씬 더 큰 영향력을 미쳤다고 볼 수 있다. 즉, 문자언어의 발명과 사용으로 인해 기술 문명은 물론 전반적인 인간의 사고 능력과 체계적 지식의 발전이 과거 어느 때보다 빨라지고 넓은 영역으로 확산되었다. 고대 그리스 자연철학이 어느 날 터져나온 화산처럼 높이 솟아올라 꽃피운 것도 그리스 알파벳의 발명과 사용, 그리고 지중해를 중심으로 한 활발한 해상 교역 활동이 관련이 있을 것이다.

고대 그리스 자연철학: 과학과 철학의 시작

고대 그리스 자연철학의 내용으로 들어가면서 우선 자연철학이 태동하기 시작한 시공간적 배경을 먼저 살펴보도록 하자. 이는 과학과 철학의 발전이 인간의 삶과 직접 관련이 있고, 또 서로 영향을 준다는 사실을 염두에 둘 필요가 있기 때문이다. 고대 그리스는 미케네 문명의 몰락 이후 어떠한 기록도 찾아볼 수가 없는 암흑기를 지나 기원전 8세기에 이르러 암흑기 이전의 에게 문명과는 연관이 없는 독자적인 문명을 꽃피운다. 이 시기부터 구전된 고대 그리스 신화의 내용이 수집되고 정리되면서 틀을 갖추었고, 헤시오도스Hēsíodos(라틴어 Hesiod, BC 7세기)는 천지창조, 신들의 탄생, 인간 창조를 중심으로 한 창세 신화를 확립한다. 중요한 지적 재산이 만들어지기 시작한 것이다.

≡ 고대의 뉴욕, 밀레투스

주목할 점은 발전된 문자의 사용과 교역 활동이다. 이 시기에 그리스인들은 페니키아에서 기원한 그리스 알파벳 문자를 사용하기 시작했고, 고대 도시국가를 건설하여 에게해를 중심으로 활발하게 해상 교역을 했다. 이것은 지식의 광범위한 확산을 가능하게 하는 중요한 문화적 요소다. 그 가운데 밀레투스는 오늘날 튀르키에 영토에 속하는 이오니아 지역(에게해 동쪽의 소아시아 지역)의 남쪽에 있는 항구도시로 해상 무역이 번성했던 곳이었다. 항해술의 발달은 견문을 넓혀주었고, 상업과 기술의 발달은 개인의 독립과

그림 2-2 미케네 문명이 파괴된 후, 이오니아 지역 해안을 중심으로 건설된 그리스 도시국가들. 밀레투스를 중심으로 자연철학자들의 활동이 시작되었다.

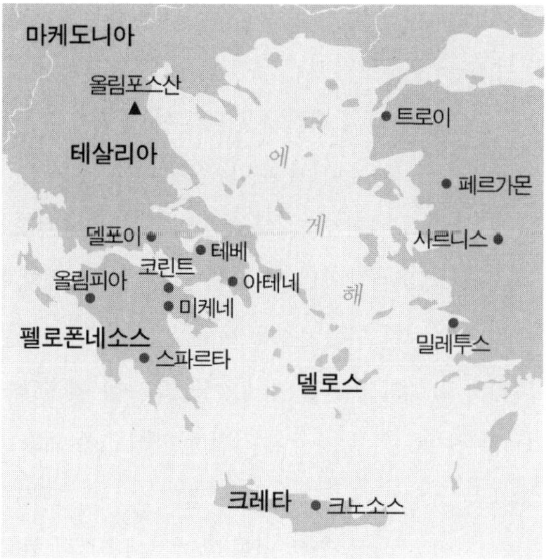

활동을 자극했다. 교역을 통해 여러 지역의 문화는 물론 수학과 천문학과 같은 새로운 학문을 받아들일 수 있었으니, 자연스럽게 과학과 철학을 비롯한 다방면의 문화가 꽃필 수 있는 환경이 만들어졌다고 볼 수 있다.

탈레스는 자연철학자이기 이전에 페니키아와 이집트를 자주 왕래하면서 무역을 했던 상인이었다고 한다. 그래서 여러 지역의 문물을 접할 수 있었고, 특히 해상 여행을 많이 하면서 자연스럽게 물과 관련된 경험이 많아져 바다에 얽힌 고대 신화에 대해서도 알게 되었을 것이다. 이것이 그의 생각, 즉 땅은 물 위에 떠 있고 파도가 일면 지진이 일어난다는 설명을 한다든지, 물이 만물의 근원이라는 생각을 하게 된 배경이 아닌가 하는 상상을 하게 된다. 아인슈타인이 특허청에서 시계와 관련된 업무를 한 것이 시간에 대한 개념을 새롭게 한 계기가 되었을 것으로 보는 것과 비슷하다. 아인슈타인에게 절대시간, 동시성 등의 개념은 단순히 추상적 사고 대상이 아니라, 여러 기차역 시계들의 동기화와 관련하여 현실적으로 풀어야 할 과제였던 것처럼, 탈레스에게도 물이 모든 현상의 근원으로 보였던 것은 아닐까?

밀레투스는 국제 무역이 활발했던 도시로, 온갖 외국인이 섞이던 곳이었다. 이처럼 다른 지역의 문화와 학문을 접하면서 새로운 발전의 계기가 마련되는 경우가 많은데, 이는 어떻게 보면 익숙한 환경에서는 새로운 사고나 변화의 동기를 찾기가 쉽지 않기 때문에 외부 자극이 필요한 것인지도 모른다. 나중에 다시 살펴보겠지만, 영국에서 뉴턴의 역학혁명이 이룬 발전에 자극을 받은 프랑스가 이를 받아들여 새로운 방식으로 발전시키면서 유럽 대륙의 과학과 철학의 발전을 이끈 것도 또 다른 예 중 하나다. 즉, 문명의 발전은 내부 동기와 외부 자극이 적절한 방식으로 작용할 때 훨씬 빨리 촉진된다고 생각할 수 있다.

탈레스가 살던 시기는 이미 중동 지역 문화들이 이룬 기술적 업적들이 많이 쌓여 있었고, 밀레투스는 이들 문화를 더 가까이에서 접할 기회를 얻고 있었다. 기원전 4000~2000년 사이에 형성된 이집트 문명과 메소포타미아 문명은 야금술, 도자기 기술, 농경 기술, 동물 사육 기술, 문자 발명 등 중요한 기술적 진보를 이룬 상태였고, 인더스강과 중국 황허강 유역에서도 비슷한 변화들이 있었다.

고대 그리스 문명과 밀접한 관련이 있는 중요한 요소는 고대 중동 문명의 수학과 천문학이라고 볼 수 있다. 바빌로니아의 수학과 천문학은 그리스 과학이 시작되기 오래전에 이미 상당한 수준에 이른 것으로 평가된다. 제한된 범위이기는 하지만 천문 현상에 대한 관측과 기록의 축적이 이루어졌고, 이를 바탕으로 월식과 같은 몇 가지 현상의 예측이 가능할 정도로 발전했다. 고대 이집트는 태양력(정확히는 항성력•)을 발명하기도 했다. 그러나 중동 지역 사람들이 과학을 시작한 것으로 평가하지는 않는다. 이러한 기술적 발전들은 오늘날 생각하는 과학, 즉 체계적인 지식이나 원리에 바탕을 둔 것은 아니기 때문이다. 이러한 고대 인류 문명이 이룬 성과들은 대개 우연한 발견과 시행착오를 거쳐 오랜 시간 축적된 기술 지식이다. 그러나 이들이 체계적이고 이론적인 추론을 통해 지식을 습득한 것은 아닐지라도, 세밀한 관찰과 경험으로부터 분류하고 응용하는 고도의 능력을 보여준 것은 사실이다.

≡ 자연철학의 태동

그렇다면 왜 탈레스를 비롯하여 아낙시만드로스Anaximandros(BC 610~547)와 아낙시메네스Anaximenes(BC 588~524)로 대표되는 밀레투스학파의 자연철학자들을 첫 번째 과학자들이라고 하는지 살펴보자. 이들도 오늘날처럼 탐구 체계를 갖추고 과학 활동을 했느냐는 잣대를 들이대면 전혀 과학자가 아니라고 할 수 있다. 이들이 제시한 여러 설명은 오류투성이고 받아들일 내용이 거의 없다. 그런데도 이들을 최초의 과학자로 부르는 배경에는 이들이 자연을 새로운 태도로 받아들였다는 것과 탐구 활동에 있어서 새로운 전통을 일으켰다는 중요한 변화가 있다. 자연을 대하는 태도에서는 예전의 사람들이 신화적 설명에 의존했다면, 이들은 신화적인 요소를 배제하고 자연을 자연 자체로 받아들여 원인과 결과로써 설명하려 했다는 것이다. 그리고 생성·소멸하며 변화하는 경험적인 세계에서 그러한 변화의 근거가 되는 물질, 사물의 본질을 찾으려고 하는 사고의 진보를 보여주었다. 즉, 보편적이고 본질적인 것을 탐구하는 태도로의 전환을 보여주었다는 것이다.

또한, 사물과 현상을 설명하면서 서로의 견해를 비판적으로 평가하고 토

• 항성력은 지구를 중심으로 태양이 움직이는 것으로 보고 만든 달력이고, 태양력은 태양을 중심으로 지구가 움직이는 것으로 하여 만든 달력으로 약간 차이가 있다.

론하는 새로운 전통을 세웠다. 예를 들면, 그들이 관심을 두었던 문제 중 사물의 본질, 즉 '물질적 원인'에 대해 탈레스는 그것이 '물'이라고 주장했고, 아낙시만드로스는 '무한(또는 규정되지 않는 것, 아페이론apeiron)'이라고 했으며, 아낙시메네스는 '공기'라고 주장했다. 여기서 주목하려는 것은 이런 각기 다른 주장들이 각각의 주장들에 대한 반론에서 나온 것들이란 사실이다. 근본 물질이 물이라면, 이와 대립되는 불은 어떻게 생성될 수 있었는가? 물과 불은 서로를 파괴하지 않는가? 그리고 다른 물체들은 어떻게 물에서 생겨날 수 있는가?

이런 문제를 해결하기 위해 좀 더 근본적인 대답을 제시한 것이 아낙시만드로스의 우주 생성론적 이론인 '무한'이었다. 그는 최초로 '시초 원리' 또는 '본질'이란 의미의 '아르케arche'라는 개념을 사용했지만, 아직 임의적인 개념이었고, 그래서 근본 물질의 변화에 대해서는 견해가 없었다. 여기에 좀 더 가시적이고 구체적인 이론을 덧붙여 설명한 것이 아낙시메네스의 '공기'다. 공기가 농축된 것이 액체인 물이고, 물이 더 농축되면 고체인 얼음이 되며, 거꾸로 물이 희박해져 증발하면 공기가 되고 불도 된다는 설명이다. 이처럼 비록 초보적이지만, 광범위한 자연현상에 대한 인과론적 설명을 제시하고자 했고, 문제의 인식에 있어서 좀 더 진보된 설명을 얻기 위해 서로의 생각을 알고, 평가하고, 비판하면서 발전을 이루어냈다. 이들은 전통적인 공동체의 사고에서 해방되어 자유롭고 새로운 태도로 자신의 경험을 토론과 비판을 통해 처리해 나가는 시대를 열었기에 최초의 과학자이자 철학자라고 부르기에 충분히 합당하다.

≡ 과학과 철학

과학과 철학은 전통적으로 고대 그리스의 자연철학에서 출발했기 때문에 어떻게 보면 인간이 자신을 포함하여 자신을 둘러싼 모든 환경에 대해 던진 동일한 질문에서 시작했다고 볼 수 있다. 과학과 철학의 어원을 살펴보아도 과학과 철학이 전혀 다른 학문이 아님을 알 수 있다. 과학science의 어원은 라틴어 'scientia'의 변형인데, 이 단어의 동사형은 'scire'(알다)다. 즉, 과학은 지식의 의미를 담고 있다. 철학philosophy도 어원적으로 그리스어 'philosophia'에서 유래했는데, '지sophia에 대한 사랑philos'을 뜻하는 합성어다. 지식 또는 지혜에 대한 사랑이 철학의 근본정신임을 생각하면, 과학과 철학은 분명히 지식(앎)과 관련된 학문이다. 과학과 철학의 시작이라고 하는 고대 그리스의 자연철학자들은 기하학, 생물학, 정치학 등을 포함하는 모든 학문을 철학의 한 부분으로 간주했다.

과학과 철학의 상관성이 너무 멀게 느껴지는 현대에 있어서 과학과 관련하여 철학의 중요성을 강조한다면, 아마도 철학이 종합적이고 비판적인 사유를 하는 학문의 틀을 제공한다는 점이 아닐까 생각한다. 과학과 철학의 역사는 여러 가지 가능한 견해에 대해 오류를 찾아내고, 그에 대한 반론과 수정을 반복한 역사라고 보아도 크게 틀리지 않으므로, 과학과 철학은 (진리가 무엇인지는 모르지만) 진리에 이르는 길을 찾는 학문이라고 하는 것이 오히려 단순한 정의라고 생각한다. 그런 면에서 과학과 철학은 인간의 지성이 완전하지 않음을 보여주는 인간의 대표적 사고 활동이다. 그러므로 우리를 둘러싼 모든 실재와 현상들, 그것들의 의미에 대해 끊임없이 질문을 던지고 궁극적인 해답을 얻기 위해 관찰하고 사유하면서 참지식에 도달하고자 하는 것이 과학과 철학의 목적이다.

고대 그리스 자연철학자들이 던진, 두 분야를 관통하는 공통의 질문에서 출발한 과학과 철학은 발전 과정에서 학문적 분화가 이루어지고 전문화가 진행되어 주요 관심사가 완전히 달라진 학문적 역사를 갖고 있다. 그래서 오늘날의 관점에서, 과학은 자연현상을 비롯하여 이해하지 못하는 것들을 이해하려고 하는, 사물에 대한 지적 호기심이 주요한 동기다. 따라서 개별

현상에 대한 올바른 이해를 통해 자연현상 전반의 논리 체계를 세워나가는 활동을 포함한 보편적 지식 체계를 과학이라고 정의를 내릴 수 있다. 로이드George Lloyd(1933~)는 자연현상에 대한 체계적 이해와 기술, 논리적 설명, 그리고 이러한 작업을 위해 사용하는 방법과 수단 등을 포함하는 질서가 잡힌 활동 체계 전체를 과학이라고 했다.

반면에 철학은 과학을 포함하여 인류가 획득한 모든 분야의 지식 전반에 대한 검토에서 출발한다고 볼 수 있다. '과연 우리가 알고 있는 지식은 진리인가?', '지식은 어떻게 얻어지고, 또 그것은 어떻게 정당화될 수 있는가?', '과연 그 지식은 가치가 있는 것인가?', '그것이 내포하는 의미는 무엇인가?', '그것들이 인간의 삶과는 어떤 관계가 있는가?' 등등의 질문에 대한 답을 찾고자 하는 것, 즉 가치나 당위의 근본원리를 탐구하는 것이 철학이다.

과학과 관련된 철학적인 문제의 한 가지 예를 살펴보자. 과학은 실용적 가치가 크다고 일반적으로 생각하지만, 깊이 생각해 보면 가치에 대한 문제도 단순하지 않다. 고대 자연철학을 집대성한 아리스토텔레스는 목적론적 우주관을 가지고 있었기에, 모든 사물의 존재와 변화는 그 본성을 충족시키기 위한 것으로 보았다. 따라서 합목적성이 가치의 기준이 된다. 그러나 과학의 가치에 관하여 현대의 철학자 비트겐슈타인Ludwig Wittgenstein(1889~1951)은 세계 자체에 가치가 없으므로 과학도 그 자체로는 가치가 없다고 주장했다. 과학 자체에는 어떠한 의도도 없으므로 가치중립적이라는 것이다. 과학적 지식이 인간에게 수단만을 제공하는 것이라고 본다면, 과학은 인간이 어떤 의도로 사용하는지에 따라 평가만 달라질 뿐이다. 다른 한편, 화이트헤드Alfred Whitehead(1861~1947)•는 사물들의 밀접한 관계성을

• 20세기를 대표하는 수학자이자 철학자로 '유기체 철학'이라고 부르는 새로운 철학 사상을 구축했다.

강조하면서 세계를 유기체적 체계로 규정하고, 자연 자체에 가치와 목적이 내재해 있다고 보았다. 즉, 유기체적 관계성 안에서 자체적인 힘으로 과거의 사건들을 종합하면서 스스로가 종합의 원인으로 작동한다고 주장했다. 유명한 물리학자인 파인먼Richard Feynman(1918~1988)은 과학의 문제가 인간의 삶의 가치와 연결되어 있다고 보았기 때문에, 우리가 삶의 가치를 알고 나아가야 할 방향과 목표를 가진다면 과학은 활용 방법에 따라 가치를 가질 수 있다고 말했다. 고고학자 호더는 인간과 사물 사이의 상호 의존성이 문화적·유전적 진화에 있어서 지배적인 경향을 만든다고 주장한다. 인간과 사물이 얽혀 서로 의존할 수밖에 없다면, 가치도 상호 의존성에 의해 결정된다. 그들의 주장은 다르지만 어떻게 보면 결국 비슷한 언급을 하는 것으로도 보인다. 이렇듯이 문제는 우리의 지식이나 인식이 불완전할 뿐만 아니라, 안다는 것의 의미와 가치, 인류가 나아가는 방향에 대해 명확하고 합의된 생각을 하고 있지 못하다는 것이다.

과학적 지식은 그 자체로서 진리가 아니다. 다만 진리에 이르기 위해 실험과 관찰을 통해 얻은 제한된 영역에서의 지식을 추론하여 이론을 세우고, 이론의 일반적 적용을 위해 실험과 관찰을 통해 다시 엄밀하게 검증하는 과정에서 얻은, 잠정적으로 유효한 지식이다. 이런 행위 전체를 과학이라고 할 때, 과학은 지식의 보편성과 가치를 포함하는 인간 사유의 근본적인 문제와도 연결되어 있으므로 과학의 문제는 동시에 철학의 문제다. 과학과 철학은 양자 얽힘•처럼, 멀리 떨어져 있는 것 같지만 긴밀하게 상관관계를 가진, 그래서 같은 질문을 하는 쌍둥이 학문이라고 할 수 있다.

• 현대물리학의 한 축을 이루는 양자물리학 이론(III부 참조)에서 두 부분계가 공간적으로 서로 멀리 떨어져 있어도 상관관계가 존재하기 때문에 한 부분계의 양자 상태에 따라 나머지 부분계의 양자 상태가 결정된다는 이론이다. 이를 이용해 양자암호 및 양자컴퓨팅에 응용하려고 시도하고 있다.

고대 자연철학의 주요 문제

고대 그리스 자연철학자들의 관심과 탐구 활동의 주요 내용을 요약하면 크게 세 가지로 정리된다. 밀레투스학파에서 기원한 원자론과 플라톤 철학의 이데아론, 아리스토텔레스 철학의 목적론적 세계관이다. 이들이 가지고 있던 생각의 핵심들은 오늘날의 과학과 철학에 미친 영향이 크고, 또 여전히 작용하고 있기에 세부 내용을 모두 다루지는 못하더라도 핵심 부분만이라도 언급하고 가는 것이 필요하겠다.

≡ 고대 원자론

탈레스에서부터 후기 소크라테스Socrates(BC 470~399) 이전까지 자연철학자들의 주요 관심사이자 문제는 '생성과 변화의 본질'에 관한 것으로서, 만물을 이루는 근본 물질이나 근본원리가 무엇인지에 관한 것이었다. 이를 '아르케'라고 했다. 밀레투스학파를 중심으로 한 초기의 자연철학자들이 물질의 궁극적인 구성 성분에 관해 주장한 것을 보면, 탈레스의 제자였던 아낙시만드로스는 스승이 만물의 근원은 물이라고 한 주장에 대해 논박하며, 세상의 근원은 '무한'이라고 했고, 그리고 아낙시만드로스의 제자였던 아낙시메네스는 공기가 만물의 근원이라고 주장했다. 그리고 데모크리토스Democritus(BC 460~370)의 원자론에 이르기까지 다른 자연철학자들의 주장을 반박하면서 조금씩 세련되고 발전된 설명을 내놓는다. 이들의 주장은 그들 인식의 한계를 반영하고 있지만, 비로소 사람들이 사물의 근원에 대해 사유를 시작했음을 보여준다는 점에서 큰 의미가 있고, 과학의 관점에서는 토론과 비판의 전통이 이때부터 생겨났음을 목격할 수 있다.

또 하나의 중요한 관심사는 우주를 구성하는 근본 물질에 대한 사색에서 출발하여 '변화'의 문제에 주의를 기울이기 시작한 것이다. 이 과정에 등장하는 인식론적 질문은 감각에 의한 경험 세계가 실재이냐 아니냐의 문제다. 즉, '우리의 감각은 믿을 만한 것인가? 아니면 이성만을 믿을 것인가?', '감각적으로 확실히 일어나는 것으로 보이는 변화는 단순히 겉모양에 불과한 것인가? 아니면 그 밑바닥에 존재하는 실재를 그대로 반영해 보여주는 것인가?' 등의 의문을 제기한 것이다. 변화의 문제는 윤리적인 측면에서도 질문을 던지는데, '만약 모든 것이 항상 변화한다면 우리가 따라가야 하는 삶의 기준이 과연 존재하는가?' 하는 것이다. 이러한 질문은 플라톤과 아리스토텔레스에 이르기까지 지속되었다.

이와 관련하여 변화의 문제를 제기하고 대립하는 답을 제시한 대표적인 두 자연철학자의 주장을 먼저 살펴보자. 모든 것은 변한다는 표현으로 "같은 강물에 두 번 발을 담글 수는 없다"라고 말한 것으로 알려진 헤라클레이토스Heraclitus(BC 535~475)는 변화가 일어남을 인정하지만 아무렇게나 되는 것이 아니고 일정한 원리에 의해 일어난다고 보았다. 그의 견해를 잘 살펴보면, '만물은 변화한다'는 것을 직접 주장하는 것이기보다는 세상에서 일어나는 변화들을 이해함에 있어서 서로 반대되는 것들의 대립과 상호작용(다툼)을 강조한 것으로 해석하는 것이 설득력이 있다. 삶과 죽음, 발생과 사멸, 혼합과 분리, 선과 악 등 대립적인 것들이 공존하면서 역동적으로 상호작용함으로써 변화가 일어난다는 것이다. 그는 모든 것이 생성되어 변화하고 소멸하는 것처럼 보이는 세계에 조화로운 질서를 부여하는 원리를 '로고스logos'라고 했다. 그는 감각을 통한 인식을 전적으로 무시하지는 않았지만, 신중하게 사용해야 한다고 했다.

반면에 파르메니데스Parmenides(BC 515~475)는 감각에 의한 증거란 전혀 믿을 것이 못 되고 우리를 잘못 이끄는 것이라고 주장하면서 생성과 소멸을 비롯해 모든 감각적인 변화를 철저하게 부정했다. 그리고 움직이지 않으며 변화하지 않는 실재를 파악하기 위해서는 이성만을 신뢰해야 한다고 했다. 파르메니데스는 존재와 생성의 세계를 구별했는데, 존재란 실재 또는 참모습, 진리를 의미했다. 존재 자체가 내용상으로 무엇을 의미하는지에 대해서는 그는 단지 엉켜 있다고 말했을 뿐이고, 인간의 사고를 넘어서 있으며 유일하다고 했다. 그리고 생성의 세계는 감각으로 주어지는 외관적이고 기만적인 세계라고 보았다. 그래서 존재하지 않는 것(비존재)에서 생성될 수 있는 것은 없으며, 따라서 어떤 종류의 생성도 소멸도, 변화도 불가능한 것이라고 주장했다. 그의 생각은 서양 존재론의 시작이며, 플라톤Platon(BC 427~347) 철학의 기초가 되었다.

파르메니데스가 이처럼 감각을 거부하고 오직 이성에만 의존해야 한다고 주장했지만, 엠페도클레스Empedocles(BC 492~432)는 다시 감각을 받아들이고 변화의 관념을 부활시켰다. 그는 파르메니데스의 '아무것도 비존재에서 생겨날 수 없다'는 존재의 개념을 받아들이면서도 존재하는 것의 유일성을 부인함으로써 다원론적 철학을 발전시키는데, 모든 것을 그대로 존재로 받아들이지는 않고 '근원들rhizomata'만 존재로 인정했다. 그는 감각이 진리를 파악하는 데는 매우 불완전하지만, 이성 또한 완전할 수 없으므로 감각을 포함해 모든 수단을 동원해야 한다고 주장했다. 이리하여 비존재에서 생겨나는 것은 아무것도 없지만, 변화는 일어날 수 있고 또 실제로 일어난다고 했으니, 변화는 이미 존재하는 근원적 물질들의 혼합과 분리로써 가능하다는 것이다. 그는 이전의 자연철학자들의 영향을 받아 흙, 물, 공기, 불을 근원적 물질이라고 생각했다. 이들은 각각 고체(흙), 액체(물), 기체(공기), 변화의 원인(불)을 나타낸다고 볼 수 있다. 엠페도클레스의 "근원들"은 그것들 자체를 더 나누는 것은 불가능하다는 점에서 현대의 원소 개념과 유사하지만, 결정적인 차이는 오늘날의 원소와 같이 화학적으로 순수한 물질이 아니고, 변화의 원인도 실체로 보았다는 것이다. 과학사적 관점에서 보면 직관적 사유로부터 도달한 관념으로는 상당한 의미를 내포하고 있다고 볼 수 있고, 이것이 독립적으로 제기된 주장이 아니라 비판적 사고와 평가, 토론을 통해 얻은 것들이란 점을 주목할 필요가 있다.

이러한 원소 개념이 도입되면서 더 과감한 주장들이 대두되는데, 아낙사고라스Anaxagoras(BC 500~428)는 네 가지 원소로 된 '근원들'에 국한되는 것이 아니라 있는 모든 것들은 그 자체로 '존재'이며 만물의 '씨앗'이라고 보았다. 심지어 사물의 대립하는 성질의 쌍들까지도 물질로 간주하여 포함했다. 그의 우주발생론에서는 태초에는 모든 것이 함께 얽혀서 혼돈 상태에 있었다고 본다. 태초의 혼합 상태에서는 모든 종류의 씨앗이 존재했고, 현재의 모든 사물에도 씨앗이 함께 존재한다는 것이다. 사물의 질적 변화는 없고 존재로서의 씨앗의 이합집산만이 있는데, 모든 것 속에 모든 것이 있거나 모든 것 속에 모든 것의 부분이 있다는 것이다. 제한된 숫자의 원소가 서로 다른 비율로 결합하여 모든 물질의 성질을 설명하는 이론에 비해 후퇴한 것처럼 보이기도 하지만, '모든 것 속에 모든 것의 부분'이라는 단일한 원리를 사용해서 변화와 관련된 대단히 다양한 모든 것들을 설명하려고 시도했다는 점에서는 지극히 경제적인 이론이다.

여기서 더 발전한 것이 데모크리토스의 원자론이다. 원자론은 기원전 5세기의 학문 체계에서 가장 유명하고 영향력이 큰 학설로서 레우키포스Leucippus(BC 440년경 활동)가 최초로 주창하고 데모크리토스가 발전시켰다. 원자론에서는 공간적으로 충만한 존재를 원자라고 하고 존재하지 않는 것을 진공이라고 하여 둘 다 실재하는 것으로 간주해야 한다고 주장한다. 원자는 미세하며 그 수는 무한無限이고 공간도 무한이다. 진공은 원자들을 분리하는 것이고, 진공 속을 원자들은 끊임없이 운동하며 서로 충돌을 일으킨다. 충돌의 결과로 결합과 분리가 일어나는데, 모든 종류의 변화를 원자들의 결합과 분리로 해석했다. 형성된 복합체의 여러 성질들은 부수적인 성질로서, 결합한 원자들의 모양과 크기, 배열의 차이로써 설명했다. 그러나 원자들 자체는 본질에서 변하지 않는다. 이 원자론을 중심으로 하는 그의 학설은 극히 추상적인 성격을 띠는데, 그런데도 일관성을 유지했다.

데모크리토스의 인식론적 관점은 감각을 통한 지각은 주관적이기 때문에 감각이 주는 지식을 '가짜' 지식이라고 기술하면서 오직 지성만이 감각을 통해 얻은 자료를 해석하여 숨어 있는 진리를 파악할 수 있다고 했다. 그가 말한 '정당한' 지식은 추론을 통해 얻은 지식을 말한다. 그의 원자론은 현대의 원자론에 원리적으로 상당히 근접한 것으로 평가된다. 그리고 데모크리토스는 고대 그리스의 초기 유물론을 완성함과 동시에 필연적 법칙을 따르는 기계론적 해석을 우주에 적용하기 시작했으며, 후기 에피쿠로스 및 근대 물리학의 발전에 결정적인 영향을 준 것으로 평가된다.

≡ 고대 자연철학자들의 사유와 논리

고대 그리스의 원자론은 세상 또는 물질의 근원에 대한 질문을 던지고 이로부터 생성과 변화의 문제를 설명하려는 첫 시도였다는 점에서 큰 의미를 둘 수 있다. 비록 내용상으로는 현재의 관점과는 아주 다르지만, 당시의 자연철학자들의 사유 과정을 살펴보고 그들의 사유를 제한했던 것이 무엇이었는지를 살펴보는 것은 과학과 철학의 발전을 이해하는 데 큰 도움이 될 것이다.

근본적으로 고대 그리스 자연철학자들의 사유에 제한을 가했던 것은 인류 문명 그 자체였다고 볼 수 있다. 다시 말하면, 그들이 제시했던 물질의 근원에 해당하는 원자론은 당시의 사람들이 갖고 있던 경험과 지식의 한계이지 사유의 한계는 아니라는 것이다. 감각을 통해 받아들일 수 있는 정보의 양과 질에도 한계가 있었고, 이성적 사고를 하는 데도 자료가 부족했던 것이라고 보아야 한다. 결국, 지식의 발전은 자료의 축적과 종합, 분석과 해석의 과정을 반복하면서 조금씩 틀을 갖추는데, 그 틀이 얼마나 지지를 받느냐에 따라 지식의 생명력이 결정된다. 확실하고 결정적인 것은 없다. 고대의 원자론이 중세기 이후까지 이렇다 할 진보를 보이지 않다가 근대에 이르러서야 부활한 듯이 새로운 모습을 보이는 것은 이성적 사고에도 자료가 필요하다는 생각을 뒷받침한다.

고대 자연철학자들이 고민했던 문제, 즉 감각적 현상계를 어떻게 받아들일지와 그 이면에 존재할 수 있는 실재의 인식에 관한 문제에서 가장 중요한 것은 인간이 얻은 경험적 자료와 이를 종합하는 이성의 작용이다. 축적된 지식은 인간의 인식 작용에 매우 중요한 역할을 한다. 인간은 기본적으로 감각을 통해 자연을 느끼고, 받아들이고, 해석하고, 사물들 사이의 상관관계를 찾으며, 그래서 이해의 범위를 넓혀간다. 그런데 감각을 통해 사물을 느끼고 받아들이는 과정에서부터 사유 능력이라고 할 수 있는 이성이 작용한다. 이성이란 것을 정의한다는 것은 어려운 일이지만, 습득한 경험 및 지식의 양과 범위에 따라 이성의 작용은 다르다고 볼 수 있다. 감각적 지식은 주관적이어서 믿을 만한 가치가 없다고 부정적 시각을 드러낸 파르메니데스의 생각도 전적으로 틀린 것이 아니다. 그렇다고 실재를 파악할 수 있는 완전한 이성이란 것이 존재한다는 것도 증명하기 어렵다.

이성은 인간이 직접 경험하거나 전달된 지식을 습득하고 이들을 종합하고 내재화하는 과정에서 만들어지는 사유 능력으로 볼 수 있다. 증명할 수 없는 선험적 능력으로서의 이성에 관한 논의보다는 사실적 자료의 인도를 받아 점진적으로 성장하는 능력으로서의 이성이 좀 더 받아들이기가 수월하다. 그래서 주관적이고 감각적인 자료를 분류하고 종합하여 객관적인 인식에 도달하려는 인간 정신으로서의 이성이 중요한 의미를 가질 것이다. 이런 점에서 감각과 이성을 구분해서 취사선택하거나 어느 것에 우선을 둔다는 것은 합리적이지도, 논리적이지도 않아 보인다. 과학과 철학은 인간 정신이 완전하지 않다는 전제에서 출발해야 할 것이다. 그리고 판단과 결과에 대해서도 겸손할 필요가 있다. 누군가에게 최선의 답을 얻도록 최대한의 자료를 생산하여 그 사고의 결정체를 전해주는 일로써 만족해야 할 일이다.

≡ 아테네로 옮겨온 자연철학

기원전 5세기 후반에 접어들면 그리스의 지적 활동의 중심이 아테네로 옮겨진다. 아테네가 페르시아와의 전쟁이 끝난 뒤 델로스 동맹의 맹주가 되면서 정치적으로나 경제적으로는 물론 문화적으로도 급성장했기 때문이다. 그리스 본토 주변의 식민지에서 앞서 발달했던 문화는 아테네로 집중되면서 이오니아와는 비교할 수 없는 큰 계몽기를 맞이한다. 또한, 민주정치의 실현과 더불어 변론술은 개인의 독립적 의사표시뿐만 아니라 설득을 통하여 합의를 끌어내는 기술로 출세의 도구가 되었다.

지중해의 수많은 지식인이 아테네로 모여들어 뜻을 품은 재력가 집안의 자제들에게 보수를 받고 지식을 전수하거나 변론술을 가르치는 것을 직업으로 삼았는데, 그들이 곧 궤변가sophist들이다. 그들은 지식의 대중화를 이끌었고, 아테네 문화를 비약적으로 발전시키는 데 상당한 역할을 했다. 자연히 교육 활동도 급속히 팽창한다. 이러한 추세는 기원전 4세기에 절정에 달하여 플라톤의 아카데미아Akademia와 아리스토텔레스의 리케이온Lykeion 같은 학교가 세워져 수많은 과학자와 철학자들의 요람이 되었다. 이렇듯이 자유로운 분위기로의 사회적 변화와 지식의 확산, 공동 탐구 등은 전체적으로 인류 문명의 발달에 크게 이바지했음을 확인할 수 있다.

소크라테스 후기부터 자연철학의 주된 관심은 자연 세계에서 인간과 사회의 문제로 옮겨지기 시작했고, 소크라테스는 그리스 사상의 전환점이 되었다고 평가된다. 그 당시 궤변가들은 두 가지 상반된 명제가 성립하는 양론兩論, dissoi logoi, 즉 '동시에 참다우며 거짓'이고, '동시에 있으면서 없다' 등의 부조리한 논리 속에서 헤매고 있었다. 그들은 직업적 인기를 얻기 위해 온갖 논리를 다 만들어내는 폐단을 갖고 있었다. 요즘 유튜버들이 관심과 시선을 모으려고 해괴한 내용을 보여주거나 일방적인 주장을 퍼뜨리는 것과 비슷했다.

아테네는 펠로폰네소스 전쟁에서 스파르타에 패하면서 가치관의 혼란을 겪게 되었고, 사회도 도덕과 종교, 법, 문화 등 모든 방면에서 부조리가 가득 차 있었다. 궤변가들은 이러한 부조리를 들춰내기는 했지만, 그들은 입으로만 문제를 갖고 놀았다. 그들은 인간의 문제를 해결하려고 했던 것이 아니라, 자신들의 먹고사는 문제만을 해결하려고 했던 것이다. 반면에 소크라테스는 도덕적·지적 혼란의 문제에 대한 실존적 해결 방안으로서 실천을 강조함으로써 문제 해결의 근본적인 차원을 열었다. 이것이 소크라테스의 도덕철학이다. 사형에 처해지기 전에 자신이 진 빚을 대신 갚아달라고 한 이야기는 그의 사상을 보여주는 대표적인 일화다.

≡ 소크라테스의 대화와 언어

소크라테스는 저서를 남기지 않았지만, 그의 제자인 플라톤이 쓴 대화편을 통해 소크라테스의 사상을 알 수 있다. 대화편은 대부분 소크라테스를 주인공으로 삼고 있어서 여기에 나타난 사상이 어디까지가 소크라테스의 생각이고 어느 것이 플라톤의 생각인지 분간하기 어렵다. 그렇지만 후기편의 자연학과 우주론에 관한 내용은 플라톤의 것으로 볼 수 있다. 플라톤은 소크라테스와 같이 도덕적 문제에도 큰 관심을 두었지만, 그리스 과학의 발전에서도 큰 중요성을 지닌 인물이다. 그는 자연철학자들과 피타고라스 Pythagoras(BC 580~500)의 영향을 받아 과학에도 많은 관심이 있었다.

플라톤 철학의 요지로 들어가기 전에 소크라테스에게 대화가 어떤 의미였는지 먼저 생각해 보고 가자. 그에게 있어서 대화는 잘 '정의'된 말, 즉 의미가 정확히 전달될 수 있는 말들을 최대한 찾아내기 위한 공동 탐구의 성격을 갖는 것이었다. 그래서 궁극적으로 의미가 잘 정의된 말들을 사용해서 생각하고, 진정한 의미를 찾기 위해 여러 사람과 함께 노력함으로써 모두가 동의할 수 있는 원칙 또는 원리나 논거에 대한 지식에 이르는 것을 목표로 했다(박종현, 2017).

사람들이 사용하는 말에 관해 플라톤의 중기 대화편 중 하나인 『크라틸로스Kratylos』에서는 소크라테스가 자신의 제자들인 크라틸로스와 헤르모게네스Hermogenes에게 '이름onoma'의 의미와 어원, 이름을 붙이는 행위의 기준과 원리에 관해 묻는 내용이 나온다. 크라틸로스는 사물의 있는 그대로를 나타내는 방식으로 이름을 붙인다고 하는 자연주의 견해를 밝히는 반면, 헤르모게네스는 합의와 동의를 통해 이름이 정해진다는 규약주의의 태도를 보인다. 소크라테스는 이에 대해 사물 자체의 본성이나 본질을 담아내지 못하는 이름은 잘못된 이름이라고 하면서도 한계 또한 지적했다.

이후에 에피쿠로스는 「헤로도토스에게 보내는 편지」에서 언어의 기원에 대해 언급하면서 이 두 가지를 모두 수용하는 태도를 보였다. 먼저 이름이 지어지고 이것이 시간이 지나면서 사회 구성원에게 받아들여지는 합의에 이른다는 것이다. 이름은 의사소통과 인식의 도구라는 측면에서 『크라틸로스』는 인식론적 사유를 보여주는 대화편이라고 볼 수 있다. 과학과 철학에서 어떤 현상이나 사유의 결과를 언어로 개념화할 때 용어의 선택은 인식론의 관점에서 함의를 담도록 신중하고 정확하게 해야 하며, 또 명확히 정의되어야 할 것이다.

≡ 플라톤의 자연철학과 이데아론

서양철학에서 플라톤이 차지하는 자리는 절대적이다. 명문가 출신으로 정치에 관심이 있었던 플라톤은 자신을 비롯하여 많은 이들의 존경을 받고 있던 소크라테스가 정치적 혼란의 소용돌이 중에 처형을 받는 것을 보고 정치가 아닌 철학으로 관심을 완전히 돌렸다고 한다. 플라톤은 소크라테스를 등장시켜 여러 가지 주제를 다룬 30권의 대화편을 냈는데, 그의 저술 곳곳에 들어 있는 전반적인 사상들의 풍부함으로 인해 "유럽의 철학적 전통을 전반적으로 가장 안전하게 규정한다면, 그것은 플라톤에 대한 일련의 각주로 이루어져 있다는 것이다"라는 화이트헤드의 언급이 명언처럼 인용될 만큼 그의 영향력은 매우 크다. 전기와 중기의 대화편에서는 삶의 원칙, 지성, 이데아 세계와 영혼, 정치철학, 사랑에 관한 내용 등 인간의 삶과 관계된 문제를 주로 다루고 있고, 자연학과 우주에 관한 토론은 후기 대화편에 담겨 있다.

플라톤의 자연철학은 이데아idea와 현상계의 이원론적 특징을 보여주는데, 그 내용은 마치 동양 이기론理氣論의 기원을 여기에서 찾을 수 있겠다는 느낌을 준다. 플라톤의 견해는 완전히 독창적인 사상이라기보다는 이전의 자연철학자들의 영향을 받아 좀 더 체계적인 틀을 만든 것이다. 플라톤의 이데아론은 파르메니데스의 '실재는 영원하다'는 생각과 헤라클레이토스의 '감각 세계는 변화한다'는 생각으로부터 구성되었다. 그의 견해에 따르면, 우리가 지각하는 사물들은 이데아의 속성을 부분적으로 가지고 있는 불완전한 복사에 불과하다. 즉, 생성의 세계인 현상계는 변화무쌍한 세계이나, 이것의 근원에는 완전하고 영원불변한 본질적 세계인 이데아 세계가 있다는 것이다.

이데아는 존재의 목적이자 근거이며, 따라서 가장 완전한 인식의 대상이다. 이러한 생각 때문에 플라톤주의라는 말은 물질적 세계의 실재성을 인정하지 않는 지적 경향을 가리키는 말이 되었다. 중기 대화편에 있는 『국가』(또는 『공화국』)에서 그의 이데아론이 펼쳐지는데, 특히 '동굴의 비유'는 잘 알려진 이야기다. 동굴에서 빠져나올 수 없는 사람은 햇빛이 비칠 때 동굴 속으로 드리우는 그림자를 통해 바깥세상의 모습을 어렴풋이 알 수 있을 뿐이라는 것이다. 즉, 눈에 보이는 세상은 실재의 그림자에 지나지 않기 때문에 눈에 보이는 것을 통해서는 실재를 알 수 없고, 단지 완전한 실재가 존재한다는 것을 알려주는 역할만 할 뿐이라는 것이다. 실체를 정확히 알기 위해서는 동굴 밖으로 빠져나와야만 가능한데, 플라톤은 수학과 기하학, 천문학, 변증론이 동굴을 빠져나오는 데 필요한 학문이라고 했다. 동굴은 우리가 가진 단순한 감각적 지식이나 편견, 무지, 독선과 같이 진리에 이르는 것을 방해하는 모든 요소를 의미한다고 볼 수 있다.

플라톤은 기원전 387년경에 아테네로 돌아와 아카데미아를 세워 제자들을 가르쳤는데, 이 아카데미아의 교육목표가 불완전한 현실 세계로부터 완전하고 순수한 이데아의 세계로 청년들의 영혼을 인도하는 것이었다. 그리고 그 방법으로 수학과 기하학을 사용했다. 이는 피타고라스학파가 신의 세계에 도달하는 방법으로 수학을 사용했던 것을 연상시키지만, 플라톤은 논리적 사유의 방법론으로서 이상적 추상 개념인 수학을 중요시한 것이다. 아카데미아의 정문에 "기하학을 모르는 자는 발을 들여놓지 말라"라는 문구를 적어놓았던 것은 그의 생각을 보여주는 것이다. 플라톤에게 있어서 대화는 완전한 이성이 있다는 증거였으며, 수학과 기하학도 역시 완전한 이성을 보여주는 것이었다.

플라톤은 생성의 세계인 현상계에 대한 설명은 그 어떠한 설명도 정확할 수 없고, 진실이라고 단정할 수가 없다고 이야기한다. 이러한 경향 때문에 그는 현상계에 관한 연구에 대해 "절제 있고 지적인 소일거리"라는 표현을 쓰기도 했고, 감각이나 관찰을 통한 경험적 탐구를 저해하는 부정적 영향도 끼쳤다. 그런데도 그리스 과학의 발전에 있어서 우리가 그에게 주목하는 것은 그가 제시한 구체적인 과학적 이론보다는 과학 연구의 동기 및 목적에 관한 그의 과학철학이다.

플라톤의 형이상학에서 이데아는 본질적인 세계, 참모습의 뜻만 지닌 것이 아니라, 이상적인 상태 또는 가장 좋은 것이 실현된 상태를 의미하기도 했다. 즉, 선善이었다. 그리고 불완전하고 변화하는 생성의 세계에는 완전한 이데아의 세계인 선으로 향하도록 이끄는 요인, 즉 아름다움이 자체적으로 들어 있다고 생각했다. 이렇게 플라톤은 우주가 목적론적 계획에 따라 만들어졌다고 보았기 때문에 자연현상은 자연 세계에 내재한 이데아의 구조적 법칙(신적 원인divine cause), 즉 질서의 증거를 보여주는 것이어서 연구할 만한 가치가 있다고 보았다. 따라서 그의 최종 목적은 세상이 가장 완벽한 것을 본떠서 만들어졌기 때문에 가장 공정하고 최선의 것임을 보여주려는 윤리적인 성격의 것이었다. 플라톤 이전의 자연철학자들은 인과법칙으로 자연을 설명하려고 했던 반면, 플라톤은 이데아라는 관념을 사용하여 윤리적·목적론적 관점에서 자연과 우주를 파악하려고 했다. 그의 목적론적 우주관은 아리스토텔레스 철학에 직접적인 영향을 주었다.

≡ 플라톤의 우주관

플라톤의 우주론을 좀 더 살펴보기 위해 그의 후기 대화편에 있는 『티마이오스Timaios』의 한 구절을 잠깐 들여다보자.

> "신적인 것을 위해서 필연적 원인(necessary cause)도 추구해야 하는데, 이는 우리의 연구대상인 신적인 것들이 필연적 원인 없이 그것들 자체만으로는 이해되지 않는다는 것을 인정해야 하기 때문이다"(김영식, 1990).

이 구절을 보면 그는 현상계에 관한 연구에 대해 그의 '소일거리'라는 표현처럼 그렇게 가볍게 생각하지는 않았다. 플라톤의 우주론 체계에는 세 가지 주된 요소가 있는데, 이들을 각각 본질(이데아), 본질을 모방한 개체(현상계), 그리고 개체를 존재하게 하는 작업자(원리)로 부를 수 있다. 플라톤은 이 작업자를 데미우르고스Demiourgos로 의인화하여 표현했다. 데미우르고스는 이데아를 보고 끊임없이 변화하는 무질서한 현상계에 질서를 부여하는 것으로 묘사되어 있다. 그는 물질 자체를 만들어내는 창조주가 아니고 이미 존재하는 물질을 갖고서 질서를 부여하는 역할을 하는데, 이 과정에서 필연적 원인이라고 하는 기술적 법칙이 작용한다. 그리고 그 질서는 수학적 원리에 바탕을 두고 있다.

플라톤도 엠페도클레스와 마찬가지로 자연의 물질들이 흙, 물, 불, 공기의 네 가지 원소의 복합물이라고 보았지만, 그는 여기에서 더 나아가 각각의 원소를 정다면체로 대응시키고, 정다면체는 다시 두 종류의 삼각형들로 구성된 것으로 기술하여 여러 '동위원소'를 만들 수 있음을 보였다. 플라톤은 물질의 궁극적 구성 성분으로 두 종류의 삼각형을 제시함으로써 엠페도클레스의 이론보다 훨씬 더 경제적인 이론을 만들고, 네 가지 원소들 사이의 변화도 설명할 수 있었다. 세상을 구성하는 요소들은 단지 속성에 불과하고, 구체적인 실체가 없던 것들이 수학적 질서를 부여받아 구체적인 사물로 나타나게 된다는 것이다. 그의 이론은 엠페도클레스와 원자론자들의 견해를 수용하여 자신의 독창적인 관념들을 만들어낸 것으로 볼 수 있다.

『티마이오스』의 내용은 사변적인 것으로 가득 차 있지만, 중요한 것은 플라톤이 우주를 기하학적으로 생각했다는 것이다. 그는 우주가 전체적으로 구 모양을 하고 있다고 보았고, 천체의 운동도 원운동이라고 생각한 것은 기하학적으로 원운동이 가장 완전한 것이라고 생각했기 때문이다. 그의 기하학적 우주에 관한 생각은 2000년 후 16세기에 시작된 천문학 혁명의 원동력이 되었다. 코페르니쿠스, 케플러, 갈릴레이는 우주가 기하학적으로 되었다는 플라톤의 믿음을 공유했고, 마침내 우주를 수학적으로 간단히 표현하는 데 성공했다. 따라서 이성과 수학을 강조한 근대과학은 피타고라스와 플라톤의 전통을 이어받은 것으로 평가할 수 있다.

≡ 아리스토텔레스의 자연철학

고대 그리스의 자연철학은 아리스토텔레스Aristotle(BC 384~322)에 의해 종합되고 집대성되었다. 아리스토텔레스 체계는 기원전 4세기 이후부터 기원후 17세기에 이르는 거의 2000년이 넘는 동안 유럽의 과학과 우주론에 절대적인 영향력을 행사하면서 큰 도전 없이 받아들여졌다. 아리스토텔레스 체계가 2000년 후에 과학혁명으로 거부되는 사건은 포퍼Karl Popper(1902~1994)를 비롯하여 쿤과 같은 과학철학자들의 과학 발전 과정에 대한 논쟁에 있어서 중요한 주제가 된다. 그리고 아리스토텔레스 이후부터 그 이전의 자연철학이 과학과 철학으로 나뉘는 계기를 맞이한다.

아리스토텔레스는 학문을 이론학과 실천학, 제작학으로 구분하고, 이론학에는 존재에 관한 학문인 형이상학(제1철학), 변화하고 운동하는 실재에 관한 학문인 자연학(제2철학) 그리고 수학을 포함했다. 이리하여 과학은 오늘날의 과학적 전통에서 볼 수 있는 것처럼 직접 관찰할 수 있는 대상을 탐구하는 학문이 되었고, 철학은 존재론이나 인식론처럼 일반적이고 예지적인 원리를 찾는 성격의 학문이 된 것이다. 그러나 아리스토텔레스 당시에는 인식 대상의 분류에 따른 분업적인 성격이 강한 분리였을 뿐, 실질적으로는 과학혁명 이후에 과학과 철학이 완전히 다른 길을 걷게 되었다.

과학혁명 이후부터 과학은 주로 "어떻게?"라는 질문에 대해서만 다루고, 철학은 "왜?"라는 근본적인 질문에 좀 더 집중하게 된다. 아리스토텔레스 체계가 보여준 분업적 성격의 학문적 분리는 실질적이고 기능적인 측면에서 효과적인 방식이 될 수 있다. 하지만 완전한 분리는 오히려 각각이 단편적인 문제들에 몰두하게 될 가능성이 커지고, 개별적인 조각으로 나뉘어 전체적인 세계를 올바로 이해하는 데 장애가 될 수도 있음을 염두에 두어야겠다.

플라톤의 제자로서 아카데미아에서 20년 동안 공부한 아리스토텔레스는 플라톤이 죽은 후 잠시 아테네를 떠나 있다가 다시 돌아와 리케이온을

그림 2-3 〈아테네 학당〉(라파엘로, 1510). 그림 상단 양쪽에 있는 두 석상은 왼쪽이 아폴론, 오른쪽이 아테나다. 각각 이성과 지혜를 상징한다. 중앙의 두 사람은 플라톤과 아리스토텔레스다. 이데아를 중시한 플라톤은 왼손에 자신의 저서 『티마이오스』를 들고 다른 손으로는 하늘을 가리키고 있으며, 현실 세계를 중시한 아리스토텔레스는 『윤리학』 책을 들고 땅을 가리키고 있다.

세워 소위 소요학파Peripatekos를 형성했다. 이들은 학교에서 길게 늘어선 기둥과 지붕이 있는 '페리파토스Peripatos'라는 산책로를 거닐며 토론을 했기 때문에 이런 이름이 붙었다. 현재 보존된 그의 저서 대부분은 리케이온에서 강의한 내용을 모아놓은 것으로서, 논리학, 철학, 자연학, 윤리학, 정치학, 시학 및 수사학 그리고 동물, 생리, 심리학에 관한 저서와 논문들이 있다. 이와 같이 그는 백과사전적 저술가인데, 아카데미아에서 수학할 때부터 만년에 이르기까지 170여 편의 저서를 썼다고 할 만큼 많은 양의 저술을 했다. 현재 전해지는 저서들은 그가 썼다고 하는 저서 중 3분의 1 정도에 불과하다. 그의 저서들은 특히 자연에 관한 탐구의 의의와 목적 그리고 탐구 방법에 대한 가장 폭넓은 견해와 자료를 제공해 주고 있다. 이러한 넓은 범위와 포괄성은 고대에 있어서 아리스토텔레스 체계가 막강한 영향력을 미치게 된 주된 요인이기도 하다.

≡ 아리스토텔레스의 경험적 방법

아리스토텔레스는 형이상학과 수학을 중시했던 플라톤과 달리 경험과 관찰을 중요하게 생각했다. 플라톤이 자연철학의 탐구에서 이성의 역할을 강조하고 감각의 역할을 무시한 데 비해, 아리스토텔레스는 관찰이라는 경험적 방법을 중요시함으로써 다른 성격의 과학적 방법론을 발전시켰다. 궁정 의사의 아들이었던 그는 특히 생물학에 조예가 깊었다. 동물학 분야에서 그는 120종가량의 어류와 60종가량의 곤충을 포함해서 500종이 훨씬 넘는 동물들을 관찰하고 자료들을 수집하여 분류함으로써 생물의 분류학과 발생학에서 뛰어난 공헌을 했다. 그런데 이러한 연구의 동기는 동물에 관해 서술하려는 것이 아니라, 사물의 변화와 운동에 관한 그의 목적론적 관점을 정당화하기 위한 것이었다. 이렇듯이 과학에서의 그의 진정한 공헌은 고대 자연철학자들의 대부분 업적과 마찬가지로 과학의 구체적인 내용보다는 우주에 대한 관점과 과학의 탐구 방법론에 관한 내용에 있다.

아리스토텔레스의 자연과학적 저술에서 논지의 진행 방법을 살펴보면, 요즘의 과학자들이 논문을 작성할 때 사용하는 방법과 거의 유사하다. 이를 우선 주목해서 살펴보도록 하자. 먼저 논의할 주제를 정의한다. 즉, 탐구의 목적이 명확히 제시된다. 다음에는 문제를 규정함에 있어서 다른 사람의 이론이나 주장을 검토하고 문제점을 고려한다. 이전의 견해에 대한 개관은 아리스토텔레스의 많은 저술에서 나타나는 아주 뚜렷한 특징인데, 이는 다루어야 할 문제점들을 정리하기 위한 것이다. 실제로 그의 구체적 이론이나 발견들 못지않게 이 같은 문제들에 대한 그의 인식과 생각들은 중요한 것이다. 이렇게 일단 통상의 견해들이 요약되고 문제점들이 언급된 후에는 아리스토텔레스 자신의 관점을 본격적으로 펼쳐나가기 시작한다.

이 과정에서 과학적 탐구 방법론에 대한 새로운 전통이 도입된다. 문제의 유형에 따라 논의의 성격은 달라지지만, 대체로 변증법적 방법과 경험적 방법이 사용된다. 변증법적 방법에는 모순점을 제기하거나 개별적인 관찰을 통해 일반 원리를 발견하는 귀납의 방법이 포함된다. 또한 그는 우리의 지식episteme이 '논증'을 통해 생겨난다고 했는데, 연역적 추론에 바탕을 둔 논증 방법인 '삼단논법'이 그의 논리학의 유명한 예다. 그러나 아리스토텔레스 자신의 저술에서도 삼단논법 방식의 추론은 큰 역할을 하지 못했다. 왜냐하면 삼단논법에서는 추론에 필요한 대전제가 진리여야 하고, 무엇보다 전제들 사이에는 원인과 결과로 이어지는 인과적 연관성이 있어야 하는데, 대전제를 제대로 세우기가 쉽지 않고 인과적 연관성과 우연적 연관성•의 구분 기준도 명확하지 않기 때문이다.

≡ 아리스토텔레스의 목적론적 세계관

보통 아리스토텔레스의 철학을 형상form-질료matter설이라 한다. 플라톤은 이데아가 개별적 사물로부터 독립적으로 존재한다고 생각했으나, 아리스토텔레스는 이것을 부정했다. 플라톤의 이데아 대신에, 그는 사물의 고유한 특성으로서 사물 자체에 내재하는 '형상'이라는 개념을 도입했다. 그리고 질료는 사물을 이루는 재료인데, 우리를 둘러싼 세계 속의 사물에서는 형상과 질료를 구별할 수 없다고 주장했다. 나무로 만든 의자를 예로 들면, 의자의 고유한 기능과 특성은 형상에 해당하며 나무는 질료에 해당한다. 형상과 질료의 통일로써 표현되는 것이 우리가 경험하는 의자라는 사물이다. 그러나 부서진 의자의 잔해인 나무에서는 의자의 형상은 없어지고 질료만 남는다. 질료는 특정한 형상을 얻을 가능성을 갖는 것이다.

아리스토텔레스는 자연에서의 변화와 운동에 특별한 관심을 가졌는데, 그의 목적론적 세계관이 여기서 드러난다. 저서 『자연학』에서 그는 자연에

• 상관성은 있지만, 인과관계가 없는 경우를 의미한다.

서 생기는 모든 변화를 질료가 잠재성potentiality의 상태에서 양적·질적·공간적 변화를 통해 실제성actuality의 상태로 변형되어 가는 과정으로 보았다. 즉, 모든 만물은 특정한 형상을 실현할 가능성을 지니고 있기 때문에 질료가 갖는 잠재성이 형상과 결합하여 현실성을 얻을 때 실제성을 띤다고 생각했다. 그리고 어떤 물체나 현상의 설명에는 질료인, 형상인, 작용인, 목적인으로 요약되는 네 가지 요인들이 고려되어야 한다고 믿었다. 현대적인 용어로 '무엇으로, 무엇을, 어떻게, 왜'라고 정의되는 원인을 알아야 사물을 올바로 아는 것이라고 했다. 예를 들면, 의자(형상)라는 사물은 목수(작용)가 나무(질료)를 사용하여 사람이 앉게(목적) 한 것이라는 설명을 할 수 있어야 했다.

우리가 일반적으로 변화나 운동의 원인을 이야기할 때, 그것은 대개 기계적 인과관계에 해당하는 작용인을 의미함을 생각하면 아리스토텔레스가 생각한 원인의 개념은 훨씬 폭넓은 것이다. 특히 목적인을 정확히 이해하는 것이 중요하다. 목적인은 자연 속에 '의식적'인 목적이 작용한다는 것이 아니라 물체 자체에 내재해 있다는 것이다. 그의 생각은 살아 있는 생물체에 특히 많이 적용되었는데, 그가 생물학 분야에 가장 큰 관심을 쏟았던 이유가 바로 형상인과 목적인을 찾아내는 데 더 많은 증거를 제공해 준다고 생각했기 때문이다. 생물학 분야의 많은 연구에서 형상인은 생물체의 부분이나 기관의 구조에 해당하고 목적인은 그것들의 기능에 해당한다. 아리스토텔레스는 생물체뿐만 아니라 무생물체를 포함하는 자연현상에도 목적인을 적용했다. 자연은 전체로서는 질서와 규칙성을 보여주며, 아리스토텔레스는 이러한 질서와 규칙성이 곧 자연적 과정들이 향하고 있는 목적과 관계된 것이라고 본 것이다.

이처럼 아리스토텔레스는 모든 사물에 합목적성이 깃들어 있다고 믿었다. 오늘날 현대 과학은 이제 이런 생각을 하지 않는다. 그러나 아리스토텔레스의 목적론적 세계관은 전체 계의 상관관계에서 생각하면 새로운 의미로 받아들여질 수 있는 여지가 충분히 있다. 전체에 있어서 부분은 전체를 구성하는 데 가장 적절한 상태가 항상 존재할 수 있기 때문이다. 여기서 합목적성이라고 하는 것은 전체 계가 가장 안정된 상태를 유지하게 하는 것이라고 볼 수 있다.

아리스토텔레스는 저서 『생성과 소멸에 관해서』에서 물질의 궁극적인 구성 성분들의 문제를 제기하고, 자신의 탐구가 '감지할 수 있는 물체, 즉 실체적인 물체의 원리'들을 찾는 것이라고 말하면서 자연계 물질의 성질과 운동에 대한 설명을 덧붙여 나간다. 그는 물질의 궁극적인 구성 성분을 지상계와 천상계로 나누어 생각하는 경향을 드러낸다. 이렇게 우주를 둘로 나눈 이유는 곧 이해하게 되겠지만, 불완전한 지상계에서의 물체의 운동과 완전한 천상계의 운동으로 나누어야 할 필요가 있었기 때문이다.

아리스토텔레스는 물체의 운동에 대해서도 자신의 목적론적 세계관을 투영하여 설명한다. 우선 불완전한 지상계 물질의 구성 성분은 흙, 물, 공기, 불의 네 가지 원소이고, 이들 원소는 순서대로 자연적인 위치를 찾으려는 다른 '경향' 또는 '본성'이 있다고 가정했다. 즉, 동물이나 식물이 그 '본성'을 드러내는 방향으로 자연적 성장을 하듯이, 운동도 사물의 본성을 실현하는 것으로 보았다. 본성의 실현이 목적인이 되는 것이다. 흙은 가장 강하게 아래쪽을 향해 움직이고, 물도 아래쪽으로 흐르지만, 돌이 물속에서 아래로 떨어지므로 그렇게 강한 경향은 보이지 않는다는 식의 설명이다. 대비적으로 공기는 (물속에서 거품으로) 위로 올라가고, 불은 공기 속에서도 치솟기 때문에 가장 강하게 위쪽을 향한다. 물론 이러한 원소들의 운동에 대한 일반 이론이 원소들의 혼합체인 실제 물질에 적용될 때는 더 정교하게 다듬어져야 한다. 즉, 나무는 물에서 가라앉지 않기 때문에 흙과 공기로 구성된다고 결론을 내렸다.

이들 원소의 성질은 다시 각각 네 가지 대립하는 성질 중 둘의 결합으로 되어 있다고 설명한다. 이들 구성 성분과 성질들을 도표로 나타낸 그림을 참조하면, 모든 물질의 성질들은 큰 사각형 내의 한 점에 위치시킬 수 있다(〈그림 2-4〉). 즉, 뜨거움-차가움, 습함-건조함 두 대립 쌍들의 적당한 조합으로 모든 성질을 얻어낼 수 있고, 두 쌍의 가능한 조합으로 흙, 물, 공기, 불의 네 가지 원소가 얻어진다. 건조하고 뜨거운 것은 불, 습하고 차가운 것은 물, 건조하고 차가운 것은 흙, 습하고 뜨거운 것은 공기라는 식이다. 이러한 정성적 설명은 이전의 원자론자들과 플라톤의 정량적이고 수학적인 이론에 비해 후퇴한 듯하지만, 감지될 수 있는 물체와 성질 중심으로 구성된 논리여서 오히려 실제 관찰과 비슷하고, 그래서 상식적으로 받아들이기가 더 쉽고 더 많은 지지를 받을 수 있었다. 과학 이론이 옳으냐 그르냐를 떠나 인간의 일반적인 인지 능력을 넘어서는 이론들이 쉽게 수용되지 않는 것은 예나 지금이나 크게 다르지 않다.

그림 2-4 아리스토텔레스의 4원소와 대립적인 성질들

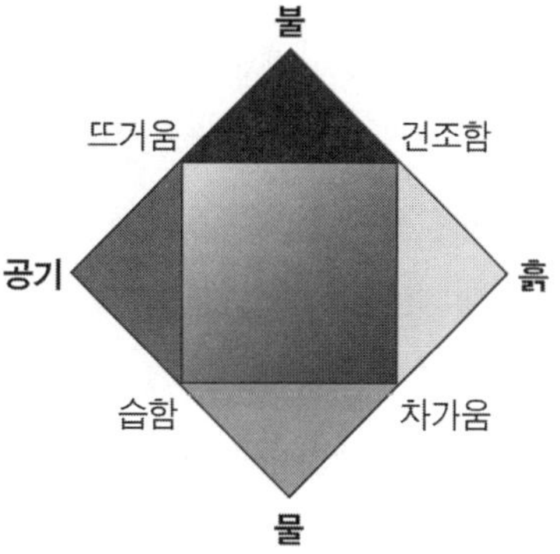

≡ 아리스토텔레스의 물리학

한편, 아리스토텔레스는 지상계를 구성하는 4원소 외에 천상계의 천체를 구성하는 원소로 '아이테르aither'•를 제안하여 제5원소 이론을 내놓았다.

• 고대 그리스 신화의 창공의 신으로 등장한 아이테르에서 어원을 찾을 수 있는데, 나중에 에테르로 불린다.

이 주장은 많은 경멸과 조소의 대상이 되었는데, 제5원소의 제안 배경에는 천체들이 보여주는 영원불멸의 원운동이 관여되어 있다. 그는 물체의 운동을 자연운동과 강제운동으로 구분했다. 자연운동은 물체들이 자체의 본성을 충족시키는 형태로 위나 아래, 즉 지구 중심을 향하거나 반대 방향으로 운동하는 것이고, 강제운동은 자연운동과는 달리 다른 어떤 원인이 필요하다. 여기서 '강제'라는 표현은 운동을 일으키는 어떤 외부적인 힘이 가해졌다는 의미를 내포한다. 그리고 힘은 접촉을 통해 작용한다고 믿었다. 그런데 천체들의 원운동은 영구적이므로 강제운동이 될 수 없고 자연운동이어야 한다. 즉, 자연운동으로서의 원운동은 지상의 원소로는 가능하지 않기 때문에 제5원소를 도입한 것이다. 이 원소는 원운동이라고 하는 아주 다른 자연운동을 한다고 본 것이다. 이렇게 지상계와 천상계로 나뉜 우주에서 각각의 세계를 지배하는 법칙도 다르다고 생각하기 시작한 것이 뉴턴의 만유인력 법칙이 발견될 때까지 2000년 가까이 사람들을 지배하는 생각이 되었다.

아리스토텔레스는 물체의 운동에 대해 그 이전의 자연철학자들과는 달리 속력과 같은 정량적인 개념을 처음으로 도입했다. 그는 물체가 떨어지는 자연운동에 대해서 두 가지 정량적인 법칙을 주장했는데, 물체가 떨어지는 속력은 무게에 비례하고, 그것이 떨어지는 매질의 밀도에 반비례한다는 것이다. 이들 법칙은 어느 정도 간결하고 그럴듯한 정량적 단순성을 갖고 있다. 돌과 종잇조각을 같이 떨어뜨리면 무거운 것이 더 빨리 떨어진다는 사실은 명백하고, 돌을 물속에서 떨어뜨리면 물 때문에 분명히 천천히 떨어지기 때문에 그럴듯해 보인다. 그리고 이 주장으로부터 그는 진공이 존재하지 않는다고 결론을 내렸다. 왜냐하면 진공이 존재하면 밀도가 0이 되므로 모든 물체는 무한대의 속력으로 떨어져야 하는데, 이는 분명히 터무니없는 것이기 때문이다.

아리스토텔레스의 수많은 사물에 대한 수고로운 관측에도 불구하고, 그가 자신의 주장을 진지한 방법으로 전혀 검토하지 않았다는 사실을 보게 되는 것은 뜻밖이다. 예를 들면, 벽돌 반쪽은 전체 벽돌과 비교하여 절반의 속력으로 떨어진다는 점을 알아내는 것은 어렵지 않다. 강제운동에 대해서도 아리스토텔레스는 움직이는 물체의 속력은 작용하는 힘에 비례한다고 했다. 이것은 물체를 미는 작용을 중지하면 물체는 운동을 멈춘다는 사실을 의미한다. 나무 바닥 위에서 무거운 상자를 미는 경우를 생각하면 이러한 주장은 합리적인 것처럼 보인다. 그러나 직관적으로 그럴듯한 이 상황은 다른 상황, 즉 상자를 썰매에 올려놓고 얼음 위에서 밀면, 미는 것을 멈추더라도 썰매가 멈추지 않을 것을 검토하지 않은 것이다. 이처럼 설익은 논리가 만들어진 것은 아리스토텔레스 철학의 목적론적 관점에 많이 집착한 영향으로 보인다. 그렇지만 이러한 법칙들에서 상관관계를 가질 수 있는 양적 개념을 도입하여 처음으로 물체의 운동을 정량적으로 설명하고자 시도했다는 점에서 높이 평가받을 수 있다.

아리스토텔레스의 자연철학 탐구에서의 기본적인 방법론은 모든 사물을 범주화하고, 유형에 맞게 사물의 본질을 찾아가는 것이다. 이러한 경향은 학문을 기능적으로 분류하여 탐구한다든지, 사물의 실체를 열 가지 범주•로 나누어 서술하는 등의 방식에서 쉽게 엿볼 수 있다. 서술에서도 관찰을 통해 얻은 많은 자료를 검토하고 논리적으로 분석하고 추론하는 방식을 취했다. 그러한 경향은 아리스토텔레스 체계가 상대적으로 이전의 자연철학자들보다 성공하게 된 요인이 된 것으로 보인다. 그러나 아리스토텔레스 체계가 중세를 거치는 오랫동안 큰 영향을 끼친 만큼, 그의 업적을 비판적으로 평가해 보는 것도 중요하다. 여기서 과학적인 내용 자체보다는 그

• 실체, 성질, 양, 관계, 장소, 시간, 상태, 소유, 능동, 수동 등의 범주를 말한다.

가 어떤 결론에 도달하는 과정을 살펴봄으로써 그의 추론 방식과 사유 방식을 평가하는 것이 의미가 있다.

가장 중요한 부분은 그의 추론이 목적론적 세계관에 따라 결론이 거의 정해진 상태에서 이루어졌기 때문에 여러 가지 면에서 한계가 있을 수밖에 없었다는 것이다. 이러한 한계는 쿤이 정상과학•의 성격을 설명하면서 언급했던, 소위 패러다임••이 제공하는 미리 짜여 있고 상당히 고정된 상자 속으로 자연을 밀어 넣는 시도와 같은 것이었다. 그리고 그가 주장한 물체의 운동과 관련된 동역학 이론의 주된 결함은 앞에서 살펴본 것처럼 경험적 사실로부터 법칙을 추론하는 과정에서 피상적인 관찰들을 기초로 성급하게 일반화를 시켰다는 것이다. 이런 오류가 의미하는 것은 목적론적 세계관이 좀 더 자유로울 수 있는 사유 양식에 제한을 가했다는 것이다. 그리고 관찰을 통한 경험적 방법론이 중요한 것은 사실이지만, 감관을 통해서 인지되는 것에만 의존하는 것의 한계는 분명히 있다. 진공에 대한 관점이 여기에 해당하는데, 그가 너무 경험적 사실들에만 집착했기 때문에 운동이 반드시 매질 속에서만 일어난다는 가정을 했던 것이다. 경험적으로 관찰된 모든 운동은 매질의 저항이 있는 상황에 해당했다. 그런 점에서 상황의 추상화 과정이 부족했다고 평가할 수 있다. 즉, 뉴턴이 진공 속에서의 마찰이 없는 운동을 생각한 것은 아리스토텔레스보다 추상적인 사고를 할 수 있었음을 의미한다. 아리스토텔레스가 수학의 발전에 이바지한 부분이 미약했다는 점은 이런 추상적 사고의 결여를 나타내는 것이다.

• 쿤이 『과학혁명의 구조』에서 주장한 개념으로, 보통 시기의 잘 구조화된 과학 체계를 의미한다. 이 책 7장 참조.

•• 쿤이 제안한 개념으로, 한 시대의 구성원 전체가 공유하는 이론, 법칙, 방법, 지식, 가치, 전통 등을 포괄하는 용어다. 이 책 7장 참조.

≡ 아리스토텔레스의 윤리학

존재하는 모든 것에 질서를 부여하려 한 아리스토텔레스는 자연의 모든 현상을 경험적인 개체의 계층적 구조로 설명하려고 했다. 이 계층적 구조에서는 제일 아래쪽에 무생물이 있고, 다음에는 식물적 생명체, 동물적 생명체의 순서로, 그다음에 이성을 가진 인간이 있고, 맨 위에 모든 것의 원인이자 최고의 지성을 가진 존재, 즉 '아르케'이자 '로고스'에 해당하는 신이 있다. 이 계층구조는 사물이 할 수 있는 일과 능력을 기준으로 분류되었다. 인간은 성장과 재생산의 능력은 물론 감각을 갖고 있고, 스스로 움직이거나 변화할 수 있으며, 이성적으로 사고할 수 있는 영혼을 가진 존재로 보았다. 아리스토텔레스에게는 이것이 바로 인간의 형상이었고, 이러한 영혼의 본질에 충실하게 행하는 것이 선(윤리)이며, 선을 행하는 것이 행복이라고 보았다.

아리스토텔레스에게 윤리는 무엇이 옳은 것인지를 논하는 정신적인 것이 아니라, 형상을 실현하는 실천적인 문제였다. 이처럼 인간은 자신의 모든 능력과 가능성을 발휘하고 이용할 수 있을 때 행복에 이른다고 믿었고, 이것이 인간 삶의 목적이라고 보았다. 이러한 윤리에 관한 그의 생각은 정치학에 관한 견해에도 그대로 반영된다. 인간을 정치적 존재로 규정한 그는 인간 공동체의 가치를 중요시하면서 정치학을 인간에게 최고의 선을 밝히는 것, 여러 사람의 행복을 실현하는 것을 목적으로 하는 행위로 정의했다.

고대 자연철학의 성취와 한계, 의미

"중요한 모든 것은 그것을 발견하지 않은 누군가가 이미 말했다." —앨프리드 화이트헤드

화이트헤드의 이 언급은 고대 그리스 자연철학을 정의하는 데 매우 적절한 표현이라고 생각한다. 우리가 2500여 년 전의 시간을 거슬러 올라가서 그들과 같은 시공간에서 살며 공감하는 관점에서 바라보면, 그들은 오늘날 우리가 생각하는 것과 똑같은 문제를 제기하고 고민한 것임을 금방 알 수 있다. 그들은 신화의 세계에서 빠져나와 과학과 철학의 시대를 열었고, 진리를 찾고자 하는 첫발을 내딛기 시작했다. 그러므로 그들의 깨우침 덕에, 진리를 추구하는 존재로서 자신의 의미를 찾고, 인간 개개인과 공동체의 행복을 위해 끊임없이 노력하는 우리가 있다고 보아야 한다. 그들이 질문하고 답하고자 했던 문제들, 그들의 생각을 다시 정리해 보자.

- 사물의 근원은 무엇이고, 그것의 본질은 무엇인가?
- 생성과 소멸, 변화와 운동은 왜, 어떻게 일어나는가?
- 감각은 믿을 만한 것인가? 우리가 지각하는 것은 실재하는 것인가?
- 우리 인식의 기준을 어디에 둘 것인가?
- 인간이 추구해야 할 궁극적 가치는 어디에 있는가?

그들은 이런 근본적인 질문에 답을 얻으려 노력했고, 그 과정에서 새로운 개념들을 제시하고, 정의하고, 이를 바탕으로 사고 체계를 세워나갔다. 또한, 진리에 이르는 길로서 수학과 논리학, 관찰을 통한 경험적 방법론 등 다양한 연구 방법에 대해서도 많은 논의를 하면서 나름의 우주관을 제시하기도 했다. 그들의 탐구 결과는 아리스토텔레스에 이르기까지 방대한 자료로 우리에게 소중한 유산으로 전해졌다. 그런데도 우리는 아직 그들이 가졌던 똑같은 근본적 질문들에 대해 올바른 해답을 제시하지 못하고 있다고 보아야 한다. 그리고 아직도 그들의 연구 동기와 방법, 태도, 깊은 사색의 덕을 많이 입고 있다. 이런 측면에서 고대 그리스 자연철학자들은 화이트헤드의 언급처럼 중요한 것들을 이미 다 말한 것으로 볼 수 있다.

이제 그들이 가졌던 한계를 잠깐 살펴보면서 현재 우리가 대면하고 있는 환경은 어떻게 다른지, 그리고 걸어가는 길은 어떠해야 하는지를 생각하는 출발점으로 삼고자 한다. 사실 고대 그리스 자연철학의 내용, 특히 과학에 해당하는 부분은 오늘날의 지식과는 큰 차이가 있다. 그러나 이 또한 그 당시의 지적·문화적 환경 및 인간의 인식 능력 한계를 보여줄 뿐이니 전혀 부정적으로 볼 것은 아니다.

플라톤의 아카데미아와 아리스토텔레스의 리케이온처럼 아테네에 교육기관이 설립되고 계몽기라고 할 만큼 지식의 대중화가 일어났지만, 여전히 과학은 소수의 개인적 관심사에 지나지 않았다. 사실, 아테네가 아닌 다른 곳에서는 실제로 자연철학자들의 활동이 거의 없었고, 철학과 과학의 주체는 플라톤과 아리스토텔레스처럼 대개 귀족 가문 출신들이었다. 과학은 귀족의 지적 욕구 충족을 위해 추구되거나 지적 유희 정도였고, 기술은 노예나 천민 계급이 생계를 위해 하는 활동으로 취급되었다. 사회도 아테네 도시국가 자체가 노예제에 기반을 두고 있었기에 생산력은 노예노동에 거의 의존했다. 오늘날처럼 과학이 물질적 진보에 큰 영향을 줄 수 있다는 생각은 고대에는 전혀 없었고, 따라서 그들의 과학적 활동의 범위도 매우 좁았다. 이러한 환경은 아무래도 과학적 발전을 자극하는 추동력으로 작용하기에는 부족했다고 볼 수 있다.

자연철학자들의 탐구는 현실적인 문제의 해결을 위한 노력보다는 오히려 어떻게 인간이 우주를 이해하고, 우주와 조화를 이루어 살아갈지를 그들이 더 심각하게 생각했던 것으로 볼 수 있다. 플라톤이 그러했던 것처럼 이것이 그들의 탐구 동기였다. 점성술과 구분되지 않았던 천문학의 연구와 목적론적 세계관에서 이러한 경향을 엿볼 수 있다. 오늘날 세계열강들이 과학기술의 발전을 패권 유지의 도구로 삼으려 하는 시도와, 과학 발전으로 인한 가치관의 혼란, 불평등의 심화와 빈부 격차의 확대, 자연 생태계 파괴와 기후변화 등의 문제점들을 일으키는 우리의 모습과는 대조된다. 우리의 과학에 대한 관점도 이제 다시 고대 그리스의 자연철학자들의 관점으로 돌아가야 하는 것은 아닐까?

다른 한편, 그리스 자연철학에서 자연현상을 중심으로 한 연구의 내용이 큰 발전을 이루지 못하고 정체되는 모습을 보인 것은 현재의 관찰 때문에 앞으로 일어날 일을 예측할 수 있는 원리나 법칙을 찾아내지 못했다는 것에 원인이 있었다고 할 수 있다. 그들은 일차적으로 겉보기 현상을 이해하는 데 모든 노력을 집중할 수밖에 없었다. 이에 대한 다양한 주장들 가운데 토론과 비판의 전통은 세울 수 있었지만, 서로 다른 다양한 현상들을 연관 짓는 법칙을 찾아내기에는 역부족이었는지 모른다. 오늘날의 과학이 빠른 속도로 발전할 수 있었던 것은 관찰이나 관측한 사실로부터 원리나 법칙을 찾아내고, 원리로부터 추론되는 현상을 예측해서 다시 관측과 실험으로 그 이론을 검증해 내려는 내부적인 역동성이 있었기 때문이다.

그렇지만 우리는 고대 그리스부터 지금까지 조금씩 쌓아온 지식의 축적과 사고 능력의 발전 덕분에 오늘날의 큰 진전을 이룰 수 있었다는 점을 잊어서는 안 될 것이다. 과학의 발전을 단순한 지식의 축적으로만 보아서는 안 되고, 그 이면에 있는 논리적 사고의 틀과 인간 사회와의 상호작용 전체를 보아야 할 것이다. 이러한 문제는 우리 인류가 앞으로 우주를 어떻게 이해하고, 세계를 어떤 시각에서 바라볼지, 그리고 과학적 지식을 어떻게 인간의 삶 속에 녹여나갈지와 관계되므로 모두의 숙제라고 해야 할 것이다.

03

정복 시대의 문화 확산과 융합

기원전 322년 아리스토텔레스가 사망할 무렵 아테네는 지중해 지역에서 주도권을 잃기 시작했다. 그리스 북부에 자리 잡고 있던 마케도니아 알렉산더 대왕Alexander(BC 356~323)의 정복 전쟁의 결과로 거대한 정치적 변혁이 일어났기 때문이다. 알렉산더는 그리스의 도시와 다른 여러 도시국가를 정복하여 세계국가를 건설함으로써 개방적이고 국제적인 공동체를 형성했다. 이리하여 높은 수준의 지적 소산인 그리스 문화가 이집트와 메소포타미아 지역, 인도에 이르는 넓은 지역에 전파되기 시작했다.

≡ 헬레니즘 문화

이집트의 알렉산드리아Alexandria를 비롯하여 소아시아(튀르키예 지역)의 페르가몬Pergamum, 시리아의 안티오키아Antiochia 등은 헬레니즘 시대에 그리스 문화가 꽃핀 유명한 도시들이다. 동시에 다른 지역의 다양한 토착 문화와 사상의 수용 및 폭넓은 지식의 교류 기회가 생겼다. '헬렌Hellen'이 그리스어로 그리스인 자신을 의미하는 말이므로, 헬레니즘이란 그리스적인 문화 또는 세계국가로 그리스 문화가 전파되어 형성된 융합 문화를 의미한다고 볼 수 있다.

이 시기에는 아테네에 집중되었던 그리스 문화가 지중해 연안으로 확장되어 퍼져나가면서 대규모의 계몽기를 맞이했지만, 세계시민이 된 사람들은 정복 전쟁과 정치적 변혁 과정에서 많은 불행과 고통을 겪었다. 그래서 철학은 아테네의 형이상학적 철학에서 인간의 내면적인 고통을 해결하려는 철학으로 바뀌었고, 과학 분야도 구심점을 잃고 현실의 요청에 따라 독립적인 개별 과학의 형태를 띠게 되었다.

특히 이집트와 아랍 지역 그리고 인도의 기술이 들어오면서 후기 고대 그리스의 과학은 좀 더 현실적인 문제에 관심을 돌린다. 이러한 경향은 헬레니즘 과학에서 이론과 실험이 접점을 찾는 계기가 되었다. 세계국가의 세계관은 헬레니즘 시대 이후 로마로 계승되고, 로마를 중심으로 하는 하나의 세계, 즉 보편주의universum의 개념이 형성된다. 그러나 로마가 철학이나 과학보다는 실용적 기술을 중시했기 때문에 과학 분야에서 큰 발전으로 이어지지는 않았다.

그리스 문화의 확산

헬레니즘 시기의 정치·경제·문화적 변화는 과학과 철학의 발전에 여러 형태로 영향을 주었기 때문에 그 이전의 고전적 시기와는 여러 면에서 구분이 된다. 과학에서의 뚜렷한 변화는 그 당시 활동했던 많은 학자가 그리스인이 아니었다는 점에서 그리스 과학의 영역에서 헬레니즘 세계 전체의 과학으로 확대되었다는 것이다. 또한, 기원전 323년 알렉산더 대왕이 죽은 후 그의 후계자들이 지배한 왕국은 그리스 도시국가들보다 훨씬 컸기 때문에 많은 부를 창출할 수 있었다. 이 남아도는 부를 이용하여 이집트의 프톨레마이오스Ptolemaios 왕조와 페르가몬의 아탈리드Attalid 왕조의 왕들은 예술을 비롯하여 학문 연구를 지원하는 개인적 후원자patron 역할을 했다. 특히 알렉산드리아는 프톨레마이오스 왕들의 후원으로 기원전 3세기 헬레니즘 세계의 문학과 과학을 비롯한 학문 연구의 중심지가 되었다.

과학 연구를 장려한 동기 중 일부는 전쟁 무기의 개량에 과학의 이론적 지식이 응용될 수 있었기 때문이다. 실제로 각종 기구와 무기들이 이 시기에 제작되었다. 도서관과 박물관을 창립하고 여기서 학자들이 함께 일하고 연구하도록 지원했을 뿐만 아니라 우수한 학자들을 이곳으로 데려왔다. 알렉산드리아의 과학을 대표하는 유클리드, 아르키메데스, 에라토스테네스, 프톨레마이오스, 갈레노스와 같은 학자들이 이 알렉산드리아의 과학 전통을 이어받아 발전시킨 학자들이다. 그들의 업적을 살펴보면, 아리스토텔레스에 이르러 최고점에 달한 고대 그리스 자연철학의 업적들이 헬레니즘 시기에 더욱 깊어지고 발전했음을 볼 수 있다.

유클리드Euclid(BC 259년경 활동)의 그리스 이름은 에우클레이데스Eucleides다. 그는 기하학의 아버지로 불릴 만큼 이전의 단편적으로 전해오던 기하학과 정수론을 잘 정리하여 『기하학 원론』(또는 『에우클레이데스의 원론』)이라는 13권의 책을 저술함으로써 기하학을 집대성했다. 그는 정리와 증명의 논리적 순서를 확립하고 새로운 증명 방법을 고안하기도 했다. 유클리드가 피타고라스의 정리를 증명한 것은 잘 알려진 사실이다. 일정한 공리에서부터 출발하여 정리들을 연역해 내는 논리적인 전개 방식은 근대 수학의 뿌리가 되었으며, 『기하학 원론』은 중세 대학의 기하학 교과과정에 포함되었다.

≡ 목욕탕에서 나온 "유레카"

물리학 분야에서는 아르키메데스Archimedes(BC 287~212)가 잘 알려진 인물이다. 그는 부력의 법칙을 발견하고 "유레카Eureka(알아냈다)"라고 기뻐 외치면서 목욕탕에서 알몸으로 뛰쳐나왔다는 일화로 유명하다. 왕관이 순금으로만 되었는지 아닌지를 알아내라는 왕명을 받고 고민하다가 발견했다는 부력의 법칙은 액체나 기체와 같은 유체 내에서의 물체의 무게는 그 물체가 밀어낸 유체의 무게만큼 가벼워진다는 법칙이다. 밀도가 다른 물질로 만든 물체는 무게가 같아도 부피가 다르므로 물속에 담가서 무게를 재면 달라지기 때문에 재료의 순도를 알아낼 수 있는 것이다.

실험을 중시한 그는 기술을 천시하던 당시의 경향과 달리, 각도를 재는 장치를 개량하여 지구에서 태양에 대한 각도를 재는 장치를 고안하거나, 태양과 달, 지구의 겉보기 운동을 재현하고 일식과 월식 같은 현상까지도 나타낼 수 있는 우주 모형을 만들어 천문학의 발전에 이바지했다. 그리고 지렛대의 원리를 이해하고 이를 이용한 투석기나 기중기와 같은 기계, 거울의 반사를 이용하여 빛을 모아 적을 공격하는 군사용 장치들도 고안했다. 이런 면에서 그는 이론과 실험을 연결한 최초의 고대 과학자였다고 할 수 있다.

그림 3-1 지렛대의 원리

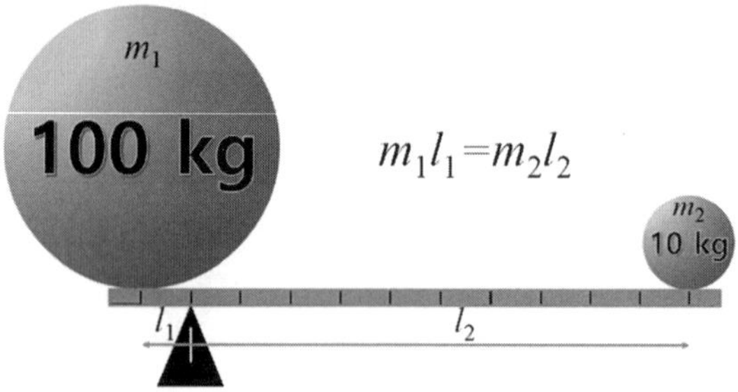

≡ 최초의 지동설

아리스타코스Aristachus(BC 310~230)는 고대의 코페르니쿠스로 부르기도 하는데, 최초로 지동설을 주장한 천문학자로 전해진다. 그는 최초로 천체 관찰에 기하학을 적용시켜 태양과 지구, 지구와 달 사이의 거리의 비를 계산했다. 달이 반달 모양일 때 태양이 달을 정면으로 비추고 있음을 알고, 달-지구-태양을 잇는 직각삼각형에서 사잇각을 측정하면 거리의 비를 계산할 수 있는 기하학 원리를 이용한 것이다. 또한 개기일식을 이용하여 태양과 달, 지구의 지름의 비를 논리적으로 추론했다. 개기일식은 태양과 달의 겉보기 크기가 비슷하여 그렇게 보이지만, 사실은 같은 시야각을 갖기 때문이다. 그런데 달과 태양이 지구에서 떨어진 거리의 비를 알아낼 수 있었기 때문에 닮은꼴 삼각형에서 변의 길이에 비례하여 달과 태양의 상대적 크기를 알아낼 수 있었다.

아리스타코스의 원시적 측정을 통해 계산된 결과들을 종합하면 태양의 부피는 지구의 부피보다 300배 이상 크다(실제 태양의 부피는 지구 부피의 1300배 정도다). 이로부터 아리스타코스는 이렇게 큰 태양이 작은 지구를 중심으로 돈다는 것이 모순이라고 생각했고, 오히려 지구가 태양을 중심으로 주위를 돌면서 자전한다고 주장했다. 천재적인 발견이었지만, 그 당시에는 이 주

그림 3-2 아리스타코스의 달과 태양까지의 거리 계산 방법

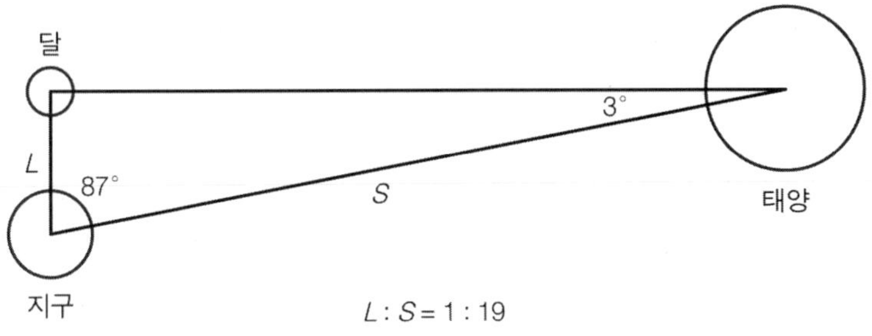

장이 받아들여지지 않았다.

그의 주장이 받아들여지지 않은 것은 아마도 당시 사람들의 상식과는 너무나도 맞지 않았기 때문일 것이다. 우선 아리스토텔레스 체계가 지배하던 당시의 분위기에서 불완전한 지상계인 지구가 완전한 천상계의 원운동을 한다는 주장이 받아들여지기가 어려웠을 것으로 보인다. 그러나 결정적인 이유는 이 주장을 검증할 수가 없었기 때문이다. 첫 번째로, 지구가 움직인다면 그 움직임 때문에 세찬 바람을 느껴야 한다고 생각했지만 그런 일은 없었다. 오늘날은 땅과 공기가 같이 한 덩어리로 움직인다는 사실을 알고 있지만, 그리스인들은 그것을 알지 못했다. 두 번째는 지구가 우주의 중심에 있어야 한다는 생각에서 벗어날 수 없었다. 무거운 물체가 떨어지는 것은 그것이 우주의 중심인 지구 중심을 향하기 때문인데, 지구가 중심이 아니고 태양이 중심이라면 물체가 태양 쪽으로 끌려 올라가야 한다고 생각했다. 그들은 중력을 제대로 이해하지 못하고 있었다. 세 번째로는 지구가 태양 주위를 돌고 있다면 계절에 따라 관측 지점이 다르므로 연주시차•가 있어야 하는데, 그렇지 못했다는 것이다. 이것은 사실 지구와 별들 사이의 거리가 너무 멀어서 정확한 측정이 그 당시의 원시적인 측정 기술로는 불가능했기 때문이다. 결국, 이런 반대자들의 논박을 피할 수가 없어서 그의 주장은 받아들여지지 않았다. 가끔 예술가의 작품이 당대에는 조명을 받지 못하다가 후대에 유명해지는 경우처럼 과학적 발견이나 진리 또한 당대 사람들의 인지 능력에 어울리지 않을 때는 받아들여지기가 힘든 것처럼 보인다. 그래서 플라톤의 이데아론이 설득력이 있는 것이다.

• 지구에 있는 관측자가 어떤 별을 관측할 때, 지구의 공전에 의해서 궤도 양쪽 반대쪽에서 관측되는 시선 사이에 각도 차가 생기는 현상.

≡ 지구 둘레의 측정

에라토스테네스Eratosthenes(BC 274~196)는 도서관 책임자의 관직에 있던 인물인데, 지리학과 수학, 천문학, 역사학 등에 조예가 깊었다. 그는 알렉산드리아 남쪽의 시에네에 있는 우물에서 하짓날 정오에 태양광이 수직으로 입사하는 사실과, 같은 시각에 알렉산드리아의 우물에서는 수직에서 7도 정도 다른 각도로 빛이 입사한다는 사실로부터 지구 둘레를 계산하는 방법을 찾았다. 이는 지구가 구형이기 때문에 생기는 현상인데, 지구가 구형이라는 사실은 탈레스가 지중해를 여행하면서 관찰한 결과를 바탕으로 가운데가 부풀어 오른 원반 모양이라고 한 주장에서 출발해서 피타고라스가 지구가 기하학적으로 완전한 구형이라고 한 주장을 거쳐, 아리스토텔레스가 월식 때 달에 생기는 지구 그림자가 둥글다는 것과 수평선 너머에서 배가 다가올 때 돛대의 끝이 먼저 보이기 시작한다는 것 등 실제 관찰 자료를 근거로 제시할 때까지 고대 그리스인에게는 골칫거리 문제였다. 그들의 생각에 지구가 구형이라면 왜 반대편의 물체가 떨어지지 않느냐는 것이다. 그래서 모든 물체는 지구 중심을 향하는 속성을 가져야 했고, 지구가 우주의

그림 3-3 에라토스테네스의 지구 둘레 측정

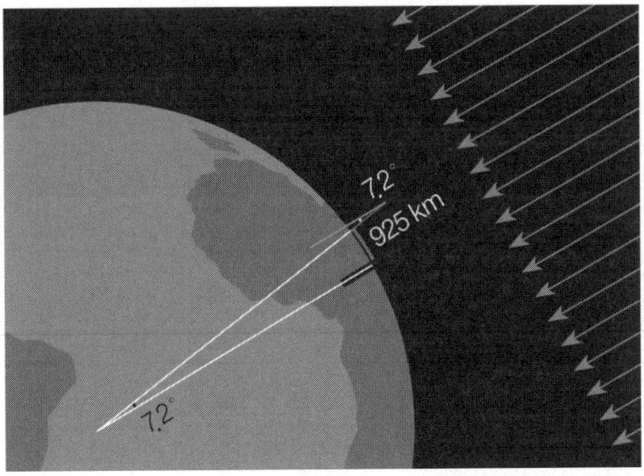

중심이 되어야 하는 이유가 되었다. 아무튼, 에라토스테네스는 지구가 구형이라는 것과 태양광이 평행이라는, 당시로는 매우 뛰어난 가정을 하여 지구의 반지름과 둘레를 계산했다. 기하학에서 부채꼴 원호의 중심각과 호의 길이가 비례한다는 원리를 이용한 것이다. 그는 알렉산드리아와 시에네까지의 거리를 측정하고, 태양광의 각도 차이로부터 지구 둘레를 계산할 수 있었다. 그리고 기하학 원리로부터 태양과 달의 크기, 그리고 지구에서 이들 천체까지의 거리도 추론했다.

이 학자들이 이루어낸 업적은 논리학과 수학 및 관측과 측정에 바탕을 두고 있었기 때문에 고대 그리스의 과학적 사고를 크게 발전시킨 것이었다. 그리고 기원전 3세기 이후부터 바빌로니아 천문학과 그리스 천문학의 융합이 점점 중요해졌다. 헬레니즘 세계가 로마제국에 의해 막을 내린 이후에도 알렉산드리아 과학은 명맥을 이어가면서 프톨레마이오스의 천문학 체계가 만들어지게 되었다.

≡ 로마의 팽창과 과학기술

로마는 고대에서 중세기에 이르기까지 과학의 발전에는 거의 이바지를 하지 못한다. 단지 헬레니즘 시기에 제국의 확장을 통해 선진 그리스 문화를 수용하고 주변 지역에 전파하는 역할을 하는 정도에 그쳤다. 기원전 6세기 초에 왕정에서 공화정으로 정치체제가 바뀐 로마는 귀족과 평민 사이의 계급투쟁과 외적과의 전쟁을 겪는 가운데 기원전 4세기까지 외부와 봉쇄하는 정책을 폈다. 그러나 결정적으로 켈트족에게 치욕적인 침탈을 당한 후 정치 개혁을 하면서 강력한 국가로 탄생했다. 기원전 367년 로마는 '리키니우스 법'을 제정하고 평민도 집정관과 같은 국가 요직에 오를 수 있도록 완전히 개방하는 정책을 폈다. 내부 불만을 잠재우고 이후 강성해진 로마는 '로마연합'을 통해 대외 관계도 개혁하면서 지중해 전역으로 영향력을 넓혀나갔다. 이 과정에서 정치와 군사 및 행정의 필요에 따라 포장도로를 건설하여 유기적 전략 망을 만드는 독특한 방식이 시작되었다. 이리하여 기원전 312년부터 기원전 107년까지 로마의 주요 도로들이 건설되었고, 이 도로망은 로마가 경제적으로 번영하는 데에도 크게 이바지하여 "모든 길은 로마로 통한다"라는 말이 나올 만큼 로마의 패권과 영향력을 크게 증대시켰다.

이처럼 로마인들은 그리스인들과는 달리 역사적으로 법률이나 제도, 수도나 도로 건설과 같은 실제적인 문제에 더 많은 관심을 가질 수밖에 없었다. 기원전 3세기 후반에 발명된 화산회로 만든 강력한 시멘트 콘크리트는 기원전 1세기경에 대리석을 밀어내고 로마의 주요 건축 자재로 널리 쓰이게 되었다. 콘크리트를 이용하여 여러 건축 방식을 설계할 수 있게 되었고, 지금까지도 사용되는 튼튼한 포장도로를 건설할 수 있었다. 그렇지만 고대 로마의 여러 실용적인 기술들은 그리스의 것에서 받아들인 것이다. 지금도 그렇지만, 기술도 기본적인 과학 지식이 없으면 적용이 어렵다. 역사적으로 고대 로마와 끊임없이 다투었던 로마 북부 지역의 에트루리아는 고대 그리스의 문화를 수입하여 로마에 전하는 역할을 했다. 로마의 도로, 교량, 수도관, 목욕탕, 극장, 경기장 등을 건설하는 데 사용된 공학 기술은 그들이 그리스의 과학을 수용하고 적용하고 있었음을 보여준다. 이 시기에 세련된 그리스 문화가 유입되어 전반적인 문화의 향상이 이루어졌고, 이로써 지중해 전역을 무대로 하는 그리스·로마 문화의 생성 과정이 시작되었다.

정복 시대의 철학

알렉산더 대왕의 정복 전쟁에 이은 로마의 정복으로 사람들은 연이은 전쟁이 가져다준 불행과 고통 속에서 신음하고 있었다. 특히 그리스인들은 자신들의 터전을 모두 잃어버린 상황에 놓여 있었다. 따라서 이 시기의 철학은 이러한 어두운 분위기를 반영하고 있다. 대표적으로 에피쿠로스학파와 스토아학파 그리고 회의주의학파들의 철학을 살펴보기로 하자.

≡ 에피쿠로스학파와 정신적 쾌락

에피쿠로스Epicurus(BC 342~270)는 데모크리토스와 플라톤의 영향을 많이 받았다. 그의 철학은 현실에 대한 체념이 기조를 이루어 현실 개조를 위한 플라톤의 윤리적 철학과는 달리 '마음의 평정ataraxia'을 주로 다루고 있다. 플라톤의 이데아는 현실을 넘어선 곳에 있었고, 현실을 넘어설 마음의 약동을 가질 수 없었던 그들은 플라톤의 이데아 대신 데모크리토스의 원자론에 더 마음이 이끌렸다. 데모크리토스의 원자는 플라톤의 이데아처럼 이성의 산물이며 흔들리지 않는 하나의 존재로서 현실을 구성한다고 생각했다. 그의 원자론적 세계관을 들여다보면, 변화무상한 만물은 원자로 구성되어 있지만, 원자는 그 자체로 영원히 변하지 않는다는 것이다. 인간의 육체와 영혼도 원자의 작용으로 만들어진 것의 일종이므로 삶은 일시적이고 죽음은 영원하다는 것이다. 이러한 유물론적 관점에서는 이상주의적인 노력은 의미를 잃고, 단지 고통을 피하고 쾌락을 추구하는 것만이 중요해진다. 그래서 에피쿠로스학파를 쾌락주의라고도 한다.

그러나 여기서 쾌락은 육체적 고통과 죽음의 공포에서 해방된 상태를 말하며, 육체적인 쾌락이 아니라 정신적인 쾌락을 의미했다. 불교에서 말하는 해탈과 열반의 경지와 비슷하다고나 할까. 사실 에피쿠로스는 현명하고 진지하게 도덕적으로 살아야만 행복하고 고통에서 벗어날 수 있다고 생각했다. 그들에게 지식은 종교적이고 미신적인 두려움에서 벗어나는 데 필요한 것이었는데, 그것은 내적 감정과 외부적 감각에 대한 지식이었다. 그리고 에피쿠로스는 사회계약으로서의 정의에 대한 혁신적인 이론을 제창했다. 에피쿠로스에 따르면 정의는 해를 끼치거나 해를 끼치지 않는다는 합의이며, 질서 있는 사회에서 공생하면서 모두가 유익함을 충분히 누리려면 그러한 계약이 필요하다는 것이다. 행복을 증진하는 데 도움이 되는 법은 정의롭지만 그렇지 않은 법은 정의롭지 않은 것이었다.

데모크리토스의 원자론에 바탕을 두고 있는 에피쿠로스의 자연철학에는 주목할 만한 독창적인 부분도 있다. 그는 「헤로도토스에게 보내는 편지」에서 "어떤 것도 존재하지 않는 것에서 생겨나지는 않는다"라고 하면서, 마찬가지로 "없어지는 것이 완전히 소멸하는 것이라면 세상의 모든 것은 사라지고 없을 것이기 때문에 그 어떤 것도 결코 무無로 사라지지 않는다"라고 했다. 나아가 "우주는 항상 현재 그대로였고, 또 항상 똑같이 존재할 것이다. 왜냐하면 우주를 바꿀 것은 아무것도 없고, 우주 바깥에서 들어와서 우주를 바꿀 수 있는 것도 없기 때문이다"라고 주장했다. 이러한 주장은 근대 과학에서 나타나기 시작하는 보존법칙에 대한 사고와 맞닿아 있다. 그리고 우주는 무한하며 원자의 수도 무한하므로 우주에는 우리가 사는 세상과 같거나 다를 수도 있는 세계들이 무한히 존재할 수 있다고 생각했다. 오늘날의 다중우주론과 비슷한 내용의 서술이어서 고대인의 직관적 사고가 놀랍게 느껴진다.

≡ 스토아학파의 로고스

헬레니즘 시대에 에피쿠로스학파보다 더 큰 영향을 끼친 철학은 제논Zenon(BC 335~263)이 설립한 스토아학파의 철학이다. 스토아 철학은 고전기 그리스를 대표하는 명문가 출신 학자들의 철학이 아니라 변경 사람이나 이방인의 철학이었으며, 그리스 문화가 지중해 연안 여러 지역에 영향을 미친 헬레니즘 시대를 대표하는 철학이었다. 제논은 에피쿠로스보다 10년 늦게 아테네의 기둥이 늘어선 강당(주랑)에서 강의를 개설했는데, 스토아란 이름도 '기둥'을 뜻하는 그리스어 '스토아stoa'에서 유래했다. 스토아학파는 공공장소에서 사람들과 토론하고 가르쳤기 때문에 널리 알려지게 되어 그들의 철학은 '대중 철학'이 되었으며, 헬레니즘 시대의 정치·사회적 맥락에서 사람들에게 불행과 고통에 맞서는 심리적 피난처를 제공했다. 그리고 스토아 철학은 하나의 사상을 중심으로 형성되고 계승된 체계가 아니고 사람과 시대에 따라 상당한 차이가 있으며 내용에서도 다양성을 보여준다.

제논의 사상도 내면적 평화와 자유를 얻으려는 데 있었다. 그래서 외부적인 모든 조건, 즉 재산이나 명예나 권력은 관심의 대상이 아니었고, 그것들은 선도 악도 아닌 중립적인 것으로 보았다. 선과 악은 오직 마음속의 동기에 있다고 보았으며, 쾌락도 노력의 대상이 아니라 어떤 목적을 달성했을 때 얻어지는 부산물이었다. 즉, 인간 삶의 참된 의미와 행복은 눈에 보이는 것이 아닌 마음의 도덕성에 있다고 본 것이다. 진정한 행복과 자유를 누리려면 어떤 외부적인 상황에서도 동요하지 않는 의연한 상태, 주관적인 감정에서 자유로운 상태인 '아파테이아apatheia'의 경지에 이르러야 한다고 보았다. 이를 위해서는 욕구와 감정을 절제하는 삶의 태도를 길러야 한다고 했다. 그리고 일체의 만물은 신적인 이성인 '로고스'에 지배되며, 인간의 본성에도 로고스가 있으므로 '순리적인 삶'은 곧 '이성적인 삶'을 의미했다. 따라서 이성을 따르는 삶이 덕성을 실현하는 것이고 행복과 자유를 얻는 길이라고 보았다.

문명은 부와 권력 또는 소유에 관심을 두는 것이 아니라, 인간 정신을 깨우치고 가꾸어나가는 데 관심을 둘 때 발전한다. 이런 생각에 마음이 미치면 부유한 국가, 풍요에 넘치는 부와 안락을 즐기는 사회는 '문명'과는 직접 상관이 없다고 볼 수 있다. 그것들은 진정한 문명이 가져다주는 부수적인 결과물일 뿐이다. 만약 그런 부수적인 것들에 더 집중하는 사회가 된다면 그것은 플라톤이 소크라테스를 통해 '전쟁의 기원'에 대해 말한 것처럼 전에는 전혀 필요하지 않았던 것들을 끊임없이 갈망하며 그 욕망을 충족시키기 위해 싸움을 벌이게 된다. 고대 말에서 중세 초 사람들이 겪은 고통의 원인이라 하겠다.

스토아학파 자연철학의 특징은 유물론적 일원론으로 말할 수 있다. 세상의 근본을 물질로 보아 인간의 육체나 영혼, 심지어 신도 물질이라고 생각했다. 물질로 구성된 우주는 어떤 법칙의 지배를 받아 질서와 조화를 이루는 것으로 보았는데, 헤라클레이토스가 그랬던 것처럼 이를 로고스라고 했다. 플라톤의 이원론과 다르게 오로지 로고스라는 자연의 법칙만이 존재한다고 생각했으며, 여기에서 신·자연·운명·섭리는 동의어였다. 후기에 가서 로고스는 우주를 지배하는 신적인 섭리가 되며 그리스도교를 비롯한 서양 사상에 많은 영향을 미쳤다.

≡ 실증주의의 원조, 회의주의학파

마음의 안정을 얻기 위해서는 판단을 중지해야 한다. 이것은 회의주의학파의 생각을 대변하는 언급이다. 회의주의학파는 에피쿠로스학파와 스토아학파의 인식이나 이성을 중시한 독단적인 가르침을 공격했는데, 이들의 생각은 소크라테스의 무지無知에 대한 가르침과도 맞닿아 있다. 정치와 사상의 혼란 가운데 기존의 생활 규범이 무너진 헬레니즘 시기에 성립한 회의주의 철학은 경험주의적 사고방식을 취하며 세계에 관해서 확실한 지식 또는 진리를 파악할 가능성에 대해 회의적인 태도를 보인다.

회의주의를 의미하는 '스켑티코스skeptikos'는 본래 '탐구하고 성찰'한다는 뜻이지만, 그들의 생각이 회의적이었던 것은 진리를 탐구하는 과정에서 인간 인식 능력의 한계 때문에 최종적인 단정을 내릴 수 없다는 이유에서였다. 그래서 진리 탐구의 과정에서 항상 방황하고 불안한 상태에 있을 수밖에 없으므로 오히려 모든 판단을 중지해야만 마음의 안정을 찾을 수 있다는 것이다. 헬레니즘 시기의 회의주의 철학은 인식론과 과학적 방법론에도 영향을 주었다. 회의주의는 진리의 기준에 대한 의심에서 출발하여 판단 불가능성, 상대성을 주장할 뿐만 아니라, 지각의 불완전성에 기인한 지식의 불완전성을 강조하는 형태로 발전했다. 이러한 시각은 근대의 철학자 흄에 이르러, 경험적인 방법으로 검증할 수 없는 것은 참이나 거짓으로 판명할 수 없다고 주장하는 논리 실증주의로 이어졌다.

04

변혁기의 자연철학

중세는 보통 로마제국의 분열과 쇠퇴, 그리고 그리스도교가 국가 권력으로 등장한 5세기 말에서 르네상스의 문예부흥 운동이 시작된 15세기까지의 시기를 일컫는다. 헬레니즘 세계가 형성되었던 기원전 1~2세기에 그리스의 자연철학은 이미 로마 세계에 침투해 있었고, 기원전 2세기까지 로마는 그리스 공동체에 속했기에 그리스인들이 이탈리아반도 남부에 정착하기도 했다. 로마 상류층에서는 그리스어와 라틴어를 같이 사용했으며, 로마가 계승한 그리스 문화는 헬레니즘 이후에도 여전히 존속하면서 지중해를 중심으로 한 넓은 지역에 전파되었다. 소수 자연철학자들의 산물이었던 그리스의 과학은 적어도 로마제국이 안정을 유지하며 번성하던 3세기까지는 연약하게나마 발전되고 유지되었다고 볼 수 있다. 이 장에서는 로마제국이 고대 그리스를 포함하는 지중해 주변의 넓은 지역을 정복하고 지배했던 고대말기부터 중세기까지 유럽에서의 과학과 철학을 살펴보고, 학문의 발전에 필요한 요소와 과학과 종교의 문제들을 생각해 보도록 한다.

고대말기의 과학과 사회의 변화

일반적으로 헬레니즘 세계가 막을 내린 기원전 30년경부터 서로마제국이 몰락한 5세기 말까지를 고대말기로 구분한다. 고대말기는 알렉산드리아 과학의 전통이 이어지면서 그리스 자연철학이 마지막 호흡을 이어갔던 시기로 볼 수 있다. 로마는 아우구스투스가 기원전 27년에 이집트의 프톨레마이오스 왕조를 정복하고 로마제국을 형성한 이후 약 200여 년 동안 비교적 평화로운 시기를 맞이했다. 전 지중해 세계를 통합한 로마제국은 선진 문명을 유럽 각지에 전파하는 역할을 했다. 당시 로마제국은 지중해 지역을 포함하여 서유럽과 일부 동방 지역까지 영향력이 미친 만큼 고대 그리스 자연철학이 널리 전파될 수 있었다(〈그림 4-1〉 참조).

알렉산드리아에서 활동하던 과학자들은 이 시기에 수학과 천문학, 생물학과 의학 분야에서 많은 저술을 남겼다. 기원후 2세기에 프톨레마이오스

그림 4-1 로마제국의 시기별 확장 영역

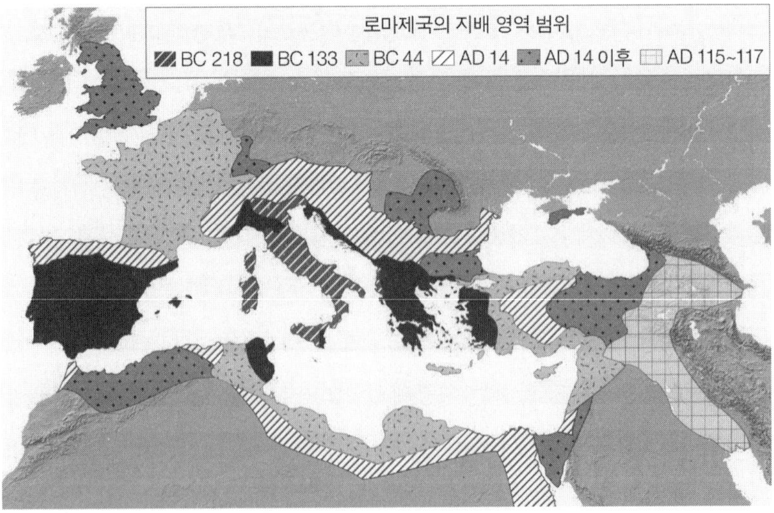

Ptolemaios(100~170?)가 그리스의 천문학을 집대성한 『알마게스트Almagest』•를 비롯하여 광학, 지리학 등의 전문적인 서적을 썼으며, 의학과 생물학에서는 갈레노스Galenos(130~200)가 이론과 관찰을 모두 다룬 150여 편의 저술을 남겨 16~17세기까지 받아들여진 의학 이론의 기초를 닦는 업적을 남겼다. 수학에서도 디오판토스Diophantus(250년경 활동)와 파포스Pappus(300~350)가 대수학에서 중대한 공헌을 했다. 고전기 그리스 자연철학에서 볼 수 있었던 창의성의 불꽃은 사그라지고 없었지만, 이 정리된 저술들은 그리스의 자연철학 탐구의 열매가 로마제국의 영역 전체에 걸쳐 확산하는 데 중요한 역할을 했다고 볼 수 있다. 로마는 새로운 이론이나 어려운 이론적 연구들에 대한 흥미와 능력은 갖추지 못했지만, 자연 세계에 관심이 있는 교육받은 사람들이 많았기 때문에 이들을 위해 여러 과학 분야의 전문 지식을 쉽게 기술한 개요서handbook들도 나오게 되었다.

≡ 프톨레마이오스의 천문학

프톨레마이오스의 『알마게스트』는 코페르니쿠스의 천문학 혁명 이전 시대 최고의 천문학 책으로 인정받았다. 그는 여러 관측 자료를 기초로 기하학 이론을 사용하여 이전의 지구 중심 우주를 수정한 새로운 천문학 체계를 제안했다. 그는 고대부터 행성들의 밝기가 일 년 동안 변하는 현상과 행성의 역행운동(외행성이 궤도의 한 방향으로 움직이다가 어느 시기 동안 반대 방향으로 되돌아갔다가 다시 원래 방향으로 운동하는 겉보기 현상. 〈그림 4-2〉 참조)과 같이 지구중심설로 설명하기 어려운 천체 현상을 설명하기 위해서 주전원, 대원, 이심과 같은 개념을 확장해 대심 개념을 도입했다.

• 원래의 그리스 이름은 'Mathēmatikē Syntaxis'(수학의 집대성)였으나, 나중에 "위대한 논문"이란 칭호가 붙었고, 그것의 최상급인 '가장 위대한'이란 뜻의 아랍어가 라틴어로 표현된 것이 알마게스트다.

그림 4-2 2003년 관측된 화성의 역행운동

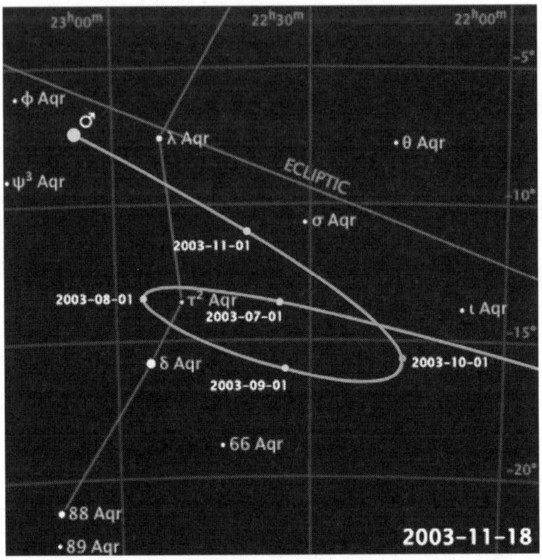

프톨레마이오스가 지구를 중심에 놓고 이렇게 복잡한 천체 운동을 어떻게 기술했는지를 잠시 살펴보면, 지구를 중심으로 하나의 큰 원형 궤도(주원)를 만들고, 그 원형 궤도상의 한 점을 중심으로 다시 작은 원형 궤도(주전원)를 만들어 행성이 이 주전원을 따라 운동한다고 본 것이다. 그러면 지구에서 바라보았을 때, 어느 지점에서 행성이 진행하던 방향의 반대쪽으로 가다가 다시 원래 방향으로 움직이는 것처럼 보이는 현상을 설명할 수 있었다. 이 현상을 좀 더 자세히 기술하기 위해서 보완한 것이 대원의 중심이 지구 중심에 있지 않고, 약간 떨어진 지점(이심)에 있다고 한 설명이다. 그리고 행성이 지구 주위를 등속운동을 하지 않고 부등속운동을 하는 것을 설명하기 위해서 대심이라는 또 다른 궤도운동의 중심을 도입하기도 했다. 이렇게 행성들의 운동을 기술하다 보니 프톨레마이오스의 천문학 체계는

그림 4-3 프톨레마이오스 체계의 이심(C)과 대심(Q). 행성은 점 F를 중심으로 한 주전원 궤도를 등속 원운동하고, 주원 위의 점 F는 이심 C를 중심으로 하는 주원 궤도를 돌지만, 대심 Q를 기준으로 한 각속도가 일정하게 유지됨에 따라 A에서 가장 느려지고 B에서 가장 빨라지는 부등속운동을 한다.

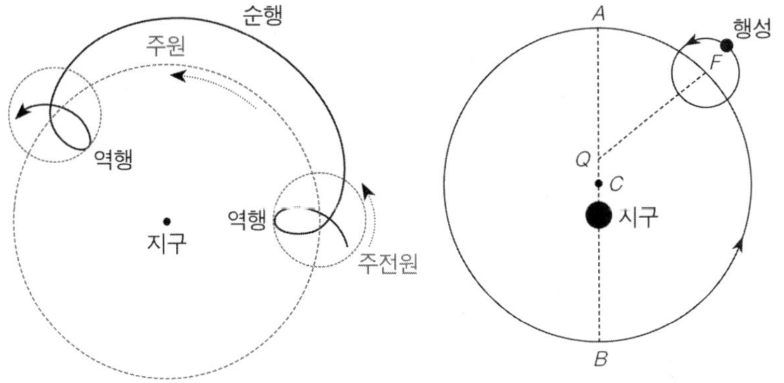

약 80개의 원이 필요할 정도로 매우 복잡한 구조였다. 이런 이유로 비판도 받았지만, 행성의 밝기 문제와 역행운동과 같은 천체 현상을 매우 정확하게 설명할 수 있었기 때문에 천문학 혁명을 통해 태양 중심의 천문학 체계가 세워지기 전까지 1500년 동안 서양에서 표준적인 우주 체계로 자리 잡았다.

그리스 문화의 확산과 로마제국의 쇠퇴

로마제국은 그리스를 비롯한 지중해 전역을 실질적으로 장악했지만, 그리스 문화와 학문은 단절되지 않았다. 오히려 "정복당한 그리스가 사나운 정복자 로마를 사로잡았고, 야만스러운 라티움에 학문을 가져다주었다"라고 한 호라티우스Quintus Horatius Flaccus(BC 65~8)•의 말처럼, 로마는 힘으로 그리스를 점령했지만, 학문과 문화에서는 그리스인이 정복자였다. 그리스어를 알고 있던 로마의 상류층 사람들은 고대 그리스가 자연철학을 비롯하여 문학, 예술에서 이룩한 성취에 감명을 받았고, 이에 대한 지식을 기본 소양으로 삼았다.

그러나 로마인들은 실용적인 학문에만 관심이 있었고, 자연에 대한 깊은 사고와 비판 정신은 없었기 때문에 그리스의 자연철학을 지속해서 발전시키지는 못했다. 그리고 오랜 전쟁을 끝낸 로마는 고대 그리스의 아테네에서 궤변가들이 활동할 무렵과 분위기가 비슷했다. 그들에게는 사회적 갈등을 조정하고 제국을 이끌어갈 수 있는 인재들이 필요했고, 자연스럽게 '언변이 좋은 사람'이 출세하는 세상이 되어버렸다. 로마의 유력가들은 자녀 교육을 위해 그리스 지식인들을 가정교사로 들였는데, 키케로Marcus Cicero (BC 106~43)•가 그리스인에게 사교육을 받은 대표적 로마 정치인이자 작가로 그는 그리스 학문 대중화의 후원자였다. 그리고 대부분의 로마 시민들도 그리스 출신 노예에게 자녀들의 교육을 맡길 정도로 그리스 문화가 로마 세계로 퍼져나갔으니, 문화적으로 그리스에 정복당했다는 말이 과장은 아니다.

여기서 잠깐 로마제국의 교육을 살펴보고 넘어가도록 하자. 로마의 교육은 그리스 문물이 들어오면서 가정교육에서 공공교육으로 변화되었고, 황제의 통치권이 확대되면서부터 로마 전역에 학교가 설립되고 로마인 특유의 체계적인 교육제도를 시행하기 시작했다. 그러나 그리스의 교육은 철학을 중시했지만, 로마의 교육은 문학과 수사학을 중시했다. 그런데 수사학은 엄격한 검토를 거치는 웅변술이 아니라, 말만 그럴듯하게 하는 궤변가

• 고대 로마 공화정 말기의 시인으로, 아테네에 유학하여 고대 그리스 철학과 문학을 공부했다.

• 정치적으로는 암살을 당하는 불행을 맞지만, 문학자로서 고전 라틴어 문학사에 큰 업적을 남겼다.

를 양성하는 형태로 바뀌어 교육의 내용은 공허해지고 부자연스러워졌다. 언변만을 중시하는 교육 체제에서는 그리스 자연철학처럼 진지한 지적 탐구가 이루어질 수 없었고, 결국 쇠퇴할 수밖에 없는 운명을 지니고 있었다. 기원후 4세기 말까지 공공교육이 이루어지다가 게르만족의 대이동으로 6세기에는 몇몇 공공학교만 남고 거의 사라져 버렸다.

≡ 그리스·로마 문화의 대중화와 확산

한편, 라틴어로 번역된 개요서들이 나오면서 그리스 문화의 대중화도 시작되었다. 이 과정에서 그리스의 형이상학이나 인식론과 같은 난해하고 어려운 주제나 그리스의 수학이나 천문학, 해부학 등 추상적이고 이론적인 내용보다, 주로 실용적이고 호소력 있는 주제들을 취사선택하는 경향을 보였다. 사실 수많은 전쟁과 정복사업 과정에서 도시 건설과 관련된 건축이나 토목, 의학과 같은 실용적인 기술에 더 관심이 많았던 로마제국에서는 그리스의 자연철학과 같은 추상적이고 이론적인 학문이 발전할 수 있는 문화적 토양이 없었다고 볼 수 있다. 그리고 그리스어를 배운 소수의 로마인을 제외하고 대다수는 라틴어로 번역된 개요서 정도를 접할 수 있었으니, 그리스 자연철학에 대한 이해 수준도 낮을 수밖에 없었다.

고대말기의 로마에서는 라틴어 개요서뿐만 아니라 여러 분야를 망라한 백과사전식 저술도 이루어졌다. 라틴어 백과사전의 저술로는 37권으로 된 플리니우스Plinius(23~79)의 『자연사Naturalis Historia』를 대표적으로 들 수 있다. 그는 100명의 저자가 저술한 2000권의 책을 조사하여 편집했다고 한다. 그런데 자료들이 제대로 검토되지 않은 채 마구 수집되어, 내용은 혼란스럽고 체계가 잡히지 않은 형태로 되어 있을 뿐만 아니라, 그리스 이론과학을 제대로 이해하지 못하는 데서 오는 혼동과 모순, 오해가 많았다. 그 밖의 다른 번역서들도 출처가 분명하지 않게 편집되거나, 로마인들의 흥미와 입맛에 맞게 변형되기도 했다. 이러한 경향은 8세기까지 계속되었다. 그러나 로마인들이 그리스 과학의 대중화에 이바지했다는 점은 중요하게 평가받아야 한다. 사회·정치적 변혁기에 새로운 철학과 과학의 발전이 없는 상태에서 개요서나 주석서, 백과사전식 서적의 편찬은 중세 초기에 그리스 자연철학을 보전하고 널리 퍼뜨리는 데 중요한 역할을 했다고 볼 수 있다.

그리스·로마의 문화는 로마제국이 워낙 방대한 영토를 지배했고 오랫동안 번성했기 때문에 유럽과 아프리카, 중동 각지에 퍼지며 큰 영향을 끼쳤다. 언어, 종교, 예술, 건축, 철학, 법 등 거의 모든 분야에서 로마의 입김이 미쳤으며, 특히 로마에서 사용되던 라틴어는 유럽 대부분의 권역에서 사용되었다. 그러나 로마제국은 3세기 말에 이르러 그 이전의 오랜 정치적 불안정의 결과로 동서로 분할되면서 쇠퇴하기 시작했다. 동·서로마의 학문 교류가 줄어들고 지적 연속성은 단절되었으며, 서로마 지역에서는 그리스어 문헌을 통해 학문에 접근하는 것 자체가 어려워졌다.

그러나 기본적인 그리스어 문헌들이 계속 라틴어로 번역되기도 했는데, 칼키디우스Calcidius(500년경 활동)는 플라톤의 문헌 중 『티마이오스』의 대부분을 주해까지 붙여 라틴어로 번역했고, 보에티우스Boethius(480~524)는 아리스토텔레스의 주요 논리학 저서들과 유클리드의 『기하학 원론』을 번역했다. 특히 보에티우스는 당시에 입수 가능한 플라톤과 아리스토텔레스의 모든 작품을 라틴어로 번역하고 플라톤의 철학과 아리스토텔레스의 철학 사이의 조화를 도모하려 했다.

활력을 잃은 서로마의 경제는 그리스에서 시작되어 활성화되었던 화폐경제가 물물교환의 실물경제로 퇴보했으며, 인구는 감소했다. 토지는 일부 대지주에게 독점되어 자유농민과 중간층이 몰락했다. 게르만 용병으로 채워져 무력화되었던 로마군은 게르만족의 침입을 막지 못하고 고통을 겪다가 결국 서로마는 476년 패망하여 영토 대부분이 게르만족 지배하에 놓인다. 동로마제국도 일시적으로 제국의 면모를 회복하려는 노력을 기울였지만, 결국 쇠퇴의 길을 걷는다. 중세는 이렇게 지중해 지역에서 권력 투쟁과 전쟁, 민족의 대이동 등 정복의 시기라고 볼 수 있을 만큼 혼란스러운 분위기 속에서 시작된 것이다. 몇 세기 전과 완전히 달라진 상황에서 서유럽은 새로운 형태의 변화를 맞이하게 되었다.

≡ 고대말기의 신플라톤주의

로마 문화가 보여준 보편주의적 특징은 모든 길이 로마로 통한다는 말처럼 모든 것이 하나로 향해 있다는 것이다. 이렇게 하나로 통해 있던 로마제국이 3세기부터 쇠망의 길로 들어서자, 철학적 사고에도 영향을 미쳤다. 아리스토텔레스의 목적론적 세계관은 고통 속에서 신음하며 이에서 벗어나기를 갈망하던 시기에는 설득력이 약했다. 그래서 플라톤의 이데아 세계로 도피하여 우주를 지배하는 신의 섭리에 기대며 인간의 내면적 세계로 들어가려는 경향이 강해졌다.

플로티노스Plotinus(203~269)는 플라톤의 이데아계와 현상계의 이원론적 세계관을 일원론적으로 체계화시켰다. 그는 플라톤의 존재의 계층을 선善(또는 하나인 것monad), 지성nous, 영혼psyche, 물질계로 나누고, 세상의 만물은 하나의 근원에서 나와서 다시 하나의 근원으로 돌아간다고 했다. 존재의 하부 계층을 구성하는 것들은 완성도가 떨어지는 것들로서 시간성과 분열성이 있지만, 선의 내부적인 힘으로 다시 초월적이고 충만한 선을 향해 단계적으로 올라간다는 것이다. 여기서는 '악惡'이란 것이 따로 존재하지 않고 '절대선의 결여'가 악이었으며, 악의 정도는 절대선의 결여 정도를 나타내는 것이었다. 그의 이러한 체계는 플라톤의 이데아계에 아리스토텔레스의 운동·변화에 대한 견해와 스토아학파의 통일된 하나의 유기체로서의 우주를 보려고 하는 관점 등이 도입된 것으로 볼 수 있다. 이리하여 플라톤의 이원론적 체계는 동적인 일원론으로 변형되고, 인간은 선에서 떨어져 나왔으나 끊임없이 선으로 돌아가려고 노력하는 존재로 나타나고 있다.

이민족의 침입과 로마의 쇠망으로 인한 사회적 불안정은 사람들에게 불행과 고통은 물론 가치관의 혼란을 안겨주었고, 이렇게 신음하는 사람들에게 플로티노스는 내면적인 세계로 들어가서 자아를 넘어선 곳에 자리 잡은 선 자체로 향하는 길이 구원의 길이라고 말하는 것이다. 이렇게 시작된 신플라톤학파는 최후의 고대 그리스 철학이 되었다. 그의 구원론은 당시에 영향력을 키워가던 그리스도교와 쌍벽을 이루었고, 그리스도교 신학에도 영향을 미쳤다.

≡ 그리스도교의 탄생

한편, 고대말기의 그리스·로마 문화권 바깥쪽에서 중요한 변화가 일어난다. 그리스와 로마는 기본적으로 같은 언어 구조를 갖는 인도유럽 문화권이다. 그런데 다른 언어 구조를 가진 셈족 문화권에서 유대인 나사렛 예수라는 인물이 나타났고, 그의 가르침을 따르는 그리스도교라는 종교가 영향력을 키우며 그리스와 로마로 전파되어 나갔다. 셈족 문화는 세계관도 달랐다. 인도유럽 문화는 신화에서 볼 수 있듯이 다양한 신들을 믿으면서 세상을 대립적인 요소들의 경쟁으로 파악하려 했고, 그래서 지혜와 통찰력을 얻고자 한 것이 그리스 자연철학이라고 볼 수 있다. 같은 문화권에 속하는 인도의 힌두교와 불교도 철학적 요소가 짙은 특징이 있다. 그리고 생성과 소멸의 변화를 반복하는 것처럼 역사에 대해서도 순환론적 역사관을 갖고 있었다. 반면에 셈족 문화에서는 유일신을 믿었고, 이는 유대교, 이슬람교, 그리스도교 모두에서 공통이다. 이들은 역사관도 우주의 창조(시작)에서 최후의 심판(끝)에 이르는 직선적 역사관을 공통으로 가졌다(가아더, 2001). 그리고 인간의 역사 안에는 신의 뜻이 담겨 있다고 보았다. 고대말기부터 중세 초기에 걸쳐 그리스도교의 영향력이 커지게 되었다는 사실은 불가피하게 두 이질적 문화가 충돌할 수밖에 없었음을 의미했다.

그리스도교는 로마인들에게는 전혀 새로운 종교였으며, 그 이질성으로 인해 전파와 함께 박해를 받기 시작했다. 다신교를 믿었던 로마인들은 그리스도교 사람들이 자신들의 신들에게 경배하지 않고 같이 어울리지도 않는 것을 신들이 가져다주는 제국의 번영과 안녕을 해치는 행위로 여겼고, 태양신의 아들이라고 생각하는 황제에 대한 숭배를 거부하는 것도 제국에 대한 불충이며 반역이라고 생각했던 것이다. 그러나 정치적 혼란기를 거치면서 그리스도교는 313년의 밀라노 칙령을 통해 공인되었고 박해는 그쳤다. 나중에는 그리스도교가 로마 국교로 선포되기까지 했다.

팽창을 멈춘 로마제국은 노예제와 빈부 격차 등 여러 사회문제가 심화된 상황에 놓여 있었고, 오랜 고통에 시달리던 사람들은 하느님 앞에서 인간은 평등하다고 가르치고 박애 사상을 강조하는 새로운 종교를 받아들였던 것이다. 이렇게 그리스·로마 문화권과는 다른 이질적 문화의 유입과 충돌, 사회적 갈등 및 해소 과정에서의 정치·사회적 구도의 변화는 고대 그리스 자연철학의 수용에서도 그 이전과는 다른 양상을 띠게 되었다.

중세 초기의 사회변혁과 암흑기

여기에서는 유럽에서 6세기 이후 중세 초기에 왜 과학의 암흑기라고 부를 만큼 침체되는 상황을 맞이하게 되었는지를 살펴보고자 한다. 서유럽의 자연철학이 기원후 500년에서 1000년 사이에 가장 침체되었다는 사실은 논란의 여지가 없다. 6세기의 서유럽은 그리스 자연철학과 단절된 상태에 있었고, 겨우 라틴어로 번역된 플라톤의 『티마이오스』나 아리스토텔레스의 논리학 저서 중 일부만 남아 있었다. 500년경에는 서유럽에서 그리스어를 아는 사람이 드물어졌을 뿐만 아니라, 그리스인들이 쌓은 업적은 개요서나 백과사전 등을 통해 간접적으로 알 수밖에 없었다. 따라서 자연철학의 부분에서 다룰 수 있는 새로운 내용이 거의 없다고 해도 과언이 아니었다. 초보적인 백과사전식 자연철학만이 존재했고 전문적 자연철학 지식은 찾아보기 힘들었다. 그리스어를 공용어로 사용하던 동로마에서는 그리스어로 된 소수의 자연철학 저술들이 있었기 때문에 상대적으로 높은 수준이 유지되었지만, 창의성의 불꽃은 이미 사그라지고 없었다.

과학의 암흑기가 시작된 6세기 초 이전에 로마제국의 분열과 쇠퇴, 게르만족의 대이동, 그리스도교의 국교화 등 여러 역사적 사건들이 앞서 있었기 때문에 어쩔 수 없이 이 사건들이 과학의 쇠퇴와 관계가 있는 역사적 배경이 된다. 결론적으로 말하자면, 500년이나 계속된 유럽 과학의 암흑기는 로마제국의 쇠퇴와 게르만족을 비롯한 이민족의 대이동, 연이은 전쟁, 그리고 이로 인한 경제력 쇠퇴가 그리스 자연철학 전통의 단절, 교육 기반의 파괴, 학문적 활동에 대한 내부 동력의 상실로 이어진 결과라고 볼 수 있다.

≡ 게르만족의 대이동

서유럽으로 이주해 온 게르만족들은 여러 국가를 세웠는데, 이들은 나중에 프랑크 왕국으로 통합되어 한때 서로마제국이 재건되는 듯했으나, 다시 분열되어 혼란 속으로 빠져들었다. 동로마의 유스티니아누스Justinianus 대제(482~565)는 6세기에 제국의 재건을 위해 옛 로마의 영토를 탈환하기도 했지만 연이은 페르시아와의 전쟁, 슬라브 민족의 침입, 그리고 7~8세기에 걸쳐서는 이슬람과의 전쟁으로 고통을 겪었다. 지리적으로 서유럽과 중동, 아시아를 잇는 자리에 있어서 그리스와 동방의 문화적 전통을 융화, 계승하여 비잔틴 문화를 이룩한 동로마제국도 그리스적 국가로서의 특색을 가

그림 4-4 게르만족의 대이동

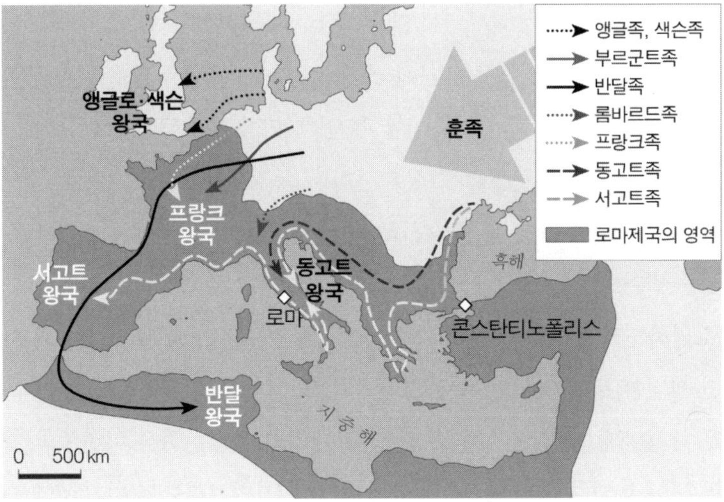

지고 14세기까지 존속하기는 했으나, 더 이상 발전은 없었다. 전체적으로 6~11세기에 걸쳐 유럽 전 지역에서 오랜 기간에 일어났던 이민족들의 이동과 침략, 전쟁은 안정적으로 사회를 유지하고 발전시킬 수 있는 기반을 완전히 흔들어놓았다.

서유럽에서의 그리스 자연철학의 전통 단절은 로마의 교육체계에서부터 시작되었다고 볼 수 있다. 로마가 그리스 문화를 받아들이면서 그리스 교육을 유럽 전체로 전파하는 매개 역할을 하기는 했으나, 철학보다는 수사학에 중점을 둔 것이어서 그리스의 사색적 전통은 사라지고 없었다. 4세기에서 8세기까지 이어진 게르만족의 대이동은 쇠퇴의 길을 걷고 있던 로마제국의 몰락의 원인이라기보다는 결과라고 볼 만큼 내부에서부터 무너져 내렸다. 그리고 로마제국 전역에서 문법과 수사학을 가르쳤던 공립학교들은 한두 세기 만에 완전히 사라지면서 무지의 먹구름이 유럽 전역을 덮어버렸다. 더욱이 그리스도교는 고대 그리스 자연철학을 이교도 학문으로 경계와 불신의 시각으로 바라보았고, 이러한 갈등과 대립 속에서 8세기까지 무너진 교육체계는 회복되지 않은 채로 남아 있었다.

사회구조의 변혁도 중세 초기에 시작되었다. 로마제국 말기에 광대한 영역을 황제가 직접 통치하고 관리할 수 없게 되자 영주들에게 관할권을 넘기면서부터 유럽에서는 중세 봉건사회의 특징인 장원제도•가 보급되기 시작했다. 장원제 아래에서의 자급자족 생활은 교류를 약화하고 화폐의 효용성을 떨어뜨려 시장경제의 요소가 약해졌다. 이로 인해 도시 생활이 점차 소멸하면서 화폐를 통한 교환경제는 실물경제로 후퇴했다. 경제의 자급적인 성격 때문에 영주의 독립 경향이 강해지면서 실질적으로는 지방분권화가 나타나게 되었다. 이를 보면 중세 초기의 사회변혁은 이민족의 전면적인 문화 파괴나 문명 갈등으로 나타난 것이라기보다는 로마제국의 중앙통제력 붕괴, 특히 경제의 붕괴로 제국을 지지하던 많은 정치, 문화, 경제 세력들이 사라지면서 시작되었다고 볼 수 있다.

사실 이미 오랜 기간 로마 문화에 동화되었던 게르만족은 로마 영토를 지배하면서 기존의 토착 사회를 파괴하거나 크게 변화시키지 않은 상태로 적응했고, 약화되기는 했지만 위계질서를 지닌 구조화된 로마 행정 체제를 유지했다. 게르만족은 오히려 자신들 고유의 정체성을 상실하고 로마 문화권에 흡수되어 유럽 전역으로 그리스·로마 문화를 전파하는 역할을 했다고도 볼 수 있다. 따라서 중세 초기의 서유럽에서의 문화적 쇠퇴는 외부적인 요인보다는 우선 내부 동력의 상실에 더 큰 원인이 있다고 보아야 한다. 즉, 불안정한 정치·사회 분위기와 경제 붕괴로 인한 사회 환경 변화가 지속적 학문 발전에 필요한 동력을 빼앗아간 것으로 볼 수 있다.

• 영주가 관할하는 자급자족 형태의 경제 단위로서, 서로마제국 멸망 후 7세기경 오늘날의 프랑스 일대의 왕령과 교회령에서 점차 형성되었다고 추정된다.

과학과 철학과 같은 학문에서는 어떤 사회나 시기에서도 어느 정도의 정치·사회적 안정, 학술 활동에 필요한 기반 구조, 그리고 어떤 종류의 지원이나 후원이 크게 작용한다. 예전이나 지금이나 생활이 안정되지 않으면 순수한 학문 연구가 뿌리를 내리기가 쉽지 않다. 이런 측면에서 로마제국은 3세기 말엽부터 강력한 중앙정부의 붕괴와 더불어 도시도 쇠퇴의 길을 걷게 되면서, 안정적인 학문적 발전을 보장할 수 있는 환경이 자연스레 사라지게 된 것이다. 이것이 중세 유럽에서의 과학적 활동을 쇠퇴와 침체의 길로 접어들게 한 중요한 요인 중 하나로 지목된다.

≡ 그리스 철학과 그리스도교

중세 초기, 유럽 과학의 발전이 침체했던 다른 요인으로 고대말기에 형성된 그리스도교의 영향을 지목하는 시각도 있다. 사실 그리스도교의 영향력이 커지면서 세계관이 많이 달랐던 그리스·로마 문화와의 갈등과 충돌은 이들 학문에 대해 틀림없이 불신을 갖게 했을 것이다. 서로마제국에서는 이러한 경향이 두드러졌다. 그리고 동로마 황제 유스티니아누스가 529년에 아테네의 아카데미아를 포함한 모든 사설 학교를 폐쇄한 사건은 그리스도교가 그리스 자연철학의 전통을 단절시키는 결과를 초래한 것처럼 보인다. 그러나 동로마의 수도인 콘스탄티노폴리스에는 이미 대학이 설립되어 여기에서 수사학, 법학, 철학과 같은 고등교육이 장려되고 있었기 때문에 상황이 달랐다. 콘스탄티노폴리스대학에서 가르쳤던 철학은 플라톤과 아리스토텔레스의 철학이었다. 이러한 점에서 콘스탄티노폴리스대학은 오히려 고대 그리스 학교를 계승했고, 15세기까지 존재하며 서유럽에서 르네상스가 일어날 때까지 문화 전수자 역할을 했다.

유스티니아누스가 아카데미아를 폐지하는 이유로 내세운 것은 동로마제국의 통치에 방해가 될 수 있는 이교적인 사상을 퍼뜨린다는 것이었다.

로마의 국교가 된 그리스도교는 고대 그리스 철학의 영향을 받은 이단적 교리가 아카데미아를 비롯한 사설 학교에서 난립했기 때문에 이를 엄격하게 금했다. 오히려 12세기 후반에 중세 대학이 출현하기 이전까지 수도원 학교와 성당학교를 통해 여전히 수학과 천문학을 가르쳤고, 수도원은 중세에 걸쳐 아리스토텔레스와 플라톤과 같은 자연철학자들의 전통을 보존하고 지속시키는 역할을 했다.

6세기 이후 콘스탄티노폴리스의 자유인 자녀들은 대부분 국립학교나 교회와 수도원학교에서 무료로 교육을 받았다. 고대 그리스 전통은 비잔틴 교육의 필수적인 부분이었고, 그리스 고전에 대한 학습은 고립된 수도원 공동체에 국한되지 않았기 때문에 그리스 동부는 서유럽과는 상황이 달랐다. 이러한 사실은 그리스도교가 고대 그리스 전통과 교리 사이에서 갈등을 겪으면서도 완전히 거부하지는 않았음을 말해준다.

9세기 무렵 유럽에서 주목할 만한 활동은 카롤루스 대제Carolus Magnus(747~814)•가 당시 고대의 자연철학을 보전하고 있던 국내외 많은 학자와 문인들을 불러 모아 학문을 장려한 것이다. 카롤루스 대제는 지금의 프랑스 지역에 세운 프랑크 왕국을 로마제국 이후의 통일제국으로 건설하고 교황의 지지를 얻어 서로마제국의 전통을 이으려 했다. 789년에는 교서를 내려 모든 수도원에 학교를 병설하도록 했다. 이러한 학교schola는 스콜라 철학의 이름의 유래가 되어 중세 연구 활동의 중심지가 되었다.

재미있는 사실은 게르만족의 이동으로 서로마제국이 멸망하여 로마인이 피지배 민족으로 전락하자 라틴어도 구어로만 남아 자칫 사라질 뻔했다는 것이다. 그러나 게르만족이 그리스도교로 개종하면서 전 유럽으로 수도

• 프랑스어 표기로 샤를마뉴(Charlemagne)로도 부른다. 로마제국 이후 최초로 서유럽 대부분을 정복하여, 정치·종교적으로 통일했다. 현재 유럽 정체성의 발판을 마련했기 때문에 유럽의 아버지라고 불린다.

원이 퍼져나갔고, 수도원에서는 성경 연구를 위해 계속 라틴어를 사용하면서 학문 용어로 자리 잡았다. 서방 가톨릭교회는 북방 게르만 민족이 기성 문화를 갖고 있지 않았던 만큼 그들을 개화시키고 문화적으로 동화시키는 데 막강한 영향력을 발휘했다. 수도원에 병설된 학교에서는 라틴어를 가르쳤으며, 고대의 저작을 필사하고 라틴어와 라틴문학, 논리학, 수학 등의 학문과 시와 음악 등의 예술을 장려했다. 이리하여 서로마는 동로마의 비잔틴 세계나 이슬람 세계와는 구별되는 중세 유럽의 정치·문화적 공동체를 형성함으로써 민족 이동기의 쇠퇴했던 문화를 부흥시키고, 로마·게르만·그리스도교 등의 여러 요소를 융합하여 오늘날까지도 내려오는 서유럽 공통의 출발점을 이룩했다.

≡ 갈등과 수용

근본적으로 이질적인 문화가 충돌하면서도 새로운 문화를 수용하고 발전해 나가기 위해서는 어느 정도 완충 시기가 필요하다고 보아야 한다. 서로 다른 환경에서 자란 사람들이 서로를 이해하고 받아들이는 데도 시간이 필요하듯이, 민족이나 국가를 포함한 사회·문화적인 영역에서는 더욱 그러하다. 오직 직선적인 발전의 관점에서 중세 초기의 유럽을 바라보면 '암흑기'라는 평가가 설득력이 있지만, 민족과 문화의 섞임, 그리고 지식의 확산과 수용이라는 측면에서 보면 발전이 정체되는 현상을 보이는 것이 오히려 자연스러운 것일 수 있다. 더욱이 중세 초기는 사회·정치적으로 매우 혼란한 시기였고, 따라서 사회에 내재했던 모순이 터져 나오면서 기존 질서가 붕괴하는 시기이기도 했다.

지식의 성장과 문명의 발전은 지역 내에서 자연적으로 불균형을 초래할 수밖에 없다. 따라서 중세 초기는 민족 대이동과 그리스도교의 확산을 통해 유럽 전역에 걸쳐 지식과 기술이 공유되면서 이러한 불균형을 해소함과 동시에 문화의 저변이 확대되는 시기였다고 볼 수 있다. 마치 물과 얼음이 섞여 있는 상태에서는 온도가 올라가지 않고, 얼음이 완전히 녹은 후에야 물의 온도가 올라가기 시작하는 이치와 비슷하다고 할까?

그러므로 암흑기라고 불리는 중세 초기는 로마제국의 쇠퇴와 멸망을 전후하여 민족의 대이동과 정치·사회적 혼란, 주도적 문화권의 교체 등 불안정하고 지속적 발전을 저해하는 환경으로 인해 겉으로 보기에는 침체하고 발전이 없었던 시기이지만, 내부적으로는 고대 그리스 자연철학과 로마의 문화가 유럽 전역과 북아프리카 및 동방에 걸쳐 확산되어 학문적 저변과 기반을 넓히면서 새로운 동기가 마련될 때까지 잠재력을 키워나갔던 시기로 볼 수 있다.

학문의 전승과 융합: 중세 아랍 과학의 역할

중세 초기 유럽에서 고대 그리스의 자연철학이 이룬 지적 성과가 빛을 잃었던 시기에, 고대 그리스 자연철학을 보관하고 지켜낸 것은 이슬람 제국이었다. 7세기 무렵부터 8세기 중엽까지 이슬람 제국은 동쪽으로는 중앙아시아와 인도에서부터 서쪽으로는 북아프리카와 이베리아반도에 이르기까지 고대 이래로 교역 활동의 중심 무대가 되어온 지중해 지역에 대한 지배력을 넓혀나갔다. 이슬람 제국은 아랍의 전통문화를 기반으로 그리스·로마, 페르시아 및 인도의 문화를 흡수해 독창적인 이슬람 문화를 발전시켰다.

이슬람 문화의 특징은 광대한 정복지의 문화를 파괴하지 않고 받아들여, 국제적이고 종합적인 문화를 이루었다는 것이다. 특히 아바스 왕조는 인류 역사상 유례가 없을 만큼 그리스를 비롯해 페르시아와 인도의 고대 과학 지식을 모으고 보완해 최고 수준의 학문을 이룩했다. 이슬람교도 유일신

종교이지만 그들은 그리스도교를 비롯한 다른 종교에 관용적인 태도를 보였을 뿐만 아니라, 그리스 자연철학 및 이방 문화 전통에 대한 학습도 장려했다. 그래서 중세 초기 서유럽에서 그리스 철학이 그리스도교 신학과 갈등을 겪으며 침체의 길을 걷고 있을 때, 아랍인들은 그 가치를 깨닫고 그것을 수집하고 보관했을 뿐만 아니라 보충하고 심화하는 학술 작업을 했다.

이슬람 제국이 넓은 영토를 지배하면서 이집트-페르시아-인도를 잇는 동서 교역은 물론, 기술과 사상 등의 문물 교류가 활발하게 일어났다. 교역을 통한 부의 축적과 농업기술의 도입으로 인한 농업의 발전은 이슬람 제국의 경제적 안정에 이바지했다. 특히 이슬람이 중국과의 전쟁에서 포로로 잡은 병사를 통해 도입한 제지술은 이슬람 세계로 전파되어 8세기 중엽 바그다드에서 일어난 동서 문헌의 번역을 통한 지식의 확산에 크게 이바지했다. 그리고 529년 동로마의 유스티니아누스 황제가 아테네의 아카데미아를 포함한 여러 학파의 학원을 폐쇄하자 그곳의 학자들이 시리아와 아라비아반도로 옮겨가 학문 활동을 계속하면서 아랍의 스콜라 철학 형성에 이바지했다.

아랍의 철학은 플라톤보다는 아리스토텔레스의 영향을 더 많이 받았으며, 이성으로 자신들의 신앙을 합리화하려 했다. 7~8세기에 이슬람 제국 전역에서는 다양한 민족의 학자들이 아바스 왕조의 후원 아래 활동했다. 그리고 서유럽의 과학이 가장 위축되어 있던 7~11세기에 이슬람 국가에서는 그리스의 과학과 철학, 수학, 의학 서적을 아랍어로 번역했고, 이들의 번역에는 정교하고 긴 주석이 덧붙어 독특한 색채를 띤 이슬람 과학으로 발전했다. 아바스 왕조는 8세기에서 13세기까지 인류 역사를 통틀어 유례가 드문 과학의 황금시대를 이룩하여 이슬람 문명 발전에 중추적인 역할을 했다.

≡ 아랍 과학의 독창성

아바스 왕조 시대의 과학 발전에 크게 이바지한 지도자로는 2대 칼리파• 알 만수르Abdallah al-Mansur(754~775)와 7대 칼리파 알 마으문Al-Ma'mun(786~833)이 언급된다. 알 만수르는 그리스, 페르시아, 인도의 저작물을 아랍어로 번역하도록 했고, 학술 활동을 할 도서관을 건립했다. 그리고 알 마으문은 그 이전까지 주로 실용적 과학에 관심을 두었던 경향에서 나아가 창의적인 사고를 할 수 있는 학술 환경을 만들어나갔다. 그는 그리스 고전 문헌의 중요성을 알고 사신들을 보내 자료들을 구해오도록 했으며, 전쟁에서 승리할 때에도 항복 조건으로 황금 대신 상대 진영의 도서관에 있는 책을 요구할 정도로 세상의 모든 책을 끌어모아 아랍어로 번역하고 연구하도록 하는 열정을 보였다. 그가 바그다드에 설립한 '지혜의 전당House of wisdom'은 알렉산드리아의 교육·연구기관이었던 도서관과 박물관을 능가하는 종합학술기관으로서 고전 지식을 집대성하는 역할을 했다.

이슬람 수학은 10진법과 영(0)의 기호를 갖는 인도 숫자를 채용하고 아라비아 숫자의 발달을 촉진했을 뿐만 아니라, 대수학의 발전에도 크게 이바지했다. 오늘날 대수학의 아버지로 간주되는 알 콰리즈미Muḥammad al-Khwārizmī(780~850)는 번역자와 수학자, 천문학자로 활동했다. 대수학이란 용어 algebra도 그의 저서 『키탑 알 자브르Kitab fi Hisab **al-Jabr** wa al-Muqabala(등식 계산에 관한 책)』에서 유래했다. 이 책에서 그는 대수 방정식을 푸는 법칙과 순서를 최초로 설정했으며, 그의 이름은 오늘날 컴퓨터 프로그램처럼 특정 문제의 해결에 필요한 단계별 절차를 의미하는 알고리즘algorithm의 어원이 되었다. 그리고 알 마으문은 천문관측소를 세우고 학자들의 연구를 재정적으로 지

• '뒤따르는 자'라는 뜻의 아랍어로, 이슬람 공동체나 국가의 지도자, 최고 종교 권위자의 칭호다.

원했다. 그는 프톨레마이오스의 천문학 이론을 확인하기 위해 학자들에게 천문 관측 연구를 진행하도록 하여 24개 항성의 경도와 위도를 포함하는 천체표를 작성하도록 했다. 또한 프톨레마이오스의 세계지도가 이슬람의 주요 도시를 포함하지 않는 등 불충분하거나 부정확한 부분이 있었기 때문에 세계지도를 다시 그리도록 하여 지리학의 발전에도 크게 공헌했다.

이슬람의 독창적인 과학 활동은 연금술과 광학에서도 엿볼 수 있다. 고대 이집트에서 기원한 서양의 연금술은 헬레니즘 시기에 알렉산드리아를 중심으로 신비주의 사상과 결합하여 본격적으로 등장하기 시작했다. 연금술에 해당하는 영어 alchemy는 아랍어의 'al-kymiya'가 어원이다. 황금을 만들어내려고 했던 연금술은 아리스토텔레스의 4원소 이론에 바탕을 두고 있다. 모든 물질의 변화가 4원소의 배합 비율에 따라 달라진다는 이 이론은 연금술사들에게 물질이 변환될 수 있다는 믿음을 주었다. 이처럼 연금술은 신비주의적이고 비합리적인 생각에서 시작했지만, 이를 추구하는 과정에서 과학에 많은 공헌을 했다. 알칼리와 알코올과 같이, 연금술을 통해서 발견된 수많은 화학물질의 명칭이 아랍어에서 기원했다.

광학에서도 발전이 있었는데, 인간의 눈을 최초로 광학적으로 설명했다. 그리스인들은 사람이 사물을 보게 되는 것은 눈에서 빛이 나오기 때문이라고 생각했지만, 이슬람 과학자 알 하이삼Ibn al-Haitham(965~1040?)은 빛이 물체에서 반사되어 눈으로 전달된다고 했고, 시각이 눈이 아니라 뇌에서 일어난다는 것을 최초로 보여주었다. 알 하이삼은 가설이 확인 가능한 절차나 수학적 증거에 바탕을 둔 실험으로 뒷받침되어야 한다고 생각한 르네상스 과학자보다 5세기나 앞선 과학적 방법론의 개척자였다. 그의 연구가 서구에 전해졌을 때 눈의 구조에 관한 내용을 번역할 라틴어가 없을 정도로 그의 연구는 앞선 것이었다.

아바스 왕조에서 시작된 학문적 열기는 그 이후에도 이슬람권의 여러 지역으로 확산했고, 이후 몽골의 침략으로 아바스 왕조가 멸망할 때까지 계속되었다. 12세기에 들면서 유럽은 중세 이슬람 학자들이 번역, 보관해 놓은 고전 서적들을 라틴어로 재번역해 그 안에 고스란히 보전된 지식을 습득할 수 있었으며, 이는 14세기에 시작된 르네상스를 통해 근대과학을 꽃피우는 밑거름이 되었다(김능우, 2011).

05
문명 갈등과 수용

그렇다면 그리스도교가 로마의 박해 속에서도 퍼져나가며 이교도의 학문이라고 했던 고대 그리스 자연철학을 어떻게 받아들였을까? 로마의 정치적 영향권 내에서 이질적인 두 문화권이 가해자와 피해자로 갈등을 겪은 후에 어떻게 융화될 수 있었을까? 이 문제는 선진 문화의 확산과 수용이라는 단순한 관점이 적용될 수 없는 복잡한 문제였다. 사실 고대 그리스의 자연철학과 로마의 기술은 셈족 문화권의 그것과는 비교가 되지 않는 절대 우위에 있는 문화였지만, 근본적으로 이질적인 문화, 특히 종교적으로 성격이 다른 박해받던 문화가 가해자의 선진 문화를 온전하게 받아들일 수는 없었다. 따라서 이교도 문화와 학문에 대한 반감과 불신이 남아 있는 가운데 매우 느리게 접점을 찾아가며 새로운 시기를 열어갔다고 볼 수 있다.

그리스도교와 교부철학

초기의 그리스도교 신자들, 특히 교부 시대 사람들의 사고는 이성이나 논리적 논의에 근거하지 않고 직관적이고 신비적인 경향을 보였다. 그러나 그리스의 과학과 철학을 접하면서 초대교회의 교부들은 그리스의 자연철학이 그리스도교를 이교도들에게 이해시키는 데 도움이 될 것으로 생각했다. 고대 자연철학자의 생각이나 논리적인 접근 방식으로 어려운 신학적 문제나 교의를 정리하고자 시도한 것이다. 정식 교육을 받은 그리스도교 신자들은 이미 그리스·로마의 문화와 전통에 젖어 있었기 때문에 이러한 방식이 효과적일 수도 있었다. 그러나 이들 이교도 학문이 그리스도교의 신앙을 위태롭게 한다는 부정적인 생각도 있었기 때문에 배척하는 태도를 보이기도 했다. 그리스 자연철학의 비판과 토론의 전통, 그리고 인과론에 바탕을 둔 세계관이 그리스도교 교리를 흔들 수 있다고 본 것이다. 이러한 양면적인 태도는 중세 전체에 걸쳐 나타나는데, 사회에 대한 교회의 영향력이 크게 작용한 중세 문화를 이해하는 데 중요한 요소 중 하나다.

그리스도교의 형성은 로마제국의 교육에도 변화를 주는 전기가 되었다. 그리스도교 신자들은 자신들의 신앙과 이교도적 교육 사이에서 갈등하고 있었다. 흥미로운 부분은 알렉산드리아에서는 그리스도교와 이교도의 학문이 대립하는 형태가 아니라 절충하는 형태였다는 것이다. 교리문답학교 catechetical school는 그리스도교 세례를 준비하는 예비 신자들을 위한 교육기관이었으나, 2세기 말경 교육 범위를 넓혀 종교적인 내용과 세속적인 학문을 함께 가르치는 학교가 되었다. 이는 그리스도교와 그리스 자연철학을 적대적 관계로 받아들인 서방 교회의 관점과는 대조되는 특징이다. 이러한 교리문답학교의 성격 변화에 크게 이바지한 사람은 기독교로 개종한 스토아 철학자들이었다. 그들은 그리스 자연철학에 관한 지식을 토대로 그리스도교 신학의 정당성을 정립했다. 대표적으로 클레멘스Titos Klemens(150~215)는 플라톤 철학이나 스토아 사상의 좋은 것을 택하여 교리를 설명하는 데 사용하는 절충적 태도를 보였다. 이런 태도는 아우구스티누스Augustinus(354~430)와 같은 교부들이 교회와 세속적 학문 세계를 연결하는 데 영향을 주었고 고대의 문화가 중세로 넘어가도록 도왔다. 유럽이 암흑기에 잠들어 있을 때도 이 지역에서는 학문이 발전해 나갔으며, 고대 그리스 자연철학자들의 업적이 이슬람 학자들의 손을 거쳐 12~13세기에 유럽으로 다시 넘어오게 하는 역할을 했다.

≡ 중세 교부철학

그리스의 철학이 신화를 부정하면서 나타났다면, 중세의 교부철학은 이성적이고 분석적인 사고가 인간을 온전히 구원하지 못한다는 종교적인 관점에서 시작된 철학이다. 오늘날은 철학의 논리와 종교의 논리를 구별하면서 상보적인 관계에 있는 것으로 보지만, 그 당시에는 그렇지 않았다. 고대 말기와 중세 초기에 걸쳐 나타난 그리스도교의 교부철학은 교회를 옹호한 교회 지도자들의 철학적 견해로서 삼위일체와 같은 교리를 형성하는 데 이바지한 바가 크다. 그리스 문화의 교양을 지닌 그리스 교부들은 철학과 신학을 결합하려 했으며, 이때 로고스 개념을 사용했다. 그리스 철학에 정통했던 유스티누스Justinus(100~165)•는 그리스적 교양을 통해 그리스도교 진리에 학문적 기초를 부여하려고 노력했다. 이를 두고 그리스 학문을 '신학의 시녀'로 전락시켰다고 하는 것은 지나친 관점이고, 오히려 서구 사상을 대표하는 그리스 철학과 그리스도교 가르침의 접점을 찾으려 노력했다고 보아야 한다.

• '유스티노'라고 일반적으로 부르며, 초기 그리스도교 순교자다.

플라톤 철학과 스토아 철학을 거쳐 그리스도인이 된 유스티누스는 신은 모든 피조물을 창조하기 이전에 로고스인 성령을 만들었다고 했다. 로고스는 본질에서는 신과 같지만, 기원에 있어서는 신이 우선이다. 로고스는 우주 창조의 합리성의 근원이며 생명의 원리인데, 그리스도는 전체적인 로고스로서 완전한 진리는 그리스도를 통해서만 계시된다고 했다. 그리고 인간의 영혼은 이성적이며 자유의지를 갖고 있다고 보았다. 다른 한편, "아테네와 예루살렘이 무슨 관계가 있느냐?"라고 말한 테르툴리아누스Tertullianus(160~220)•처럼 철학에 앞서 믿음을 더 강조하는 태도를 보인 교부도 있었다. 그러나 그의 주장의 전반적인 맥락을 살펴보면, 그리스 철학 자체에 대한 반박이라기보다는 이단적 교리에 맞서 가장 중요한 지식으로서 그리스도의 가르침에 충실해야 한다는 논점을 강조하려는 것이었다. 사실 그리스 교부들의 일부는 신앙의 논리와 지식의 논리를 혼동하여 지식으로써 일체의 본질을 알 수 있다고 하는 신비주의에 빠져 이단으로 흐르는 경향도 있었기 때문에 그리스도교가 그리스 철학을 경계하는 배경이 되었다.

반면에 사색적이기보다는 실제적이었던 라틴 문화권의 교부들은 구원론에 대한 신학에 탁월함을 보였다. 라틴 교부들 가운데서 가장 위대한 교부인 아우구스티누스는 뛰어난 지성과 종합적 사고방식을 가진 인물로서 인간적인 것과 신적인 것, 신앙과 지식을 엄밀히 구별했다. 아우구스티누스는 신앙과 지식의 관계에 있어서 이성의 중요성을 간과하지는 않음으로써 그리스도교 사상과 헬레니즘 사상 사이의 연결 고리를 만들었다. 그는 나중에 보수적인 태도를 보이기는 했지만, 초기에는 고대 그리스로부터 이어오는 전통적인 교양과목(기하학, 산수, 천문학, 음악)이 우주를 올바로 이해

• 초대교회 호교론자로 삼위일체론 등의 신학 개념과 용어를 만들어냈다. 완고했던 그는 극단적 종말론을 주장하는 이단에 빠져 교회를 공격하기도 했다.

하는 데 도움이 되고 꼭 필요한 것이라고 강조했다.

아우구스티누스는 젊었을 때의 방탕했던 생활과 지적 욕구를 채우기 위해 전전했던 자신의 삶과 체험을 통해 인간의 무력함을 뼈속 깊이 맛보았으며, 오직 신의 은총을 통해서만 인간이 구원될 수 있다는 구원론을 펼쳤다. 그리고 초월적인 신의 섭리는 인간의 이성을 통해 파악할 수 없는, 이성적 사유를 넘어서는 것이라고 했다. 고대 철학이 신화적 사고에서 이성적 사고를 독립시키는 것이었다면, 아우구스티누스의 철학은 이성적 사고에서 신앙을 독립시키는 초이성적인 것이었다. 그는 존재의 문제를 다루는 그리스의 형이상학이 그리스도교적임을 밝히는 견해를 취함으로써 그리스의 철학과 융합된 신학을 정당화했고, 신학과 철학, 그리고 신학과 일반 학문을 함께 연구하는 중세의 스콜라 학풍에 큰 영향을 미쳤다.

고대 자연철학의 부활과 스콜라 철학

중세 초기를 거치며 서유럽에서 사그라진 학문적 동력의 회복은 라틴어로 번역된 아랍 저술들이 스페인 북부의 교회 조직을 통해 서유럽으로 유입되면서 시작되었다. 10세기 중반에는 스페인 북부의 산타마리아 수도원에서 아랍어 서적을 라틴어로 번역하는 사업이 이루어졌는데, 주로 기하학과 천문 기구에 관한 아랍어 서적들이 라틴어로 번역되었다. 이슬람 과학이 그리스 과학의 번역 사업에서 시작했듯이, 중세 서유럽의 학술 활동은 아랍어로 된 그리스 과학 서적을 라틴어로 번역하면서 시작된 것이다.

≡ 자연철학의 부활

12~13세기 중엽에 이루어진 아랍 문헌의 라틴어 번역에 있어서 스페인

은 지리적으로 이슬람과 유럽 사이의 교량 역할을 했다. 특히 톨레도는 이슬람에 둘러싸인 그리스도교 도시로서 톨레도의 레이몽Francis Raymond(1125~1152) 대주교는 교회 내에 많은 학자를 모아 번역 사업에 참여시켰다. 이를 통해 아랍어로 된 프톨레마이오스, 아리스토텔레스, 유클리드, 갈레노스, 히포크라테스 등의 서적이 라틴어로 번역되었다. 이리하여 13세기 중엽까지는 아랍어로 번역된 중요한 그리스 과학 문헌이 모두 라틴어로 옮겨졌으며, 번역된 문헌들에 담겨 있던 막대한 양의 지식은 서유럽에 매우 큰 지적 자극을 주었다.

이와 함께 제르베르Gerbert d'Aurillac(946~1003)•는 성당학교에서 라틴어로 번역된 아랍 서적을 통해 얻은 지식으로 초보적인 수학과 천문학을 가르치기 시작했고, 그의 학문에 대한 능력과 열정에 감화를 받은 제자들이 그의 가르침을 성당학교를 통해 확산시키면서 과학에 대한 흥미를 불러일으켰다. 과학을 교양과목의 필수적인 부분으로 강조했던 성당학교는 그 후 수도원학교를 대신하여 학문의 중심 역할을 하며 중세 대학으로 발전했다. 그리고 그리스·로마 시대 이후 동로마제국을 제외한 나머지 유럽에서 자취를 감춘 주판과 천문 관측의가 재도입되었으며 아라비아 숫자를 이용한 십진법도 유럽에 도입되었다.

라틴어로 번역된 서적들은 사실 시리아어, 아랍어, 스페인어 등 여러 언어로 번역을 거친 것들도 많았기 때문에 어떤 경우에는 상당히 왜곡된 부분도 있었다. 그래서 그리스 과학과 철학을 접하면서 지적 자극을 받은 서유럽 학자들은 그리스 원전을 구해서 그 원전을 직접 라틴어로 번역을 하려고 했다. 당시 십자군의 원정, 특히 그리스어가 사용되었던 동로마 비잔틴제국의 콘스탄티노폴리스 점령으로 그리스 원전을 접촉할 기회가 많아

• 나중에 139대 교황인 실베스테르 2세(Silvester PP. II)가 되었고, 학문을 장려했다.

진 12세기 동안 신학과 과학 및 철학에 관한 그리스 원전들을 모을 수 있었다. 그리고 13세기에는 그리스 원전에서 직접 번역하기 시작했다. 그 당시 유럽의 탁월했던 자연철학자들은 모두 번역 사업에 종사했는데, 독일의 마그누스Albertus Magnus(1193~1280), 영국의 로저 베이컨Roger Bacon(1219~1292), 이탈리아의 토마스 아퀴나스Thomas Aquinas(1225?~1274) 등이 대표적인 학자들이다. 이들은 신학자이기도 했으며 중세 대학에서 그리스 자연철학을 가르치기도 했다.

≡ 중세 대학의 역할

중세 대학의 기원과 역사에 대해서는 확실하지 않으나, 1200년경에 접어들면서 볼로냐, 파리, 옥스퍼드의 대학들이 유럽 학문의 중심지 역할을 했던 것은 분명하다. 중세 초기의 대학은 교수와 학생으로 구성된 일종의 길드guild•와 비슷했으며 교회나 군주의 지배를 받았다. 그러나 13세기의 대학은 독립적으로 활동하기 시작하여 중세 학문에 있어 중요한 역할을 하면서 르네상스의 기틀을 마련했다. 볼로냐대학은 법학과 의학에서, 파리와 옥스퍼드의 대학들은 철학과 과학에서 중심 역할을 하면서 방대한 양의 새로운 지식을 정리하고 흡수하여 발전시켰다.

그 후 유럽에서는 오늘날까지 존속하는 80개의 중세 대학이 설립되어 몇 세대를 걸쳐 지적 유산을 형성하고 전파했다. 과학과 문학 및 철학을 적당히 섞어 가르치던 유럽의 성당학교는 대학으로 대체되었고, 새로운 철학적·과학적 지식을 수용하여 확장된 교과과정을 만들어냈다. 수학과 실험과학을 중요시한 로저 베이컨은 지식의 원천으로서 추리나 논증보다 관찰

• 중세 길드는 숙련된 장인이자 생산도구를 소유한 마스터가 결성한 조합으로서 독점권과 자치권을 가졌다.

과 실험을 중요하게 생각함으로써 실험적 방법론의 기틀을 마련했다.

13세기 중반에는 대학 교양학부의 과목에서 논리학과 자연철학이 중요해졌는데, 아리스토텔레스의 논리학, 철학, 물리학, 천문학의 저술들이 교과과정의 핵심을 이루었다. 그 밖에 유클리드의 기하학과 수학 교재들이 사용되었다. 아리스토텔레스의 저술들이 중세의 교육과 학문의 중심이 되면서 아리스토텔레스의 영향에 대한 신학자들의 두려움과 반발이 생겨나기 시작했다. 그의 자연철학의 내용 중 일부가 그리스도교 신앙과 교리에 위반이 된다는 생각을 한 것이다. 그 내용을 살펴보면, 세계는 영원하다는 주장이 신의 창조 활동을 부정하는 효과를 지녔다고 보았고, 물질적 실체와 관계없는 우연적 속성이나 본질은 없다는 주장은 성찬식에서의 빵과 포도주의 변화에 대한 교리와 상반되었다. 또 자연의 과정들은 규칙적이고 불변이라는 것이 신에 의한 기적을 부정하고, 영혼은 육신과 분리될 수 없다는 주장은 그리스도교의 영혼 불멸 교리를 부정한다는 것 등이다.

이러한 문제들은 아리스토텔레스의 저술들이 라틴어로 번역되고 얼마 지나지 않아서 생겼는데, 이 때문에 아리스토텔레스의 자연철학 저술들과 이들에 대한 주해들을 읽지 못하게 하는 금지령이 내려지기도 했다. 이러한 교회의 금지령이 과학의 발전에 어떤 영향을 주었는지에 대해서는 논란이 있으므로 잠시 살펴보고 넘어가자.

≡ 아리스토텔레스 자연철학과 그리스도교의 갈등

아리스토텔레스 자연철학 저술들에 대한 금지령은 1210년 상스Sens의 지방종교회의에서 결정했고 1215년에는 파리대학을 구체적 대상으로 지목하여 다시 금지령을 내렸다. 그 후 교황 그레고리오 9세는 '파리대학의 대헌장'이라는 교서를 내려 아리스토텔레스의 저술에서 잘못된 점을 수정하라고 했으나 실제로는 실행되지 않았다. 그리고 다른 대학에서는 여전히 아리스토텔레스의 저술들이 교재로 사용되었기 때문에 1245년에는 다른 대학으로 금지령을 확산시키기도 했다. 그렇지만 결론적으로는 모두 흐지부지되었고, 1255년의 파리대학 교재목록에는 아리스토텔레스의 저술들이 모두 포함되어 있었다.

아리스토텔레스 철학을 완전히 금지하는 것이 힘들어지자, 근본적인 차원에서 문제를 해결하기 위해 다른 한편으로 아리스토텔레스 학문과 그리스도교 신학의 융합을 시도했다. 마그누스와 토마스 아퀴나스와 같은 신학자들이 대표적인 인물들인데, 이들의 노력으로 아리스토텔레스의 자연철학은 오히려 그리스도교 신학의 핵심으로 자리 잡았고, 결과적으로 중세 대학에서 엄청난 권위를 가지게 되었다.

그리고 이 과정에서 아리스토텔레스의 주해서를 쓴 이슬람 철학자 아베로에스Averroës(1126~1198)의 영향으로 신학과 철학을 분리하려는 움직임도 생기기 시작했다. 아베로에스는 종교와 철학이 둘 다 동일한 진리에 도달하는 것을 목적으로 하므로 결함을 가지지 않는다고 주장함으로써 신학과 철학을 분리해 놓았다. 즉, 신의 계시는 이성을 넘어선 것이고, 창조나 죽은 자의 부활과 같은 문제는 신앙의 문제이므로 증명할 수 없는 것이라고 하면서 자연 세계와 그 원리의 탐구에서는 이성만을 사용해야 한다고 강조한 것이다. 그러나 이러한 '이중 진리'에 대한 논쟁은 파리대학 교양학부 교수들과 신학자들 사이의 마찰과 충돌로 나타났고, 급기야 1277년에는 교황 요한 21세가 이 문제를 조사하도록 하여 토마스 아퀴나스의 저술을 포함한 많은 자료에서 219개의 '잘못된 명제들'이라고 판단되는 것들을 찾아내어 이들에 대해 금지령을 내렸다.

이 1277년의 금지령이 중세 과학과 그 이후의 과학이 나아가는 방향에 실제로 어떤 영향을 미쳤는지는 여러 가지 의견이 있을 수 있다. 사실 '잘못된 명제들'이라고 한 것들의 내용을 보면 결코 글로 쓰인 적이 없이 말로만 돌아다니던 내용도 있고, 오늘날에도 여전히 쟁점이 될 수 있는 철학적 관점을 비롯하여 과학에 관련된 내용이 일부 포함되어 있다. 과학과 관련된 대표적인 내용으로는 '최초의 원인(신)'에 관한 문제와 '진공'에 관한 문제가 있다.

그렇다면 과연 이 금지령이 그 이후 아리스토텔레스의 과학에 결정적인 영향이나 타격을 주었을까? 금지령이 없었으면 과학은 더 빨리 발전하여 과학혁명을 앞당겼을까? 이런 질문에 대해 16~17세기의 과학혁명은 아리스토텔레스 체계를 부정하고 근대과학을 열어나가는 계기가 된 사건이기 때문에 금지령이 과학혁명을 늦추었다고 할 수는 없을 것이다. 오히려 금지령이 과학혁명을 앞당기는 계기가 되었을 수가 있고, 중세 과학사의 선구적 연구자인 뒤엠Pierre Duhem(1861~1916)이 하는 주장이 바로 그것이다. 뒤엠은 금지령이 중세 과학을 아리스토텔레스의 우주론적·철학적 편견과 논의 방식의 속박에서 해방시켜 주었고, 이렇게 하여 근대과학의 탄생을 알렸다는 역설적인 주장을 했다. 이 경우에는 교회의 간섭이 오히려 근대과학을 앞당겼다는 아이러니에 빠진다(그랜트, 2014).

다른 한편, 만약 금지령이 실질적으로 아리스토텔레스 체계와 구조에 아무런 영향을 주지 않았다면 금지령은 단지 신을 핑계로 인간들이 벌인 권위 다툼이나 소동에 불과했던 사건인가? 이런 질문들 앞에 만족스러운 결론을 내리기는 힘들다. 과학과 종교가 얽힌 문제는 단순히 내용만으로 풀어낼 수 있는 것이 아니라, 인간 사회 전체의 모습과 관계가 있어서 더 어려운 문제다. 그러나 교회가 취한 금지령은 오늘날의 관점에서 보면 사상과 의사 표현의 자유를 침해한 사건이었기 때문에 이 모든 논란의 원인이었음은 틀림없다. 교회와 과학에 대한 문제는 16~17세기 과학혁명이 진행되던 시기에도 제기되므로 나중에 다시 살펴보도록 하자.

≡ 스콜라 철학의 인식론

중세 대학의 스콜라 철학은 중세 사회가 안정되어 가던 상황에서 형성되었기 때문에 중세 초기의 철학에 비해 인간의 심성에 직접 호소하는 요소가 부족한 전형적인 강단 철학의 성격을 띠었다. 스콜라 철학이 다루는 전반적인 내용은 대부분 그리스도교의 진리를 철학적으로 설명하는 것이었다. 중세의 철학적 사고는 고대 철학을 계승한 것이었는데, 아우구스티누스는 플라톤 철학의 영향을 많이 받아 그리스도교의 교리를 뒷받침하는 데 플라톤의 이데아 사상을 가져다 사용했다. 그러나 게르만족은 플라톤의 형이상학적 사고에 익숙하지 않았기 때문에 아리스토텔레스의 경험적인 사고로 보완해야 했다. 이리하여 스콜라 철학의 체계는 경험적인 아리스토텔레스 철학에 이념적인 플라톤 철학을 겹쳐놓고, 그 위에 그리스도교의 신을 위치시킨 구조였다. 스콜라 철학에서는 문제를 다루는 방식이 번거로운 논리적 사고 과정을 요구했기 때문에 서양에서 합리적 사고가 자리 잡도록 하여 근대 이후 합리적 학문이 성립하는 데 큰 공헌을 했다.

중세철학이 해결해야 했던 문제는 소위 '보편논쟁'에 관한 것으로서 관념적인 존재(신) 자체의 실재성에 관한 문제였다. 이에 대한 해답은 세 가지로 나뉘는데, 그 자체로서 존재한다는 실재론實在論, realism, 실재하지 않고 단지 말에 지나지 않는다는 유명론唯名論, nominalism, 그리고 양자의 중간적인 입장이 있었다. 당시 신학자들 대부분은 실재론자였는데, 스콜라 철학의 시조로 알려진 캔터베리의 대주교 안셀무스Anselmus Cantuariensis(1033~1109)• 는 '신앙을 전제로 이성을 추구'했다는 점에서 교부 아우구스티누스를 계승했고, 신의 존재를 논증한 대표적인 실재론적 철학자였다. 그의 논증의 핵심은 관념은 실재하는 것보다 불완전하므로 참으로 완전한 신은 관념을 넘

• 이탈리아어로 안셀모라고도 한다. 이탈리아의 철학자이자 신학자다.

어서 그 자체로서 존재한다는 것이다.

스콜라 철학은 토마스 아퀴나스에 이르러 전성기를 이루었는데, 그는 그리스도교 교리와 아리스토텔레스의 철학을 종합했다. 그는 아리스토텔레스를 수용하면서 신의 은총과 자연, 신앙과 이성 사이의 조화로운 통일을 추구했다. 신의 존재에 대한 그의 증명은 안셀무스의 증명과는 달리 경험적으로 주어진 사실에서 출발한다. 신이 창조한 자연 전체에 대한 이해를 통해 인간은 이성적으로 신의 존재를 추론할 수 있다고 한 것이다. 이러한 그의 인식론epistemology은 본질적으로 존재론ontology적인데, 이성은 감각이 주는 내용을 추상화하여 대상의 본질에 대한 개념을 만들어나간다고 주장했다.

서양철학은 크게 존재론과 인식론으로 나뉘는데, 세상 만물을 이루는 궁극적인 요소에 대한 질문을 한 고대의 자연철학은 존재론에서 출발한 것이다. 물론 모든 철학적 사유에는 인식론적인 요소가 항상 포함된다. 그러다가 중세철학에서 보편자(신)의 존재를 물을 때는 인식론적 성격이 강해지기 시작한다. 존재를 어떻게 아느냐는 물음의 형식이 인식론적 성격을 중심에 놓는다는 점에서 중세 스콜라 철학은 인식론적 철학의 전환기가 되었다.

토마스 아퀴나스가 죽은 후에 그의 체계는 도전을 받았는데, 근대철학의 아버지라고 부르는 프란치스코 수도회의 오컴William of Ockham(1280~1349)이 토마스 아퀴나스를 반대한 대표적인 유명론자다. 오컴의 인식론은 '급진적 경험주의'라고 부를 만큼 철저했다. 오컴의 인식론은 지식의 원천으로서 추리나 논증보다 관찰과 실험을 중요시한 로저 베이컨의 '실험과학'적 태도가 철학에 적용된 결과였다. '오컴의 면도날'로 잘 알려진 그의 방법론적 원칙은 이렇게 기술하고 있다. "1. 필요 없이 많은 것들을 가정하지 말라. 2. 간단한 논리로 설명이 가능하면, 복잡한 논리를 세우지 말라." 오컴의 면도날은 천문학 혁명을 일으킨 코페르니쿠스의 지동설을 프톨레마이오스의 천문학 체계와 비교할 때 훌륭하게 적용된다.

오컴은 사유 속에 관념으로 존재하는 추상적인 것은 실재 여부를 확인할 수 없고, 오직 실재하는 것은 인식되는 개체뿐이라고 주장했다. 다만 신앙에는 다른 진리가 있다고 보았으며, 절대적 신은 완전히 자유로운 의지에 따라 사물을 현존하는 것과 다르게 창조할 수도 있다고 보았다. 그래서 모든 현존하는 사물은 비결정론적contingent인, 즉 다르게 만들어지거나 전혀 만들어지지 않았을 수도 있다고 생각했다. 따라서 비결정론적인 것에서 필연적인 연관성을 찾을 수 없으므로 감각을 통해 감지되는 자연 세계의 질서에서 신의 존재를 증명한다는 것은 의미가 없는 것이라고 보았다. 그는 신의 존재나 성질은 이성으로 증명할 수 없으며, 다만 개연적으로만 알 수 있다고 했다.

이렇게 토마스 아퀴나스의 생각을 부정한 오컴은 신앙과 지식을 일관되게 구별하고자 했고, 철학적 문제를 신학적 관점에서 비판하고 신학을 철학적으로 반성했다. 비결정론적인 것들 사이의 필연적 연관을 부정한 그는 인과관계라는 근본적인 개념을 재검토함으로써 13세기에 비판 없이 받아들여졌던 아리스토텔레스의 목적론적 사고를 깨뜨렸다.

중세를 보는 시각과 평가

중세에 대한 시각과 평가는 어떤 면에서는 상당히 왜곡된 면이 없잖아 있다. 중세의 유럽 과학은 앞에서 살펴본 것과 같이 이슬람권과의 접촉이 시작되기 이전에는 침체에서 벗어나지 못하고 있었으나, 기술에서는 상당한 진전이 있었다. 농업 분야에서는 9세기에 쇠로 된 편자의 발명과 마구의 개량으로 말의 힘을 효과적으로 사용할 수 있게 되었고, 무거운 바퀴 쟁기의 발명 및 삼포식 농업•을 통해 곡물 생산이 증가했다. 8~9세기에는 수력을 이용하는 수차가 빠르게 보급되어 제분소, 제재소, 대장간 등에서 광범위하게 이용되었으며, 11세기부터 사용된 풍차는 수공업이나 대규모 산업용으로 널리 보급되어 경제 발전에 이바지했다.

이러한 경제 성장은 유럽 대학 발전의 기초가 되었다. 그리고 그리스도교가 성장하면서 증가한 신자들의 교회 예식을 위해서, 교회의 권위와 신에 대한 경건함을 표현하기 위해서 오늘날까지 남아 있는 장엄하고 위엄있는 건축물들이 지어지기 시작했다. 당시의 건축 열기는 돌, 목재, 철 등과 같은 건축 재료의 생산을 위한 기술혁신을 촉진했으며, 무겁고 큰 원자재를 채취하여 옮기고 취급하기 위한 기중기와 같은 도구가 제작되었다.

한편, 11~12세기에 성당학교를 통해 지배력을 강화한 가톨릭 교황은 성지 예루살렘의 탈환과 동로마 구원을 명분으로 이슬람권 국가에 대한 십자군 원정을 일으켰다. 십자군 원정은 성격을 달리해서 계속되었는데, 1096년에서 1200년대에 이르기까지 여러 차례 단행되었고 나중에 정치와 경제 등 여러 면에 걸쳐 많은 영향을 미치게 된다. 십자군 운동 이후 이탈리아의 상업 도시가 동서 교역을 독점하면서 원거리 무역과 도시 발달이 촉진되었다. 화폐경제의 농촌 침투는 장원제의 해체를 촉진하는 한편, 도시에서는 길드 혁명이 진행되어 공장제 수공업화가 진전되었다. 그리고 십자군 운동이 실패로 돌아가자 세속 왕권이 강화되면서 교황의 권력과 갈등을 일으키는 계기가 되었다. 13~14세기에 튀르크족의 서진이 유발한 4차 십자군 원정은 마침내 동로마 비잔틴제국의 몰락으로 이어졌다. 또한 중앙아시아에서의 튀르크 세력의 공백과 중국에서의 정치 세력 교체로 인한 몽골 지역

• 토지를 세 등분하여, 3분의 1은 휴경, 3분의 1은 겨울작물, 3분의 1은 봄작물을 경작하는 방식이다.

의 지배권 공백이 칭기즈칸의 몽골이 일어나 세계 제국으로 성장하는 계기를 제공하면서, 이 시기 세계는 급변하고 있었다.

중세 말에 발전된 인쇄술과 화약, 총포는 인류 문명사에 있어서 청동기 시대의 문자와 철의 제법이 미친 영향 못지않게 큰 영향을 미쳤다. 몽골족이 세운 원나라를 거쳐 유럽에 들어온 화약과 총포는 기사 계급의 몰락과 봉건 체제의 붕괴를 촉진하는 데 큰 역할을 했다. 그리고 인쇄술은 지식 전달에 있어서 결정적으로 중요한 역할을 한다. 장인들의 문자 해독이 가능하게 되자 자신의 경험을 기록하는 사람이 나왔고, 이것은 장인의 기술이 학자적인 전통과 접촉할 수 있는 길을 터주어 과학 탐구에서 기술을 이용한 실험적 연구 방법을 제공해 주었다. 인쇄술의 발전은 또한 필사로 인한 오류를 줄이는 효과를 가져다주었으며, 동시에 지식 대중화의 중요한 요인이 되어 르네상스를 촉진했다.

중세를 '암흑의 시대'라고 하는 것은 학문적으로나 문화적으로 쇠퇴한 시대라는 생각을 하게 하는 집약적 표현으로서 중세에 대한 편견의 원인이 되었다. 이 표현은 르네상스 시대의 인문주의자들이 자신을 고대 사상의 직접적인 계승자로 자처하며 중세 사상과 문화를 전면적으로 거부하면서 사용했던 것이다. 중세는 교회의 권위가 그 어느 때보다 막강하게 작용하던 시기였기에, 종교가 인간의 이성을 속박하고 모든 학문을 신학의 틀 안에 밀폐시켰던 시대라고 생각하는 것도 그 편견의 일부다. 그러나 앞에서 살펴보았듯이 중세 전체를 결코 암흑기라고 부를 수 없는 역사적 발전이 있었고, 이에 대한 견해와 연구들도 많이 나오고 있다.

일반적으로 물질문화의 요소는 빠르게 사회에 유입되고 확산되지만, 종교와 사상, 제도나 가치관 같은 비물질적 문화는 수용이 빠르지 않고 쉽게 내면화되지 않는다고들 한다. 즉, 중세는 표현 그대로 로마제국의 쇠퇴와 함께 새로운 주도적 문화권이 이질적 문화권과의 충돌에서 생긴 갈등을 해소하면서 그 이전의 문화를 흡수하고 수용했던 역사적 과도기라고 볼 수 있다. 이를 통해 북유럽을 포함한 유럽 전역과 북아프리카 및 지중해를 둘러싼 근동 지역에 이르기까지 고대 그리스의 자연철학과 라틴 문화가 그리스도교의 전파와 함께 널리 확산되어 나간 시기다.

이와 동시에 유럽 사회가 안정을 되찾으면서 상실되었던 학문적 활동에 대한 내부 동력이 되살아나기 시작했다. 그리고 그리스 자연철학의 지적 성과들이 아랍문화권에서 받아들여져 재정리되고, 이것이 그리스도교 사상과 그리스·로마 사상이 종합을 이루는 계기가 되었으며, 과학 연구에 있어서도 새로운 방법론들이 도입되기 시작했다. 따라서 중세는 과학의 직선적 발전의 관점에서는 침체의 길을 걸었으나, 정치·사회적으로나 문화적·정신적으로 유럽 대륙과 근동 지역의 세계화 과정을 통해 학문적 저변을 넓히며 새로운 세기를 준비하는 시기였다고 볼 수 있다.

II부

사고의 전환

종교개혁 1517년

1543년 코페르니쿠스, 지동설 주장

그레고리력 제정(현재의 태양력) 1582년

1590년 얀센, 현미경 발명

1609년 케플러의 제1, 2법칙 발표

30년전쟁(~1648년) 1618년

1619년 케플러의 제3법칙 발표

1628년 하비, 혈액순환론 발표

갈릴레이 종교재판 1633년

데카르트, 『방법서설』 1637년

1644년 데카르트, 운동량 및 운동량 보존의 개념 도입

1665년 훅, 세포 발견

1675년 레이우엔훅, 적혈구와 미생물 발견

1687년 뉴턴, 『프린키피아』 저술, 만유인력법칙 발표

프랑스, 『백과전서』 출간 1751년

1758년 린네, 이명법 고안

산업혁명 시작 1760년

1769년 제임스 와트, 증기기관 발명

1774년 라부아지에, 질량보존의 법칙 발견

미국 독립선언 1776년

칸트 『순수이성비판』 1781년

1785년 쿨롱의 법칙 발견

칸트 『실천이성비판』 1788년

프랑스 대혁명 1789년

1800년 볼타전지 발명

1803년 돌턴의 원자론

1820년 외르스테드, 전류의 자기작용 발견

1825년 스티븐슨, 증기기관차 제작

1831년 패러데이, 전자기유도 법칙 발견

1840년 제임스 줄, 줄의 법칙 발견

런던 제1회 만국박람회 개최 1851년

1854년 맥스웰, 전자기장 방정식 발견

1859년 다윈, 『종의 기원』 발표

링컨, 노예해방 선언 1863년

1865년 멘델, 유전의 법칙 발견

1869년 멘델레예프, 원소 주기율표 작성

1879년 에디슨, 백열전구 발명

1883년 코흐, 콜레라균 발견

1885년 파스퇴르, 광견병 백신 발명

1895년 뢴트겐, X선 발견

1898년 퀴리 부부, 라듐과 폴로늄 발견

06
전환기의 사고와 천문학 혁명

세계 역사상 문예부흥기에 일어난 과학혁명만큼 중요한 사건은 드물다고 할 정도로 과학혁명이 인류에 미친 영향은 매우 크다. 14세기 중엽부터 16세기 말에 걸쳐 유럽 전역에서 광범위한 사회적·문화적 운동인 '르네상스' 운동이 일어나는데, 문예부흥 또는 문화혁신 운동이라고도 한다. 문예부흥은 고대 그리스와 로마 문명을 재인식하고 재수용하면서 인간 중심의 정신을 되살리려 한 시대적 정신 운동이라고 평가되기도 했다. 고대 학문과 예술의 부흥이라는 관점은 르네상스를 중세와의 단절로 보기도 하지만, 그렇지 않다는 견해와 함께 다양한 평가가 있다. 일반적으로는 르네상스가 경제, 사회, 종교 등 당시 유럽의 모든 분야에서 총체적인 변화를 일으켰다는 점에서 단순한 문화 운동을 넘어 종합의 시대이자 새로운 길을 탐색하는 시대, 그리고 중세에서 근대로 넘어가는 과도기의 시기라는 시대 개념으로 보고 있다.

과학사의 관점에서 어떤 학자는 이 시기에 오히려 과학혁명이 지연되었다는 평가를 내리기도 한다. 사실 과학혁명은 그 중요성에 비해 기원을 찾으면 찾을수록 원인이 더욱더 불확실해지는 면도 있다. 전반적으로 르네상스 운동의 목표는 고대 그리스 자연철학에 대한 고전적 교양을 기초로 새로운 문화를 형성하고 새로운 인간의 가치를 주장하려는 것이었다고 보고 있다. 그리고 이 시기에 과학혁명의 토대가 만들어진 것은 어쩌면 중세기 동안 고대 그리스 자연철학과의 단절이 있었기 때문에 사고의 전환이 가능했던 것이 아닐까라는 역설적 생각이 든다. 여기에서는 다소 엇갈리는 이러한 평가들을 염두에 두고 과학과 철학을 둘러싼 변화들을 살펴보도록 한다.

인문주의 운동과 종교개혁

문예부흥기는 중세에서 근대로 옮아가는 과정에서 사회정치적 변동이 종교개혁으로 이어지면서 자연철학에 영향을 주어 과학과 철학 사상의 전환을 촉진한 시기라고 보고 있다. 정치적으로는 중세 말 십자군 운동의 실패로 교황권이 약해지자 세속왕권이 힘을 얻어 중세 가톨릭 세계국가에서 독립하여 개별적 민족국가를 형성하기 시작했다. 그리고 향상된 농업 생산력에 기반을 둔 도시의 상업 시민이 사회로 진출하고, 중세 봉건사회가 무너지면서 시민사회의 형성이 촉진되는 형태로 나타났다. 르네상스 운동은 고대 전통이 가장 뿌리 깊이 남아 있던 이탈리아가 중심이 되는데, 이곳은 정치적 변화로 중세 사회체제가 가장 빨리 붕괴했던 곳이라는 점을 주목할 필요가 있다. 십자군 원정은 그리스 자연철학을 이어받아 보존하고 있던 아랍 문명을 빨리 받아들이는 계기가 되었고, 동로마제국의 멸망과 함께 비잔틴의 학자들이 고전 문헌들을 갖고 부유한 이탈리아의 상업 도시로 옮겨오면서 인문주의 운동의 요인이 되었다. 르네상스 운동을 주도한 인문주의자들은 중세의 권위주의적이고 종교적 교의에 바탕을 둔 원리가 아니라, 인간의 경험과 이성을 바탕으로 하는 새로운 원리를 모색했다.

르네상스는 예술과 문학의 재발견뿐만 아니라, 지식의 부활을 의미하기도 한다. 인문주의자들이 보았을 때, 중세 신학 이론이 주를 이루었던 스콜라 철학의 무미건조함에 비해 그리스 고전들이 보여준 다양한 내용과 관점, 그리고 아름답고 우아한 표현과 형식은 그들을 매료시켰다. 이리하여 스콜라 철학에 의한 고전철학의 해석에 반대하여 새로운 문헌학적 연구가 이루어져, 거의 모든 고대 그리스 자연철학과 헬레니즘 철학, 고대말기의 회의론까지 부활했다. 특히 플라톤과 아리스토텔레스의 자연철학이 주류를 이루었다. 이렇게 이탈리아에서 개화된 인문주의 운동은 급속히 알프스 북방으로 파급되어 나갔다.

≡ 분수령이 된 종교개혁

이탈리아에서 시작된 인문주의 운동은 여러 민족과 지역의 사회·문화적 배경에 따라 다르게 전개되었다. 교회의 권위를 부정하고 새로운 인간의 가치를 주장하려는 인문주의의 정신은 독일을 중심으로 한 종교개혁에 불을 붙였다. 종교개혁은 가톨릭교회에 대한 반발로서 그리스도교 신앙의 내면화와 혁신을 요구하는 운동의 형태로 나타났다. 종교개혁을 이끈 루터Martin Luther(1483~1546)는, 에크하르트Meister Eckhart(1260~1329)의 독일 신비주의적 사상을 받아들여 성서의 교의를 철학적으로 정의하고 해석하려는 시도에 반대하고 오직 예수의 가르침을 믿는 개인의 직접적 신앙만이 옳다고 주장했다. 즉, 개인적인 뉘우침과 회심을 통해 직접 하느님과 만날 수 있다는 것이다. 이 운동이 조직화되면서 신교의 교의가 세워지고 교회 질서가 확립되자 신비주의적 경향은 용납되지 않았다. 종교개혁은 교회 권력과 권위에 대한 반발이자 교회 권력과 세속 권력의 분립을 알리는 서막이었으며, 서방 유럽이 중세를 벗어나는 분수령이었다.

이와 함께 프톨레마이오스 『지리학』의 라틴어 번역본을 통한 지도의 재발견은 대항해 시대를 열어 자본의 형성을 촉진함으로써 근대의 탄생을 예고했다. 1492년 콜럼버스의 신대륙 발견이 열어놓은 대항해의 시대는 해상을 통한 전 지구적 네트워크를 형성했고, 상품 교역은 물론 지식과 정보의 교환, 문화의 교류, 사상과 종교의 전파로 이어졌다. 지도도 정확하지 않았고 지구 크기에 대한 계산도 틀렸지만,• 고전적 지식의 재발견은 항해술의 발전과 맞물려 신대륙을 향한 과감한 도전을 자극했다.

대항해 시대의 전개는 문명의 발전에서 '공유와 확산'의 새로운 전기가 되었다. 눈여겨볼 점은 이러한 변화가 수평적 상호 교류만을 촉진한 것이 아니라, 수직적 구조의 형성으로 귀결되어 갈등과 폭력, 착취가 뒤따랐으며 환경 파괴와 전염병의 확산 등의 부작용도 컸다는 점이다. 문명 변혁기의 이러한 복잡한 흐름은 지금도 반복되고 있는 인간 역사의 실제 모습이자 모순이며 극복해야 할 과제다.

문예부흥기의 자연관

16~17세기의 신비주의는 그 범위가 내적 경건의 영역을 넘어서 자연관, 우주관, 연금술 등에 이르기까지 넓어진다. 문예부흥 시대의 신비주의 사고는 자연을 종교적 지식이 추구하는 영역의 한 부분으로 이해했다. 수학

• 천문학자이자 수학자인 토스카넬리(Paolo Toscanelli, 1397~1482)는 아시아에 가기 위한 최단 경로가 대서양 횡단이라는 편지를 콜럼버스에게 보냈고, 콜럼버스는 대서양을 횡단할 때 그의 편지를 가지고 있었다.

이 이러한 경향에 한 역할도 있다. 문예부흥기의 수학에 대한 새로운 관심은 자연에 대한 수학적 접근법과 기하학 및 대수학의 발전을 이끈 면도 있지만, 피타고라스 전통과 플라톤의 신비적 사색도 고전 문헌의 발굴과 함께 논의되면서 숫자 신비주의와 관련된 초자연적 추구들도 나타났다.

그리고 신플라톤주의와 그리스도교의 전통에는 자연의 통일성에 대한 믿음이 함축되어 있었는데, 여기에서 인간은 소우주로서 대우주의 모습에 따라 창조되었다고 생각했다. 이러한 관념은 천상계와 지상계에 존재하는 여러 가지 상관관계들을 생각하고 받아들이게 했다. 뒤에서 살펴볼 과학혁명을 이끈 위대한 과학자들에게서도 이러한 신비 사상의 일면이 보이는 것은 시대적으로 보아 자연스러운 현상이다. 이처럼 문예부흥기는 인간과 자연 및 종교 사이의 종합적 추구를 통해 새로운 시대를 열어가는 시기였다.

그런데 인문주의자들이 배격한 스콜라 철학은 중세 대학의 전통적인 학문이었던 아리스토텔레스 철학을 바탕으로 한 것이었기 때문에 자연철학의 부흥은 플라톤 철학의 부흥 운동으로부터 시작되었다. 스콜라 철학에 반대한 인문주의자들은 플라톤 철학 부흥의 기치를 내걸고 자연철학과 도덕 생활에 이르기까지 전환을 이루어내려 했다. 동시에 아리스토텔레스에 관해서도 기존의 스콜라적인 해석에 반대하는 새로운 연구가 시도되었다. 그 정점에는 자바렐라Giacomo Zabarella(1533~1589)가 있다. 그는 아리스토텔레스의 논리와 자연철학에 대한 명료하고 체계적인 해석을 내리면서 스콜라적 요소를 청산했다. 그리고 구성과 분해의 방법을 결합한 회귀법이란 독창적인 방법론을 제창하기도 했다. 그러나 그의 과학적 이상은 새로운 발견이 아니라 아리스토텔레스 체계 내에서 오류를 수정하고 보완하는 것에 그치는 것이었다. 그래서 르네상스가 오히려 과학혁명을 늦추었다는 해석을 하는 사람이 있는지도 모른다.

≡ 과학적 방법론으로서의 수학과 실험

그렇다면 문예부흥기가 과학혁명의 도래에 영향을 미치게 된 요인이 있었다면 어떤 것들이 있는지 살펴보기로 하자. 사실 인문주의자들의 중세에 대한 거부는 중세 스콜라 학풍의 번역과 주해들에 대한 거부이지 내용 자체에 대한 거부는 아니었다. 특히 과학적 전통의 관점에서는 몇 가지 살펴볼 가치가 있는 부분들이 있다. 우선 이 시기에 학문적 방법론에서 관측과 실험적 방법이 증가하는 경향이 있었다. 문예부흥이 한창 진행되면서 불충분하고 상식적인 관찰에 바탕을 둔 아리스토텔레스 물리학의 많은 부분은 거부되었다. 그리고 과학적 방법과 발견의 과정에서 경험적 증거가 강조되기 시작했다.

감각론적 인식론을 주창한 텔레시오Bernardino Telesio(1509~1588)는 아리스토텔레스의 저술이 경험과 어긋난다고 해서 수용을 거부했고, 자연 탐구의 열쇠를 감각을 통한 경험에서 찾으려 했다. 그는 과학적 방법론에서 감각적 경험을 중요시한 자연철학자로서 경험주의와 귀납법을 발전시켰는데, 경험론 철학자로서 과학혁명에 큰 영향을 준 베이컨Francis Bacon(1561~1626)에 앞선 선각자였다.

다음으로는 수학의 중요성이 강조되어 수학적 방법이 과학적 연구를 돕는 수단으로 사용되기 시작했다. 이는 수학을 강조한 플라톤에 관한 관심이 되살아난 영향과 과학혁명기의 과학적 방법에 가장 근접했던 아르키메데스의 저술이 당시에 새로이 퍼지면서 나타난 결과다. 물체의 운동을 기술하는 데 있어서 '수학적 추상화'를 추구했던 갈릴레이Galileo Galilei(1564~1642)는 수학을 자연 해석의 근본적인 방법이라고 본 과학자였다. 동시에 수학 자체의 새로운 발전으로서 대수학에서 로그함수의 발명도 이루어졌다. 마지막으로는 기술적인 발전이 과학과 융합하기 시작했다.

르네상스기에 들면서 과학자들은 역사상 처음으로 실제 기술자들의 작업에 관심을 기울이기 시작했다. 즉, 학자 중심의 과학적 전통과 장인들의 기술적 전통이 융합하기 시작한 것이다. 이러한 관심은 어떻게 보면 학문 영역에서의 고대와 중세의 권위에 대한 거부이자 반항이었다. 이리하여 정밀한 천체관측기구들이 제작되고, 망원경과 현미경, 온도계와 같은 과학 측정기구들이 발명되기 시작하면서 관측과 실험의 새로운 과학적 방법론이 실질적으로 힘을 얻게 되었다.

≡ 인쇄술과 지식의 확산, 새로운 방법론

지식의 확산과 공유의 관점에서 한 가지 더 언급할 부분은 15세기에 이루어진 '인쇄술'의 발명•이다. 지식의 대량생산과 확산 그리고 이를 통한 지식 대중화를 가능하게 한 인쇄술은 역사적 전환기로서의 르네상스 업적 중에 첫 번째로 꼽을 수 있는 새로운 것이다. 문예부흥기의 전반부를 그리스 고전에 대한 재발견이라고 한다면, 인쇄술의 도입과 함께 이루어진 고전들의 복제본 증가는 고전 학문의 부흥과 새로운 학문의 탄생에 결정적으로 이바지하게 된다. 즉, 인쇄 기술은 고전적 지식과 사상의 확산뿐만 아니라 새로운 학문적 성과를 더 널리 더 빨리 전파시켰다. 이러한 진전은 문예부흥 운동을 새로운 방향으로 바꾸었다고 볼 수 있다.

사실상 인쇄술의 발전은 루터의 95개 조 반박문을 대량으로 인쇄, 배포할 수 있게 하여 종교개혁에 결정적 공헌을 했다. 앞에서 언어와 문자의 사용이 지식과 정보의 공유를 통해 인류가 진보할 수 있게 하는 중요한 역할을 했음을 언급한 것과 같이, 인쇄술의 발전 또한 생산된 지식의 전파와 확산을 통해 학문 저변이 확대되어 학문의 발전을 가속할 수 있었다는 점에

• 유럽에서는 1439년 독일의 구텐베르크가 금속 활판 인쇄술을 개발했다. 한반도에서는 1372년 고려 공민왕 때 세계 최초의 금속활자가 만들어져 『직지심체요절』이 인쇄되었다.

서 획기적인 전기를 마련했다. 한반도에서도 일찍이 금속활자가 1372년에 제작되어 서적 간행에 사용되었고, 1446년에 조선의 세종대왕(1397~1450)이 한글을 창제하여 지식의 확산과 문화의 융성에 이바지한 것도 이 시기다. 오늘날 인터넷을 통한 정보 공유 및 확산이 새로운 형태의 산업혁명을 유발하는 것도 정보의 유통 속도를 더 빠르게 했기 때문이다.

인쇄술의 발달과 관련된 논의를 좀 더 연장하여 문예부흥기를 거치면서 일어난 과학의 발전을 살펴보면, 고대 그리스 고전의 확산은 예기치 못한 변화를 일으킨 것으로 보인다. 그리스의 고전적 지식을 바탕으로 새로운 문화의 발전을 도모하려 했던 그들에게 고전 문헌의 내용에 대한 새로운 인식, 즉 그리스 원전에 대한 추구가 도리어 고전적 지식에 대한 의심과 새로운 호기심을 촉발한 계기가 된 것으로 볼 수 있다(아이젠슈타인, 1991).

천문학 혁명을 불러온 코페르니쿠스 혁명은 새로운 관측에 의한 결과가 아니고, 아리스타코스의 지동설을 접한 그가 과거의 기록 자료들에 대해 엄밀한 수학적 분석을 한 결과라고 볼 수 있다. 마찬가지로 튀코 브라헤의 정밀한 천문관측 활동은 독자적으로 시작했다기보다는 오래된 자료들을 바탕으로 지동설과 관련하여 자신의 이론을 뒷받침할 새로운 자료의 필요성을 느꼈기 때문에 더 정밀한 관측을 시도한 것으로 보아야 할 것이다.

이러한 견해는 과학의 발전에서 과학자 개인이나 집단의 이바지에 앞서 인쇄술의 발전으로 인한 정보의 확산이 어떻게 영향을 줄 수 있는지를 생각하게 한다. 과학혁명기에 금서가 되었던 코페르니쿠스와 갈릴레이의 저서가 오히려 더 큰 명성과 함께 성공을 거둔 것도 인쇄술과의 연결 고리를 찾아보게 한다. 오늘날 과학의 발전에서도 오프라인 및 온라인 학술지와 대중 과학서를 통한 정보의 유통이 그 어느 때보다 중요한 요소가 되고 있다.

중세를 거치는 동안의 고대 그리스 자연철학과의 단절은 문예부흥기 자연철학자들의 자연에 대한 사고방식이나 탐구 방식을 고전적 전통에서 벗어나게 하는 계기가 되었다. 이리하여 전통적인 관점이 아니라 전적으로 새로운 관점과 태도로 자연을 대할 수 있었다. 문예부흥기의 인문주의자와 자연철학자들이 공통으로 보여준 태도는 탈권위적 태도와 새로운 방법론의 채택이라고 할 수 있다. 이리하여 권위주의적인 종교적 교의를 바탕으로 한 원리를 멀리하고, 인간적 경험과 이성을 토대로 한 새로운 원리를 탐색하기 시작했다. 이 시기에 수학적·실험적 방법을 확대 도입함으로써 이루어진 과학적 방법의 발전은 근대과학의 발전으로 이어질 수 있게 한 원동력이었다.

코페르니쿠스의 천문학 혁명

우리는 흔히 발상의 전환을 의미하는 말로 '코페르니쿠스적 전환'이란 표현을 자주 인용한다. 이 표현은 독일의 철학자 칸트Immanuel Kant(1724~1804)가 자신의 3대 저술인 『순수이성비판』, 『실천이성비판』, 『판단력 비판』이 철학사에서 코페르니쿠스적 전환을 이루었다고 말한 데서 유래했다. 그는 인간의 지식이 인식 대상 자체에서 나온다는 존재론적 인식론을 뒤집어 인간의 인식 방식과 능력에 따라 대상에 대한 지식이 달라진다고 주장했다. 그렇다면 그는 왜 이런 사고의 전환을 '코페르니쿠스적'이라고 했을까?

≡ 코페르니쿠스 혁명

천문학에서 '코페르니쿠스 혁명Copernican revolution'이라고 일컫는 것은 소위 지동설 또는 태양중심설을 주장한 것으로, 그 당시까지 굳게 자리 잡고 있던 지구중심설을 부정한 사건이다. 이 천문학의 혁명은 과학 탐구에서 같은 현상을 다른 시각으로 바라보는 인식의 전환을 통해 이루어낸 사건이었다. 태양중심설은 코페르니쿠스 훨씬 이전에 알렉산드리아의 자연철학자 아리스타코스가 주장했다는 기록이 있으며, 코페르니쿠스Nicolaus Copernicus (1473~1543)도 그리스 원전을 공부하면서 아리스타코스의 지동설을 접하고 그 체계의 단순함에 이끌렸을 것이다. 아리스타코스는 기하학을 이용하여 태양과 달의 크기를 처음으로 계산하고, 지구의 반지름을 측정한 것으로 알려져 있다. 그러나 아리스타코스의 지동설이 받아들여지지 않은 것은 그 당시 학자들의 학설이나 상식과는 너무나 거리가 멀었고, 무엇보다도 비판자들의 반증이 압도적으로 많았던 반면에 반론을 펴기에는 그 당시 과학 지식이 너무 한정적이었기 때문이다(3장 참조). 시기적으로 운이 없었다고나 할까? 과학적 이론도 그것이 받아들여지려면 이론의 명확성은 물론이고 적절한 시기와 환경이 필요한지도 모른다.

코페르니쿠스가 활동하던 시기에도 지구 중심의 천문 체계가 확고히 자리를 잡고 있었기 때문에 그도 자신의 주장이 우스갯거리가 되고 조롱을 받을까 봐 두려워했다. 또한 태양중심설을 주장하면 당시의 분위기로는 종교재판에 넘겨질 위험도 있었다. 그런데도 그의 수학적 모델은 명확했고, 우주에 관한 진리는 성경의 해석에 있는 것이 아니라 과학 속에 있다는 그의 믿음도 확고했다. 결국, 그의 저서 『천구의 회전에 관하여De Revolutionibus Orbium Coelestium』는 그의 제자인 레티쿠스Georg J. Rheticus(1514~1574)가 1543년 봄에 출판하여 태양 중심의 우주 모형이 우월하다는 사실을 세상에 알렸다. 뇌출혈로 쓰러진 코페르니쿠스가 사망하기 직전이었다.

가톨릭 성직자였던 코페르니쿠스는 헌정사에서 교황 바오로 3세에게 자신의 연구를 통해 천체의 움직임을 다른 방식으로 정리하게 되었음을 알리고 싶다고 하면서 종교적 교의를 반박하려는 의도가 아님을 밝히고 종교재판의 위험을 피하려고 했다. 그리고 그의 친구이자 루터교 신학자가 쓴 것으로 알려진 서문에서는 태양을 중심에 둘 경우 천체(태양계의 행성)들의 움직임에 관한 계산이 훨씬 간단하다며 태양중심설이 수학적 가설인 것처럼 말하고 있다. 물론 코페르니쿠스는 태양중심설을 수학적 가설로 생각한 것이 아니라 진실로 믿고 있었다고 평가되고 있다. 그리고 그의 연구는 자연관과 자연 연구 방법에 있어서 혁신을 일으키는 계기가 되었다.

『천구의 회전에 관하여』는 총 여섯 권으로 구성되어 있는데, 일반인 대부분이 이해할 수 없을 정도의 전문적이고 수학적인 내용으로 되어 있다. 코페르니쿠스의 혁명적 발상의 주요 내용이 담겨 있는 1권에서는 지구가 자전축을 중심으로 돌면서(낮과 밤의 현상 설명) 태양을 중심으로 1년을 주기로 원운동을 하고 있다는 태양 중심 체계에 관한 주장을 펼친다. 그리고 지축이 이동(세차歲差)한다는 사실도 포함되어 있다. 그는 관찰되는 모든 천문 현상을 자신의 새로운 이론에 따라 증명할 수 있다는 분석을 내놓으면서 태양 중심 체계를 부정하는 학자들의 주장을 반박했다. 또한 화성과 목성 등의 외행성의 역행운동을 간단히 설명할 수 있음을 보였다.

≡ 천문학 체계의 비교

여기서 그동안 받아들여져 오던 프톨레마이오스의 천문학 체계와 코페르니쿠스의 천문학을 잠시 비교해 보자. 두 천문학 체계는 복잡성의 차이를 제외하고는 모두 관측된 천문 현상을 잘 설명할 수 있었다. 지동설은 기존의 관측 자료를 이용한 것이지 코페르니쿠스 자신의 새로운 관측 결과를 바탕으로 한 것이 아니었다. 그가 지동설을 주장한 근거는 일종의 철학적 직관이었는데, 칸트가 "코페르니쿠스적 전환"이라는 표현을 쓴 것은 바로 이러한 인식 방식의 전환을 의미하는 것이었다. 그리고 오컴의 면도날이라 부르는 방법론적 원칙이 훌륭하게 적용되는 예다.

프톨레마이오스 천문학에서는 행성의 역행운동을 설명하기 위해 주원과 주전원을 이용해서 복잡하게 설명해야 하지만, 코페르니쿠스의 태양 중

그림 6-1 역행운동에 대한 프톨레마이오스 천문학(왼쪽)과 코페르니쿠스 천문학(오른쪽)의 비교

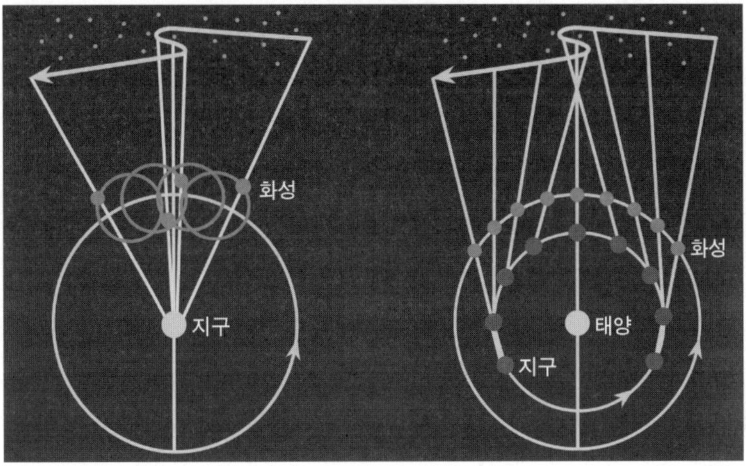

심 체계에서는 그럴 필요가 없이 행성의 궤도만으로 설명할 수 있다. 따라서 간단한 논리로 설명할 수 있으면 복잡한 논리를 만들지 말라는 오컴의 원칙이 훌륭하게 적용되는 이론이었다고 볼 수 있다.

그러나 코페르니쿠스 체계는 천문 현상의 예측에서 프톨레마이오스의 천문학 체계보다 정확도가 상대적으로 뒤떨어졌다. 이는 행성의 궤도가 실제로는 타원 모양이었으나 계산에서는 원형 궤도로 간주했기 때문에 나타나는 부정확성 때문이었다. 코페르니쿠스도 아직 원운동이 천상계에서 일어나는 완전한 운동이라고 생각했던 아리스토텔레스의 체계에서 완전히 벗어나지 못하고 있었다.

사실 코페르니쿠스의 이론은 당시 유행하던 아리스토텔레스의 과학 체계 안에서 단지 행성의 운동에 관한 이론만을 수정하는 것에 불과했으며, 출판 당시에는 초판 400부가 다 팔리지 않을 정도로 큰 시선을 끌지 않아서 이것이 과연 혁명으로 이어질지는 미지수였다. 지독히 어려운 책이기도 했

고, 코페르니쿠스 자신도 책에 모순되는 부분과 해결되지 않은 부분이 있어서 비웃음을 받을 것을 걱정했다고 한다.

그러나 그로부터 50여 년이 훨씬 지난 후에 케플러Johannes Kepler(1571~1636)와 갈릴레이가 코페르니쿠스의 수학적 설명과 이론을 받아들여 천문학 혁명의 완성에 결정적인 공로를 세우면서 전면적인 변혁의 계기를 만들었다. 이들의 과학적 발견은 프톨레마이오스 천문학 체계가 지니지 못한 통일성과 단순성을 보여주었으며, 2000년 동안 서구를 지배해 온 아리스토텔레스 자연철학의 근거를 무너뜨렸다. 그뿐만 아니라 그들이 보여준 수학적·정량적 분석에 입각한 새로운 방법론은 아리스토텔레스학파 자연철학자들의 질적이고 사변적인 방법을 대치하면서 실증적 근대과학으로의 길을 굳게 다졌다.

≡ 자연으로 들어온 신: 범신론 사상

코페르니쿠스가 지동설을 발표한 16세기를 지나면서부터는 고대의 권위와 우월성을 믿고 있던 인문주의자들의 신념이 퇴색하기 시작하고 자연관도 근대과학으로 전이할 계기가 마련되었다. 문예부흥기의 자연관에도 중세의 마술, 연금술, 점성술과 같은 신비주의적 경향이 여전히 남아 있었고, 세계관도 아리스토텔레스의 계층적인 구조를 받아들였다. 중세의 초월적인 신은 자연과 분리되어 있었으나, 경험적·수학적 방법론에 바탕을 둔 코페르니쿠스의 지동설 이후에는 신이 자연 속에 있다는 범신론적汎神論的 세계관이 퍼지게 되었다. 즉, 자연을 하위에 놓았던 계층적 구조의 세계관이 허물어지고, 자연 자체가 신의 나타남으로 된 것이다. 초월적이었던 신을 세계 속으로 끌어들여 현실적 세계에 신의 적극적 의지를 부여하려 함으로써 중세와 근대 사이의 과도기적 성격을 보여주었다.

쿠자누스Nicolaus Cusanus(1401~1464)는 신비적 범신론의 경향을 두드러지게 나타내 보이는 대표적인 르네상스기 철학자 중 한 사람으로서 교회 개혁에 헌신했던 가톨릭교회 성직자였다. 그에게 세계는 신의 나타남이며, 세계의 모든 부분에는 신의 의지가 반영되지 않은 곳이 없다고 보았다. 소크라테스와 신플라톤학파의 전통을 이어받은 쿠자누스는 인간의 지식을 '학식 있는 무지無知, docta ignoranitia'라고 표현하면서 알면 알수록 알지 못하는 것이 많아진다는 것을 깨닫는 것, 인간 인식능력의 한계를 아는 것이라고 했다. 인간의 인식은 진리를 정확히 깨달을 수 없는 까닭에 대조와 비교를 통해 단지 추정할 수 있을 뿐이라고 했다. 그러나 이 무지는 한계가 아니라 더 나은 앎을 위한 토대라고 하는 점에서 긍정적 무지이며, 무한한 신을 닮은 인간 정신의 무한한 가능성과 잠재력을 의미하는 것이기도 하다. 비록 절대적인 지식인 진리에 도달할 수는 없다고 하더라도 가까이 갈 수는 있다고 본 것이다.

쿠자누스는 인간의 인식 작용을 감각sensus, 이성ratio, 지성intellectus의 세 단계로 구분했다. 감각의 단계는 개체를 직접 받아들이는 단계로서 모든 것이 헝클어진 상태이며, 제한적인 부분에서만 추론이 가능한 단계다. 이성의 단계는 인간의 일반적인 사고 능력에 해당하는 것으로서 전후좌우 구도를 비교하고 연역과 추론을 하며, 대립적 요소들의 이질적 특성에 대한 정의를 내리고 구분을 하는 단계다. 마지막 단계인 지성의 단계는 모순과 대립을 통찰함으로써 대립적인 요소들의 합치를 찾는 단계다. 과학철학의 입장에서는 실험적이고 경험적인 방법으로 사실들을 찾아내고, 비교하고 분석하여 체계를 세우며, 모든 요소 사이의 모순점을 해결함으로써 보편법칙을 추구하는 과정으로 받아들일 수 있겠다.

쿠자누스의 사상은 근대철학자인 스피노자와 라이프니츠, 헤겔 등에게 영향을 주었다. 모순적이고 대립적인 것들의 합치를 찾으려 함으로써 조화로운 통합과 단순성을 추구하는 그의 사상은 현대물리학의 측면에서도 통찰력을 제공한다. 현대물리학에 있어서 빛의 입자성과 파동성에 관한 문제와 상대성 이론에서의 질량과 에너지에 관한 문제들도 대립의 합치라는 관점에서 통찰할 여지가 있다.

'대립의 합치coincidentia oppositorum'라는 신에 대한 쿠자누스의 생각은 무한하고 영원한 신과 유한하고 한시적인 세계의 관계에 대해 '접힘complicatio'과 '펼침explicatio'이란 표현을 사용했다. 모든 피조물은 신 안에 접혀 있으며, 동시에 신은 모든 피조물 안에 펼쳐져 있다는 것이다. 세계가 신성이 펼쳐지는 곳인 만큼 모든 개체도 나름의 방식으로 신의 통일성을 보여주고 있으며, 각 개체는 독자적인 내적 가치를 가지고 있다. 이렇게 개체는 여럿의 모습 안에서 하나인 신을 보여주므로 세계는 개체들의 조화로운 체계인 것이다. 그의 삼위일체론이 이렇게 자연에 대해서도 드러난 것이다. 그리고 세계를 역학적 통일로 보려 한 그는 수학적 비례로 나타나는 조화를 찾음으로써 근대과학의 길을 예시적으로 열어놓았다.

20세기의 유명한 물리학자로서 양자역학의 확률론적 해석을 싫어하여 '숨은 변수 이론'(11장 참조)을 제창한 봄David Bohm(1917~1992)도 숨은 질서에 대해 쿠자누스의 접힘과 같은 의미의 '접힌 질서implicate order'라는 표현을 썼다. 그는 우리 주변 세계의 모든 가시적인 물체, 입자, 구조 및 사건들은 상대적으로 자율적이고 안정적인 것처럼 보이지만, 이것들은 일시적인 내부 단위구조로서 더 깊고 함축적인 질서, 나눌 수 없는 통일체를 투영하고 있다고 보았다(봄, 1991). 겉으로 보기에는 혼돈처럼 보이지만 내부적 또는 잠재적 질서를 가지고 있다는 것이다. 마치 영화의 한 장면 한 장면이 모두 상대적으로 독립적이고 자체의 의미를 지니는 것처럼 보이지만, 영화 전체 이야기를 구성하는 질서의 일부인 것과 같다.

중세에서 근대로 넘어가는 과도기의 철학자로서 독일의 신비주의자인 뵈메Jakob Böhme(1575~1624) 또한 범신론적 경향을 강하게 띠고 있었다. 독일 관념론 철학자 헤겔은 뵈메를 독일 최초의 철학자라고 부를 만큼 그에게 큰 영향을 받았다. 뵈메는 신이 아무것도 없는 것에서 세계를 창조한 것이 아니라, 이미 신 안에 있는 재료와 힘이 작용하여 인간 존재와 만물의 창조가 이루어졌다고 생각했다. 즉, 자신 내부로부터 자기를 드러내 보이는 신은 의지로서의 신이자 지혜로서의 신으로, 일체 만물이 거기에서 만들어져 나온다고 했다. 이러한 뵈메의 신비 사상은 우주생성론과 결합한 범신론으로서 신과 인간과 자연의 강한 합일성을 강조했다.

문예부흥기는 이렇게 자연을 신의 나타남이라고 보는 범신론적 사상이 깔려 있었기 때문에 기계론적인 근대과학과 철학과는 기조적으로 다른 위치에 있었다. 범신론적 경향은 천문학 혁명이 전개될 당시에도 지속되는 분위기였고, 역학혁명을 완성한 뉴턴에게서도 나타나는 것을 볼 수 있다. 뉴턴은 신이 우주의 운행에 능동적으로 개입한다고 생각했고, 이러한 관점은 라이프니츠와 대립하게 된다. 아직 근대의 기계론적이고 수학적인 자연관이 나오기까지는 더 많은 시간이 필요했다.

코페르니쿠스와 마찬가지로 지동설을 주장했던 브루노Giordano Bruno(1548~1600)는 신이 우주를 떠나서 존재하는 것이 아니라 우주 내부에 존재하며, 우주를 움직이게 하는 것으로 생각하여 신을 '생산하는 자연', 우주를 '생산된 자연natura naturata'이라고 했다. 즉, 존재하는 모든 것에 신이 내재해 있으므로 지상의 모든 것은 알 가치가 있다는 것이고, 따라서 '인식'한다는 것 자체가 신의 뜻을 알아내려는 것과 같은 것이 되었다.

이러한 사상은 범신론 자체보다는 현대에 있어서 인간 중심의 과학기술 발전이 초래하는 생태 질서의 파괴와 인류의 존립을 위협하는 기후 위기 앞에서 자연 질서에 대해 겸허한 태도를 갖게 하는 사상적 가치가 있다고 하겠다.

케플러의 천문학

코페르니쿠스의 태양중심설을 지지한 케플러는 우주가 기하학적인 원리에 의해 만들어졌다는 신플라톤주의의 믿음을 받아들였고, 천문학은 확실한 물리적 원리들에 바탕을 두고 그 원리들에서 행성들의 운동을 유도해내야 한다고 생각했다. 그래서 그는 실재하는 기하학적 구조와 물리적 원인을 발견하려 했으며, 그것들은 관측과 일치해야만 했기 때문에 관측된 사실과 어긋나는 어떠한 선험적 이론도 적용하려 하지 않았다. 그는 그 이전의 사람들이나 코페르니쿠스까지도 믿었던 '수정체crystalline' 천구天球들이 존재하지 않는다고 확신했다. 그들이 불변의 세계라고 믿었던 천상계에서 신성新星, nova이나 혜성彗星, comet이 관측된 사실•은 그러한 믿음과 배치되었고, 혜성이 여러 천구를 가로질러 움직인다는 사실도 수정체 천구의 존재와는 모순이 되기 때문이다.

케플러는 1600년에 그 당시 유례없이 정확한 천문관측 자료를 모아 보관하고 있던 튀코 브라헤Tycho Brahe(1546~1601)의 조수가 되었는데, 이듬해에 그가 죽자 그의 귀중한 관측 자료를 물려받아 이용하게 되었다. 지동설을 접했던 브라헤는 자신만의 이론을 증명하기 위해 더 정밀한 관측 자료가 필요하다고 생각했다. 그리고 언제나 혼자서 위대한 연구 결과를 발표할 것을 꿈꾸면서 자신의 천체관측 자료를 은밀한 곳에 보관하고 다른 과학자들과 전혀 공유하지 않고 있었다. 그러기에 케플러가 채용된 이듬해에 그가 사망한 것은 어떻게 보면 케플러에게는 매우 큰 행운이었다. 사실 튀코 브라헤의 수학적 능력은 케플러보다 훨씬 떨어졌기 때문에 오히려 그의 관

• 튀코 브라헤가 1572년 다른 별보다 유난히 밝게 나타나는 신성을 발견하고 이 별의 색깔이 흰색에서 붉은색으로 변하는 것을 관측했다. 1577년에는 하늘을 가로질러 날아가는 혜성을 발견했다.

측 결과가 빛을 보게 된 것은 거꾸로 케플러의 덕이었다고 볼 수 있다. 과학의 발전이 정보의 공유를 통해 훨씬 더 빨리 진전될 수 있음을 생각하면 튀코 브라헤의 자료 독점은 아쉬운 일이었다.

≡ 케플러의 법칙

신플라톤주의에 심취하여 우주의 기하학적 단순성을 추구했던 케플러는 마침내 브라헤의 정밀한 관측 자료를 설명할 수 있는 행성 운동의 수학적 체계를 찾아냈다. 케플러 천문학의 주요 내용은 케플러의 법칙으로 알려져 오늘날 물리학 교과서에 소개되고 있다. 그 내용을 보면 다음과 같다.

1. 행성들은 타원궤도운동을 한다(케플러의 제1법칙: 타원궤도의 법칙).
2. 행성 운동에서 궤도 반경이 단위시간 동안 휩쓸고 지나간 면적은 같다(케플러의 제2법칙: 면적속도 일정의 법칙).
3. 행성 공전주기의 제곱은 타원 장축 반경의 세제곱에 비례한다(케플러의 제3법칙: 조화의 법칙).

케플러의 행성 운동에 대한 이들 법칙은 1609년에 출판된 『새로운 천문학Astronomia Nova』에 담겨 있는 내용으로 주로 화성을 대상으로 한 관측 자료에서 얻은 결과이지만, 과감하게 행성들의 운동에 대해 일반화시켰다. 이 법칙들은 나중에 뉴턴이 자신의 운동 법칙과 결합하여 만유인력의 법칙을 유도하는 데 사용되었다. 케플러의 발견은 중세를 지배해 온 아리스토텔레스 체계와 프톨레마이오스의 천문학에서 벗어나는 계기가 되는 중요한 과학적 사건이었다.

그렇다면 케플러의 천문학이 그 당시 사람들의 믿음에 어떤 변화를 주었는지, 왜 천문학 혁명을 초래할 만큼 파괴력을 가졌는지에 대해 살펴보도

그림 6-2 케플러의 행성 운동 제1법칙과 제2법칙. F는 타원의 초점, A는 같은 시간에 행성이 휩쓴 면적, a는 장축 반경을 나타낸다.

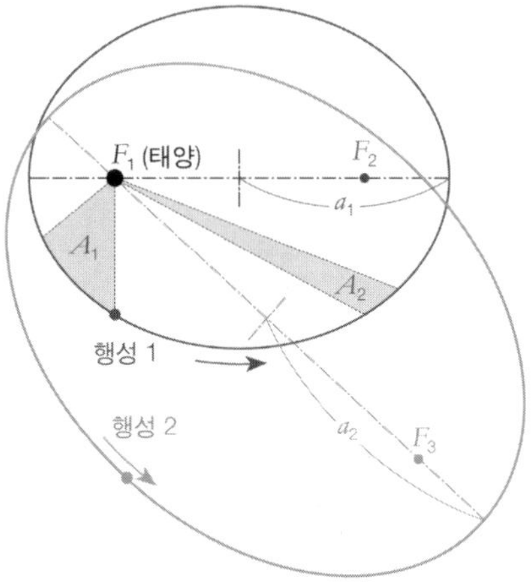

록 하자. 먼저 타원궤도의 법칙은 아리스토텔레스가 완전한 천상계와 불완전한 지상계를 구분하고, 완전한 천상계의 운동은 기하학적으로 완전한 원운동이라고 했던 생각을 무너뜨린 발견이었다. 케플러의 타원궤도의 법칙은 이러한 오랜 집착에서 해방되는, 코페르니쿠스조차도 벗어나지 못했던 고정관념에서의 탈피를 의미했다.

케플러도 처음에는 태양에서 행성까지의 거리가 변화하는 궤도운동을 원운동(주원)을 하는 어떤 점을 중심으로 행성이 또 다른 원운동(주전원)을 하는 형태로 설명하려고 시도했다. 그러나 아무것도 없이 움직이는 어떤 점을 중심으로 물체가 원운동을 하게 하려면 어떤 다른 능력이 있어야 했는데, 이것은 관념적으로 설명하기가 힘들었다. 코페르니쿠스의 지동설을 받아들였던 그는 태양을 중심에 둔 하나의 원 궤도에만 관심을 두고 2년간의 노력을 기울였으나 화성의 궤도에 대해 정확한 논의를 하는 데는 실패했다. 결국, 그는 튀코 브라헤의 정밀한 관측 결과를 신의 선물로 마땅히 받아들여 사용해야 한다고 하면서 타원궤도의 법칙을 주장했다. 일단 타원을 행성의 궤도로 받아들이면 수학적으로 단순하게 되고, 다른 능력이 필요하지 않은 순수한 물리적 작용만 남게 되기 때문이었다.

다음으로 면적속도 일정의 법칙은 천체들이 보여주는 속도가 일정하지 않은 부등속운동을 자연스럽게 설명하면서 당시까지 이어져 오던 범신론적·활물론적活物論的, animistic 사고방식에서 기계론적mechanistic 우주관으로 탈바꿈하도록 이끌었다. 천체들의 부등속운동은 프톨레마이오스 천문학에서는 실재 여부와는 관계없이 주원과 주전원, 이심과 같은 개념을 도입하여 등속원운동의 조합으로 복잡하게 설명했다. 그러나 케플러는 거리에 따라 달라지는 힘의 개념을 도입하여 타원궤도 안에서 태양과 가까운 위치에서는 빠르게 운동하고 먼 곳에서는 천천히 운동하는 것으로 생각함으로써 이 법칙을 설명하려고 했다. 이 면적속도 일정의 법칙은 피겨 스케이트 선수가 팔을 벌려서 회전하다가 팔을 오므리면 빨리 회전하는 것처럼, 물체가 회전 중심에서 멀어져 있을 때는 천천히 돌다가 중심 가까이에서는 빨리 도는 것과 같은 이치였다. 이는 각운동량 보존법칙에 해당하는 것인데, 케플러는 여기까지는 깨닫지 못했다.

면적속도 일정의 법칙은 케플러가 행성의 궤도를 조각내어 수많은 쐐기 모양의 도형 면적을 계산하는 끈질긴 작업 끝에 얻어진 것이었다. 케플러는 이런 행성 운동의 원인을 생각하면서 태양을 행성 운동의 동역학적 중심으로 보고 태양에서 방사되는 힘의 개념을 떠올렸다. 처음에는 그도 이것을 '움직이게 하는 영혼anima mortrix'이라는 활물론적 이름으로 불렀으나, 나중에 '영혼anima'이라는 말을 '힘vis'으로 바꿈으로써 행성 운동의 원인을 물질적인 것으로 생각을 바꾼 것이다. 즉, 케플러의 사고는 활물론적 사고에서 기계론적인 사고로의 전환을 보여준다.

케플러의 마지막 법칙인 조화의 법칙은 순전히 관측 결과를 바탕으로 정량적으로 분석해 낸 법칙으로서 과학적 방법론에서 경험적·수학적 방법의 훌륭한 적용을 보여준 법칙이다. 그는 행성들의 공전주기와 태양과 행성들 사이의 평균 거리로 만들 수 있는 모든 종류의 비율을 계산해 보고 이 법칙을 얻어냈다. 그는 이 발견이 자신이 얻어낸 연구 결실을 대표한다고 할 만큼 빛나는 업적이라고 생각했다. 케플러의 행성 운동에 관한 법칙은 코페르니쿠스 혁명을 당대에 완성하는 업적이기도 했지만, 과거의 문제를 해결하는 과정에서 새로운 문제를 제기했으니, 바로 천상계의 동역학에 관한 문제를 열었던 것이다. 나중에 뉴턴은 자신이 발견한 운동 법칙과 케플러의 행성 운동 법칙에서 만유인력의 법칙을 유도했다.

갈릴레이의 역학과 천문학

"자연의 거대한 책은 수학적 언어로 기록되어 있다." —갈릴레오 갈릴레이

갈릴레오 갈릴레이는 지동설을 주장하다가 종교재판을 받은 학자로 잘 알려져 있다. 그의 종교재판에 대한 문제는 뒷부분에서 다시 살펴볼 것이지만, 과학과 종교의 대립이라는 단순한 관점에서 볼 문제는 아니다. 어쨌든 갈릴레이는 케플러와 함께 문예부흥기에 역학과 천문학 분야에서 중요한 공헌을 함으로써 뉴턴이 역학혁명을 일으키는 데 크게 이바지했다. 그는 케플러와 같은 시대에 살았지만, 서로 교류하는 일은 거의 없었으며 관심도 조금 달랐다. 그는 물리 현상을 설명하기 위해 직접 기발한 실험도 했고, 성능이 좋은 망원경이나 기구들을 고안할 정도로 매우 창의적인 기술자이자 과학자였다. 그의 망원경은 중요한 천문학적 발견을 이루어낼 수 있게 하여 관측 가능한 우주의 범위를 크게 넓혔다. 특히 역학 분야에서 갈

릴레이는 사변적인 철학적 추론에서 벗어나 실험과 관찰이라는 튼튼한 학문적 기틀을 마련하는 데 핵심적인 역할을 했다. 그리고 자연의 법칙과 원리를 발전시키는 데 있어서 수학의 중요성을 깨닫고 물리적 현상을 탐구하는 데 수학을 사용한 위대한 과학자였다.

≡ 관성 개념의 탄생

갈릴레이는 천문학 자체보다는 지구가 움직인다고 할 때 제기되는 물체의 운동에 더 많은 관심이 있었고, 그가 제시한 '관성inertia'의 개념은 코페르니쿠스의 우주 구조가 제기하는 문제를 해결하고 근대역학의 기초가 된 중요한 개념이 되었다. 즉, 운동하는 물체는 외부의 어떤 작용이 없으면 같은 속도로 운동을 계속한다는 생각을 도입한 것이다. 물론 관성이란 용어는 갈릴레이 자신이 쓴 적도 없고, 오늘날 우리가 사용하는 의미로 사용하지도 않았다. 그가 해결하려고 했던 것은 코페르니쿠스의 우주 구조가 제기했던 역학적 문제로서, 지구가 자전축을 중심으로 매일 한 번씩 회전하는 경우에 맞닥뜨리는 우리의 일상적 경험과 모순된 현상을 설명하려 했다.

지금의 관점에서 보면 우스꽝스러운 반론이지만(지금도 그렇게 생각하는 사람이 있을 수 있겠다!), 지구가 서쪽에서 동쪽으로 그렇게 빠르게 돌고 있다면 높은 곳에서 자유낙하 하는 물체나 수직으로 곧장 높이 던져 올린 물체는 원래의 위치에서 서쪽으로 이동된 곳에 떨어져야 하지만 그렇지 않다는 것이다. 당시로서는 이것이 지구 자전설과 관련하여 풀기 어려운 골치 아픈 대표적인 문제였다. 경험을 지지하는 아리스토텔레스 체계에서는 오히려 지구가 움직인다는 주장이 바보 같은 일이었다. 이에 대해 갈릴레이는 이렇게 언급했다. "낙하하는 물체는 지구의 운동에 보조를 맞추어 그 원시적이고도 영원한 운동에 불가피하게 참여하게 되는데, 그것은 지상계의 물체가 그 본성에 의해 가지게 된 것이며 영원히 가지고 있게 될 것이다." 지구의 회전과 함께, 낙하하거나 던져 올린 물체도 서쪽에서 동쪽으로 계속 같이 운동한다는 것이다. 이렇게 갈릴레이는 관성의 개념으로 지구 자전과 관련된 당시의 골치 아픈 문제를 해결했다.

이제 갈릴레이가 어떻게 관성의 개념을 도입하게 되었는지 좀 더 자세히 알아보고, 이 새로운 개념이 운동에 관한 아리스토텔레스의 생각과 어떤 차이가 있는지 살펴보도록 하자. 갈릴레이는 사고실험Gedanken experiment을 통해 원인이 필요하지 않는 운동 개념으로서의 관성을 도출해 냈다. 즉, 갈릴레이에게 운동은 원인이 필요하지 않으며, 운동의 변화에만 원인이 필요하다고 생각했다. 우선 그가 어떻게 관성 개념을 도입했는지 〈그림 6-3〉을 참조해서 알아보자. 그는 마찰에 대해 알고 있었기 때문에, 마찰이 없으면 처음에 경사진 면에 공을 놓으면 굴러 내려왔다가 반대편 경사면으로 다시 원래 높이까지 올라갈 것이라고 추론했다. 실제로 그는 경사면과 평면에서의 물체의 운동에 관한 내용, 즉 속도, 속도의 변화(가속도) 및 이동 거리 등의 상관관계를 수학적으로 증명했다. 여기서 반대편 경사면의 경사를 점점 작게 하여 평면으로 만들면 다른 작용이 없는 한 공은 같은 높이에 이를 때까지 평면을 따라 영원히 움직일 것이다. 그래서 한번 운동을 시작한 물체는 운동을 정지시킬 다른 작용이 없으면 영원히 움직인다는 관념에 도달한

그림 6-3 관성 개념에 관한 사고실험

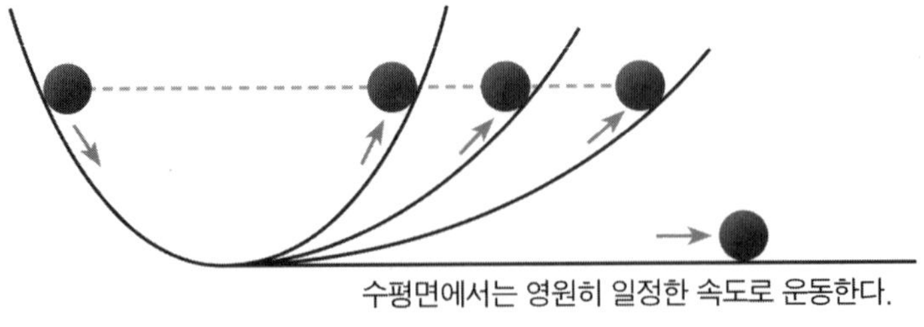

것이다. 이것이 관성 개념이다.

≡ 갈릴레이의 관성 개념과 원운동

그렇다면 갈릴레이의 관성 개념은 운동에 대한 아리스토텔레스의 관념과 어떻게 다를까? 갈릴레이는 운동의 개념을 아리스토텔레스의 변화 개념에서 상태 개념으로 바꾸었다. 아리스토텔레스는 운동을 자연운동과 강제운동으로 구분했다. 자연운동은 무거운 물체가 낙하하거나 불꽃이 위로 향하는 것처럼 물체가 본성을 찾아가는 과정에서 생기는 운동이며, 강제운동은 물체를 손으로 밀었을 때와 같이 접촉을 통해 외부에서 힘이 작용하여 일어나는 운동이라고 보았다. 즉, 운동은 물체의 본질이 겪는 하나의 과정이며, 이를 통해 물체의 존재가 갖는 목적이 충족되는 것이었다. 아리스토텔레스에게는 씨앗이 싹트고 나무로 자라 열매를 맺는 변화도 운동의 범주에 속할 만큼 운동은 광범위한 개념이었다.

반면에 갈릴레이의 운동 관념은 운동을 물체의 본질에서 분리한 것이었다. 물체가 정지해 있거나 운동하고 있거나 관계없이 그것은 일종의 상태이기 때문에 본질에서는 같다고 보았다. 따라서 정지해 있는 물체와 마찬가지로 운동하고 있는 물체도 아무런 작용이나 원인이 필요하지 않고, 다만 운동 상태가 변할 때만 어떤 원인이 필요하다는 것이다. 갈릴레이에게는 천상계의 원운동과 같은 자연운동의 관념이 남아 있기는 했지만, 적어도 지상계에서의 자연운동과 강제운동 사이의 엄격한 구분은 의미가 없어졌다. 이후 뉴턴은 천상계와 지상계의 운동조차도 하나의 역학적 원리로 통일하여 설명할 수 있었다.

관성이라는 새로운 개념을 도입했음에도 갈릴레이 역시 천체의 원운동에 대한 전통적 믿음에서 벗어나지 못했다. 단 한 번에 과거에서 완전히 벗어난다는 것이 얼마나 힘든지를 보여준다. 그래서 자신이 형성한 관성의 개념을 등속원운동을 설명하는 데 적용했다. 그가 말한 평평한 면은 지구의 중심과 일정한 거리에 있는 면, 즉 구면을 의미했고, 관성운동은 등속원운동의 형태였다. 이것은 바로 질서가 잘 잡힌 우주에서의 자연 본연의 영속적 운동이었고, 그가 사로잡혀 있던 원운동에 대한 설명이었다.

오늘날 이해하는 원운동은 관성운동이 아니라 원의 중심 방향으로 작용하는 힘에 의한 가속도운동인 점을 생각하면, 원래 갈릴레이의 관성 개념과는 차이가 있다. 이와 같은 갈릴레이의 관성 개념은 나중에 직선운동에 대한 관성 개념으로 발전하여 근대 물리학의 기초가 되었다. 사실상 갈릴레이가 원운동에 적용했던 관성 개념은 아인슈타인의 일반상대성 이론의 관점에서 보면 휘어진 공간에서의 관성운동에 해당했다(10장 참조).

아무도 관성의 개념을 갖고 있지 않을 때 관성에 대해 처음 이야기하고 개념을 형성시킨다는 것이 얼마나 힘든 일일지는 상상조차 어렵다. 무엇보다 관성의 개념은 일상의 경험과는 맞지 않기 때문이다. 물체를 움직이려면 반드시 힘을 작용해야 하고 작용을 멈추면 운동도 멈추는 것이 우리의 경험인데, 힘이 작용하지 않아도 운동을 계속할 수 있다니 쉽게 받아들여지겠는가? 아리스토텔레스의 운동에 관한 관념은 일상의 경험과 잘 맞았기 때문에 틀렸던 생각이었음에도 그토록 오랫동안 지지를 받았던 것이다.

그러나 갈릴레이는 감각이 주는 경험을 과감히 떨쳐내고 이성적 추론을 통해 마찰이 없는 평면에서의 운동에 관한 사고실험을 수행했고, 마침내 이상적인 조건에서의 관성운동의 관념에 이르렀다. 이리하여 갈릴레이는 아리스토텔레스도 힘들어했던 투사체의 운동을 포함하여 움직이는 지구 위에서의 물체의 운동을 이해할 수 있게 되었다. 이러한 갈릴레이의 사고는 플라톤의 영향을 받았다고 볼 수 있다. 인간이 경험하는 세계는 추상적이고 수학적인 관계들로 이루어진 이상적 세계를 반영하기는 하지만 물질적 조건들이 주는 제약 때문에 불완전하게 구현된 것이었다.

갈릴레이의 역학적 연구는 코페르니쿠스의 우주 체계가 제기한 근본적인 문제를 해결하기 위한 것이었지만, 그가 형성한 관성의 원리는 운동에 관한 수학적 과학을 발전시키는 수단이 되었다. 그는 공중으로 던진 물체의 운동을 기술하기 위해 이 운동이 일정한 속력으로 움직이는 수평 방향 운동과 속력이 변하는 수직 방향 운동의 두 성분으로 구성되었음을 보이고, 시간에 따라 이동한 각각의 거리를 합성함으로써 물체의 궤적이 포물선을 그린다는 사실을 수학적으로 계산해 보였다.

그는 시간에 따라 속력이 변하는 가속도에 대해 알고 있었지만, 그 원인이 힘이라는 사실까지는 깨닫지 못하고 있었다. 그래서 낙하운동•의 원인에 관해서는 논의를 하지 않고 단순히 기술하는 데 그치는 한계를 보여주었다. 자유낙하 하는 물체의 운동에 대한 갈릴레이의 분석은 근대 동역학의 기본 원형을 제공했으며, 수학적 과학의 기초를 세우는 데 공헌했다. 그는 "자연의 거대한 책은 수학적 언어로 기록되어 있다"라는 표현을 통해 수학적 방법을 강조했다. 그는 등속운동과 등가속운동의 개념 모두를 정의했고, 이들을 모두 수학적인 방법으로 기술했다. 이리하여 갈릴레이는 케플러와 함께 코페르니쿠스의 천문학 혁명을 완성함과 동시에 지상계의 역학에 대한 문제를 열어 뉴턴이 운동 법칙을 발견하는 데 길을 터주었다.

≡ 갈릴레이의 망원경과 지동설

천문학의 발전에서 갈릴레이가 이바지한 가장 큰 공은 망원경을 사용하여 코페르니쿠스의 태양중심설을 확실하게 뒷받침한 것이다. 당시에도 사

• 피사의 사탑에서 낙하 실험을 통해 무게가 다른 물체의 낙하 속력을 비교했다는 일화는 기록으로 확인되지는 않는다. 그러나 공기의 저항력 때문에 낙하 가속도가 다르게 나타난다는 사실은 확신하고 있었고, 낙하 속력이 빠른 자유낙하운동 대신 경사면 운동을 통해 가속도운동을 기술했다.

분의나 천구의와 같은 관측기구를 사용하기는 했지만, 그는 육안에 의존하던 천문학을 정밀 관측 분야로 바꾸어놓았다. 망원경을 이용하여, 코페르니쿠스의 우주 구조에 정당성을 부여하고 아리스토텔레스의 지구 중심의 우주와 프톨레마이오스의 천문학이 틀렸음을 확실하게 보여주는 관측은 다음과 같은 것들이다. 첫 번째는 갈릴레이가 망원경으로 울퉁불퉁한 달의 분화구와 태양의 흑점을 관측한 것이다. 이 현상은 신성과 혜성의 발견과 함께 아리스토텔레스 이래로 천상계는 완전한 구형이며 변하지 않는다고 생각했던 것이 실제와는 다르다는 것을 직접 보여주는 것이었다. 두 번째는 목성 주위를 돌고 있는 네 개의 위성을 발견한 것이다. 코페르니쿠스의 우주 구조에서 지구 주위를 돌고 있는 달의 존재는 하나의 특이한 현상이라고 생각했지만, 목성의 위성 발견은 이것이 일반적인 우주 구조임을 보여준 것이다.

그림 6-4 갈릴레이가 망원경으로 관측한 달의 표면 모습을 스케치한 자료

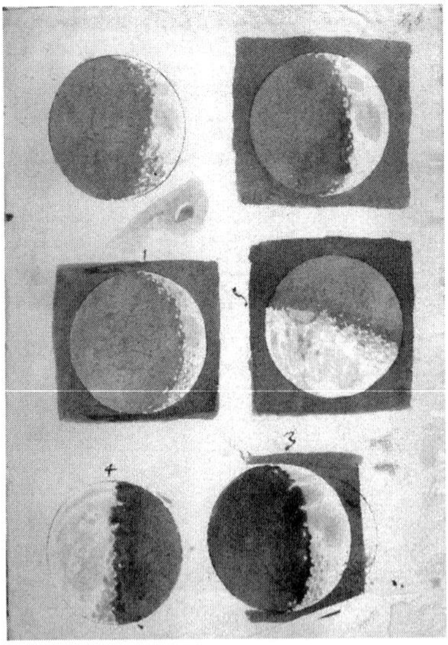

그런데도 이러한 증거들은 코페르니쿠스의 우주 구조를 정당화하는 결정적인 증거가 될 수는 없었다. 결정적으로 중요한 증거는 금성의 위상 변화를 관측하고 발견한 것이다. 지구 중심의 우주 구조에서 금성은 언제나 지구와 태양 사이에 있으므로 초승달과 같은 모양으로밖에는 나타날 수가 없다. 그러나 코페르니쿠스의 태양 중심의 구조에서는 금성이 태양 반대편으로도 갈 수 있으므로 보름달과 같은 모양으로도 나타날

그림 6-5 지구 중심(왼쪽)과 태양 중심(오른쪽) 모형에서의 금성의 위성 변화 비교

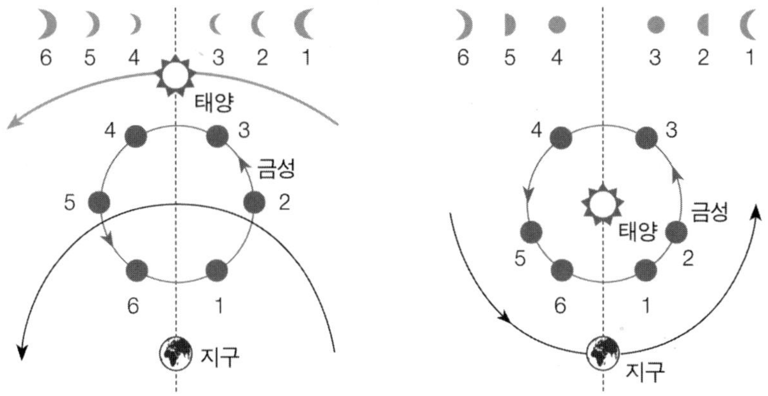

수 있고, 이를 갈릴레이가 망원경으로 관측한 것이다. 그러나 이것도 당시에는 태양중심설의 결정적인 증거로 받아들여지지 않았다. 그 이유는 별의 연주시차를 관측하는 데 실패했기 때문이다.

연주시차란 지구가 궤도운동을 할 때 관측자가 궤도 반대쪽에서 항성을 관측하면 다른 반대쪽에서 관측하는 각도와 달라야 한다는 것이다. 오늘날의 지식으로 볼 때 지구에서 항성까지의 거리가 워낙 멀어서 시차가 당시 갈릴레이의 망원경 수준에서는 관측할 수 없을 정도로 아주 작았다. 결국, 코페르니쿠스의 구조는 단순히 기하학적 조화와 단순성에 있어서만 설득력이 있었을 뿐, 그 당시까지의 사람들의 경험적 상식과 사고방식, 철학적·종교적 문제들을 포함한 전통적 우주 관념을 포기하게 만들기에는 역부족이었다.

과학적 신념과 종교재판

"나는 어떤 사람이 존재론적 이론을 증명하기 위해 목숨까지 던지는 것을 한 번도 본 적이 없다. 중대한 과학적 진리를 파악하고 있던 갈릴레이는 그 진리의 주장 때문에 생명이 위태로워지자 즉시 그 진리를 내팽개쳤다." —『시지프 신화』(카뮈, 1997)

작가 카뮈Albert Camus(1913~1960)는 중세 자연철학자 갈릴레이가 종교재판에서 자신의 학문적 소신을 포기했다는 사실을 두고, 인간의 삶과 죽음이라는 철학의 근본적인 문제에 있어서 진리의 의미에 대해 질문을 던진다. 그리스 신화에 나오는 시지프는 죽음을 거부한 대가로 부조리한 삶을 살아야 하는 인간의 운명을 보여주는데, 지동설이라는 천체 운동에 관한 과학적 진리를 포기한 갈릴레이가 "그래도 지구는 돈다!"•라고 중얼거렸다는 이야기도 그 사실 여부를 떠나 부조리한 인간의 모습을 보여주고 있다. 그렇다면 목숨과도 맞바꿀 수 있는 진리란 과연 무엇인가?

한편, 갈릴레이와 같은 상황은 아니었지만, 자신의 주장과 목숨을 바꾼 이도 있다. 도미니코회의 수사였던 브루노는 비록 과학자로 평가되지는 않지만, 코페르니쿠스의 우주관을 받아들였을 뿐만 아니라 무한 우주론을 주장하며 "우주는 하나이고, 무한하며, 움직이지 않는다. 태양은 하나의 항성이며, 밤하늘의 별들도 모두 태양과 같은 종류의 항성이다"라고 주장했다. 심지어 지구와 같은 다른 세상(천체)도 존재하며, 거기에도 생명체들이 있을 것이라는 주장을 했다. 이런 주장은 그 당시 교회가 가지고 있던 인간 중

• 갈릴레이가 종교재판장을 나서면서 중얼거렸다는 이 이야기는 갈릴레이 사후 100년 이상 지나서 처음 등장하기 때문에 그의 영웅적 모습을 돋보이려고 지어낸 것으로 보고 있다.

심의 세계관과는 달랐고, 삼위일체를 부정하는 등 그의 이단적 사상과 행위에 덧붙여 종교재판에서 유죄판결을 받은 아홉 개 죄목 중 하나에 포함되어 그는 결국 화형에 처해졌다.• 그래서 외계 생명체에 대해 같은 생각을 하고 있던 현대의 천체물리학자 세이건Carl Sagan(1934~1996)이 그를 실제 이상으로 평가하고 칭송했는지도 모른다. 전반적인 내용으로 보아 그의 죽음이 과학적 신념을 지키기 위한 것이라고 볼 수는 없지만, 기존 질서와는 상관없는 자유로운 사상을 향해 펼친 날갯짓임은 틀림없다.

여기서 갈릴레이에 대한 종교재판 사건 내부로 좀 들어가 보면, 사건 자체가 가지는 성격은 다양한 모습으로 조명된다. 갈릴레이에 대한 종교재판은 가톨릭교회의 검사성성이 1616년과 1633년 두 차례에 걸쳐 내린 판단으로, 갈릴레이의 신앙 문제가 아니라 그의 과학적 발견과 해석을 종교의 잣대로 판단하고 단죄함으로써 교회와 과학자 집단 사이의 갈등의 씨앗이 된 사건으로 알려져 왔다. 그래서 지금까지의 전통적인 역사 해석은 과학자에 대한 교회의 부당한 권력 행사로 보는 견해가 지배적이었다. 그러나 갈릴레이가 종교재판을 받은 주된 이유는 그가 지동설을 주장했기 때문이 아니었고, 지동설을 둘러싼 그의 태도 때문이었다고 보는 것이 더 타당하다.

아리스토텔레스 추종자들이 성경에 위반된다는 이유로 지동설을 공격하면서 시작된 이 사건은 성경 해석과 관련된 문제로 얽히게 되었다. 당시 신교 세력과 성경 해석 문제로 예민해져 있던 시기에 갈릴레이는 지동설과 성경 사이에는 아무런 모순이 없으므로 지동설이 성경을 올바로 해석한 결론이라고 주장했다.•• 성경의 '올바른' 해석을 놓고 교회가 가톨릭 신자이

• 이 사건과 관련하여 가톨릭교회는 2000년에 교황 성 요한 바오로 2세가 직접 교회의 폭력적인 과오에 대해 사과했다.

•• 갈릴레이가 1613년 12월 21일 자신의 친구였던 이탈리아 피사대학의 수학자 카스텔리에게 보낸 편지 중 원본이라고 평가되는 것에는 "성경에 기록된 천문학적 현상들은 중

자 과학자였던 갈릴레이에 대해 단호한 태도를 보여야 했던 상황이 복합적으로 작용하여 종교재판이라는 불행한 사건으로 이어진 것이다. 이리하여 교황청은 1616년 코페르니쿠스 체계가 오류임을 공포하고, 이를 진리인 양 세상에 퍼뜨리는 것을 금지했다. 그리고 70여 년 동안 문제없이 읽혀오던 코페르니쿠스의 책 『천구의 회전에 관하여』를 수정하기 전까지는 출판을 금지하는 보수적 조치를 내렸다.

그런데 나중에 갈릴레이의 오랜 친구이자 지지자였던 바르베리니Maffeo Barberini(1568~1644) 추기경이 1623년에 교황으로 선출되었는데, 그가 교황 우르바노 8세Urbanus VIII다. 갈릴레이를 후원하던 교황은 두 우주 체계를 가설로서 공정하게 다룬다는 조건으로 그에게 『두 가지 우주 체계에 관한 대화Dialogo sopra i due massimi sistemi del mondo』의 저술을 허가했다. 교황은 인간의 능력으로는 우주가 실제로 어떻게 이루어져 있는지 판단할 수 없다고 생각했기 때문에 갈릴레이에게 확실한 증거 없이 지동설을 진리로 주장해서는 안 된다는 다짐을 받고 교회 검열관을 통해 서면으로 확인했다.

1630년에 완성된 이 책은 두 우주 구조가 모두 가설이라고 말해 1632년 교황청의 검열을 통과했지만, 책의 내용은 대화에 등장하는 인물을 통해 프톨레마이오스의 우주 구조를 지지하는 바보스러운 심플리치오가 코페르니쿠스의 우주 구조를 지지하는 살비아티와 중재자 역할을 하는 사그레도에게 설득당하는 것으로 서술함으로써 코페르니쿠스 우주 구조의 우수성을 피력하고 있었다. 결국 다짐을 받았던 교황을 우롱하는 꼴이 되어버렸고, 1633년에 다시 교회 법정에 선 갈릴레이는 1616년 교회와 맺은 서약을 위반했다는 죄목으로 유죄판결을 받아 가택연금을 당했다.

거가 부족하고, 당시 성경 기록자들이 일반인들에게 이해하기 쉽도록 단순화했기 때문에 성경의 내용을 문자 그대로 이해해서는 안 된다", "종교 당국은 자연현상을 판단할 권능이 없다"라는 서술들이 있다.

사실 과학적인 문제에 관하여 그동안 천문 계산을 위한 수학적 도구로 태양중심설을 사용하는 것에 대해 가톨릭교회는 별다른 이의를 제기하지 않았고 1582년 공표된 그레고리력도 이에 근거한 것이었다. 1616년 출판이 금지되었던 코페르니쿠스의 책 『천구의 회전에 관하여』도 1620년에 원본에서 지구가 태양 중심 체계를 따른다는 내용이 담긴 아홉 문장에 대해 지동설이 사실로 확립된 것이 아닌 가설인 것으로 수정한 판은 교회 금서목록에서 해제되어 있었다. 수정되지 않은 코페르니쿠스의 책은 1758년에 최종적으로 금서목록에서 빠지게 되었다.

≡ 실재론과 반실재론의 충돌로 본 종교재판

다른 한편, 20세기에 들어와서는 과학철학의 관점에서 종교재판에 대한 새로운 해석이 나오기 시작했는데, 이른바 과학철학의 '실재론' 문제다. 과학적 실재론scientific realism은 '과학은 인간의 인식과 정신에서 독립하여 실제로 존재하는 사실과 진리를 찾아내는 작업'이라는 입장으로서, 갈릴레이를 포함한 많은 과학자가 과학적 실재론의 옹호자들이라고 할 수 있다. 실재론에 따르면, 과학 이론은 관측된 사실을 기술하고 새로운 현상을 예측하는 등 경험적인 영역에서 유효해야 할 뿐만 아니라, 이론이 말하는 모든 내용이 관측 불가능한 부분까지도 정확히 적용되어야 한다는 것이다.

하지만 과학적 실재론에 반대하는 반실재론anti-realism•을 주장하는 이들은 과학을 통해 진리를 안다는 것은 불가능하고, 단지 실험과 관찰의 결과들을 적절하게 기술함으로써 최선의 경험적 지식을 얻을 수 있을 뿐이라고 한다. 그래서 과학은 이러한 경험적 지식을 통해 관찰 가능한 현상에 대해 어느 정도 정확한 예측을 하는 데 도움이 되는 유용한 '도구'에 불과하다.

• 관념주의 또는 도구주의로 부르기도 한다.

관측 불가능한 것에 관한 이론은 가설로만 존재하는 추상적 도구일 뿐이라고 한다. 갈릴레이 사건에 직접적인 영향을 끼친 벨라르미노 추기경과 우르바노 8세 교황이 반실재론적 접근을 취한 대표적인 인물로서, 그들은 천동설과 지동설은 둘 다 별과 행성들의 겉보기 운동을 설명하고 예측하는 데 유용하게 쓰일 수 있었을 뿐, 신이 우주를 창조할 때 실제로 선택한 방식에 대해서는 당시로서는 밝혀낼 수 없다고 보았다.

현대에도 실재론자들은 갈릴레이를 옹호하면서 당시 교회의 과학적 무지를 비판한다. 그러나 과학적 탐구에 적합한 일반적 방법이란 존재하지 않는다고 역설하면서, 정해진 방법론이야말로 과학자들의 자유로운 사고를 방해하여 과학적 진보를 가로막는다고 주장한 과학철학자 파이어아벤트 Paul K. Feyerabend(1924~1994)는 자신의 저작 『방법에 반대하여Against Method』에서 새로운 주장을 한다. 그에 따르면, 가톨릭교회가 당시에 보였던 태도는 과학적 추론으로 제시되는 진리를 배제하려 한 것이 아니라, 과학적인 문제에 대한 증거를 원한 것이었다. 코페르니쿠스의 천문학은 앞에서 살펴보았지만, 그때까지 확실하게 받아들여지는 증거가 없었다. 그래서 교회는 갈릴레이에게 지동설을 '가설'로서 가르칠 것을 권고하고, '진리'라고 주장하는 것을 금지했다. 파이어아벤트는 갈릴레이 사건이 지동설을 가설로서 받아들인 반실재론자 집단(교회)과 그것을 진리로서 주장한 실재론자 과학자의 관점 차이에서 발생한 불행한 결과라고 주장하는 것이다(김도현, 2018).

학문적 신념에 대한 평가는 지식의 진보와 사회·문화적 환경에 따라 달라질 수가 있다. 자신의 세계관이, 더욱이 증명할 수도 없는 우주관이 자신의 생명과 맞바꿀 만큼 가치가 있는 것인지에 대한 생각도 사람마다 다를 수 있다. 이 문제에 이르면 과학과 종교가 지향하는 것들의 공통점과 차이를 한 번쯤 생각해 볼 필요가 있어 보인다. 과학과 종교 모두가 나름의 세계관과 가치관을 갖고 진리에 이르는 길을 찾는다는 점에서는 공통이다. 그러나 과학과 종교가 공유할 수 있는 부분에서는 아직 한계가 있다고 보아야 한다. 우리는 중세의 사건들을 통해 과학과 종교의 차이를 포함하여 상호 관계에 대해서 반성하는 기회를 가질 수 있게 되었다.

≡ 과학과 종교

반증주의 철학 이론을 정립한 과학철학자 포퍼는 과학적 태도의 정수는 비판 정신이라고 한다. 그는 경험적 증거를 통해 과학적 이론이 틀렸다는 것을 보여주는 과정을 반복함으로써 과학적 진보를 이룬다고 주장한다. 이는 진리의 추구에 있어서 과학적 발견이 절대적일 수 없다는 것을 의미한다. 반면에 종교, 특히 유일신을 믿는 그리스도교에 있어서는 절대 양보할 수 없는 믿음이 있다. 이를 두고 포퍼는 종교가 갖는 독단적 태도라고 규정하고 과학적 태도와 정반대인 성격으로 구분했다.

그러나 포퍼의 생각과 달리 쿤은 정상과학normal science의 성격을 설명하면서 과학자들은 다른 과학자들이 창안한 새로운 이론을 쉽게 받아들이려고 하지 않는 태도가 일반적이라고 하며, 오히려 이런 결함이 과학의 발전에는 불가결한 것이라고 한다(쿤, 2011). 즉, 과학의 발전은 학자 개인의 과학적 진리에 대한 신념과 확신이 없으면 가능하지 않다는 점에서 쿤은 어느 정도의 독단적 태도는 필요하다고 보았다. 따라서 독단성이라고 하는 것이 과학과 종교를 구분 지을 수 있는 엄격한 기준이 될 수도 없고, 그것이 인간의 세계에 대한 인식과 사고의 발전을 가로막는 요소라고 단정할 수도 없다.

그러나 독단성은 결함임이 분명하다. 역설적이게도 그리스도교 성경에서도 이러한 독단성과 관련된 문제가 예수를 죽음으로 몰고 가는 주요 원인이었음을 보여준다. 예수가 바리사이 율법학자들과 벌인 논쟁의 주요 핵심이 율법을 둘러싼 그들의 독단적 태도였다. 우리는 이러한 상황들을 과학의 역사에서도 드물지 않게 찾아볼 수 있다. 과학에서의 관점이나 이론은 그 자체로 진리가 아니고 언젠가는 수정될 수 있기에 논쟁은 할 수 있지만, 과도한 확신으로 독단적이거나 폐쇄적인 태도를 보이는 것은 바람직하지 않다. 이러한 태도는 상대성 이론으로 유명한 아인슈타인도 "신은 주사위 놀이를 하지 않는다"라고 양자역학을 거부하면서 빠졌던 함정이다.

오늘날에도 그러하지만, 종교와 과학은 공유할 수 있는 것이 있고 그렇지 못한 것이 있다. 언젠가는 모든 것을 공유할 수 있는 때가 올지는 모르지만, 과학과 철학의 발전이 오히려 종교적 믿음을 약화하는 것은 오늘날에도 우리가 엄연히 목격하는 현실이다. 이런 가운데 과학과 종교가 어떤 관계로 있어야 하는가에 대한 문제는 결국 인간이 지향하는 가치의 문제일 수밖에 없다. 당연히 과학과 철학은 학문 자체로서 모든 견해가 허용되고 검토될 수 있는 순수한 동기부여의 대상이 되어야 하고, 동시에 종교와 과학 사이에도 건전하고 적절한 대화가 이루어져야 한다. 그래서 학문에는 생명력과 활력을 주고, 인간에게는 과학적 지식이 주는 의미와 가치를 올바로 평가할 기회가 제공되어야 할 것이다.

중세의 그리스도교가 그리스 철학과의 관계에서 보여준 문제점들은 학문이 내적 요인이든 외적 요인이든 고유한 가치 기준과 정체성을 잃어버리면 지속적인 발전과 다양성이 보장되기가 쉽지 않다는 사실을 보여준다. 갈릴레이에 대한 종교재판도 과학적 이론에 대한 견해 차이의 문제 그 자체보다는 대립하는 우주관에 대해 자유로운 비판과 논증을 허용하는 대신 상황 논리에 따라 교회 권력이 영향력을 미쳤다는 점에서 비판에서 벗어날 수 없다. 오늘날에도 학문이 권력의 필요에 따라 좌지우지되거나, 권력과 영합하여 이익을 취하려는 경향을 보이는 경우가 있다. 학문 발전에는 전혀 도움이 되지 않는, 경계해야 할 부분이다.

인류가 문명을 발전시키는 주요 동력은 진리를 밝히는 학문과 건전한 공동체성의 발전에 있다고 할 수 있다. 과학과 철학은 인간의 지적 활동을 통해 세상을 이해하고 받아들이는 올바른 지식을 제공하는 역할을 한다. 한편, 종교는 인간 사회, 나아가 지구적 관점에서 건전한 공동체성 유지를 위한 지혜를 제공하는 역할을 해야 할 것이다. 과학과 철학의 이론은 전문성을 띠고 학술적 논쟁을 통해 발전을 추구하는 경향이 있으므로 비판에 열려 있다. 반면에 종교는 인간 공동체의 삶을 올바른 방향으로 이끌어야 하지만, 종파에 따라 종교적 교의가 독단성을 띠기도 하고 때로는 극단적인 경향을 보이는 것을 목격한다. 결국, 종교도 과학과 철학을 도외시해서는 올바른 길을 찾기 힘들다고 볼 수 있다.

과학과 철학 그리고 종교는 인간의 삶을 풍요롭고 가치 있게 해야 한다는 절대적 명제를 앞에 두고 이 일에 협력해야 할 것이다. 그러므로 과학과 종교를 대립적인 관점에서 평가하고 비판하려고 하는 것은 생산적이지 못하다. 역사적 사건들을 평가하면서 시대 상황과 사건의 내부 진행 과정을 면밀하게 검토할 필요가 있는 것은 결국 갈등과 대립의 요소를 이해함으로써 역사적인 화해를 도모하고 발전적인 방향을 찾기 위함이다. 일방적인 주장을 반복하면서 반목과 대립을 증폭시키는 것은 독단성이라는 결함을 결함으로 알지 못하는 어리석은 태도라고 할 수 있다.

마지막으로 파이어아벤트의 과학에 관한 생각을 들어보자. 그는 과학 지식만이 신뢰할 수 있는 유일한 지식이며 이러한 지식은 과학적 방법에 따라서만 확보할 수 있다는 과학주의에 반대한다. 그는 오늘날 과학이 차지하고 있는 지위, 즉 과학주의가 이념이 되어 인간의 사고방식과 생활방식을 지배하는 현대사회를 비판했다. 그의 주장은 현대에 있어서 과학의 발전이 가져다주는 지식의 진보와 혜택에 몰입되어 과학 맹신주의자가 되는 위험을 경고하는 관점이라고 보아야 하겠다.

07
뉴턴 과학과 과학혁명

근대과학이 시작된 이후 과학계에서는 두 번의 기적의 해가 있었다고 흔히 말한다. 첫 번째 기적의 해는 1666년으로 뉴턴이 만유인력의 법칙 확립과 미적분법 발견 등의 큰 업적을 이룬 해이고, 두 번째 기적의 해는 현대물리학이 시작될 무렵 아인슈타인이 광양자 이론과 상대성 이론을 발표하면서 획기적 업적을 이룬 1905년이다. 뉴턴의 경우, 그의 업적들이 공식적으로 저서 등을 통해 발표된 것은 1666년보다 훨씬 이후이지만, 영국에서 페스트가 크게 유행하면서 대학이 일시 폐쇄되자 고향으로 돌아와 지냈던 1665년에서 1667년 사이에 위대한 업적들이 싹트고 체계화되었던 것으로 뉴턴 스스로 밝히고 있다.

특히 만유인력과 운동 법칙의 발견은 고전역학 체계를 확립시켰을 뿐 아니라, 이로써 코페르니쿠스에서 시작되었던 과학혁명이 뉴턴에 이르러 완성되었다고 과학사학자들은 평가한다. 뉴턴의 고전역학은 이후 과학의 굳건한 패러다임으로 자리를 잡았고, 심지어 21세기인 오늘날에도 거시적인 거의 모든 역학적 현상을 뉴턴역학으로 풀어낼 수 있기에 그 영향력은 대단하다. 여기서는 뉴턴의 역학혁명이 도래하기까지 학문적 배경을 알아보고, 역학혁명의 주요 내용과 의미, 그리고 과학혁명기의 과학 활동을 살펴보기로 한다.

근대과학의 자연관: 기계적 철학

뉴턴Isaac Newton(1642~1727)은 갈릴레이가 종교재판을 받고 가택연금 상태에서 죽던 해에 영국에서 태어났다. 그가 케임브리지의 트리니티대학에서 공부하던 1660년대에는 이미 코페르니쿠스, 케플러, 갈릴레이와 같은 위대한 과학자들이 중요한 업적을 이루어놓았지만, 자연철학자들의 근거지였던 대학은 여전히 아리스토텔레스학파의 학설을 위주로 하는 전통적인 교과과정을 고수했다. 과학혁명에 이바지한 대부분의 과학자들이 대학교육을 받기는 했지만, 그들이 받은 대학 교육은 실제 과학 활동에 중요한 역할을 하지 못했다. 뉴턴도 코페르니쿠스의 태양중심설이라든지 갈릴레이의 역학에 대해서는 별로 배우지 못했고 지구 중심의 우주론을 배워야만 했다. 그렇지만 그는 데카르트의 수학과 철학적 연구를 접하고 이에 심취하게 되었다.

데카르트René Descartes(1596~1650)는 17세기의 자연에 대한 새로운 관념인 '기계적 철학mechanical philosophy'의 기초를 세운 인물로, 새로운 지식 체계의 기초로서 "나는 생각한다. 그러므로 존재한다Cogito ergo sum"라는 철학 명제로 잘 알려져 있다. 데카르트는 저서 『방법서설Discours de la Methode』에서 자신이 받았던 교육을 통해 얻은 지식과 철학적 전통에 관한 생각을 기술했다. 그는 이전의 2000년 동안의 탐구와 논의를 완전한 의심의 눈초리로 바라보고 있었다.

결국, 데카르트는 과거 자연철학을 완전히 잊어버리고 '체계적 의심'의 과정을 통해 모든 생각을 엄격히 검토함으로써 의심할 수 없는 명제, 즉 확실성에 이르는 지식 구조를 찾고자 했다. 방법론적 의심을 올바른 과학의 출발점으로 삼았다. 자연에 대한 그의 기계적 철학은 당시의 주도적 관념과의 단절이었으며, 아리스토텔레스 철학과의 단절이기도 했다.

≡ 기계적 철학

기계적 철학은 르네상스 자연주의에 대한 반작용으로 시작된 사조로서 범신론적이고 활물론적인 자연관에서 기계론적 자연관으로의 전환을 일으켰다. 여기서는 물질적인 것에서 모든 정신적인 것이 제거되었다. 기계적 철학의 기본 명제는, 세계는 하나의 기계이며 활성이 없는 물체들로 구성되어 있고 인과론적 필연성에 따라 움직인다는 것이다. 이러한 경향은 케플러와 갈릴레이의 저서들에서 나타나기 시작해서, 가상디Pierre Gassendi(1592~1655)•와 홉스Thomas Hobbes(1588~1679)••와 같은 철학자들과 함께 데카르트에서 완전한 모습을 드러냈다. 특히 데카르트는 자연에 대한 기계적 관점에 철학적 엄밀성을 부여함으로써 더 큰 영향을 미쳤다. 데카르트는 물리적인 실체는 모두 움직이는 물질 입자들로 구성되어 있고 자연의 모든 현상은 그 입자들의 상호작용으로 생겨난다는 인과론적 시각에서 보았기 때문에 그가 뉴턴에 미친 영향은 대단히 컸다.

• 가톨릭 성직자이자 자연철학자인 그의 철학은 원자론적 자연학과 목적론적 신학을 절충한 것이었다. 원자와 진공의 존재를 주장했고, 지각을 모든 인식의 출발점으로 삼은 그는 데카르트와 6년에 걸친 논쟁을 했다.

•• 홉스는 사회계약론의 사상적 기초를 닦은 정치철학자로서 기계론적 사고에 바탕을 둔 유물론적 철학을 펼쳤다. 그는 물체와 인간과 사회가 하나의 원리로 작동한다고 보았다.

데카르트는 대수학과 기하학을 체계적으로 융합한 해석기하학의 창시자다. 특히 그가 고안한 직교좌표계Cartesian coordinate는 근대 수학과 과학 발전의 기초가 되었으며 뉴턴역학의 바탕이 되었다. 직교좌표계는 공간을 독립적인 세 개의 성분으로 분할하여 공간에서의 물체의 위치를 나타내는 수학적 표현으로서, 공간이 분할될 수 있다는 인식을 전제로 하고 있다. 이러한 데카르트의 공간 인식을 이해하기 위해서는 '데카르트 이원론Cartesian dualism'을 먼저 이해할 필요가 있다. 그의 주장에 따르면, 모든 실재는 본질적으로 '정신'적인 것과 '물질'적인 것으로 구성되어 있다. 물질적인 것은 외연外延, extension•을 가지기 때문에 그것이 무엇이든지 일정한 공간을 차지해야 했다. 이는 공간이 물질로 채워져 있어야 한다는 것을 의미했다. 그래서 데카르트에게 우주는 물질로 꽉 찬 '물질 공간plenum'이었으며 진공이란 것도 있을 수 없었다.

이러한 데카르트의 공간 개념에서는 공간도 물질처럼 분할 가능한 대상이 된다. 데카르트의 공간론은 뉴턴에게도 영향을 미쳤는데, 그가 발명해 낸 미분과 적분은 바로 데카르트의 좌표계 평면 위에서 구현된 것이었다. 사물의 운동을 기계적인 인과론으로 이해하려 했던 뉴턴은 이를 통해 수학적으로 표현할 수 있었다. 그러나 뉴턴은 데카르트와는 달리 공간을 물질로 보지 않았고, 물질세계와는 무관하게 절대공간과 절대시간의 개념을 구상하고 있었다. 이것은 두 사람이 사물의 운동을 다른 관점에서 보았기 때문이다.

한편, 원자론적 자연관을 가졌던 가상디는 사물의 본질에 대해 데카르트와는 다른 견해를 갖고 있었으며, 데카르트의 물질 공간 개념과 진공을 부정하는 견해에 반대하여 오랜 논쟁을 벌였다. 그는 인간의 능력으로는 사

• '확장' 또는 '연장'이라고도 번역되어 표현된다.

물의 본질에 대한 지식이 제한적일 수밖에 없다고 보았기 때문에 데카르트 철학의 확실성 요구도 부정했다. 그래서 과학에 대한 새로운 정의를 내렸는데, 인간은 단지 현상으로만 자연을 이해할 수 있을 뿐이어서 '현상의 기술'만이 인간이 할 수 있는 유일한 과학이라고 했다. 이러한 생각은 자연현상을 일으키는 미시적 원인에 대해서는 미루어두고 단순히 현상을 기술하는 방식에 집중하게 하므로 당시의 다수 기계적 철학자들의 태도와는 다른 것이었다. 그렇지만 갈릴레이의 운동학에는 이미 이러한 생각과 태도가 움트고 있었고, 뉴턴에 이르면 그러한 과학이 구체적으로 실현되어 굳게 자리를 잡는다.

데카르트와 가상디보다는 한 세대 뒤의 인물이지만, '기계적 철학'이라는 이름을 처음 사용한 자연철학자는 보일Robert Boyle(1627~1691)이었다. 그의 기계적 철학은 모든 자연현상이 물질과 운동이라는 두 가지 보편적 원리들로 설명된다고 요약했으며, 데카르트와 가상디는 같은 자연관을 다르게 표현했다고 보았다. 기계적 철학은 17세기 후반에 대부분의 자연철학자들이 받아들였으며, 과학 활동의 기본 틀이 되었다. 이리하여 17세기의 자연관은 범신론적이고 활물론적 관점에서 유물론적이고 기계적인 관점으로 대체되었고, 18세기 철학자들의 과제는 스콜라 철학과 기계적 철학의 갈등을 해소하는 것이 되었다.

≡ 기계적 철학의 한계

그러나 기계적 철학의 부정적인 영향도 없잖아 있었다. 기계적 철학은 아리스토텔레스의 목적론적 설명이나 르네상스 자연주의의 활물론적 설명을 대체하며 새로운 세계관을 제시하는 역할을 했지만, 모든 자연현상을 기계적 작용 원리로 설명하려고 했기 때문에 전체 설명 체계에 부합하지 못하는 것들은 무시하는 경향을 보였다. 그리고 현상을 설명하기 위해 가상적인 원리들을 무리하게 세우는 등의 폐단을 보였다. 예를 들면, 중력과 같이 떨어져 있는 상태에서 작용하는 힘을 부정했기 때문에 물체의 낙하운동에 대해 작은 입자들의 중복 충돌이라는 무리한 설명을 시도했다. 무엇보다도 기계적 철학은 정량적인 설명 방식을 경시했기 때문에 등가속도운동과 같은 것을 설명할 여지가 없었다. 이런 경향은 케플러와 갈릴레이로 대표되는 '수학적 기술의 전통'과 쉽게 조화될 수가 없었다.

17세기의 '수학적 전통'과 '기계적 철학'의 종합은 뉴턴에 이르러서야 완성되었다. 그는 물질과 운동이라는 기계적 철학의 기본 원리에 '힘force'의 개념을 도입함으로써 이 둘을 통합할 수 있었다. 그는 힘을 운동량의 변화로 정의하여 측정될 수 있는 정량적인 특성을 부여함으로써 기계적 철학의 다른 원리들과 조화되게 했다. 결국 '힘'이라는 개념은 갈릴레이로 대표되는 '수학적 전통'과 데카르트로 대표되는 '기계적 철학'의 통합을 이끌었다 (Westfall, 1971).

역학혁명의 전개

뉴턴이 완성한 근대역학의 역사는 갈릴레이가 제시한 새로운 운동 관념인 관성 개념을 발전시키고 정교하게 다듬는 과정이라고 말할 수 있다. 여기서는 뉴턴의 역학혁명 이전의 자연철학자들이 다루었던 역학 문제와 과학적 사유를 살펴봄으로써 뉴턴역학의 성립 배경과 흐름을 알아보자.

우리가 앞에서 살펴보았듯이, 갈릴레이는 코페르니쿠스의 우주 구조가 제기하는 문제를 해결하기 위해 노력하는 과정에서 관성의 개념을 도입하게 되었다. 반면에 데카르트는 기계적 철학에 바탕을 둔 새로운 자연철학 체계를 세우고 발전시키는 작업에 열중했다. 갈릴레이에게는 여전히 아리스토텔레스 이래로 받아들인 자연운동과 강제운동의 구분이 남아 있었고, 관성운동은 천체의 원운동을 설명하기 위해 도입한 개념이었다. 그런데 데카르트에게서는 이러한 구분이 완전히 사라지고 그는 모든 운동을 똑같이 취급하려고 했다. 데카르트는 운동이 일어나는 이유에 대해 공간을 차지하고 있는 입자들의 연쇄적인 충돌 때문에 인과적으로 나타나는 것으로 보았다.

≡ 데카르트의 기계적 역학

관성의 원리는 기계적 철학의 기초 개념 중 하나다. 기계적 철학에서는 물질에서 활물적 원인이 제거되어 있어서 물질 자체가 운동의 원인이 될 수가 없었다. 그렇다면 운동은 어떻게 시작되었는가? 데카르트는 그 당시 사람들의 생각과 마찬가지로 신이 물질을 창조하고 운동하도록 해주었다고 보았다. 데카르트의 다음 질문은 신이 일으킨 운동이 어떻게 지속되는지에 있었고, 관성의 개념은 이에 대한 답으로 자연스럽게 나타난 것이었다. 즉, 물질이 운동을 계속하도록 하는 데에는 아무것도 필요하지 않다는 것이다. 운동은 물질이 갖는 하나의 상태여서 외부의 작용이 없으면 그 상태는 계속 유지된다는 갈릴레이의 생각과 같았다.

다음으로 데카르트는 운동의 상태를 변화시키는 원인을 하나의 관점에서 취급하고자 했다. 운동하는 물체의 상태를 바꾸기 위해서는 외부에서 작용이 가해져야 하는데, 이를 충돌이라고 보았다. 충돌의 문제는 기계적 철학자들에게는 중요한 문제였다. 직접 접촉하는 충돌에 의하지 않는 작용은 '떨어진 상태에서의 작용action at a distance'이었고, 이는 기계적 철학이 거부하는 신비스러운 작용과 같은 것이었다. 그래서 물체의 운동 변화를 일으킬 수 있는 작용은 물체들 사이의 직접적인 접촉에만 국한되었다. 즉, 충돌은 모든 운동의 변화에 관여하는 유일한 원인이었고, 운동하는 물체는 항상 직선 경로를 따른다는 결론에 이르렀다. 곡선운동은 무언가가 작용해서 직선 경로에서 벗어날 때 일어나는 운동이라고 보았다. 이와 같은 관점에서는 원운동을 관성운동이라고 보았던 갈릴레이의 생각은 당연히 문제가 되었다.

먼저 데카르트의 원운동에 대한 분석을 살펴보자. 원운동은 그의 자연철학에서 중심적 역할을 했다. 그의 분석에는 분명 오류가 있지만, 그 당시의 관점에서는 완전히 새로운 시도였다. 그는 원운동을 하는 물체는 직선운동을 하려는 경향 때문에 항상 중심에서 멀어지려고 한다고 결론을 내리고, 원운동을 물질 공간 속에서의 원심성 압력centrifugal pressure으로 설명했다. 물질 공간에서는 한 물체가 움직이면 다른 물체가 그 자리를 순간적으로 움직여 들어가 메꾸어야 한다. 따라서 한 물체가 중심에서 멀어지려면 다른 물체가 중심 방향으로 움직여야만 했고, 이러한 원심적 경향의 차이가 동역학적 균형을 이루면 일정한 궤도가 만들어진다고 설명했다. 그는 이에 대한 정량적 분석은 시도하지 않았지만, 그러한 경향의 존재를 인식한 것은 원운동의 역학적 분석에 있어서 중요한 첫걸음을 내디딘 것이었다.

그리고 무한한 물질 공간인 우주에 원운동을 도입하여 생긴 결과는 수많은 '소용돌이vortex'의 형성이었다. 그는 소용돌이 이론으로 17세기의 여러 과학적 문제들을 설명하려고 했다. 우선 데카르트는 태양계가 거대한 물질의 소용돌이 속에 자리 잡고 있다고 보았는데, 그 소용돌이의 크기는 아주 크며 대부분은 충돌로 만들어진 작은 공 모양의 덩어리 물질로 채워져 있다고 보았다. 그리고 덩어리 사이의 틈새는 다시 그 당시 에테르aether라고 부르기도 했던 극히 미세한 입자들로 채워져 있다고 했다.

이 소용돌이 이론은 천상계의 현상에 대해 정성적인 기계적 설명을 제공한 것으로서, 행성들의 원운동뿐만 아니라 행성들이 태양 주위를 같은 방향으로 돌고 있다든지, 행성들이 태양에서 멀리 있을수록 더 천천히 회전하는 현상을 설명할 수 있었다. 케플러가 생각했던 것과 같은 신비로운 힘에 의존하지 않고 운동하는 물질의 필연적 결과로서 설명했던 이 같은 기계론적 설명은 그 당시 널리 받아들여졌다. 그러나 소용돌이 이론은 천체 운동의 세부적인 사항은 다루려 하지도 않았고, 따라서 케플러의 법칙과 같은 수학적 모형은 나올 수가 없는 문제점을 안고 있었다.

데카르트는 운동 상태의 변화가 충돌 때문에 생긴다고 보았다. 그래서 충돌의 분석을 위해 운동의 양, 즉 '운동량'이라는 정량적 개념을 도입하고, 물체의 크기에 속력을 곱한 양으로 정의했다. 데카르트의 운동량은 기계적 철학에서 유일하게 정량적으로 기술된 개념이다. 이것은 오늘날의 운동량과는 차이가 있지만, 운동량과 관련된 논의의 출발점이 되었다. 그는 운동의 원인인 신의 불변성 때문에 우주 안의 총운동량은 항상 일정하게 유지된다고 추론함으로써 운동량 보존법칙을 세웠다. 즉, 운동량은 충돌을 통해 다른 물체로 옮겨질 수 있으므로, 충돌하는 두 물체의 경우에 충돌 후 두 물체의 운동량의 합은 충돌 전 운동량의 합과 같아야 했다.

현대의 운동량 개념과 비교하면, 현대에는 운동의 양과 방향을 모두 고려하지만, 데카르트는 방향만의 변화는 운동량의 변화로 간주하지 않았다. 그리고 데카르트의 충돌에 관한 논의는 물체가 지닌 관성, 즉 '원래의 운동 상태를 유지하려고 하는 힘'이라는 생각에 얽매여 있었기 때문에, 가속도운동에 대해서는 알고 있었지만, 갈릴레이와 마찬가지로 '힘'이 가속도 또는 운동량의 변화를 주는 원인이라는 명확한 개념은 전혀 갖고 있지 않았다. 오히려 그가 사용한 힘의 개념은 운동에너지와 유사한 것이었다.

≡ 충격력과 운동량의 변화

근대적인 관점에서 운동량의 변화가 힘과 관계있다는 견해는 갈릴레이의 제자였던 토리첼리Evangelista Torricelli(1608~1647)가 제시했다. 그는 역학보다는 수은주 실험으로 대기압을 측정하고 처음으로 진공을 만들어낸 과학자로 잘 알려져 있다. 토리첼리의 논의•는 무게가 똑같은 물체를 정지 상태에서는 상자 위에 놓아둘 수 있지만, 매우 높은 위치에서 떨어뜨리면 상자를 부서트릴 수 있다는 물체의 충격력impact force에 관한 문제에서 출발한다. 그는 낙하운동에서는 물체의 무거움이 임페투스••를 생성하는 원리라고 주장하고, 생성된 임페투스의 양은 일정한 힘에 작용한 시간을 곱한 것과 같다고 보았다. 그는 이 문제를 일반화하여 다른 역학적 현상에도 적용했다. 즉, 매 순간 임페투스가 증가하는 정도가 충격력이라고 보았다.

당시에는 미분의 개념이 없었기 때문에 충격력이 가해지는 시간이 짧을수록 임페투스의 변화도 작다는 형태(충격력 × 시간 = 운동량의 변화)로 표현되어 오늘날의 운동량의 변화율이 힘과 같다는 정량적 관계식을 얻었다. 기계적 철학의 영향권 밖에 있었던 토리첼리는 물질 내부에 운동의 원인이 있다는 임페투스 개념을 제약을 받지 않고 사용했고, 갈릴레이의 수학적 기술의 전통을 이어받아 동역학 관계식을 구해냈다. 비록 그의 역학적 논의는 근대역학의 내용처럼 정확한 것은 아니었지만, 근대역학을 구성하는 중요한 개념들의 정량적 관계를 제시했다는 점에서 유의할 필요가 있다.

뉴턴의 역학과 과학혁명

뉴턴이 과학혁명을 완성하고 근대과학의 형성에 공헌한 위대한 업적은

• 토리첼리의 역학 강의 내용은 그의 사후 1715년에 출판되었다[E. Torricelli, *Lezioni Accademiche d'Evangelista Torricelli*(Firenze: Jacopo Guiducci & Santi Franchi, 1715)].

•• 중세 자연철학자들이 물체의 운동을 설명하기 위해 사용한 개념으로서 물체에 내재하는 운동의 원인을 의미하며, 운동량의 원시 개념이라고 볼 수 있다.

흔히 '뉴턴 종합Newtonian synthesis'이라는 말로 대변된다. 뉴턴 종합이란 표현은 크게 두 가지 의미를 내포하는데, 하나는 만유인력이라는 하나의 힘에 기초해 천상계의 천체 운동과 지상계 물체의 운동을 동일한 운동 법칙으로 설명할 수 있었다는 것이고, 다른 하나는 이전 과학자들이 제시한 개념이나 법칙, 원리 등을 하나의 물리학 체계로 완성했다는 것이다. 여기에는 기계적 철학과 수학적 전통의 융합을 이루었다는 의미도 포함되어 있다. 뉴턴이 과학의 모든 분야를 총괄하는 해결을 주지 않았음에도 이러한 표현을 사용하는 것은 뉴턴이 이룩한 역학 분야의 성공이 같은 방식으로 다른 분야의 성공을 이끌어냈기 때문이다.

≡ 뉴턴역학

뉴턴은 1664년 트리니티대학에서 학사 학위를 받을 때까지 어떤 우수성도 드러내지 않은 상태에서 새로운 철학과 수학을 습득하고 있었던 것으로 보인다. 1665년 런던에 페스트가 창궐하여 대학이 폐쇄되자 런던을 떠나 고향 울스소프로 돌아간 뉴턴은 약 2년에 걸쳐 자신이 대학 시절에 구상한 공간과 시간 그리고 운동에 대한 개념들을 정리하여 근대 물리학의 기초를 만든다. 그는 미적분학과 만유인력의 법칙, 빛의 입자론 등을 포함한 여러 과학적 발견들을 이렇게 표현했다. "이러한 모든 일이 1665년과 1666년 두 해 동안에 일어났는데, 그 두 해가 내 직관의 절정기였으며 그 이후의 어느 때보다도 더 수학과 철학에 전념했다."

그렇지만 그의 과학적 발견들은 오랜 시간 대부분 발표되지 않은 채로 연구 노트 속에 머물러 있었던 것으로 보인다. 그 당시 영국 왕립학회에서 영향력을 발휘하던 훅Robert Hooke(1635~1703)이 거리의 제곱에 반비례하는 힘을 받을 때 행성이 타원운동을 한다고 주장했지만, 이를 증명하지는 못하고 있었다. 그러던 중에 1684년 8월 영국의 천문학자 핼리Edmund Halley

(1656~1742)•가 이 문제를 뉴턴에게 질문했고, 핼리의 질문을 받은 뉴턴은 즉각 그 물체가 타원궤도를 그린다고 답하면서 자신이 그 결과를 이미 오래전에 계산해 놓았다고 말했다. 뉴턴은 당시에는 연구를 기록한 원고를 찾지 못했지만, 핼리가 런던으로 돌아간 몇 달 뒤인 1684년 11월에 타원궤도의 증명과 더불어 케플러의 제2법칙과 제3법칙도 증명한 「물체의 궤도 운동에 관하여De Motu Corporum in Gyrum」라는 논문을 핼리에게 보냈다. 이 논문의 독창성에 놀란 핼리는 뉴턴에게 책을 집필하라고 적극 권유했고, 책을 쓰기 시작한 그는 18개월 만에 원고를 완성하여 1687년 『자연철학의 수학적 원리Philosophiae Naturalis Principia Mathematica』(간단하게는 『프린키피아』)라는 제목으로 출판했다.

라틴어로 저술된 『프린키피아』는 세 권으로 나뉘어 있다. 1권은 오늘날 물리 교과서에서 다루고 있는 뉴턴의 세 가지 운동 법칙을 바탕으로 진공 속에서의 물질 입자의 운동을 다루고 있다. 뉴턴의 세 가지 운동 법칙은 관성의 법칙, 가속도의 법칙, 작용-반작용의 법칙으로 표현된다. 뉴턴은 다양한 형태의 힘을 수학적으로 가정하고, 이들 가상적 힘들에 의한 입자의 운동을 논의했다. 여기에는 거리의 제곱에 반비례하는 형태의 힘도 포함되어 있었다. 2권은 저항이 있는 공간에서의 입자의 운동을 다루고 있는데, 오늘날의 유체역학에 해당하는 내용이다. 이 부분은 물질 공간과 소용돌이 이론을 바탕으로 하는 데카르트의 우주관을 비판하려는 의도가 있었다. 마지막으로 3권의 내용은 거리의 제곱에 반비례하는 만유인력을 도입하여 천체들의 운동을 다루고 있다. 여기서 만유인력이란 질량을 가진 모든 물체는 같은 형태의 잡아당기는 힘을 서로 작용한다는 것이다.

• 핼리혜성의 발견자로서, 1705년에 발간된 『혜성 천문학 총론(Synopsis Astronomia Cometicae)』에서 1456년, 1531년, 1607년, 1682년에 관측된 혜성이 모두 같은 혜성이라는 주장을 했고, 1758년 다시 나타날 것이라는 예측이 사실로 밝혀졌다.

뉴턴은 이 만유인력과 자신의 운동 법칙을 이용해 케플러가 관측 자료들을 정리하여 도출한 행성 운동의 법칙을 수학적으로 유도할 수 있었다. 이로써 뉴턴은 코페르니쿠스에서 시작하여 케플러와 갈릴레이가 발전시킨 천문학 혁명을 종결하고, 갈릴레이와 데카르트 등이 논의한 역학적 문제들을 완전히 해결함으로써 과학혁명을 완성했다.

뉴턴에 이르러 완성된 근대역학에서는 그동안 모호하게 사용되었던 '힘'의 개념이 '운동량의 변화를 일으키는 작용' 또는 '물체에 가속도를 주는 작용'으로 정교하게 정의되었다(뉴턴의 운동 제2법칙, 힘 = 질량 × 가속도). 가속도란 시간에 따라 속도가 변하는 정도를 나타내는 개념이다. 따라서 힘이 작용하지 않으면 물체의 속도는 변하지 않으므로 운동 상태가 변하지 않는다(정지한 물체는 계속 정지해 있고, 일정한 속도로 움직이는 물체는 계속 똑같은 속도로 움직인다). 이것은 갈릴레이가 도입하고 데카르트가 수정한 관성운동에 해당한다. 즉, 뉴턴은 힘의 개념을 정확하게 정의함으로써 관성운동을 자연스럽게 끌어낼 수 있었다. 뉴턴이 굳이 운동의 제1법칙으로 관성의 법칙을 넣었던 것은 그 이전의 물체 운동에서 관성의 개념이 중요하게 다루어졌기 때문이다. 그리고 힘의 관점에서 보면 관성의 의미가 좀 더 뚜렷해진다. 관성은 운동 상태의 변화를 싫어하는 성질이라고 할 수 있다. 인간이 습관을 바꾸기 싫어하는 것도 관성이라고 할 수 있을 것이다.

≡ 만유인력: 하늘과 땅의 법칙을 통일하다

뉴턴은 자신의 운동 제2법칙과 케플러의 제3법칙으로부터 거리의 제곱에 반비례하고 질량의 곱에 비례하는 만유인력의 법칙에 도달한 것으로 보인다. 여기서 만유인력의 세기가 질량의 곱에 비례한다는 형식은 두 입자 사이에 작용하는 힘의 대칭성(뉴턴의 운동 제3법칙)에서 나온 것으로서, 크기는 같고 방향은 반대인 작용-반작용 쌍으로서의 만유인력을 대수적으로 표현한 것이다.

이리하여 뉴턴은 지상에서 물체가 자유낙하 하거나 공중으로 던져진 물체가 포물선을 그리며 운동하는 것도 만유인력 때문이고, 천체들이 타원궤도를 그리며 운동하는 것도 만유인력에 의한 운동임을 보인 것이다. 즉, 불완전한 지상계의 운동과 완전하다고 믿었던 천상계의 운동에 관한 법칙이 드디어 하나로 통일되었으니, 두 세계의 운동이 모두 질량을 가진 물체가 서로 잡아당기는 힘인 만유인력의 지배를 받고 있음을 보인 것이다.

만유인력은 기계적 철학자들이 신비로운 힘이라고 해서 거부했던 '멀리 떨어진 상태에서 작용하는 힘'을 도입한 것이기 때문에 반발도 컸지만, 뉴턴이 거둔 성공이 워낙 커서 이러한 반발을 압도할 수 있었다. 오늘날은 중력장이란 개념을 사용하여 설명하지만, 그 당시는 지구와 태양처럼 멀리 떨어진 두 물체 사이에 작용하는 힘을 직관적으로 이해하는 것은 거의 불가능했다. 그러나 뉴턴의 법칙과 만유인력의 개념을 많은 과학자가 수용하기 시작하면서 "상식적으로 이해하기 힘든 불가해성이 상식이 되었다."•

≡ 사회적 성공에 못 미친 괴팍한 천재의 삶

그 천재성과 과학적 업적과는 달리 뉴턴은 개인적으로 불행한 삶을 살았는지도 모른다. 유복자로 태어난 그는 행복하지 못한 어린 시절을 보냈고, 어릴 때 재가한 어머니가 자신을 버렸다고 생각했는지 여성을 싫어해 평생 결혼하지 않았다. 대신에 과학과 결혼했다고 해야 할 것이다. 성격도 까다롭고 화를 잘 냈으며, 자신을 비평하는 사람들에 대해 참지 못했다. 내성적이어서 사람들과 접촉하는 것을 싫어했으며, 잘 웃지도 않고 과묵해서 케

• 마흐(Ernst Mach, 1838~1916)의 표현이다. 마흐는 뉴턴역학의 절대공간을 토대로 한 좌표계를 비판함으로써 아인슈타인의 상대성 이론 성립에 영향을 끼친 것으로 유명하다.

임브리지대학 동료 교수들은 그가 웃는 것을 딱 한 번 보았다고 한다. 반면에 재능 덕분인지 그는 국회의원, 왕립학회 회장으로도 선출되었으며, 조폐국 관직에도 올랐다. 국회의원으로서는 제임스 2세 국왕에게 직언을 곧잘 했다고도 하는데, 국회의원 속기록에는 "거기 바람 들어오니 창문 좀 닫아주시오"라는 발언만 기록되어 있다고 한다. 조폐국장의 자리에까지 올랐던 그는 금화 테두리를 깎아 팔아먹는 행위를 방지하기 위해 테두리에 톱니를 넣는 아이디어를 내기도 했다. 또 주식에 투자해 엄청난 손해를 본 그가 남긴 말은 "내가 천체의 운동은 계산할 수 있어도, 인간의 광기는 계산할 수 없다"였다. 연금술에도 많은 시간을 투자한 것을 보면 금전에 관심이 있었던 것으로 보이지만, 실제로 그쪽으로는 재능이 없었던 모양이다. 과학적 천재의 다른 인간적인 모습을 보는 것도 흥미롭다.

≡ 나는 가설을 세우지 않는다

뉴턴역학의 특징을 살펴보면, 그 이전의 자연철학자들의 방식과는 차이가 뚜렷이 드러난다. 우선 그는 자연 세계의 본질이나 원인에 대해 다루기보다는 현상의 기술에 더 집중했다. 가상디에서부터 자리 잡은 이러한 태도는 뉴턴 과학의 기본 입장이었고, 그 이후의 과학에 널리 적용되기 시작했다. 그리고 그는 실험이나 관측을 통해 경험적으로 검증할 수 없는 설명을 '가설'이라고 하고, 이러한 설명 방식을 배격했다. 데카르트의 소용돌이 이론과 빛의 색깔•에 대한 이론처럼 눈에 보이지 않는 미세한 입자들에 관한 것은 경험적으로 검증할 수 없으므로 옳은지 그른지를 판단할 수 없다고 보았다.

• 데카르트는 빛이 통과하는 공간의 물질 입자들의 회전운동의 차이로 빛의 색깔을 설명했다.

뉴턴은 과학적 방법론과 자연철학에 관한 자기 생각을 1713년의 『프린키피아』 2판 끝에 추가된 '일반주해General scholium'에 직접 기술했다. 그는 "지금까지 나는 이런 현상들에서 중력의 원인을 발견하지는 못했다. 그리고 나는 가설을 세우지 않는다"라고 하면서, 만유인력이 보편적으로 존재한다는 사실에 대해 "우리 처지에서는 중력이 실제로 존재하고, 앞에서 설명한 법칙에 따라 작용하며, 천체들과 지상의 여러 운동을 잘 설명하고 있으니 그걸로 충분하다"란 표현으로 자신의 견해를 밝혔다.

대신에 그는 '분석과 종합의 방법'을 제시했다. 여기서 분석이란 실험과 관측을 통해서 발견한 현상(케플러의 법칙)에서 그 현상들을 생기게 한 힘(만유인력)을 찾아내는 것을 말하며, 종합이란 그 힘으로부터 이미 발견한 현상들뿐만 아니라 다른 현상들까지 설명하는 원리를 수학적인 방법으로 확립하는 것을 말한다. 뉴턴의 이런 생각은 『프린키피아』의 서문에 구체적으로 표현되어 있다. "나는 이 책을 자연철학의 수학적 원리들로서 제시한다. 왜냐하면 자연철학의 임무는 운동의 현상들에서 자연의 힘들을 탐구하고, 그 힘들로부터 다른 현상들을 보여주는 데 있다고 보기 때문이다." 이 뉴턴 과학의 방법이 18세기의 여러 과학 분야들이 따랐던 방법이다.

≡ 뉴턴의 광학과 미적분학

물리학에서 뉴턴의 두 번째 위대한 업적은 빛에 대한 실험과 빛의 입자설에 관한 것이다. 이슬람 과학자 알 하이삼 이후 뉴턴 이전까지 광학 분야는 그다지 진전이 없는 상태였으나, 뉴턴은 여러 실험을 통해 빛의 성질을 밝혀내고 광학의 발전에 크게 이바지했다. 그는 프리즘을 이용한 실험으로 빛(백색광)이 프리즘을 통과할 때 다르게 굴절되면서 무지갯빛으로 분리되며, 한 번 더 프리즘을 통과시키면 무지갯빛이 합쳐져 다시 백색광이 된다는 사실을 발견했다. 이 실험으로부터 그는 백색광이 무지개의 모든 색깔을 포함하고 있다고 결론지었고, 빛의 분리와 합성 현상으로부터 빛은 입자로 구성되어 있다고 했다.

데카르트와 달리 뉴턴은 빛의 색깔에 대한 자세한 설명은 내놓지 않았다. 가설을 거부했던 그는 미시적 입자의 작용에 관한 것을 경험적으로 검증할 수 없었기 때문에 데카르트의 방식처럼 설명을 하지 않고 거시적인 현상만 기술했던 것으로 보인다. 빛의 본성에 대한 훅과 하위헌스와의 논쟁은 비판에 민감했던 뉴턴에게 1672년 이후 광학 연구를 중단하게 했으며, 특히 과도한 경쟁심과 적의를 갖고 뉴턴을 비판하던 훅에 대한 반감으로 그는 자신의 저서 『광학Opticks』을 훅이 죽은 후 1704년에야 출간하기도 했다. 『광학』은 수학적인 성격을 띤 『프린키피아』에 비해 실험적인 성격이 강하고, 또 실험에 의한 과학 연구를 강조했다.

뉴턴은 미적분학을 발명한 것으로도 유명하다. 미적분법은 오늘날 수학과 물리학뿐 아니라, 대부분의 공학 분야 연구에서도 필수적인 요소다. 그러나 라이프니츠Gottfried W. Leibniz(1646~1716)가 1684년 미적분에 관한 논문을 발표하자 누가 미적분학을 발명했느냐에 대한 논쟁이 시작되었다. 뉴턴이 미적분학에 관한 논문 발표를 1704년까지 미루고 있었기 때문에 이 논쟁은 더욱 복잡하게 꼬이게 되었다. 뉴턴은 『프린키피아』를 쓸 무렵에 미적분학을 알고 있었음에도 이에 대해 전혀 언급하지 않고 고난도의 기하학을 사용하여 명제를 증명했기 때문이다. 논쟁을 싫어했던 뉴턴이 수학을 수박 겉핥기식으로 공부한 사람들과의 논쟁을 피하고, 수학을 제대로 공부한 사람이 수학적 증명을 이해함으로써 자기 이론에 동의하도록 만들려고 일부러 책을 난해하게 썼다는 말까지 나돌았다. 아무튼, 미적분학 연구는 라이프니츠와 거의 동시에 독립적으로 했다고 평가되며, 미적분학에 관한 생각 자체는 시기상 뉴턴이 앞서고, 논문 발표는 라이프니츠가 먼저 한 것으로 보고 있다. 오늘날 우리는 라이프니츠가 제안한 미적분법을 많이 사용하고 있는데, 그의 표기 방식이 더 편리하기 때문이다.

≡ 뉴턴의 능동적인 신

뉴턴은 또한 일반주해를 통해 『프린키피아』에 내포된 자신의 신학적 관점을 피력하면서 사물을 통해 보는 신에 관한 담론도 자연철학에 속한다고 했다. 뉴턴은 '우주의 지배자pantokratōr'인 신이 능동적으로 우주에 개입•하고 우주를 지배한다고 보았다. 그러나 데카르트주의자인 라이프니츠는 중력에 대한 뉴턴의 설명이 신비적이며, 뉴턴이 주장하는 것처럼 신이 계속해서 우주에 개입해야 한다면 그만큼 우주가 불완전하게 창조되었다는 것이라고 공격했다. 이에 대해 뉴턴은 만유인력이 우주를 조화롭게 유지하는 신의 도구이자 능동원리active principle라고 보았고, 신은 이 원리를 통해 자신의 섭리를 드러낸다고 생각했다. 또한 태양계와 같은 조화로운 우주는 지적이고 아름다운 신의 섭리가 충만한 공간인데, 자연철학을 통해 신의 의지를 이해하면 어느 곳에나 존재하며 세계를 움직이는 신의 섭리 역시 알 수 있다고 믿었다. 신이 우주 만물의 운행을 섭리한다고 보는 종교적 관점과 과학적 원리에 바탕을 둔 유물론적 관점 사이의 문제는 오늘날에도 뜨거운 담론 주제이지만, 조화와 섭리에 관한 생각은 여전히 오늘날의 사람들에게 숙고의 여지를 남겨주고 있다.

≡ 과학혁명과 새로운 과학 활동

『프린키피아』는 출판과 동시에 굉장한 성공을 거두었고, 뉴턴의 물리학을 쉽게 설명하는 책들이 연이어 출판되어 뉴턴 과학이 지식 계층에 널리

• 뉴턴은 자신의 많은 노력을 성경 연구에 투자했으며, 우주는 시계와 같아서 태엽을 감아놓고 그냥 두는 것이 아니라 수시로 태엽을 감아야 하는, 신의 개입으로 유지되는 세계라고 표현했다.

보급되었다. 그리고 역학에서의 뉴턴의 성공을 본보기로 해서 18세기의 많은 과학자는 자연계에 존재하는 힘을 찾아내고, 이 힘을 수학적으로 표현하려고 했다. 이는 뉴턴이 저서 『광학』에서 전기, 자기, 열, 화학 현상 등 여러 자연현상에는 이에 해당하는 고유한 '힘'들이 있으며, 그것들의 수학적 형태를 찾아내면 자연을 체계적으로 설명할 수 있을 것이라고 한 주장에 영향을 받은 것으로 볼 수 있다. 대표적으로 쿨롱은 만유인력과 마찬가지로 전기를 띤 물체들 사이에도 거리의 제곱에 반비례하는 전기력이 존재한다는 것을 알아냄으로써 전기 현상을 수학적으로 다룰 수 있게 되었다. 성공적이지는 못했지만, 화학자들은 물질들 사이의 화학결합의 차이를 화학적 친화도의 차이로써 설명하려고 했고, 화학적 친화도를 물질들 사이의 근거리 인력의 세기로 이해하려고 했다. 그 밖에 생물학과 사회과학 분야에서도 각각의 현상에 관여하는 기본적인 힘이나 작용을 찾아내고, 그로부터 현상을 설명하려는 뉴턴 과학의 방법을 적용하려 했다.

그러나 이러한 시도들은 전기와 자기 현상에서는 상당한 성공을 거두기도 했지만, 다른 분야에서는 성공적이지 못했다. 이 같은 경향을 보인 것은 뉴턴 과학이 어떤 가설이나 독단에 의존하지 않고 합리적, 수학적, 경험적, 실험적 방법만을 사용하여 획기적인 성공을 이루었다는 믿음이 작용했고, 다른 분야에서도 이와 같은 성공을 거두기 위해서는 같은 방법으로 나아가야 한다고 생각했기 때문이다. 한편, 1730년경에 프랑스에서 뉴턴역학을 받아들이기 시작하면서부터는 해석학적 방법에 기초한 뉴턴역학의 수학적 체계화가 이루어졌다.

≡ 과학과 철학의 분리

17세기 과학혁명은 단지 과학의 내용이나 방법에서의 변혁으로만 이루어진 것은 아니었다. '뉴턴 과학'은 새로운 과학으로서의 구체적인 경향을 의미하는 것 못지않게 과학에 대한 이미지에도 크게 영향을 미쳤다. 이전 시기의 과학은 철학과 구별하기 힘들었다. 17세기의 과학 활동도 철학과 완전히 구별되는 것은 아니었지만, 하나의 방법, 하나의 관점에서 접근할 수 있는 '과학'이라는 분야가 자리를 잡기 시작한 것이다.

그리고 이때부터 과학자라고 부를 수 있는 사람들이 생겨나기 시작했으며, 과학 활동이 조직화된 모습을 드러내기 시작한 때도 이때다. 과학의 전문화 경향과 집단으로서의 과학자들의 사회적 영향력이 커지기 시작한 것이다. 그리고 과학의 성공은 다른 분야 문제 해결의 본보기가 되었다는 점에서 사회와 문화의 여러 분야에서도 그 중요성이 크게 증대되었다. 즉, 자연과학이 수학을 사용해서 확실한 진리에 도달할 수 있다는 믿음을 주게 되어, 과학은 신학과 철학을 제치고 확실한 지식의 기준이 되었다.

과학사학자 웨스트폴Richard Westfall(1924~1996)은 과학혁명의 특징을 다섯 가지로 요약했다. 첫째, 감각적 경험에 의한 상식보다 추상적인 이성을 선택했다. 갈릴레이가 운동에서 마찰을 없애고 사고실험을 한 것은 운동을 추상화한 것의 한 예다. 둘째, 사변적인 질적 논의가 수학적이고 정량적인 논의로 바뀌었다. 과학혁명을 이끌었던 케플러, 갈릴레이, 뉴턴은 수학의 언어로 자연을 이해하려고 했다. 셋째, 아리스토텔레스의 목적론적 세계관에서 인과론적인 기계적 세계관으로 바뀌었다. 넷째, 실험과 수학을 결합한 새로운 과학 방법론이 등장했다. 마지막으로, 궁극적인 원인에 대한 설명보다 현상에 대한 즉각적인 기술 방식을 채택했다. 뉴턴의 운동 제2법칙인 힘의 법칙($F=ma$)은 힘의 본성을 설명한 것이 아니고, 힘의 즉각적인 효과를 기술적으로 설명한 법칙이다. 뉴턴은 가설을 배격하고 현상의 본질이나 원인보다는 현상의 기술에 만족하는 방식을 취했던 것이다(Westfall, 1971).

≡ 과학혁명과 과학자 단체

일반적으로 과학혁명의 요인에 대해 검토할 때, 내적 요인과 외적 요인을 모두 고려한다. 내적 요인이란 과학혁명을 주도했던 주요 과학자들의 활동에 대한 것이며, 외적 요인이란 과학혁명기 무렵의 사회적인 배경을 말한다. 외적 요인을 강조하는 학자들이 언급하는 사회적 배경에는 17세기 영국의 청교도주의, 항해술의 발전, 전쟁 등이 있다. 그러나 이러한 사회적 배경이 과학혁명에 준 영향을 구체적으로 밝혀내기는 쉽지 않아 보인다. 적어도 과학혁명을 전후한 시기에는 오히려 자연철학자들의 과학 활동이 사회에 더 큰 영향을 미쳤을 것이다.

주목할 부분은 과학혁명이 진행되던 시기에 과학 활동의 근거지가 대학이 아니라, 과학자들이 자발적으로 결성한 다양한 과학단체였다는 사실이다. 오늘날 학술 활동의 주 무대가 각 분야의 학술단체가 주관하는 학술회의라는 점에서 이러한 변화는 시사점이 많다. 웨스트폴은 "과학혁명은 대학이 있었기 때문이 아니라, 대학이 있었음에도 불구하고 일어났다"라고 표현함으로써 당시의 상황을 단적으로 나타냈다. 17세기까지 전통적인 교과과정을 고수했던 대학들은 오히려 근대과학의 새로운 자연관을 반대하는 사람들의 본거지가 되어 있었다. 갈릴레이를 종교재판에 고발한 사람들도 그리스도교 신학자들이 아니라 대학의 아리스토텔레스 추종자들이었다는 사실이 이러한 단면을 보여준다. 이처럼 학문의 주류 집단과 신생 과학단체의 역학 관계 또한 당시의 과학 활동의 변화 흐름을 이해하는 데 중요한 요소라고 보겠다.

과학단체의 활동을 살펴보면, 갈릴레이가 회원으로 있던 비공식 조직이었던 로마의 '린체이 아카데미Accademia dei Lincei'는 17세기 초에 이탈리아 인문주의자들의 문학 집단을 본뜬 단체로 비슷한 관심을 가진 사람들이 모여 자연철학의 문제들을 논의했다. 17세기 중반에는 메디치의 후원 아래

'실험학교Accademia del Cimento'가 설립되어, 이름 그대로 자연과학의 문제들에 관한 실험 연구들이 이루어졌다. 서유럽에서는 과학단체를 통한 제도적 교류가 이루어지기 전에 프랑스의 메르센Marin Mersenne(1588~1648) 신부•가 수많은 학자와 서신 교환으로 연구 성과를 공유함으로써 학문 발전에 크게 이바지했다. 갈릴레이의 업적이 그를 통해 북유럽에 전해졌으며, 토리첼리의 진공에 관한 실험 소식도 그가 퍼뜨렸다. 메르센이 다져놓은 학문 교류의 기초 위에 나중에 프랑스의 왕립과학아카데미와 영국의 왕립학회가 설립되면서 보다 조직적인 활동과 교류가 이루어졌다.

이러한 과학단체의 설립과 이를 통한 과학자들의 교류는 새로운 과학의 발전을 한층 가속시키는 역할을 하여, 18세기 말과 19세기 전반에 이르러 제2의 과학혁명이라고 부르는 현대적 과학 전문 분야의 형성과 전문 과학자들의 출현이라는 큰 변혁을 일으킨다. 인간 공동체의 형성이 고대 문명의 발전에 중요한 역할을 했듯이, 과학자들의 공동체 형성은 과학의 전문화를 통해 근대과학으로 이끄는 중요한 계기가 되었다고 볼 수 있다.

≡ 실험적 방법론의 확립

또 다른 17세기 과학 활동의 변화는 다양한 실험 기구의 발명과 실험적 연구였다. 망원경, 현미경, 정밀시계, 온도계 등 17세기에 발명된 다양한 측정기구와 도구들은 이전의 사람들이 알지 못했던 새로운 세계를 드러내 보여주었다. 동시에 이러한 기구들을 기반으로 한 실험적 방법은 전통적 자연철학자들의 연구 방법과는 전혀 다른 새로운 탐구 활동을 제시했다. 망원경의 발명은 천문학 혁명을 이끌었고, 현미경은 생물학 분야에서 마찬

• 가톨릭 신부이자 프랑스의 철학자, 물리학자이며 수학자다. 메르센 소수 등 정수론 분야에서 중요한 업적을 남겼으며, 대학 동창생인 데카르트를 비롯해 페르마, 갈릴레이, 토리첼리 등의 학자들과 교류했다.

가지의 공헌을 하게 되었다. 정밀시계는 정밀 측정을 가능하게 했으며, 온도계는 온도를 측정 가능한 양으로 만들었다. 기압계와 공기펌프 등이 제작되면서 실험실에서 진공에 가까운 상태까지도 만들 수 있었다.

탐구 방법에서도 그 이전의 자연철학자들이 사용한 방법으로는 확실한 지식은 아무것도 얻을 수 없었다는 거부감을 보였다. 이러한 생각은 베이컨이나 데카르트의 방법의 문제에 관한 저술로 이어졌으며, 실험적 방법이 강조되었다. 물론 그 이전에도 단순한 관찰 활동을 통한 실험적·경험적 연구는 있었지만, 자연철학의 일반적 원리를 확립할 수 있는 과학적 방법으로서 고안된 실험적 방법은 17세기에 와서야 널리 사용되었다. 가령, 하비의 생리학 실험에서 실험자가 자신의 팔을 노끈으로 묶어 피의 순환을 차단한 후 일어나는 변화를 관찰한 것과 같이, 인공적인 조건을 가하는 방식이다. 토리첼리의 수은주 실험이나 뉴턴의 프리즘 실험도 같은 맥락에서 구체적인 질문을 해결하기 위해 설계된 형태의 실험적 연구였다. 이제 자연은 더 이상 그것이 보여주는 대로 단순히 관찰하는 대상이 아니라, 실험자들이 의도하고 설계한 인공적 조건 아래서 적극적으로 탐구하는 대상으로 바뀌었다(Westfall, 1971).

과학혁명기의 생명과학

과학혁명기의 과학 활동에 관한 연구는 대부분 천문학이나 역학을 다루지만, 생물학 분야에서도 괄목할 만한 발전이 있었다. 물론 당시에는 모두 자연철학으로 탐구되어 이러한 분야에 대한 구분은 나타나지 않았지만, 관심 대상을 나누어보면 오늘날의 생물학 또는 생명과학 분야에 해당한다. 생물학 분야의 발전은 천문학이나 역학 분야의 발전과는 질과 양에서 많은 차이가 있다. 한마디로 이야기하면, 물리학 분야의 혁명은 지식의 양이나 새로운 사실들에 의한 것이 아니라 새로운 관점과 방법들에 따른 개념적 혁명이었다면, 생명과학 분야의 발전은 새로운 생물학적 지식의 절대적 증가에 따른 것이었다.

과학혁명 이전의 생물학은 아리스토텔레스 체계 내에서의 분류학이 대부분의 내용을 차지하고 있었다고 해도 과언이 아니었고, 일부 해부학 지식이 분류학의 세부적 내용을 보완하는 정도에 그쳤다. 생리학과 의학 분야에서도 본질에서는 중세 초 갈레노스의 틀에서 벗어나지 못하고 있었다. 그러던 것이 17세기 현미경의 발명으로, 천문학에 있었던 망원경의 발명만큼 생물학 분야에 과학적 상상력과 관심을 불러일으켰다.

먼저 과학혁명기 이전의 생명과학 분야에 대해 간단하게 살펴보자. 생명과학의 시작은 고대 그리스의 히포크라테스Hippokrates(BC 460~370?)에게서 찾을 수 있다. 히포크라테스는 엠페도클레스의 4원소설을 원용하여, 인간의 건강이 혈액, 점액, 황담즙, 흑담즙의 균형으로 유지된다는 4체액설을 주장함으로써 생명현상에 대한 초보적인 이론을 제시했다. 놀랍게도 4체액설은 갈레노스를 거쳐 중세에 이르기까지 의학 분야에서 1500년간 절대적으로 받아들여져 체액의 균형을 맞추는 질병 치료법, 특히 사혈이라고 부르는 나쁜 피를 뽑는 방법이 널리 사용되기도 했다. 이 방법으로 치료하다가 피를 너무 많이 뽑아 사망하는 사람도 많았다고 한다.

생물학의 아버지라고 하는 아리스토텔레스는 관찰을 바탕으로 『동물론Historia Animalium』을 저술했는데, 여기에는 500종 이상의 동물이 언급되어 있다. 그는 관찰 자료를 토대로 생리학적 이해를 도모했고, 목적론적 세계관을 바탕으로 인과론적 설명을 시도했다. 그리고 관찰 가능한 생물학적 특징들에 기초해 체계적이고 폭넓은 분류 작업을 함으로써 분류학의 터전을 놓았을 뿐만 아니라 형태학, 생리학, 발생학, 유전학 등 여러 분야에 걸쳐 다양한 이론들을 제시했다. 그렇지만 아리스토텔레스가 생물체를 통해 추구한 것은 그의 철학적 문제, 즉 질료와 형상, 목적인과 같은 변화의 원인에 관한 탐구였기 때문에 생물체는 그러한 목적에 적합한 대상이라는 것 이상의 의미가 없었다. 아리스토텔레스 이후 생물학 분야는 근본적으로 답보 상태를 벗어나지 못하고 있었다.

로마 시대에는 갈레노스가 의학과 해부학에서 중요한 위치를 차지했다. 갈레노스는 인체에서 가장 중요한 기관이 간이라고 보았고, 간에서 생성된 피가 '자연의 영'으로 가득 채워져 정맥 체계를 통해 신체로 운반되거나 심장을 통과하면서 허파와 뇌와 같은 다른 기관들의 정제 기능에 의해 '생명의 영'과 '동물의 영'으로 바뀌어 온몸에 전해진다는 생기론生氣論, vitalism 형태의 이론을 세웠다. 그는 혈액의 순환에 대해서는 모르고 있었고, 그의 주장은 16세기에 이를 때까지 맹목적으로 받아들여졌다. 16세기 전까지 생물학 분야의 발전이 답보 상태 내지는 큰 발전을 이루어내지 못한 사실은 생명현상이 생명체의 미시적 구조와 기능을 포함하여 워낙 파악하기 힘든 복잡한 체계로 구성되어 있기 때문일 것이다. 오늘날에도 생명과학에서 아직 미지의 영역으로 남아 있는 부분이 많은 것은 이런 이유다.

≡ 생물종에 관한 방대한 자료 축적

아리스토텔레스가 터전을 마련한 분류학 분야에서는 17세기 초에 이르면 6000여 종species의 식물이 기록되고, 17세기 말에는 1만 8000개가 넘는 종들이 포함될 만큼 식물에 관한 많은 양의 자료들이 모였다. 그리고 이러한 자료들을 정리하기 위해 강class–과family–속genus과 같은 분류 체계가 마련되기 시작했다. 반면에 동물분류학은 17세기까지 미생물을 포함해 다양한 동물 종들이 많이 추가되었지만, 아리스토텔레스 체계를 벗어나지 못했다. 이는 동물의 세계가 식물보다 훨씬 다양한 형태를 보여주었기 때문에 더 발전된 분류 체계를 세우기가 쉽지 않았던 것이다. 전체적으로 분류학은 생물학적 지식이 정리될 수 있는 체계를 제공해 주었고, 이 체계 안에서 생물학의 세부적 연구들이 수행되었다.

≡ 해부학과 혈액순환론

과학혁명기로 접어들면 생물학 분야에서도 과거의 권위와 추상적 추론에 의존하지 않는 직접적인 경험을 통한 탐구가 시작된다. 베살리우스Andreas Vesalius(1514~1564)의 저서 『인체 해부학 대계De Humani Corporis Fabrica』는 실제 인체를 해부하여 얻은 지식을 담아, 근대 생리학과 의학의 문을 열었다. 여기에서 그는 심장의 심실 사이에 있는 벽에 구멍이 있다고 한 갈레노스의 해부학적 오류를 지적했는데, 처음에는 갈레노스 신봉자들에게 많은 비난을 받는 곡절을 겪기도 했다. 이 책은 코페르니쿠스의 저서 『천구의 회전에 관하여』가 간행된 1543년에 같이 출판되어 과학혁명기의 중요한 저서로 평가되고 있다. 주목할 사실은 당시까지도 외과술은 비천한 행위로 보았기 때문에 외과 수술이나 해부는 이발사가 했다는 점인데, 그는 이러한 시대적 편견을 극복하고 직접 해부하여 올바른 지식을 얻어냈던 것이다.

그림 7-1 베살리우스의 인체해부도 그림

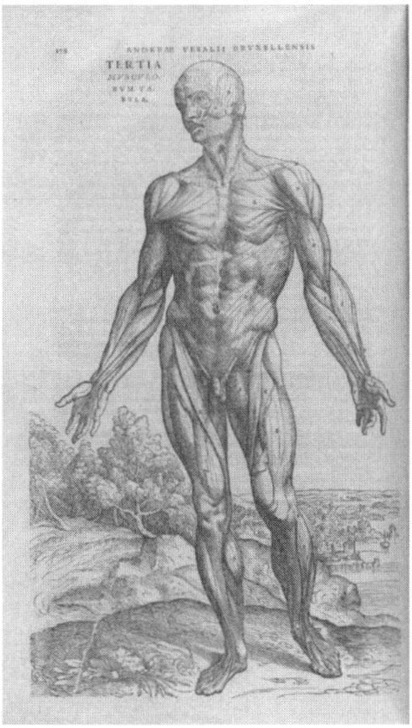

뒤이어 실제적 실험을 통해 인체의 구조를 연구해야 한다는 생각을 이어받은 하비William Harvey(1578~1657)가 특히 심장에 관심을 갖고 연구했다. 그는

아리스토텔레스의 영향을 받았는데, 아리스토텔레스주의자들은 우주에서의 태양처럼 심장을 생명의 근원으로 보았다. 그리고 하비는 그전에 발견되었던 정맥 판막의 역할을 올바로 추측하여 자신의 혈액순환론의 근거로 삼았다. 그의 혈액순환론은 갈레노스의 이론이 논리적으로 맞지 않다는 생각에서 출발한다. 간에서 피가 만들어져 인체로 공급되려면 심장의 크기와 심장 박동 수를 감안했을 때 적어도 하루에 1800리터 이상의 혈액이 만들어져야 한다는 계산을 했다. 그러나 이것은 실제로 불가능한 것이라고 생각하고 혈액순환론을 제창한 것이다.

그 후 하비는 자신의 주장을 뒷받침할 실험을 했다. 그의 유명한 실험은 자신의 팔을 줄로 묶어 혈관을 통한 혈액의 흐름을 관찰한 실험이다. 팔을 묶는 힘의 세기에 따라 피부 깊숙한 곳의 동맥까지 누르게 되면 팔의 윗부분 혈관이 부풀어 오르고, 조금 약하게 묶으면 정맥만 눌려서 팔 아랫부분의 혈관이 부풀어 오르는 것을 관찰한 실험이다. 이로써 그는 동맥과 정맥이 이어져 있고 피가 심장의 수축 운동을 통해 순환한다는 이론을 제시하게 되었다. 1628년에 출간된 하비의 『동물의 심장과 혈액의 운동에 관한 해부학적 연구Exercitatio Anatomica de Motu Cordis et Sanguinis in Animalibus』는 갈레노스의 이론에 종지부를 찍었고, 생리 현상에 대한 실험적이고 정량적인 접근법은 큰 영향을 남겼다.

하비의 연구 방식은 이론과 실험이 결합한 전형적인 근대과학의 연구 방법이었다. 그리고 혈액순환론과 심장의 기능은 데카르트의 기계적 철학 형성에 영향을 주어, 하비의 책이 나온 지 10년 후에 출간된 데카르트의 『방법서설』에 기계적인 생리학적 과정의 예로 포함되었다. 그 이전의 생명현상에 대한 신비적인 관점에서 벗어나 생명체를 과학적인 법칙으로 해석하고 실험적으로 증명할 수 있는 하나의 정교한 기계로 보는 관점이 시작되었고, 이는 생물학 발달의 커다란 전환점이 되었다.

≡ 현미경의 발명과 미생물의 발견

17세기 생물학의 발전에 가장 큰 공헌을 한 것은 현미경의 발명이었다. 현미경은 눈에 보이지 않는 세상을 볼 수 있게 한 도구로, 이를 통해 그동안 알 수 없었던 생물체의 구조뿐만 아니라 생명현상을 미시적으로 탐구할 수 있게 함으로써 생명과학 분야의 획기적 발전을 이끌어냈다. 영국의 하비가 해부학적 연구에 관한 책을 출판한 해에 태어난 이탈리아의 말피기Marcello Malpighi(1628~1694)는 1660년 현미경으로 개구리를 관찰하던 중 허파의 허파꽈리와 다른 신체 말단에서 복잡하게 얽힌 모세혈관을 발견했다. 모세혈관은 동맥을 통해 공급된 혈액이 신체 각 부분을 돌아 정맥으로 나가는 말단 지점인 것으로 밝혀짐으로써, 하비가 규명하지 못한 혈액순환론의 중요한 수수께끼가 풀리게 되었다. 하비는 좌심실에서 대동맥으로 나간 혈액이 다시 대정맥을 통해 우심방으로 들어오는 세부 과정을 알지 못했는데, 모세혈관의 발견으로 혈액순환론이 실험적으로 완결되었다.

거의 비슷한 시기에 영국에서도 뉴턴의 숙적이었던 훅이 현미경으로 관찰한 내용을 직접 그려 넣어 1665년 『현미경 관찰Micrographia』이라는 책으로 출판했다. 특히 그는 코르크를 얇게 잘라 현미경으로 관찰하여 벌집 형태의 수많은 작은 구멍이 가지런하게 배열되어 있음을 발견하고, 이를 '셀cell'이라고 불렀다. 오늘날 셀은 세포를 지칭하는 이름이지만, 그는 세포를 발견한 사실은 모르고 그것이 동물의 혈관처럼 '식물의 즙'이 흐르는 통로라고 생각했다. 그래서 판막과 같은 구조를 찾으려 했으나 실패했다. 그것은 통로가 아니라 세포였기 때문이다. 새로운 발견이 그 즉시 개념이나 의미로 다가가는 것이 힘들다는 사실을 다시 보게 된다. 기존 지식과 경험이 항상 도움이 되는 것이 아니라, 새로운 생각을 가로막는 장애가 될 수도 있음을 깨닫는다.

네덜란드의 레이우엔훅Antoni van Leeuwenhoek(1632~1723)은 현미경의 배율

을 270배까지 확대시켰다. 그는 일반적인 교육을 받지도 않았지만, 직접 렌즈를 가공하여 고배율의 현미경을 제작하고 광범위한 관찰을 했다. 올챙이를 관찰하던 중 꼬리의 모세혈관 속을 흐르는 혈액이 다시 심장 쪽으로 흐르는 과정을 관찰함으로써 하비의 혈액순환론을 직접 눈으로 확인했다. 또한 사람뿐만 아니라 개구리나 물고기의 적혈구를 발견하고 관찰하여, 포유류의 적혈구는 원형인 데 비해 개구리와 물고기의 적혈구는 타원형임을 알아냈다. 그의 가장 위대한 성과는 미생물의 발견인데, 우연히 빗방울을 현미경으로 관찰하다가 그 속에 수많은 생명체가 살아 움직이고 있는 것을 발견한 것이다. 그러나 이것들의 중요성을 알아내기까지는 또 한 세기가 더 필요했다. 중요한 것은 직접 눈으로 미시적인 생체 구조와 생명현상과 관계된 다양한 크기의 미생물들을 관측하고 연구하기 시작했다는 사실이다.

고대부터 감각적인 경험의 의미에 대해 철학적인 논쟁이 거듭되었지만, 망원경과 현미경의 발명이 근대과학에 미쳤던 영향은 절대적이다. 적어도 과학적인 영역에서는 영국 경험론 철학에서 나온 '보는 것이 믿는 것Seeing is believing'이라는 속담이 오히려 단언적이며, 직접 보는 것이 과학적 상상력을 자극하고 새로운 현상에 대한 과학적 개념을 형성하는 데 도움이 되는 것은 틀림없다. 이러한 경향은 한층 가속화되어 전자현미경이나 원자현미경 등이 현대의 과학 발전에 핵심적으로 이바지하게 됨을 볼 수 있다.

지식의 원천과 과학의 진보: 합리론과 경험론

17세기의 과학이 수학적이고 정량적인 방법으로 아리스토텔레스학파의 질적이고 사변적인 자연 파악 방식을 대치하면서 큰 성공을 거두자, 인간의 자연에 대한 인식 방식과 획득한 지식의 근거를 성찰하기 시작했다. 이

제 철학자들의 과제는 과학에서 성공적으로 적용된 모든 방법을 정당화하는 일과, 지식에서의 감각과 이성의 관계, 인간의 경험과 자연의 실재와의 관계를 파악하고 설명하는 일이었다.

중세 스콜라 철학이 신이 계시한 진리를 어떻게 이해하고, 어떻게 논증하고 조화시키는지에 대해 고민했다면, 근대철학의 문제는 미지의 진리를 탐구하는 일이며, 논증이 아닌 발견의 논리에 관한 것이었다. 따라서 이 시기의 철학이 보여주는 일반적인 특색은 인식론적이며 방법론적인 것이었다. 17세기의 프랑스 철학은 실증과학 및 수학과의 깊은 연관성을 보여주는 특징이 있었고, 반면에 영국은 경험론적 전통을 확립해 나가고 있었다. 이러한 경향의 근대철학은 점차 합리론rationalism과 경험론empiricism이라고 하는 두 갈래의 뚜렷한 방향으로 형성되었다. 합리론과 경험론 철학자들은 '인간은 어떻게 지식을 얻는가?', '우리가 얻은 지식은 확실한가?', '지식의 확실성은 어떻게 확보되는가?'와 같은 공통의 질문에 대해 서로 견해가 달랐다.

≡ 대륙의 합리론

합리론 또는 이성주의는 말 그대로 참된 인식의 근원, 즉 지식의 원천을 인간의 이성이라고 하는 인식능력에서 찾는 것이다. 합리론은 세계에 어떤 질서가 내재한다고 전제하고, 그 질서는 이성적 사유를 통해 파악될 수 있다고 보았다. 자연철학에서 이성을 중시한 전통은 고대 그리스의 플라톤에서 시작되어 근대 합리론의 선구자인 데카르트로 이어졌다. 이성을 통해 보편적이고 필연적인 인식을 얻으려 했던 근대 합리론자들은 수학을 학문의 이상으로 보고, 수학적 방법을 모든 학문 방법의 모범으로 삼았다. 대표적인 합리론 철학자인 데카르트, 파스칼, 라이프니츠는 모두 창의적인 수학자들이었다.

그렇다면 이성이란 무엇이고 어떻게 주어지는가? 데카르트는 이성을 자연의 빛Lumen naturale이라고 하면서 인간이 태어나면서부터 가지고 있는 생득관념生得觀念, innate ideas, 즉 경험에 의하지 않는 본유관념本有觀念을 인식하는 작용이라고 했다. 플라톤의 이데아를 연상케 하는 데카르트의 생득관념은 진리 인식의 원천으로서 신이 준 관념이자 의식의 본질이며, 이미 의식 안에 존재하는 것이었다. 그는 진리 탐구를 기존의 모든 관념이나 사상을 의심해 보는 것, 즉 재검토하는 것에서 출발해야 한다고 생각했다. 이 의심하고 있는 의식은 모든 것을 내재화하여 깨끗하고 뚜렷하게 드러나게 하는 존재의 영역이므로, 데카르트는 이를 학문적 방법의 원리로 삼았다. "나는 생각한다. 그러므로 나는 존재한다"라는 확실한 자기의식처럼 깨끗하고 뚜렷하게 의식되는 것은 무엇이나 진리로 받아들여야 한다고 했다. 즉, 진리는 생득관념으로서 이미 의식 속에 들어 있으나 아직 깨끗하고 명료하게 인식되고 있지는 않기 때문에 이성이 이를 밝게 비추어냄으로써 진리가 인식된다는 것이다.

합리론은 스피노자Baruch Spinoza(1632~1677)•를 거쳐 라이프니츠로 이어졌다. 라이프니츠는 세계의 실체로서 '모나드monade'••의 존재를 주장했는데, 세계는 독립적으로 활동하는 무수한 모나드들로 구성되어 있으며, 모든 모나드는 자체 충족적이어서 각자의 방식으로 세계의 모습을 담고 있다고 했다. 라이프니츠에게는 단순한 하나이면서도 그 속에 모든 것을 담고 있는 이 모나드가 바로 정신(영혼)이었고 생득관념이었다. 그는 모나드가 반영하고 있는 모습을 의식하고 깨닫는 상태apperception 가운데 가장 깨끗

• 스피노자는 데카르트의 실체 관념을 발전시켜 '신이 곧 자연'이라는 범신론적 세계관을 가졌다.

•• '하나'를 의미하는 그리스어 'monas'에서 유래했다. 모나드는 더 이상 나누어지지 않는 단순한 실체로서의 개체를 의미한다. 단자(單子)라고 번역되기도 한다.

하고 뚜렷하게 의식하는 단계를 이성으로, 아직 분명하지 않은 단계를 감성으로 규정했다. 데카르트와 마찬가지로 라이프니츠도 절대 확실한 인식은 이성이 자기 내부의 생득관념을 깨끗하고 뚜렷하게 의식함으로써 얻어진다고 본 것이다.

라이프니츠의 형이상학은 신이 모나드를 창조하면서 각각 나름대로 세계를 반영하게끔 만들어놓았을 뿐만 아니라, 또 신이 미리 정해놓은 법칙에 따라 움직이기 때문에 이성이 명료하게 의식하는 관념과 외부 세계가 조화와 일치를 이루도록 미리 정해져 있다고 했다. 이처럼 라이프니츠는 물질세계의 자연법칙이 어떻게 신의 완전함을 통해 드러나는지를 예정조화설로 설명함으로써 기계론적 자연철학과 목적론적 스콜라 철학의 융화를 시도했다.

합리론 철학자들에게 경험은 단지 우연적이고 개별적인 진리만 제공할 수 있을 뿐이고, 수학과 형이상학의 필연적이고 보편적인 진리는 오직 이성만이 밝혀낼 수 있었다. 그러나 라이프니츠에게 감성과 이성의 차이는 의식의 깨끗하고 뚜렷한 정도의 차이에 불과하고 양자 사이에는 아무런 질적인 차이나 내용의 차이가 없다. 따라서 감성과 이성은 따로 분리된 채로 있을 것이 아니라 의식의 명료함을 높여 감성이 이성의 단계로 나아갈 수 있어야 했다.

현실적으로 인간의 의식이 반드시 합리적 인식에만 머물러 있을 수는 없으며, 진리 또한 이미 감성적 지각 속에 불분명하게나마 들어 있는 것이다. 합리론자들은 확실한 지식을 어떻게 얻을 수 있는지에만 집중한 나머지 경험의 의의를 경시하거나 무시하여 독단적이라는 평가를 받는다. 라이프니츠도 인식의 한 원천으로서 경험적 사실을 인정하지 않을 수 없었으니, 합리론 자체의 한계를 드러낼 수밖에 없었다.

≡ 영국의 경험론

중세 말기의 스콜라 철학자 로저 베이컨과 오컴에게서 싹을 틔운 경험론은 경험적·실험적 방법을 강조하고, 사물에 대한 경험에서 지식을 얻는 귀납법을 중시했다. 경험론 철학자들은 모든 현실적 지식의 원천이 경험이라고 보았고, 감각경험 속에 존재하지 않는 것은 의식 속에도 절대 존재하지 않는다는 아리스토텔레스의 견해를 취했다.

근대 경험론의 선구자인 프랜시스 베이컨은 "아는 것이 힘이다"라는 말로써, 자연에 대한 지식을 발견하고 이용하여 인류의 진보에 공헌할 수 있다는 자신의 철학 사상을 표현했다. 그는 자연 연구의 방법을 모색하면서 사물과 현상에 대한 인간의 지식이 감각적 경험에서 얻어진다고 보았다. 이후 관심의 중심을 인간으로 옮긴 영국의 로크John Locke(1632~1704)는 경험론 철학 체계의 기초를 놓으면서 뉴턴 과학의 철학적 합리성을 제공함과 동시에 계몽사상의 새 기원을 열었고, 버클리George Berkeley(1685~1753)와 흄David Hume(1711~1776)이 로크의 경험론을 계승하여 발전시켰다.

뉴턴 과학이 운동의 본질적 원인에 관한 답을 제시하려 하기보다는 현상의 기술로 만족했던 것처럼, 경험론적 인식론은 사물의 본질이나 원인을 알아내기보다는 현상의 구조를 기술하고 예측하는 데 더 큰 관심을 두었다. "우리에게 필요한 것은 바다의 깊이를 정확하게 알아내는 것이 아니라, 그 깊이가 항해하기에 충분한 깊이인지를 알아내는 것이다"라는 로크의 언급은 이를 나타내고 있다(엄정식, 2019). 로크는 초월적인 존재나 형이상학적 원리로부터 출발하는 모든 방법을 거부했다. 그에게 인간 지성의 문제는 지식의 원천이 어디에 있으며, 그 지식의 확실성은 어떻게 알 수 있는지를 검토하는 문제였다. 로크는 합리론 철학자들이 지지했던 천부적 생득관념을 부정했다. 대신에 인간의 마음은 아무것도 기록되지 않은 '백지白紙, tabula rasa'와 같아서, 마음에 생겨나는 관념idea은 경험으로부터 생겨난다고 했다.

로크에 따르면, 우리의 모든 관념은 '감각sense'을 통해 마음으로 받아들인 것을 내적 감각internal sense인 '반성reflection'을 통해 정리하고 가공함으로써 형성된다는 것이다. 이렇게 경험으로 얻어지는 지식의 원재료인 관념은 다시 '단순관념'과 '추상관념(또는 복합관념)'으로 구분되었다. 단순관념은 감각을 통해 수동적으로 받아들이는 단순한 현상에 관한 것으로서, 마음이 스스로 만들어낼 수 없는 것이기 때문에 관념과 실재 사이에는 일치 또는 대응의 관계가 있다고 보았다. 반면에 추상관념은 지성이 단순관념들을 비교 판별하고 조합하여 무한히 다양하게 만드는 복합적 관념에 해당한다.

그러므로 지성의 가공으로 만들어진 추상관념은 반드시 실재적인 것은 아니다. 예를 들어 강아지라는 대상을 생각하면, 우리는 강아지의 모습, 형태, 강아지가 내는 소리나 꼬리 흔드는 행동과 같은 감각경험으로부터 형성된 단순관념의 조합을 통해 강아지라는 복합적인 관념을 형성한다는 것이다. 초월적인 신도 복합관념이다. 이 경험론의 원칙은 인간의 모든 지식은 경험에 근거를 두고 있고, 이 경험으로부터 모든 지식이 유래한다는 것이다. 합리론이 대세였던 당시의 철학적 분위기에서 선험적 지식이나 생득관념의 존재를 부인하고 모든 지식은 경험에 의존한다고 하는 그의 주장은 당시로서는 혁명적인 생각이었다.

로크는 지식이 관념들 사이의 일치·불일치의 관계를 알아서 깨닫는 것이란 새로운 관점을 제시했다. 그리고 지식의 명확성은 이를 깨닫는 방식의 차이에 따라 달라진다고 했다. 그는 지식의 명확성에 따라 직관적 지식intuitive knowledge, 논증적 지식demonstrative knowledge, 감각적 지식sensitive knowledge으로 구분했다. 지식의 명확성과 확실성의 정도에 있어서 직관적 지식은 가장 높은 수준에 있다. 이는 다른 관념의 개재가 없이 직접 깨닫는 것으로서 관념의 일치·불일치의 문제가 저절로 해결된다. 예를 들어 자아의 존재에 관한 지식이 여기에 해당한다. 다음 단계의 지식은 논증적 지식으로서 다른 관념들의 논리적 관계를 통해 얻을 수 있는 지식이다. 마지막으로 감각적 지식은 개개의 사물에 대한 감각에서 얻은 지식으로, 앞의 두 가지 지식과는 달리 단지 개연적 확실성만 가진다고 했다.

로크의 경험론 철학이 갖는 어려움은 직관적 지식과 논증적 지식에 합리주의적 특성이 들어 있다는 것이다. 그리고 선명하고 분명한 관념이 없는 경우에는 지식이 존재하지 않는 한계가 있으므로 확실성을 가진 지식의 범위가 제한될 수밖에 없다. 그는 이 지식의 부족을 개연성이 보충해 줄 수 있다고 생각했던 것이다. 이 개연적 지식에 관한 언급은 뉴턴 과학이 원인에 대해서는 가정하거나 설명하지 않고 단지 현상의 기술에 만족한다는 태도에 해당하는 것이라고 볼 수 있다.

이렇듯 로크의 생각은 그의 독창성에도 불구하고 체계적으로 어딘가 불완전하고 철저하지 못한 느낌을 준다. 그의 뒤를 이은 버클리와 흄은 추상관념이 실재하는 사물과 관계가 없다고 했을 뿐만 아니라, 추상관념 자체도 부정했다. 로크와 달리 버클리는 감각적 지각으로부터 형성된 관념이 실재를 나타내지도 않을 뿐더러, 더욱이 추상관념의 일반성 또는 보편성은 아예 존재하지 않는다고 했다. 단지 구체적이고 특수한 관념만 있을 뿐이라는 것이다.

다시 강아지의 예를 들면, 강아지가 내는 소리가 강아지를 나타내는 실재는 당연히 아니며, 주인에게 모든 사랑을 표현하는 강아지를 경험한 사람과 사나운 강아지에게 물린 경험이 있는 사람에게 강아지란 관념은 같지 않다. 이런 면에서 모든 지식이 경험적 관념과 관계되었다는 것은 동의하지만, 그런 관념에 전제된 보편성이란 없고 단지 그것이 표현하는 세부 사항에만 관계가 있다는 것이다.

그렇다면 이러한 특수 관념에 대응하는 실체는 존재하는가? 버클리는 우리가 지각하는 사물은 마음이 지각하는 여러 관념의 주관적 집합에 불과하며, "존재하는 것은 지각되는 것Esse est persipi"뿐이라고 했다. 성직자였던 버클리는 당대의 유물론적 사고에 맞서 실재하는 것은 지각하는 활동으로서의 '정신'과 정신 속에 있는 '관념들'뿐이라고 주장한 것이다. 그리고 관념을 만들어내는 정신은 신으로부터 받았다고 하면서, 자연은 신이 만들어낸 관념들의 전체적인 연결 관계이며, 그 속에서 일정하게 유지되는 질서가 자연법칙이라고 했다.

흄은 더 나아가 정신이라는 실체나 관념도 받아들이지 않았다. 그는 사물에 대한 직접적인 체험인 '인상impression'만이 관념의 원천이라고 보았다. 인상과 관념은 로크의 단순관념과 추상관념에 해당하는 것이지만, 추상을 이끄는 정신의 실체를 거부했던 흄은 인상에 대한 기억을 관념이라고 했다. 그리고 인간의 모든 지식은 관념의 유사성이나 시공간적 연속성, 인과관계에 따라 형성된 관념들의 조합으로 이루어진다고 보았다. 여기에는 필연성이란 있을 수 없고, 개연성만 존재할 뿐이다. 다른 말로 표현하면 지식은 경험적이면서 또 상대적이라는 것이다. 흄은 이렇게 확실히 감각적으로 경험한 것들만 받아들이고, 다른 모든 가능성을 열어둔 채로 놓아두었다.

사물에 대한 인상은 사물이 가진 성질의 집합에 불과하지만, 우리가 사물에 대해 지속적으로 존재한다는 주관적 믿음을 갖는 것은 그 인상의 일부가 서로 잘 맞아떨어지는 정합성coherence과 항상성constancy을 보이기 때문이다. 우리 집의 강아지는 무척 귀엽고 사랑스럽지만, 때로는 나를 물 수도 있는 존재인 것이다. 다만, 지금까지의 경험상 나를 물 가능성은 상대적으로 적다는 것이 내가 받아들일 수 있는 전부다. 흄의 사상은 회의주의로 흐를 수도 있지만, 확률론적으로 해석되는 현대의 양자역학이 보여주는 세계와 놀라울 만큼 비슷한 직관적인 해석을 보여주고 있다.

실제로 자연은 이미 우주의 모든 진리를 그대로 보여주고 있다. 다만 인간이 아직 그 진리를 깨끗하고 뚜렷하게 인식하고 있지 못하기 때문에 자연을 정확히 이해하지 못하고 설명하지 못하는 것이다. 합리론과 경험론은 '인식의 대상으로서의 실재들을 어떻게 받아들여 이해하고 설명할 것인가'라는 지식의 원천을 이성과 경험이라는 다른 출발점에서 찾고 있다. 그러나 합리론은 이성의 인식 작용에 너무 집착했고, 경험론은 대상의 실재성을 지나치게 강조한 측면이 있다. 인간의 인식은 합리론과 경험론이 갖는 한계에서 볼 수 있듯이, 이성과 경험의 한 가지 원리만 가지고서는 완전할 수 없다. 인간의 이성적 인식도 완전하지 못하고, 감각적 지식도 완전하지 못하다.

과학에서는 합리론자들의 이성적 인식이 수학적인 방법을 통해 확실하고 명료하게 추구된다면, 경험론자들의 감각적 경험을 통한 지식의 획득은 실험이나 관측을 통해 추구되며 새로운 개념을 형성하고 현상에 대한 이해를 제공한다. 실제 과학 연구에서는 감각적 경험이 인간의 오감에만 의존하는 것이 아니라, 정밀한 장비나 기기를 통해 확장되기 때문에 기술의 발전과도 긴밀하게 연결된다. 그런 측면에서 과학 활동이라고 하는 것은 자연에 대한 명료한 인식을 위해 논리적이고 수학적인 이론 탐구를 수행하고 정교한 실험을 통해 얻은 정보를 분석하여 이론적으로 제안된 내용을 검토하고 검증해 나가는 끊임없는 과정이라고 볼 수 있다. 또한 자연법칙에 대한 철학적 관점에 따라 탐구의 결과로 얻은 결론의 의미와 해석도 달라질 수 있음을 염두에 두면, 쉽게 과학적 독단에 빠질 수 있는 위험에서도 빠져나올 수 있다.

보편언어와 과학적 사고

합리론과 경험론 사이의 논쟁은 '관념idea'이라는 것을 중심으로 일어났음을 앞에서 살펴보았다. '관념'이란 것은 흔히 '개념concept'이라고도 말하는데, 이것은 '우리의 인식 속에 자리 잡은 외부 대상의 모습'이라고 할 수 있다. 과학적 사실을 포함하여 사물에 관한 인식 오류는 개념을 잘못 이해하는 데 기인한다는 사실을 생각하면, 개념을 정확하게 정의하고 이해하는 것이 중요하다. 이것은 철학에서 이성의 문제였다. 특히 합리론 철학자들은 보편적 인간 이성, 즉 인간 누구에게나 주어져 있는 이성을 중요한 철학적 전제로 여겼다. 그래서 인간 이성의 보편성에 대한 구체적 증거를 찾으려 하는데, 그중 하나가 보편적 언어를 발견하려는 시도다. 17세기의 합리론과 경험론 철학자들에게 인간의 관념과 사고 그리고 언어와의 관계는 중요한 문제였던 것이다.

라이프니츠는 보편언어에 관심을 보였던 대표적인 합리론 철학자다. 그는 수학적 표현과 같이 기호화된 보편적 언어를 발견할 수 있을 것으로 생각했다. 그에게 보편언어란 바벨탑 사건 이후 흩어진 말로 인해 힘들어진 사람들 사이의 의사소통을 목표로 하는 것이 아니라, 논리적 추론의 강력한 도구로서의 언어였다. 그의 생각은 데카르트 이후 수학적 방법을 모든 학문에 적용할 수 있으리라고 여겼던 근대 철학자들의 기대와도 밀접히 연결되어 있다.

라이프니츠는 자신의 논리학 체계를 두 부분으로 나누었다. 첫 번째는 '발견의 논리'로서 인간의 사고 과정에서 원자처럼 더 세분화할 수 없는 단순개념들을 찾아내어 이를 기본적인 기호 체계로 제시하는 것이고, 두 번째는 '판단의 논리'로서 단순개념들을 조합하여 복합개념으로 구성하는 데 사용되는 규칙들을 밝히는 분석적 부분이다. 이러한 논리 체계 안에서 그는 보편적인 서술과 의미 전달이 충분히 가능할 뿐만 아니라, 인간 사고와 지식, 더 나아가 학문의 구조를 확실히 밝혀낼 수 있을 것으로 생각했다(김성호, 2014).

라이프니츠는 모든 개념들을 몇 개의 보편적 기호들의 조합으로 바꿀 수 있다는 자신의 생각을 1666년에 출간한 『조합법에 관하여Dissertatio de Arte Combinatoria』에서 이렇게 표현했다. "보편언어나 문자는 지금까지의 모든 언어와는 무척 다를 것이다. 왜냐하면 보편언어에서는 기호나 단어가 이성을 이끌 것이며, 사실판단을 제외하면 모든 오류는 단순히 계산상의 착오일 뿐이기 때문이다. 이러한 기호를 발명하거나 구성하는 것은 매우 어렵겠지만, 어떤 사전도 없이 매우 쉽게 이해할 수 있게 될 것이다." 즉, 보편언어는 일종의 기호로 표현되어 이성적·추상적 사고를 이끄는 역할을 담당함으로써 우리가 무언가를 추론할 때 매번 정의를 내리는 불편함을 덜어줄 수 있을 것으로 라이프니츠는 생각했다.

≡ 라이프니츠와 2진법의 탄생

라이프니츠는 자신의 생각과는 달리 실제적으로 기호화된 보편언어를 제시하는 데는 실패했다. 인간 사고를 기호화할 수 있는 기본적인 도구를 정확하게 규정하기가 무척 어려웠기 때문일 것이다. 대신에 그의 생각은 '0과 1'이라는 가장 단순한 조합으로 표현되는 2진법 체계를 탄생시켰다.• 그 당시에는 이것이 보편언어로 사용될 수 없었지만, 현대에 와서 오히려 컴퓨터에서 사용되는 디지털 논리의 보편언어 체계가 되었다.

보편언어에 대한 관심이 2진법 체계의 탄생으로 이어지는 과정에는 동양 사상이 영감을 주었다는 재미있는 사실이 있다. 그 당시 2진법을 연구하

• 2진법은 라이프니츠 이전에 해리엇(Thomas Harriot, 1560~1621)이 사용한 기록이 있다.

고 있던 라이프니츠는 중국 청나라 북경에 선교사로 파견되었던 예수회의 부베Joachim Bouvet(1656~1730) 신부가 보낸 1701년의 편지에서 『주역周易』의 64괘가 그려진 그림을 입수했다. 그리고 64괘의 배열이 바로 0에서 63에 이르는 2진법 체계와 유사함을 알게 되면서 보편언어의 발견에 대한 실마리를 얻었다.

보편언어를 찾고 있던 라이프니츠에게 '음과 양'으로 표현되는 대립되는 두 성질의 조합으로 풀어나가는 동양철학의 원리는 매우 인상적이었다. 부베 신부와 주고받은 편지에는 라이프니츠의 이런 생각이 담겨 있었다. 이로부터 '0과 1'이라는 가장 단순한 기호의 조합으로 다른 개념을 이끌어낼 수 있는 2진법 체계가 보편언어가 될 수 있다고 생각했던 것으로 보인다. 서로 분명히 구분되는 기호를 체계적으로 구성함으로써 10진법의 모든 수를 완전히 재구성할 수 있고, 복잡한 수학적 연산도 더 쉽게 해낼 수 있을 것이라는 생각을 구체화한 그는 1703년에 2진법에 대한 논문 「2진법 수학에 관한 설명Explication de l'Arithmétique Binaire」을 발표했다.

그 당시에는 보편언어로서 받아들여지지 않았던 2진수 체계가 현대의 디지털 세계에서 빛을 보게 된 것이 우연인지, 아니면 라이프니츠의 천재성에 기인하는 필연적 결과인지는 알 수 없다. 그러나 인간의 개념적 사고를 충실히 반영하는 보편적 기호 체계의 수립이 가능하다고 보았던 그의 낙관적 생각이 어느 정도 현실화되었다는 점은 고무적이다. 또한 과학에 있어서 논리적 추론에 사용되는 관념들 사이의 관계와 질서를 드러내는 보편적 기호법의 필요성은 오늘날 양자컴퓨터의 도래를 바라보는 시점에서 더욱 강조된다. 더욱이 현대의 인공지능 분야는 그야말로 인간의 사고를 수학적으로 표현하고 처리하는 과정이 요구되므로 이를 통해 라이프니츠의 이상이 실현될지 두고 볼 일이다.

≡언어와 사고

다른 한편, 경험론 철학자인 로크는 관념과 언어의 분석을 통해서 사고의 명료성을 추구했다. 로크에게 언어는 의사소통의 도구이자 우리의 생각, 즉 관념을 담아내는 일종의 기호였다. 관념은 경험을 담아내고 언어는 관념을 담아내는 기호이기 때문에, 언어가 정확한 의미를 전달하기 위해서는 사용되는 단어가 반드시 명확한 관념과 연결되어야 한다. 그런데 관념 자체가 많은 부분 개별적인 경험에 바탕을 두므로 관념을 나타내는 단어가 대상의 본질을 반영하기가 힘들다. 즉, 단어가 관념의 기호로서 임의로 주어지기 때문에, 그것이 실재를 의미하지는 않는다는 것이다. 그래서 단어의 의미는 자연적인 것이 아닌, 사회적 관행에 따라 주어진다고 주장했다. 이는 플라톤의 『크라틸로스』에 등장하는 헤르모게네스가 사물의 이름이 합의와 동의를 통해 정해진다고 말한 규약주의의 입장과 동일하다고 볼 수 있다. 로크의 언어에 대한 입장은 다른 철학자들의 공격을 받기는 했지만, 로크는 언어를 철학적 사유의 틀 안으로 끌어들인 선구자가 되었다.

그러나 버클리는 추상적 일반관념이란 것은 단어가 만들어낸 허상이라고 하면서, 사유를 엄격하게 하려면 '언어의 속임으로부터의 완전한 해방an entire deliverance from the deception of words'을 실현해야 한다고 했다(Berkeley, 1710). 즉, 언어는 가지고 있지도 않은 관념을 마치 가지고 있는 것처럼 우리를 속일 뿐만 아니라, 우리의 이해를 제한한다고 생각했다. 이는 불교에서 붓다의 가르침을 언어로 표현하는 순간 가르침의 진정한 의미가 훼손된다고 하는 것을 상기시킨다. 언어로 표현되는 순간, 사람들은 단어에 집착하여 실체론적 사고에 빠짐으로써 사고의 범위가 한정되어 버린다는 것이다. 이는 언어가 인간의 사고에 영향을 미친다는 관점을 보여주는데, 언어와 사고의 문제는 현대 언어철학에서도 중요한 논쟁거리이며 과학적 개념을 정의하는 경우에도 심사숙고해야 하는 문제다. 과학과 철학의 근원이 같듯이, 언어와 사유 또한 근원적으로 동질성이 있다고 볼 수 있다.

≡ 과학혁명의 구조

일반적으로 과학적 진보는 과학 지식이 늘어나 쌓이면서 연속적으로 일어나는 것으로 인식되었다. 그러나 과학철학자 쿤은 과학의 발전이 단순한 사실들의 누적으로 진행되는 것이 아니라, '패러다임paradigm'이라고 하는 인식 체계의 근간을 이루는 환경 자체가 전체적으로 변화하면서 불연속적으로 일어난다고 주장했다. 쿤은 특정 시대 사람들의 인식 체계, 즉 견해나 사고를 지배하고 있는 이론적 틀이나 방법, 공유된 지식의 집합체를 '패러다임'이라고 정의하고, 정상과학에서의 과학 활동은 특정한 패러다임 내에서 수수께끼 풀이를 통해 성취가 누적되면서 전문화되어 간다고 했다. 그리고 문제 해결 과정에서 풀리지 않은 것들은 미루어두게 된다. 그러나 정상과학이 해결하지 못하는 '이상 현상'들이 계속해서 누적되면 결국 위기를 맞게 되어 과학혁명처럼 새로운 패러다임으로 넘어가게 된다는 것이다.

쿤은 과학사의 여러 사례들을 고찰하면서 과학혁명 이전의 아리스토텔레스 체계가 논리와 관찰 양면에서 모두 결함투성이였지만, 그것이 잘못된 과학이라고 덮어버리기보다는 그저 다른 사고방식과 시각, 다른 방법을 가지고 있었던 결과라고 생각했던 것이다. 이러한 통찰은 쿤이 1962년 『과학혁명의 구조』를 집필하게 되는 밑바탕이 되었다. 쿤의 과학관이 나온 이후 이를 둘러싼 논쟁은 쿤 스스로 "두 사람의 쿤이 있다"라는 표현을 쓸 만큼 시끌벅적한 것이었고, 특히 사람들에게 과학과 과학철학에 대한 관심을 불러일으키는 데 큰 역할을 한 주제이기도 했다. 당대의 유명한 과학철학자 포퍼는 모든 지식은 끊임없이 시험되어야 할 가설에 불과하다는 관점에서 모든 이론이 반증가능성•의 시험을 거쳐야 한다고 했지만, 쿤은 항상 그렇지는 않다는 주장을 펼쳤다.

그림 7-2 형태 전환의 예. 토끼인가, 오리인가? 보는 시각에 따라 해석이 달라진다.

그러나 단순하게 보면 쿤이 형태 전환Gestalt switch이라고 표현한 것처럼 과학 발전을 다른 시각에서 바라보고 다르게 해석하는 것일 뿐, 과학의 역사가 보여주는 궤적은 점진적 발전과 획기적 변화의 과정 모두를 보여주고 있다. 결국 쿤의 『과학혁명의 구조』를 둘러싸고 벌어진 논쟁의 핵심은 과학적 지식의 획득 과정에서 새로운 인식의 틀이 어떻게 형성되고 공유되느냐의 문제다. 패러다임에 관한 논쟁도 과학의 한 분야만 들여다보면 모든 과정이 연속선상에 놓여 있는 것으로 보고 해석할 수 있지만, 주변 과학과 과학을 둘러싼 모든 상황들을 종합해서 살펴보면 소위 패러다임이라는 틀이 모습을 갖추고 있는 것처럼 보인다. 패러다임의 의미가 복합적이고 모호해서 논쟁의 대상이 된 이유도 여기에 있었을 것이다. 그래서 쿤의 이론을 자연과학보다는 인문·사회과학 분야에서 더 적극적으로 받아들였는지도 모른다.

과학적 지식의 진보는 새로운 관념과 개념의 형성을 동반하며, 때로는 기존의 개념조차 바꾸어버린다. 기존 개념의 의미 전환의 대표적 사례가 역학에서의 '힘'의 개념이다. 힘은 처음에 물체에 속도를 주는 원인으로 생각되었으나, 나중에 '가속도'를 주는 원인으로 개념이 바뀐다. 이 같은 개념의 변화는 언어적 표현은 같지만 내용은 완전히 달라져서, 이전 체계와는 소통이 되지 않을 만큼 동일한 대상을 다르게 보고 다르게 해석하게 된다. 이것이 논란의 대상이 되었던 쿤의 '통약불가능성과 패러다임'에 관한 문제라

• 포퍼의 반증주의가 취하는 태도로서, 어떤 가설이 실험이나 관찰을 통해 틀린 것으로 입증될 가능성이 있는지 없는지를 의미하며, 반증 가능해야 경험적 이론으로 받아들일 수 있다고 본다.

고 볼 수 있는데, 결국 관념과 실재를 얼마나 잘 일치시키는지의 문제라고도 볼 수 있다.

새로운 개념은 과학집단 내에서 개념 공유를 위한 합의 과정이 필요하며, 보편언어의 문제도 여기에 포함된다. 과학적인 모형과 이론들은 진리를 완전히 밝혀주는 것이 아닌 근사적인 것밖에 되지 않고, 그것의 언어적인 해석도 우리 언어가 가진 모호성 때문에 어려움을 겪는다. 따라서 과학의 진보에서 개념의 변화나 새로운 개념의 형성이 요구되지 않는 상황에서는 정상과학의 형태로 과학이 발전하고, 그렇지 않은 경우에는 패러다임의 전환을 통해 불연속적인 단계를 거친다고 볼 수 있다. 우리는 이러한 예들을 과학혁명은 물론 근현대 과학의 여러 분야에서의 발견과 이와 관련된 이론들의 형성에서 살펴볼 수 있다.

08
근대과학과 깨친 사회

뉴턴역학이 큰 성공을 거두자 뉴턴 과학의 방법론은 시대적 경향이 되었고, 이렇게 형성된 뉴턴주의는 뉴턴의 방법론이 다른 과학과 사회적 문제에도 적용될 수 있을 것이라는 낙관적 생각의 표현이었다. 18세기를 통해 영향력이 커진 뉴턴주의는 여러 분야에서 어떤 현상에 대해 기본적인 동인이 되는 힘이나 작용을 찾아내고 이로부터 현상을 설명하려는 노력으로 이어졌다.

수학적이고 기계적인 연구가 프랑스에서는 해석적 방법을 적용하여 뉴턴역학의 수학적 체계화를 이루었다. 자연철학의 자연학 분야 학문들이 분화되어 과학의 전문화 과정이 촉진되기 시작하면서 과학과 철학이 완전히 분리되는 시기도 이때라고 볼 수 있다. 또한 뉴턴 과학은 18세기의 철학자와 사상가, 문인들에게도 영향을 미쳐 계몽사조를 일으켜 사회적 변화를 추구하는 경향을 보이게 되었다. 그리고 전문 과학자 집단의 학술 활동은 전례를 찾아볼 수 없을 만큼 과학의 빠른 발전을 이루어내기 시작했고, 동시에 기술의 발전이 동반되면서 사회구조에도 큰 변화가 생기기 시작했다.

한편, 18세기 말부터는 수학화되고 기계화된 과학이 너무 어려워지고 전문화되어, 자연에서 생명력이나 신비감과 같은 감성을 제거해 버리는 듯한 느낌을 주어 반감을 일으키기도 했다. 과학이 일부 지적 엘리트들의 전유물이 되면서 권력과 결탁하는 사회적 폐단이 나타나기도 했다. 모든 변화가 그렇듯이 빛과 그림자는 항상 함께 움직인다는 사실을 염두에 둘 필요가 있다. 여기서는 18~19세기의 과학과 기술의 발전 과정과 이와 관련된 사회적 변화 및 철학적 사조들을 살펴보도록 한다.

계몽사상과 프랑스 과학

뉴턴 과학의 성공은 과학 분야뿐만 아니라 18세기 유럽의 사상 전반에도 영향을 미쳤다. 그 영향이란 철학적·사변적·형이상학적인 요소들이 밀려나고 합리적·경험적·실험적인 면이 중시되는 경향이 지배적이 된 것이다. 이 같은 경향은 18세기 유럽의 사조를 특징짓는 '계몽주의Lumières'의 중요한 요소가 되었다. '계몽'이란 말은 당대 지식인들이 자신들을 '깨친' 사람으로 규정하고, 그 이전의 무지와 미신, 독단과 편견에서 벗어나 이성의 빛으로 인간과 자연을 이해함으로써 사회를 변화시키려 했던 생각을 나타낸다.

르네상스기의 인문주의자들이 중세를 부정하면서 스스로 고대 자연철학의 계승자가 되려 했다면, 계몽주의자들은 철학자라기보다는 이성과 지식을 바탕으로 생각하고 행동하는 '깨어 있는 지식인'으로서, 윤리적인 문제에 더 관심을 두고 사회제도의 개혁과 변화를 추구했다. 특히 사회 구성원 '다수의 행복'과 같은 사회 전체의 도덕과 윤리에 많은 관심을 두었다. 계몽사상은 '어떻게 살 것인가?'라는 철학적 물음에 '어떻게 행복하게 살 수 있는가?'라는 현실의 문제를 하나 더 가져온 것이었다.

뉴턴 과학이 계몽사조의 형성에 끼친 영향을 극적으로 보여주는 예는 프랑스에서 찾아볼 수 있다. 볼테르Voltaire(1694~1778)는 그가 가장 활발하게 활동하던 시기의 15년을, 뉴턴을 공부하고, 번역하고, 소개하는 일에 투자하여 프랑스에 뉴턴 과학의 정신을 심으려 했다. 법학을 공부하고 작가로 활동하던 볼테르는 프랑스 귀족과의 불화로 30대 초인 1725년에 영국으로 쫓겨 갔다. 그곳에서 그는 프랑스와는 사뭇 다른 영국의 사회 분위기를 경험했는데, 영국은 뉴턴의 성공으로 이미 계몽된 사회로 보였다. 볼테르는 합리적이고 이성적인 뉴턴의 사상에서 프랑스를 개혁할 길을 찾았다. 나중에 프랑스 혁명으로 이어지는 프랑스 계몽주의의 시작이었다.

≡ 뉴턴주의와 계몽주의자들

볼테르의 눈에 비친 영국은 종교의 자유, 입헌정치, 자유주의, 경험주의 과학이 공존하고 있었고, 그는 이것들이 서로 연관성이 있는 것으로 생각되었다. 뉴턴주의에는 가설이나 독단이 배제되고 수학적·합리적·경험적·실험적 방법만이 작동한다. 볼테르는 이와 같은 방법론이 다른 사회 분야로 퍼져 철학적이고 사변적이며 형이상학적인 요소를 대체한다면 전근대적인 어둠을 극복하고 더 나은 세상을 만들 수 있을 것으로 생각했다. 철저한 '뉴턴주의자'가 되어 프랑스로 돌아온 볼테르는 절대왕정 아래 독단과 부정이 만연한 당시 프랑스 사회에 뉴턴의 과학적 방법론을 적용하고자 부단하게 노력했다.

그리고 당시 프랑스에는 볼테르와 비슷한 생각을 하는 이들이 제법 있었는데, 뉴턴주의와 과학, 기술 등을 소개하는 『백과전서Encyclopédie』의 출판을 주도했던 디드로Denis Diderot(1713~1784)와 달랑베르Jean L.R. d'Alembert(1717~1783)도 프랑스 계몽주의를 이끌었다. 디드로는 철학, 사회학, 문학을 넘나

들면서 뉴턴 과학과 수학을 비롯해 실험과학에 열중했다. 그는 "단 하나의 미덕은 정의이고, 단 하나의 의무는 행복해지는 것이며, 단 하나의 명제는 죽음을 두려워하지 않는 것"이라는, 행동하는 지식인다운 명언을 남겼다. 물리학자이자 수학자였던 달랑베르는 자연학을 공부하지 않고서 훌륭한 형이상학자가 되기는 몹시 어렵다며 과학적 지식의 중요성을 강조했다. 이들이 저술한 『백과전서』는 지식의 집합 또는 지식의 이해라는 단순한 목적을 넘어 이해에 바탕을 두고 인간 사고의 틀을 바꾸고 세상을 바꾸고자 하는 미래지향적 성격을 띠고 있었다.

☰ 볼테르와 최초의 근대 여성 과학자 에밀리

재미있는 사실은 문학자이자 철학자인 볼테르가 당대 최신의 과학 이론이었던 뉴턴의 과학을 이해하기에는 역부족이었다는 결함이 근대 최초의 여성 과학자를 탄생시키는 계기가 되었다는 것이다. 영국으로 추방되었다가 돌아온 볼테르에게 뉴턴 과학을 이해할 수 있게 도와준 사람은 그의 연인이 된 에밀리 뒤 샤틀레Emilie du Chatelet(1706~1749) 부인이었다. 에밀리는 라틴어와 그리스어, 독일어를 비롯한 언어와 수학 모두에서 뛰어난 능력을 지닌 여성이었다. 그녀의 가장 유명한 업적은 『프린키피아』에 풍부한 주석을 달아 번역하여 프랑스에 보급하는 데 결정적으로 이바지한 것이다. 1749년 그녀가 죽기 직전에 탈고된 이 프랑스어 번역본은 단순한 번역서가 아니라 에밀리 자신이 직접 계산을 해보면서 방대한 주석을 달아 명확하게 뉴턴 과학을 설명한 것이었다. 프랑스가 뉴턴의 조국인 영국보다 뉴턴 과학을 더 깊이 이해하게 된 것은 그녀의 노력으로 알차게 번역된 프랑스판 『프린키피아』 덕분이라고 할 수 있다.

뉴턴의 광학과 역학에 매료된 에밀리는 볼테르를 도와 『뉴턴 철학의 요소Elémens de la Philosophie de Neuton』의 과학적인 설명 부분을 맡아서 함께 저

그림 8-1 뉴턴의 업적을 번역하는 볼테르의 원고 위로 신성한 빛이 반사되어 비치고 있는 『뉴턴 철학의 요소』 속표지 그림. 뉴턴 과학은 어둠을 밝히는 빛이고, 뉴턴 과학을 이해하는 데 도움을 준 에밀리는 빛을 거울로 반사시키는 미네르바의 이미지로 표현되어 있다.

술했다.• 나아가 독자적으로 뉴턴에 대해 다룬 대중 과학서인 『물리학의 기초Institutions de Physique』를 출간했다. 이 책은 에밀리가 자기 아들에게 물리학을 가르치기 위해 썼다고 하지만, 실제로는 용감하게 우주의 본질과

• 책 대부분은 에밀리가 썼지만, 당시의 여건상 볼테르의 단독 저서로 출간되었다. 책의 속표지에 에밀리가 뉴턴의 빛을 거울로 반사하여 볼테르에게 전해주는 그림을 실어 그녀의 이바지를 표현했다.

관련된 형이상학적 문제에 대한 뉴턴과 라이프니츠의 관점을 통합하려고 시도한 책이었다. 에밀리는 힘과 운동량의 관계에 대한 실험을 해석하여 에너지의 총량은 항상 똑같아야 하고, 에너지는 다른 형태로 변환될 수 있다는 에너지 보존법칙을 제시하기도 했다.

에밀리는 이 책을 쓴 공헌으로 이탈리아 볼로냐 아카데미의 외국인 회원이 되었다. 안타깝게도 그때까지 여성에 대한 차별이 심했기 때문에 그녀에게 과학자라는 이름이 허락되지 않았고, 프랑스 과학아카데미는 에밀리에게 회원 자격조차 주지 않았다. 프랑스는 1903년에 노벨 물리학상을 받은 퀴리 부인이 두 번째로 노벨 화학상 수상자로 발표된 1911년에도 퀴리를 아카데미 회원으로 받아들이지 않을 정도로 지독히 보수적이었다. 그런데도 에밀리는 사회적 평판이나 규범, 환경에 구속되지 않고 자신의 길을 걸어갔던 진정한 여성 과학자로 평가된다.

한편, 계몽주의자들은 대중에게 뉴턴 과학을 전파함으로써 그들을 계몽시키고자 했는데, 이로써 과학 대중화의 길이 열리기 시작했다. 당시 유럽에서 유행하던 커피하우스는 신분이나 계급과 관계없이 평등하게 커피를 마시며 음악 연주를 듣거나 강의를 들을 수 있던 공간이었고 토론의 장이기도 했다. 여기에서 과학자들은 계몽가로 등장하여 대중 강연을 했다. 프랑스 카페는 여성에게 입장을 허용하지 않았음에도 에밀리는 남장을 하면서까지 카페로 가서 수학과 과학 토론에 참여하기도 했다. 커피하우스는 새로운 세상을 꿈꾸는 계몽주의자들에게는 토론의 장이었고, 시민들에게는 새로운 지식과 중요한 뉴스의 공급처였다. 커피하우스가 유럽 근대 시민의 육성 장소였던 셈이다. 이러한 대중 강연은 19세기에는 제도적으로 정착되었고, 과학과 기술이 사회 진보의 핵심이자 변혁의 힘으로서 인식되기 시작했다.

≡ 과학의 전문직업화와 학술단체 활동

프랑스에서 계몽주의와 결합한 과학은 수많은 과학아카데미를 통해 학문의 저변이 확대되고 전문화되기 시작했다. 결국, 18세기 프랑스의 과학은 급속히 발전하여 영국을 앞지르게 되었다. 이러한 변화는 어떻게 나타났을까? 18세기와 19세기 초에 이르는 시기의 프랑스 상황을 보면, 프랑스 혁명, 공포정치와 공화정, 나폴레옹 집정 등 정치적 격동기에 있었기에 쉽게 이해되지 않는 측면이 있다. 그러나 과학에서도 이 시기에 큰 변혁이 있었기에 이를 살펴보면 어느 정도 해답을 얻을 수 있다.

우선 물리학, 화학, 생물학 등 과학 전문 분야의 형성과 과학자의 전문직업화가 이 시기에 일어난 과학에서의 큰 변화다. 그리고 과학자들이 정부와 공공 정책 및 실제 업무에 활발히 참여했다는 점이다. 이들이 보여준 힘은 과학 지식 자체가 아니라, 과학자들이 지닌 방법과 태도, 사고방식이 발휘한 힘이었다. 웨스트폴은 17세기 이후의 이러한 변화를 통해 그리스도교를 중심으로 조직된 문화가 과학을 중심으로 한 문화로 변형되었다고 지적한다. 과학 전문 분야의 형성과 직업전문화는 근대과학의 발전에 매우 중요한 과학 활동 중 하나이므로 이에 대해 간단히 살펴보도록 하자.

17세기 후반부터 프랑스에서는 왕립 과학아카데미를 중심으로 과학을 전문직업으로 하는 과학자 집단이 형성되기 시작했다. 그리고 수학적·실험적 방법론이 강조되면서 과학자들의 과학 활동은 이론과 실험이 병행되는 형태가 주류를 이루게 되었다. 1660년 영국에서 창립된 왕립학회는 과학자들 주도로 설립되어 재정적으로 취약했기 때문에 일반인도 회원으로 받아들여 회원들의 회비로 운영되었다. 자연히 운영은 조직적이지 못했으며, 과학 활동도 개인 경비로 충당하고 학회는 발표만 주관하는 형태였다. 반면에 1666년 프랑스에서 설립된 왕립 과학아카데미는 국가가 회원에 대해 업적과 실력 검증을 거쳐 자격을 주었으며, 국가에서 급여와 비공식 특혜를 주는 등 국가기관의 형태로 운영되었다. 따라서 조직적 운영과 체계적 과학 활동이 가능했다.

과학자는 체계를 갖춘 학문적 지식의 습득을 전제로 하는 전문직이 되었으며, 전문 학술단체와 학술지들이 생겨났다. 이로써 과학적 지식과 경험들이 과학자 집단 내에서 효과적으로 공유될 수 있는 환경이 마련되었다. 그리고 과학자들에게 제공되는 급여는 그들이 안정적인 생활을 영위하면서 학문에 전념할 수 있도록 했다. 에콜 폴리테크니크École Polytechnique와 같은 전문 과학교육기관들도 설립되어 우수한 과학 인재들을 양성했다. 프랑스에 이어 영국과 독일의 과학도 이런 제도들을 수용하여 뒤쫓았고, 유럽 전역으로 퍼져 전문직업화된 과학이 대세를 이룸으로써 과학의 발전이 더욱 빨라지게 되었는데, 이를 제2의 과학혁명이라고 부르기도 한다.

≡ 계몽주의의 한계

계몽주의 사상은 르네상스 이후 급속도로 발전해 온 자본주의 또는 부르주아 시민 의식과 과학기술의 진보를 배경으로 하고 있다. 그래서 계몽주의자들이 이성을 기초로 모든 사람의 자유와 평등, 인권과 사회권 보장 등에 관해 펼친 주장은 실질적으로는 새로 나타난 세력인 부르주아 시민계급을 위한 것이었다는 한계를 드러냈다. 따라서 계몽사상은 나중에 자본주의의 모순이 나타남과 동시에 영향력을 잃어버리지 않을 수 없었다.

계몽사상에 평등주의의 의미를 부여한 루소Jean Jacques Rousseau(1712~1778)는 프랑스 혁명에 커다란 영향을 끼쳤다. 계몽주의자이면서도 계몽주의에 반항했던 루소는 『인간 불평등 기원론』과 『사회계약론』을 저술했는데, 그는 사유재산제도가 문명의 가장 큰 해독이자 불평등의 근원이라고 생각했다. 그래서 그는 문명을 인간의 자연 상태로부터의 타락이라고 생각하여 자연 상태로 돌아갈 것을 주장했다. 계몽주의 사상은 사회의 변혁에 이바지한 측면이 있지만, 엘리트 사상과 권위주의를 내포한 태생적 결함 때문에 그와 비슷한 정도의 부작용을 몰고 와서 오랫동안 영향력을 미치지는 못했다.

계몽사조가 과학 선호의 태도를 보였다면, 과학주의적 태도에 대한 반작용으로 과학에 대한 반감도 생겨났음을 무시하고 지나갈 수 없다. 과학에 대한 반감은 대체로 두 갈래로 나타났다. 한 가지는 수학화되고 기계화된 과학이 인간의 감정이나 가치, 멋, 아름다움 등과는 무관해지고 자연으로부터 신비감이나 생명력 같은 것들을 없애버린 데 대한 반감이었다. 이것은 문화와 예술에서 낭만주의의 형태로 나타났으며, 특히 독일 대학에서는 자연철학주의Natur-philosophie가 주류를 이루면서 자연의 조화와 통일성을 추구하는 경향이 나타났다. 이들은 인간과 자연이 하나라고 주장하며 자연을 분석하지 말고 상상력으로 통찰할 것을 주장했다. 자연철학주의자들은 수학과 실험과학 모두를 배격했으며, 그 결과 독일에서는 1820년대까지 경험적 자연과학이 오히려 쇠퇴하기도 했다. 낭만주의자 과학자들 중에는 특히 화학자와 생물학자들이 많았고, 그들은 과학의 중심에 물리학 대신 생물학을 놓으려고 했다.

과학에 대한 반감의 다른 형태는 과학의 발전이 도덕적 부패로 이어지는 데 대한 반감이었다. 이는 과학이 어려워지고 전문화되어 지적 엘리트들만의 전유물이 되었을 뿐만 아니라, 권력과 결탁하여 통제와 억압의 수단으로 사용되었다는 정치적 생각에서 나온 반과학적 태도다. 루소는 과학의 진보가 도덕의 부패를 초래했다고 주장했다. 과학 지식의 누적이 정부의 통치를 강화시켜 개인의 자유를 억압했으며, 물질문명의 발전은 진정한 우정을 무너뜨리고 대신에 질투와 두려움, 의심을 가져왔다고 보았다. 그의 주장은 과학 자체를 나쁘다고 말한 것이 아니라, 사회의 도덕적 부패가 과학자들에게 나쁜 영향을 끼쳤다는 것이다. 이러한 주장은 오늘날에도 생명윤리나 환경문제를 무시하고 허영심과 경제적 부를 목적으로 과학 연구가 이루어지고 있는 일부 현실을 목격하는 가운데, 과학이 어떤 지향점을 가지고 나아가 인류에 봉사해야 하는지를 생각하게 한다.

근대화학의 성립

고대 그리스 자연철학자들의 주요 관심 중 하나는 물질의 변화에 관한 문제였고, 아리스토텔레스가 발전시킨 4원소설은 물질의 성질을 흙, 물, 공기, 불 네 원소의 섞임 비율에 따라 결정되는 것으로 설명했다. 이 이론은 명확한 증거는 없으나 쉽게 많은 사실을 설명할 수 있었기 때문에 2000여 년 동안 비판 없이 받아들여졌다. 그리고 물질의 변화를 물질 자체의 본성을 드러내거나 실현해 나가는 과정으로 이해했으며, 변화는 물체의 운동을 포함하는 폭넓은 개념이었다. 물체의 운동은 17세기에 뉴턴의 '힘과 운동'의 관계로 설명이 가능해지면서 아리스토텔레스 체계를 벗어나 큰 성공을 거두었다. 그러나 물질의 변화에 관한 연구는 여전히 아리스토텔레스의 4원소설에 바탕을 둔 연금술의 테두리를 벗어나지 못하고 있었다.

헬레니즘 시기의 고대 이집트 알렉산드리아에서 유행하기 시작했던 연금술은 아랍을 거쳐 유럽으로 전해져 오는 동안 화학물질에 대한 지식을 넓힌 것이 사실이고, 여기에 사용된 개념과 실험 방법, 측량법 등은 근대로 들어오면서 화학 분야 형성의 밑거름이 되었다. 그러나 물질의 변화를 설명하는 일관된 이론이 없었고 여전히 신비주의적 요소들이 많았다. 그래서 화학이 독립적인 과학의 분야로서 성립되고 큰 변화를 맞이하는 시기는 과학혁명이 일어난 시기보다 1세기 정도 늦은 17세기와 18세기에 걸쳐 있다. 여기에서는 화학 분야에서 전환점이 된 개념의 형성과 몇 가지 화학적 발견들을 살펴봄으로써 물질의 변화를 화학반응으로 이해하게 되는 과정을 알아보도록 하자.

근대화학의 발전은 물질이 연소하는 과정을 이해하기 시작하면서 아리스토텔레스의 4원소설을 부정하고, 원소 개념의 정립과 새로운 원소의 발견으로 이어지는 과정으로 볼 수 있다. 근대화학에서는 정량적 실험의 발전이 결정적인 역할을 했다. 새로운 도구들의 도입으로 정량적 분석이 가능하게 되었던 것이다. 라부아지에Antoine-Laurent de Lavoisier(1743~1794)가 '근대화학의 아버지'로 불리는 까닭은 그가 화학 실험을 정량화한 이바지가 크기 때문이다.

☰ 화학에서의 정량적 실험과 분석

화학 분야에서의 정량적 실험은 보일에게서 먼저 찾아볼 수 있다. 보일의 화학 연구는 연금술에 관한 관심에서 출발했으나, 정량적인 실험을 바탕으로 하는 과학적 방법을 도입하여 근대화학의 기초를 세우고, 화학을 독립된 과학으로 발전시키는 역할을 했다. 그는 1661년에 출간된 저서 『회의적인 화학자The Sceptical Chymist』에서 물질에 관한 아리스토텔레스 이론과 연금술 이론의 맹목적 수용에 대해 문제를 제기했다. 보일이 관심을 가졌던 것은 연소와 호흡에 관한 문제였으며, 나중에 라부아지에가 '산소'라고 이름을 붙인 기체의 여러 가지 성질도 조사했다. 특히 보일은 기체에 대한 정량적인 실험을 함으로써 1662년에 일정한 온도에서 기체의 체적은 압력에 반비례한다는 '보일의 법칙'을 발견했다. 이 법칙은 나중에 기체의 성질을 이해하고 설명하는 데 기초가 되는 중요한 법칙이 되었다.

데카르트의 기계론적 철학의 영향을 받은 보일은 고대 그리스의 원자설을 바탕으로 미립자 가설을 제시하여 물질의 성질을 설명하려고 했다. 보일은 물질이 더는 분해되지 않는 구성 요소, 즉 원소라고 하는 다양한 형태의 미립자로 구성된다고 생각했다. 이러한 그의 생각은 아리스토텔레스의 원소 개념과는 매우 다른 것이었다. 그러나 보일 자신은 원소의 발견이나 미립자설을 이용하여 물질의 변화를 설명하는 작업에는 성공하지 못했다. 결국, 그의 생각은 라부아지에에게 전해져 실험적인 어려움을 극복하고 원소 목록을 만들 수 있게 하는 역할로 그쳤다. 또한 보일은 혼합물과 화합물의 차이점을 이해하고 정의했으며, 화학을 물질의 성분과 구성을 알아내는 과학이라고 강조함으로써 의학이나 생리학과 같은 분야와 구분되는 실험과학으로 발전시키는 데 큰 공헌을 했다.

≡ 연소 현상과 플로지스톤설

화학에서의 변화의 조짐은 18세기 연소 현상에 대한 논쟁에서부터 시작된다. 불에 의해 물질이 타는 연소 현상은 아마도 인류가 가장 먼저 인위적으로 변화를 유도한 화학적 현상일 것이다. 인류는 불을 이용하여 음식을 조리하고, 토기를 구워냈으며, 광석에서 구리나 철을 추출하여 이용했다. 18세기 유럽에서는 연소 현상을 설명하기 위해 플로지스톤Phlogiston이라는 가상의 입자를 도입한 이론이 널리 받아들여지고 있었다. 플로지스톤은 그리스어로 '불타는 것'이라는 의미의 단어로 슈탈Georg E. Stahl(1659~1734)이 처음 사용했는데, 열을 물질로 보는 견해•에서 나온 개념이다.

플로지스톤설에서는 물질이 재와 매우 가벼운 플로지스톤으로 구성되어 있다고 보았고, 연소는 열에 의해 가벼운 플로지스톤이 물질에서 분리되어 나가면서 생기는 현상이라고 설명했다. 불에 잘 타는 물질은 플로지스톤이 많은 물질이고, 타서 완전히 사라지는 가연성 기체(수소)는 플로지스톤 자체라고 생각했다. 그리고 플로지스톤이 모두 소모되거나 공기 중에

• 현대에 열은 에너지의 한 형태로서 물질적인 개념이 아니다.

플로지스톤이 가득 차면 연소 현상이 정지된다고 여겼다. 플로지스톤은 실제로 확인할 수 있는 물질은 아니었지만, 이 이론으로 여러 화학적 변화를 설명할 수 있었다.

그러나 플로지스톤설로 설명하기 힘든 것이 연소 전후의 무게 변화에 대한 것이었다. 나무와 같은 물질은 연소 후에 남은 재가 나무보다 가볍지만, 금속의 재는 연소 전의 금속보다 무거워진다. 금속에서 무엇인가가 빠져나갔는데도 무게가 늘어난다니, 이상하지 않은가? 슈탈은 이러한 모순점을 설명하기 위해 중력gravity의 반대 개념인 '가벼움levity'을 설정하여, 플로지스톤이 금속에서 빠져나갈 때는 금속에서 가벼움이 줄어들어서 무거워진다고 설명했다. 결국, 플로지스톤은 '음negative의 무게'도 가지는 입자가 되어야 하는 거북한 존재가 되었다. 그러나 화학자들은 플로지스톤설을 거부하는 대신, 뉴턴이 중력에 대해 실존의 문제는 제쳐두고 효과와 현상만을 기술하는 데 집중했던 방식으로 이 문제를 회피하며 18세기 후반까지 미루어두고 있었다.

≡ 산소의 발견과 연소 현상의 이해

18세기 후반에 들면서 연소 현상이 산소가 물질과 결합하는 현상이라는 것을 라부아지에가 밝히면서 플로지스톤설이 부정되었고, 동시에 아리스토텔레스의 4원소 중 공기와 물이 원소의 지위를 잃어버리는 중요한 과학적 변화가 이루어졌다. 흙은 그 이전에 이미 여러 종류가 있음을 알았기 때문에 더 이상 원소라고 생각하지 않고 있었다. 18세기에 이르기까지 화학적·생리학적 성질이 다른 기체들은 '공기'의 여러 가지 형태인 것으로 생각되었고, 보일의 법칙은 모든 기체들에 적용되었기 때문에 이들은 대부분 공통적인 물질로 이루어진 것으로 여겨졌다.

그러나 '기체 수집기pneumatic trough'라고 하는 장치•가 만들어져 사용되면서 여러 기체를 분리할 수 있었고, 이들은 화학적으로 매우 다른 성질을 지닌다는 사실을 알게 되었다. 이런 과정으로 '고정된 공기'(이산화탄소), '가연성 공기'(수소), '나빠진 공기'(질소), '초석硝石, KNO_3의 공기'(아산화질소N_2O) 등 많은 종류의 기체가 분리되고 발견되었다. 이 중 가장 중요한 기체는 프리스틀리Joseph Priestley(1733~1804)와 셸레Carl W. Scheele(1742~1786) 및 라부아지에가 발견한 '산소'였다.

프리스틀리는 1774년에 납이나 수은의 금속재(오늘날의 금속산화물)를 렌즈를 이용하여 태양열로 가열하면 기체가 발생하고, 이 기체는 촛불을 더 잘 타게 하는 성질이 있음을 발견했다. 플로지스톤과 성질이 반대였기 때문에 이 기체를 '플로지스톤이 빠져나간 공기'라고 불렀는데, 이 기체의 실체가 산소였다. 그는 라부아지에를 만났을 때 이 실험에 관해 이야기했고, 라부아지에는 곧바로 추가적인 실험을 통해 이 기체가 다시 수은과 반응하여 수은 금속재를 생성하는 것을 알 수 있었다. 라부아지에는 이 실험 결과를 보고 플로지스톤의 존재를 의심하기 시작했고, 실험을 계속하여 플로지스톤설의 오류를 지적해 나갔다. 라부아지에는 이 과정에서 온도계, 기압계뿐만 아니라 열량계를 화학반응 측정에 도입하여 실험을 정량화하고 수학을 도입함으로써 화학종의 변화 전 과정에서 질량이 보존되는 것을 증명했다. 그리고 마침내 연소 현상이 물질과 산소의 화학반응임을 밝혀냈다.

그리고 1781년 프리스틀리는 수소와 산소의 혼합물이 폭발하면 기체가 모두 소비되고 물방울만 남는다는 사실을 발견했다. 캐번디시Henry Cavendish(1731~1810)는 이 실험을 되풀이하여 물은 산소와 수소 1 : 2의 부피 비의 결합으로 이루어져 있다는 사실을 밝혀냈다.• 라부아지에는 이러한 실험 결

• 물이나 수은이 가득 찬 플라스크 속으로 기체 거품이 올라가도록 해서 기체를 수집하는 장치다.

• 캐번디시의 실험은 수소와 공기의 부피 비를 2 : 5로 혼합하여 수소를 태웠을 때 공기

과에서, 물이 화합물이라고 생각하게 되었다. 라부아지에는 원소의 정의를 새롭게 하여, 그 당시 실험으로 더는 분해되지 않았던 수소와 산소를 원소로 규정했다.• 라부아지에가 생각했던 원소는 과거 그리스 시대부터 내려왔던 추상적인 개념이 아니라 '화학 분석을 통해 도달할 수 있는 실체'였던 것이다. 이 실험들은 공기와 물이 원소가 아님을 증명하는 결정적 증거로, 고대 그리스 이래 2000여 년 동안 받아들여져 오던 아리스토텔레스의 4원소설이 무너지게 되었다.

≡ 플로지스톤설과 산화 이론

산소의 발견과 연소 현상에 관한 라부아지에의 이론이 받아들여지는 과정에서도 주목할 만한 부분이 있다. 정작 산소를 처음 발견한 프리스틀리는 라부아지에와는 반대로 플로지스톤설을 끝까지 신봉했다는 사실이다. 그는 수소와 납의 금속재를 사용한 실험에서 플로지스톤 자체라고 생각했던 수소 기체가 완전히 사라지면서 금속이 생기는 사실을 관측하고 플로지스톤설을 계속 주장했다. 실험에 대한 설명에도 나름대로 논리가 있었고, 실험이 보여준 현상도 생생함에서는 더 설득력이 있어 보이기도 했다. 그러나 해석의 문제는 완전히 다른 문제였다. 라부아지에의 이론도 그 실험에 대한 설명이 가능했기 때문이다.

이 해석의 문제는 천문학에서 프톨레마이오스 체계와 코페르니쿠스 체계 사이의 선택 문제와 유사했다. 프톨레마이오스 천문학에서 관측 현상을 설명하기 위해 행성궤도를 주원과 주전원으로 복잡하게 설명해야 했던 것처럼, 플로지스톤설도 상황에 따라 다른 설명을 붙여야 하는 임의적이고

부피의 5분의 1이 줄어들고 물방울이 생기는 사실을 발견한 것이다.

• 수소와 산소 기체는 분자로서 현대적인 개념의 원소는 아니다. 단지 그 당시로는 더 작게 분해되지 않았을 뿐이다.

일관성이 모자란 이론이었다. 이것은 플로지스톤 이론에 무언가 문제가 있음을 의미하는 것이다.

반면에 라부아지에의 연소 이론은 코페르니쿠스 천문학처럼 최소한의 임의적 가정으로 모든 현상을 체계적으로 설명할 수 있었다. 어떤 이론 체계의 선택 문제는 어떤 실험이나 관찰의 성공 자체로 결정되는 것도 아니고, 어떤 '결정적인 실험'에 의존하는 것도 아니라는 사실을 보여준다. 그래서 '화학혁명'도 쿤의 패러다임의 전환이 요구되었던 한 예로 언급된다. 과학의 영역에서는 발견을 먼저 하고서도 해석을 잘못하거나 이해가 부족하여 발견의 업적이 빛을 잃는 경우가 자주 있다. 따라서 발견의 해석이 전체적인 맥락에서 얼마만큼 체계적인 틀을 갖추고 있는지를 살펴보는 것이 중요하다.

≡ 화학혁명을 이끈 정량적 실험 방법

18세기의 '화학혁명'은 물질의 연소가 산소와 결합하는 산화 과정임을 밝혀낸 일과 질량보존의 법칙 발견으로 대표되는 화학적 혁신을 일컫는 말이 되었다. 물질의 연소에 관한 연구 과정에서 화학자들이 다양한 기구와 장치를 고안하고 정량적 측정 방법을 발전시킴으로써 정량적 실험 방법이 화학 연구의 주류가 되었다. 라부아지에도 자신의 실험에서 정량적 측정을 위해 다양한 실험 도구를 고안하고, 온도계, 기압계, 열량계 등 정밀한 측정 도구를 사용했다. 더 중요한 그의 업적은 밀폐된 조건에서 연소가 일어나면 전체 질량이 보존된다는 '질량보존법칙'의 실험적 결과를 제시하고 이를 형식화한 것이다. 한마디로, 화학반응 전의 물질의 총질량과 반응 후의 물질의 총질량이 같다는 것이다. 이는 화학적 변화에서 물질은 창조되지도 않고 소멸되지도 않는다는 의미로서, 화학반응은 이미 존재하는 것(원소)들이 결합하거나 분해되는 과정에 불과한 것이다. 그리고 이 질량보존법칙은 천문학이나 역학에서 질량이 가지는 근본적인 중요성을 화학 이론에서도 똑같이 지닐 수 있음을 보여준 것으로서, 화학적 조성에 원자론이 자리 잡게 되는 이론적 틀을 만들어주었다. 실험을 정량화하고 수학을 도입한 화학은 마침내 물리학처럼 '엄밀한 과학exact science'이 된 것이다.

화학에서의 이러한 발전들은 화학 체계의 개혁으로 이어졌다. 당시까지 물질의 이름은 원소에 대한 지식이 없었기 때문에 화학적 조성과는 관계가 없었다. 라부아지에는 원소에 대한 보일의 정의(더 작게 분해될 수 없는 물질)를 따르되, 더 작게 분해될 수 없을 때까지만 잠정적으로 원소로 간주해야 한다고 했다. 그리고 33개의 원소를 포함하는 최초의 화학 원소표를 작성했는데, 주목할 것은 라부아지에가 에너지의 일종인 빛과 열을 물질로 보아 빛lumiere과 열소caloric가 원소에 포함되어 있었다. 아직 그들의 실체를 이해하지 못했던 것이다.

그리고 원소나 화합물의 이름도 앞에서 보았던 거추장스러운 표현 대신에, 물질의 이름을 보고 화학적 조성을 알 수 있도록 한두 마디로 분명히 나타내는 화학명명법도 만들었다. 사실 17~18세기에 걸쳐 화학자들이 발견한 많은 물질과 과정들은 너무 풍부하다 못해 오히려 당황스러운 것이었던 반면에, 화학 이론은 이들 발견 사이의 연관성도 찾지 못하고 제대로 정리도 되지 않은 상태였다. 라부아지에는 이런 것들의 체계를 세우기 시작했고, 질량보존법칙과 같은 이론적 체계와 원소들의 인지를 통한 물질의 분류와 명명법에 대한 체계를 세움으로써 화학적 지식과 용어에 새로운 질서와 방법을 제공했다. 그가 1789년에 출판한 『화학원론Traité Élémentaire de Chimie』은 뉴턴의 『프린키피아』에 맞먹는 고전적 화학 저술이 되었다.

『화학원론』이 출간된 1789년은 프랑스 혁명이 일어난 해다. 18세기 후반의 프랑스는 절대왕권을 가진 군주와 봉건적 귀족들이 지배하는 불평등 체제의 모순과 부패가 적나라하게 드러나면서 국가의 재정이 파탄에 이르게 되었다. 결국, 황폐화된 농촌에서 착취를 당하며 고통받던 농민들과 도시 노동자로 구성된 민중들이 사회체제 개혁을 요구하며 시작된 프랑스 혁명은 라부아지에를 단두대의 이슬로 사라지게 하는 불행으로 이어졌다. 라부아지에는 프랑스 과학아카데미의 이사로 공직에 들어간 후 고위 공직을 거치며 많은 일을 했지만, 세금징수조합에 발을 들여놓은 것이 화근이었다. 당시에 왕을 대신해서 세금을 걷었던 세금징수조합은 부당하게 세금을 징수하고 부정하게 배를 채우는 악덕 모리배 조직이나 다름없었는데, 라부아지에는 이 조합에 투자하여 많은 지분을 가지고 있었고 중책도 맡았었다. 그는 거기서 나오는 수익으로 화학 연구에만 몰두했다고 하지만 혁명의 칼날을 피할 수가 없었던 것이다. 이는 루소가 비판했던 그대로, 사회의 도덕적 부패가 과학자들에게 끼친 나쁜 영향을 비극적으로 보여준 역사적 사례일 것이다. 혁명은 프랑스 과학아카데미를 폐지하기도 했다. 당대 최고의 수학자였던 라그랑주Joseph-Louis Lagrange(1736~1813)는 라부아지에를 구하기 위해 백방으로 노력했으나 허사였다. 라그랑주는 라부아지에가 1794년 단두대에서 처형된 사실에 대해 "그의 머리를 베는 것은 한순간이지만, 프랑스가 그와 같은 인재를 만들려면 100년도 넘게 걸릴 것이다"라고 논평했다.

☰ 돌턴의 원자론과 아보가드로의 분자론

라부아지에 이후 화학은 그전과는 비교할 수 없을 만큼 빠르게 발전하여, 멘델레예프의 주기율 발견에 이르기까지 반세기 만에 근대적인 모습을 갖추게 되었다. 마치 어떤 복잡한 문제의 실마리가 풀리면서 나머지 것들이 술술 풀리게 되는 것과 같았다. 기체에 대한 지식과 원소의 종류 및 화학반응에 대한 지식이 축적되면서 고대 그리스의 원자론이 새로운 형태로 다시 등장한 것도 우연이 아니다. 돌턴의 원자설은 화합물의 조성과 화학반응을 설명하기 위한 것이었다. 돌턴은 물질이 더 작게 나눌 수 없는 입자인 원자로 구성되었다는 고전적인 입장에 덧붙여, 원소는 같은 성질들을 갖는 원자들로 구성되고, 화합물은 다른 원소의 원자들이 결합한 것이며, 화학반응은 원자들이 자리를 옮겨서 다른 조합을 이루는 것이라고 설명했다. 특히 원자의 질량을 강조한 것은 돌턴의 원자설이 갖는 독창적 장점으로서 수소의 질량을 기준으로 상대적인 질량을 정했다. 이로써 질량보존법칙이나 일정성분비의 법칙• 등을 설명할 수 있었다.

그러나 돌턴의 원자설로는 그 당시 게이뤼삭Joseph Gay-Lussac(1778~1850)이 발견한 기체반응의 법칙을 설명하기가 어려웠다. 예를 들면, 수소 기체 2리터와 산소 기체 1리터가 반응하면 생성된 수증기는 3리터가 되지 않고 2리터가 생기는 것과 같이, 반응하는 기체와 생성되는 기체의 부피 사이에 항상 간단한 정수비가 성립하는 현상을 설명할 수 없었다. 돌턴의 원자설에는 원자가 차지하는 부피에 대한 개념이 포함되어 있지 않았던 것이다. 이는 아보가드로가 분자론을 발표하면서 설명이 가능해졌다.

돌턴의 원자설을 믿었던 아보가드로는 이 한계를 극복하기 위해 고심하던 중에 어떤 종류의 기체라도 압력과 부피의 곱은 일정하다는 보일의 법칙에 대한 논문을 읽게 되었다. 돌턴은 기체의 압력이 같은 종류의 원자들의 수에 의해 결정된다고 했고, 같은 부피의 기체는 같은 압력을 가져야 하므로 아보가드로는 기체의 종류와 관계없이 같은 부피에는 같은 수의 입자가 존재해야 한다고 생각했다. 그리고 기체반응의 법칙과 맞으면서도 같은 부피에는 같은 수의 입자가 존재해야 한다는 자기의 생각이 충족되려면 같은 종류의 원자가 결합한 '분자'의 개념이 필요했다.••

그러나 1808년에 제안된 아보가드로의 분자설은 그 당시에 받아들여지

• 화합물을 구성하는 각 성분 원소들의 질량비가 일정하다는 법칙으로 프루스트(Joseph L. Proust, 1754~1826)가 1799년에 발견한 법칙이다.

•• 수소, 산소, 질소 등의 기체는 각각의 원자들이 두 개씩 결합하여 분자를 형성한다.

그림 8-2 기체반응의 법칙을 설명하는 두 가지 모형. 원자모형은 원자가 쪼개져야 하는데, 이는 원자가 더 이상 쪼개질 수 없는 입자라는 전제와 모순된다.

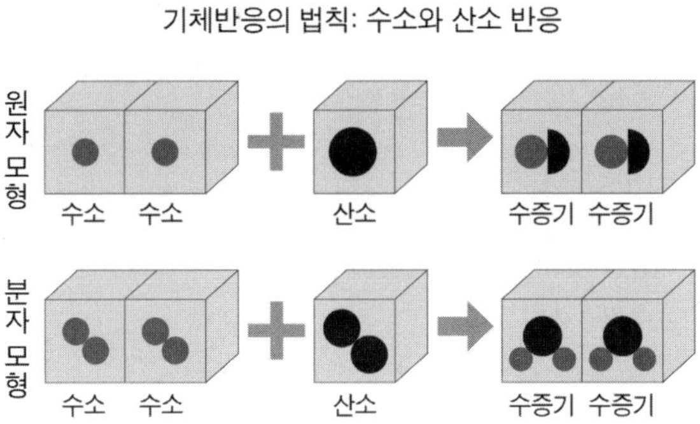

지 않았다. 당시의 과학자들은 같은 종류의 원자 사이에는 반발력이 작용한다는 돌턴의 주장을 더 신뢰했다. 돌턴이 화학계에서는 이미 확고한 지위에 있었기 때문이다. 이렇게 아보가드로의 분자설을 받아들이지 않은 대가는 혹독했으니, 화학은 그 후 50년이 지난 1860년대까지 화학자마다 화학식을 제멋대로 적는 등 큰 혼란을 겪어야 했다.•

화학혁명이 진행되는 동안 화학적 발견들이 받아들여지는 과정을 보면, 과학자들 또는 과학자 집단도 권위에 종속되는 다른 사회집단과 크게 다르지 않아 보인다. 학문적 권위도 배타적 경향의 배경이 됨을 볼 수 있고, 그래서 과학혁명에 대한 쿤의 패러다임 변화 주장이 설득력이 있는 이유를 찾을 수 있다. 과학의 발전이 단순히 이론이나 방법의 진보로는 불충분하고, 새로운 견해와 과학 환경 전체를 거부할 수 없는 상황이 되어야 기존의 학문적 권위가 자리를 내주면서 전향적으로 발전하게 된다. 지동설에 대한

• 화학식 표기의 혼란을 해결하기 위해 1860년 독일 카를스루에(Karlsruhe)에서 최초로 국제 화학학술회의가 개최되었고, 여기에서 아보가드로의 분자설이 본격적으로 논의되어 받아들여진다.

견해가 천문학 혁명으로 이어지기까지의 긴 역사가 그러했고, 뉴턴의 역학 혁명과 현대물리학에서의 상대성 이론과 양자역학의 탄생도 같은 궤적을 보여주었다.

물질에서의 상태가 변하는 상전이 현상도 이와 유사하다. 물이 기체, 액체, 고체로 변하는 것과 같이 적절한 조건이 되지 않으면 물질의 상태는 특정한 상태를 안정적으로 유지하면서 특정 성질들 사이의 관계를 모순 없이 보여준다. 그러나 그 안정된 상태를 깨뜨릴 수 있는 조건이나 상황이 생기면, 특이한 현상들이 나타나면서 그것들끼리 서로 영향을 미치는 범위가 넓어지다가 어느 순간에 다른 상태로 변하게 된다. 여기서 변화를 일으키는 외부적 변수는 온도나 압력과 같이 물질의 내부적 변수에 영향을 주는 것들이다. 이러한 관점을 과학의 역사에 적용해 보면, 과학의 진보를 이해하는 데 있어서 과학의 개별적 이론이나 방법들은 물론, 과학자 집단 내 구성원들의 활동을 포함하는 과학의 내적 요인과 과학을 둘러싼 인식과 견해, 사회·경제·정치적 환경 등 외부적 요인과의 상관관계를 살피는 것도 매우 중요하다고 볼 수 있다.

≡ 멘델레예프 주기율표

화학원소들도 1860년경에는 약 63종이 발견되었고, 이들의 특성들이 세부적으로 밝혀지면서 물질의 반응성과 같은 원소의 성질이 규칙성을 갖고 매우 유사하게 나타남을 발견했다.• 러시아의 과학자 멘델레예프Dmitri I. Mendeleev(1834~1907)는 1869년에 원소 원자량의 증가에 따라 원소들의 화학적 성질이 유사하게 나타나는 규칙성을 표로 작성할 수 있었다. 규칙성을 만족하

• 1864년에는 영국의 화학자 뉴랜즈(John A.R. Newlands, 1837~1898)가 원소를 배열하면 8개를 주기로 성질이 비슷한 원소들이 나타난다는 '옥타브의 법칙'을 발표했다.

지 않는 부분은 빈칸으로 남겨두었다. 이는 원소 성질의 규칙성에 대한 생각을 포기하지 않았던 멘델레예프가 그 당시까지 밝혀지지 않은 원소를 위해 비워둔 것이었다. 그는 이 규칙성에서 그 당시 발견되지 않았던 세 가지 원소(Ga, Sc, Ge)의 성질을 예측했는데, 이러한 예측은 나중에 사실로 밝혀졌다. 19세기 중엽의 원소 주기율표는 이렇게 만들어진 것이다.

그런데 멘델레예프는 아르곤과 같은 불활성기체에 대해서는 처음에 그 존재를 부정했다. 불활성기체는 말 그대로 아무런 화학적 활성과 반응성이 없어서 다른 어느 원소와도 성질을 비교할 수가 없었기 때문에, 규칙성을 믿었던 멘델레예프는 그런 원소의 존재를 부인하는 오류를 범하게 되었다. 그도 자신이 오류를 범했음을 나중에 인정했다. 멘델레예프의 원소 주기율표는 원자의 기본 구조에서 원자량이 의미하는 바에 관한 관심을 키우게 되었고, 20세기에 원자의 구조를 밝히는 연구를 통해 원자핵을 구성하는 양성자와 중성자의 발견으로 이어졌다.

다윈의 진화론과 생물학의 발전

새로운 생물종이 많이 발견되면서 생물학적 사고에도 변화가 일어나기 시작했다. 생물종에 관한 자연사(또는 박물학)에서의 논의는 생물 세계의 다양성과 질서, 그리고 그것들 사이의 관계 등을 중심으로 이루어지고 있었다. 18세기 말에 접어들면서 이러한 논의에 크게 영향을 끼친 것은 지질학의 발전이었다. 그동안 종種의 기원과 종 사이의 뚜렷한 구분에 대해서는 우주를 창조한 신의 섭리로 설명하는 신학적 관점이 강하게 투영되었지만, 지질학의 발전은 지구의 나이와 변화, 자연에서의 동식물 및 인간의 위치에 대한 관념에 혁명적인 변화를 이끌어냈다. 즉, 광물 지층의 생성과 분포

과정에 대한 연구에서 지층들의 순서는 상대적 시간 흐름의 훌륭한 지표가 되었다.

지층 구조에서의 특정한 생물체 화석化石의 수평 및 수직 분포상의 규칙성과 같은 화석 자료가 오랜 시간의 흐름 속에서도 생물종들이 변하지 않고 고정되어 있다는 믿음을 흔들어놓으면서 종의 변화 가능성이 제기되기 시작했다. 종의 문제는 이제 단순한 종의 분류의 문제를 넘어 변화에 의해 다른 종이 될 수 있느냐의 질문으로 바뀌었고, 종의 변화라는 단순한 생각이 진화에 관한 이론으로 발전되었다. 진화를 '자연선택'으로 설명한 다윈Charles R. Darwin(1809~1882)도 생물학자이기 이전에 지질학을 연구하던 학자였다는 사실은 종의 진화에 대한 영감이 지질학적 자료와 그의 경험에서 시작된 것임을 알 수 있다.

≡ 생물종의 다양성과 분포

생물종의 다양성과 종들 사이의 관계에 대한 논의는 결국 박물학자들의 손으로 넘어오는데, 특별히 관심을 끈 두 가지 주제는 생물종의 분류와 분포에 관한 것이었다. 속과 종을 포함하는 이명법을 사용하여 생물종에 이름을 붙이고, 분류하고, 계통을 세우려 했던 18세기의 린네Carl von Linné(1707~1778)•와 같은 식물학자는 아리스토텔레스의 체계를 그대로 받아들여, 식물에서 인간까지 올라가는 생물체의 계층구조가 변하지 않는 것으로 보았다. 그리고 생물종들이 신에 의해 불연속적으로 창조되었다고 보았다.

그러나 뷔퐁Georges-Louis Leclerc Buffon(1707~1788)은 린네의 분류 방식이 지나치게 간단하고 인위적이라고 비판하면서 자연의 변화는 연속적이어서

• 스웨덴의 식물학자로, 생물 분류학의 기초를 다져 현대 식물학의 시조로 불린다. 그는 자신의 분류 체계에서 사람을 동물에 포함시키고, 이명법에 따라 호모 사피엔스(*Homo sapiens*)로 명명했다.

훨씬 더 복잡한 분류 체계여야 한다고 주장했다. 그리고 린네의 창조에 관한 주장은 생물들 사이에 드러나는 연속적인 변화의 증거들을 보지 못한 결과라고 지적했다. 이와 관련하여, 뷔퐁의 비판에 불쾌했던 린네가 자신의 영향력을 발휘하여 잡초 속genus에 부포니아Buffonia라는 이름을 만들어 뷔퐁에게 보복하는 뒤끝을 보였다는 소문도 있다. 어쨌든 뷔퐁의 연속적 변화라는 관점은 서로 다른 종들도 위로 거슬러 올라가면 공통의 조상에서 유래했을 가능성이 있다는 결론에 이르므로 진화론적 사고의 문을 열어주는 것이었다.

한편, 18세기와 19세기 중반에 걸쳐 유럽의 탐험가들이 여러 가지 다른 목적으로 지구 구석구석을 뒤지는 가운데 생물의 다양성과 분포에 대한 풍부하고 새로운 정보를 얻을 수 있었다. 자연선택 진화론을 함께 제창한 다윈과 월리스Alfred Wallace(1823~1913) 모두 탐험 여행을 하면서 생태계를 관찰한 사람들이었다. 생물과 환경 사이의 관계를 연구하는 생물지리학biogeography은 18세기 중반에 시작되었지만, 생물종들의 지리적 분포의 중요한 경향성은 그 이전에 이미 인식되고 있었다. 지리적 환경이 달라짐에 따라 대륙별로 지배적인 생물종이 달라진다든지, 고립된 동식물 집단에서 나타나는 뚜렷한 특이성 등 수많은 사례들이 있었다. 다양한 지리적 특징들 중 고립된 환경은 생물종의 이동을 가로막음으로써 어떻게 서로 다르게 진화했는지를 관찰할 수 있는 제약 조건을 제공해 주었다.

다윈은 고립된 환경에서 새로운 종이 발생한 사례를 찾아보기 위해 먼바다 섬의 생태계를 관찰하고, 가장 가까운 대륙에 있는 비슷한 종과 비교했다. 그는 고립된 섬의 동식물들이 근본적으로 인근 대륙에서 온 것이 틀림없지만, 대륙의 다른 종들과 분리되었기 때문에 점차 다른 형태로 진화했다는 결론을 내릴 수 있었다. 예를 들어, 남아메리카 북서쪽 연안에 있는 갈라파고스의 여러 섬들이 기후 환경이 거의 동일한데도 섬마다 다른 종의 식물과 동물이 서식하는 이유를 설명해야 했다. 다윈은 신부가 되기를 바랐던 부모의 기대를 저버리고 도망가듯이 탐험 여행을 떠날 때만 해도 진화에 관심이 없었지만, 여행 중에 비로소 진화를 과학적으로 연구해야겠다는 깨달음을 얻었던 것이다.

≡ 자연이 선택한 존재들

이러한 생각을 갖고 영국으로 돌아온 다윈은 곧바로 진화를 증명하는 일에 착수했다. 1836년 10월 그가 탔던 측량선 비글호가 영국에 도착했을 때, 다윈은 이미 유명인사가 되어 있었다. 그의 스승인 헨슬로John S. Henslow (1796~1861)•가 다윈의 편지를 모아 1835년 다윈의 『지리학 편지』라는 소책자를 만들어 배포했기 때문이다. 그 후 다윈은 20년간의 오랜 작업 끝에 마침내 1859년 『종의 기원』을 출판했다.•• 이 책 첫 절은 "자연선택에 의한 종의 기원에 대하여"라는 제목으로 시작하여 진화적 변화의 원리를 강조했다. 다윈은 각각의 종이 독립적으로 창조된 것이 아니라 다른 종에서 진화했다고 생각했고, 이 진화적 변화가 '어떻게' 일어나는지를 밝히는 일이 종의 문제에 관한 그의 숙제였다. 이 '어떻게'의 답은 '자연선택' 또는 '자연도태'의 과정이었는데, 여기서 '자연'이라는 수식어가 중요한 의미가 있다. 생물종의 다양성 속에 스며들어 있는 통일성은 완전한 자연적 인과관계로써 설명될 것이라고 생각했던 것이다.

다윈의 진화론에 대한 논증은 두 가지 사실에 바탕을 두고 있다. 하나는

• 영국의 식물학자이자 지질학자로, 다윈이 비글호에 박물학자로 동선하도록 추천했다.

•• 진화에 대해 1842년과 1844년에 쓴 작은 논문들은 출간되지 않은 채 원고로만 남아 있었다. 이 책의 원제는 『자연선택에 의한 종의 기원, 또는 생존경쟁에서 유리한 종족의 존속에 관하여(On the Origin of Species by Means of Natural Selection, or the Preservation of Favoured Races in the Struggle for Life)』였다.

이미 인간들이 식물이나 동물들의 품종 개량을 위해 교접이나 교배를 통해 선택적으로 변종들을 생산해 내고 있었고, 도태를 통해 끊임없이 종자를 개량하고 있었다는 사실이다. 이것은 인공적인 과정이지만, 자연에서도 이런 과정은 충분히 일어날 수 있는 것이었다. 다만, 여러 가지 변화 가능성 중에 어느 것이 진화의 결과로 살아남았는지의 문제는 자연환경에 적응할 수 있었던 변화만 현재까지 남아 있게 된 것으로 생각한 것이다.

자연에서의 생물들의 적응과 경쟁에 관한 다윈의 생각은 맬서스Thomas Malthus(1766~1834)의 『인구론An Essay on the Principle of Population』을 읽고 인식의 깊이를 더하게 되었다. 맬서스는 인구의 증가가 기아나 질병으로 조절되고 억제된다는 주장을 했다. 그의 관점은 그 당시 산업혁명기의 영국의 급속한 도시화로 발생한 인구 증가와 실업, 기아와 죽음과 같은 비관적 배경에서 나온 것이지만, 다윈에게는 '자연선택'이라는 원리를 제공해 주었던 것이다. 경쟁과 투쟁의 조건에서는 유리한 변화는 살아남고, 불리한 것들은 소멸되기 쉽다는 생각이 다윈에게 굳혀졌다.

그 당시 월리스도 독립적으로 자연선택을 통한 진화의 개념을 주창했는데, 이는 다윈의 『종의 기원』 출판을 앞당기는 역할을 했다. 월리스는 열대 지역을 탐험한 생물지리학자로, 야생동물의 삶은 생존을 위한 투쟁이며 그 결과로 진보와 계속적인 종의 분화가 일어난다고 했다. 그리고 '선별 생존differential survival'이 생존을 조절하는 규칙이라고 했다. 월리스의 논문 원고는 1858년에 먼저 도착했지만 다윈과 월리스의 견해가 같았기 때문에 학회 인사들의 배려로 두 사람의 이름으로 학회에서 발표되었고, 다윈은 서둘러 『종의 기원』의 집필을 마무리했다. 이 발견은 복수발견으로 인정되었으며 두 사람 사이에 누가 먼저이냐의 논쟁은 벌어지지 않았다.

물론 다윈 이전에도 진화론을 주장한 학자들은 있었다. 뷔퐁의 제자였으며 '생물학biology'이란 용어를 처음 사용하고 진화의 개념을 제안했던 라마

그림 8-3 종의 변화에 대한 다윈의 첫 번째 노트(1837)에서 진화계통수에 관한 스케치(왼쪽)와 진화론을 풍자한 당시의 만화(오른쪽).

르크Jean-Baptiste Lamarck(1744~1829)는 생명체가 환경에 적응하려고 하는 작용 때문에 근본적으로 더 복잡해지려는 경향이 있다는 것을 진화의 요인으로 보았다. 즉, 환경에 적응하기 위해 많이 사용한 기관은 발달하고 사용하지 않는 기관은 퇴화한다고 보았다. 이를 '용불용설用不用說'이라고 한다. 그 예로서, 기린의 목이 긴 이유는 고대의 사슴이 더 높은 가지의 나뭇잎을 먹기 위해 목을 늘인 결과라고 설명했다. 하지만 이 학설은 소위 '획득형질'은 유전되지 않는 것으로 밝혀지면서 받아들여지지 않게 되었다. 그러나 라마르크의 진화론은 19세기 초까지 널리 퍼져 있던 창조론자들의 생각과는 달리 생물체와 환경의 관계가 진화의 이론에 중요한 역할을 한다는 생각을 불러일으켰다는 점에서 의의가 있다. 그의 진화론은 사변적이었고, 또 프랑스 계몽사상의 영향을 받은 급진적 이론으로 인식되어 많은 반발과 혹독한 비판을 받았다.

앞에서 살펴본 진화론의 핵심은 크게 네 가지로 요약될 수 있다. 첫째는 생물계는 고정된 것이 아니라 시간이 지남에 따라 변화한다는 것이고, 둘째는 진화는 단절이나 불연속성을 보이지 않고 점진적으로 이루어지므로 지구상의 모든 생물종들은 단 하나의 공동 조상에서 유래했을 가능성이 있다는 것, 셋째는 생물종의 다양성은 진화에 의해 새로운 종들이 나타난 결과이며, 넷째는 진화는 적자생존適者生存의 법칙에 따라 자연선택으로 진행된다는 것이다. 진화론에 있어서 적자생존에 의한 자연선택은 단순하게 진화의 방식을 이해하는 데 그치지 않는다. 선택된, 우수하고 유리한 형질은 개체 종으로 확산되어 세대를 거치면서 발전을 이룰 것이라는 생각을 할 수 있다.

다윈의 진화론에서는 생명체의 어떤 특성이 세대를 이어 유전된다고 생각했으나 어떻게 유전되는지를 몰랐고, 막연히 피를 통해서 유전된다고 보았다. 그러던 중 1866년 아우구스티누스 수도회 신부 멘델이 완두콩의 유전법칙을 담은 논문을 지방 잡지에 발표함으로써 그 내용이 알려지게 되었다. 그 당시에는 아무도 알아주지 않았지만, 1900년에 유전학자들이 이를 발견하여 모든 생명체에 해당하는 유전법칙으로 인정했다. 멘델의 유전법칙 발견 이후 유전학의 발전과 함께 20세기 중반에 분자생물학이 유전 현상의 본질을 밝히면서 진화론 역시 새로운 전기를 맞는다.

≡진화론과 생명에 관한 윤리 및 가치관

여기서 짚고 넘어갈 부분은 선택된 형질을 통한 발전이란 생각이 위험하게도 우생학•을 기반으로 인종차별이나 미개발 지역의 지배를 합리화하고 정당화하는 수단으로 쓰이기도 했다는 사실이다. 다윈은 탐험 여행에서 흑인 노예들의 비참함을 목격하고 노예제도를 반대한 양심적 인물이었지

• 인류를 유전학적으로 개량할 것을 목적으로 하여 여러 가지 조건과 인자 등을 연구하는 학문이다.

만, 그의 진화론이 나온 이후 언젠가부터 국가가 이를 악용하여 과학의 이름으로 인간을 차별하기 시작했고 생명을 위협하는 도구를 정당화하기도 했다. 인간을 우열에 따라 계층으로 나누고 사회적 약자에 대한 편견과 차별을 정당화했던 우생 사상은 사실 고대 그리스 때부터 존재했을 만큼 뿌리 깊다. 우생학은 나치Nazi 대학살의 이데올로기적 근거로도 사용되었고, 나치 만행 이후 그 이름은 사라졌지만 여전히 다른 형태로 변형되어 어두운 그림자를 드리우고 있다.

최근에는 '인간 유전체human genome' 연구와 같은 새로운 형태의 유전학이 우생학의 계보를 이어가고 있다. 우생학과 사회진화론•은 20세기 초반 미국과 스웨덴, 독일, 일본 등 여러 나라에서 '단종법'과 같은 우생학적 법률의 수립에 영향을 주었고, 국가가 인간 생명을 위협하는 주도적 세력이 되는 상황에까지도 이르렀다. 이러한 경험이 말하는 것은 자연법칙이 편견이나 차별의 근거로 해석되어서는 안 된다는 것이다. 자연법칙은 단지 긴 시간의 역사 안에서 인간의 위치와 역할, 존재의 의미를 정확히 이해하는 지혜로서 작용해야 할 것이다. 인간이 스스로 신이 되려고 해서는 안 된다.

자연선택에 의한 진화론은 코페르니쿠스의 지동설에 이어 뉴턴의 만유인력 법칙만큼이나 세계를 보는 관점을 혁명적으로 바꾸었다. 뉴턴은 만유인력 법칙으로 천상계와 지상계의 구분을 없애고 하나의 법칙 아래 우주 만물의 운행이 이루어짐을 보였다. 그렇지만 뉴턴의 연구는 무생물을 지배하는 법칙에 관한 것이었고, 종교에 직접적인 도전장을 내밀지 않았을 뿐 아니라 오히려 자연법칙에 내재하는 신의 능동 원리로서 만유인력을 이해하려고 했다. 그러나 다윈의 진화론은 사정이 달랐다. 당시에 지구상의 모든 생물체는 신의 뜻에 따라 창조되고 지배된다는 사고가 지배적이었기 때

• 다윈의 생물진화론에 입각하여 사회의 변화와 모습을 해석하려는 견해를 말한다.

문에 자연선택에 의한 진화론은 인간과 사물의 관계에서의 인간의 위치와 정신, 그리고 창조주인 신과의 관계를 근본적으로 흔들어놓았다.

특히 인간의 윤리적인 문제와 관련하여, 인간의 도덕관념은 어디에서 오는가의 문제도 논쟁의 중심으로 들어왔다. 이 논쟁에서는 인간과 동물의 생물학적 관계는 부수적인 것이었다. 그리스도인들은 인간이 선과 악을 식별하고 인간에 대한 책임감을 느끼는 등의 도덕적 속성을 신의 의지를 통해 부여받았으며, 오직 인간만이 가지는 값진 선물이라고 보았다. 이에 대한 다윈의 견해 또한 충격적이었다. 다윈은 인간의 도덕적 속성이 인간의 사회적 본능, 즉 동료 인간들과의 관계와 이성 그리고 종교적 감성에 지배된다고 보았다. 그래서 교육과 습관을 통해 형성된 고도의 복합적인 감정이 결합하여 인간의 도덕성 또는 양심을 이룬다고 주장했다. 이는 도덕성에 대한 신의 절대성을 도덕적 상대주의로 바꾸어버리는 생각이었으며, 이로써 인간이란 존재는 복잡 미묘하고 합리적인 '사회적 동물'이 되어버렸다.

그러나 사회적 동물로서의 인간 존재가 스스로 완전한 도덕성을 갖게 되어 공존과 평화를 누릴 수 있다면 얼마나 다행이겠는가. 적자생존의 늪에서 고통을 받는 존재로서의 인간은 아직도 삶의 방향에 대해 질문을 던지고 있다. 어떻게 살아야 하는가? 칸트의 『실천이성비판Kritik der praktischen Vernunft』은 바로 이 질문에 대한 고민의 일부로서 보편타당한 도덕률을 찾으려 했다. 결국 칸트는 인간이 자유의지로 최고선에 이르기 위해서는 신의 도움이 필요하다고 보았다. 진화론 이전에, 인간이 스스로를 어떤 존재로 자리매김하고, 생명과 인간 존엄성에 대한 절대적 기준을 어디에서 찾을 것이냐의 문제는 우리가 두는 시선의 높이에 따라 달라질 수 있다는 점에서 우리의 선택이 더 중요할 것이다.

진화론을 사회과학 분야에 적용시킨 사회진화론 또는 사회다윈주의는 스펜서Herbert Spencer(1820~1903)가 처음 사용한 개념이다. 스펜서는 다윈의 영향을 받았지만, 거꾸로 다윈에게도 큰 영향을 끼쳤다. 다윈은 스펜서가 사용했던 용어인 '진화evolution'나 '적자생존survival of the fittest'이라는 말을 『종의 기원』 5판에서 사용했다. 스펜서는 사회도 발전하면서 그 기능이 분화되거나 통합된다고 보았다. 그리고 생물처럼 사회도 적자생존의 원칙이 적용된다고 보았는데, 이런 관점은 사회학에서 다윈의 진화론을 엉터리로 해석하고 적용하면서 많은 부작용을 낳았다.

사회진화론은 주로 식민지 확대와 군사력 강화에 악용되었으며, 인종과 종족 간의 투쟁이라는 측면으로 억지 해석되었다. 대표적인 것이 나치의 유대인 말살 정책이다. 또한 신자유주의의 경제적 약육강식 논리에 사용되기도 했다. 그러나 이런 해석은 다윈 진화론의 핵심인 '자연선택'과는 전혀 상관없는 것들이다. 과학 이론은 그런 데에 사용하는 것이 아니라, 자연에 존재하는 질서와 조화의 원리를 배우고 깨달아 지혜를 얻는 데 필요한 것이다.

≡ 자연선택이란?

그렇다면 다윈의 진화론은 과학적으로 어떻게 이해하고 받아들여야 하는가? '자연선택'이라는 핵심어를 기준으로 생각해 보자. 생물종에서의 변화는 어떤 형태든 항상 일어난다고 봐도 무리가 없다. 다만, 변화에 필요한 조건들이 충족되어야 하며, 그것은 에너지와 관련이 있다. 아주 단순한 유기물도 이를 구성하는 단백질의 결합이나 접힘을 통해 구조적 변화가 일어나려면 특정한 에너지 장벽을 넘어야 가능하고, 결국 가장 낮은 에너지가 요구되는 변화부터 생길 것으로 생각할 수 있다. 이때 변화는 주어진 조건에서 가장 가능성이 높은 특정한 방향으로만 진행될 수도 있고, 비슷한 에너지가 요구되는 다른 여러 방향으로의 변화도 가능하다. 그리고 변화된 구조가 얼마만큼 생명체로서 안정한 상태를 유지할 것이냐의 문제는 결국은 생명체로서 생존에 필요한 기능을 가질 수 있느냐의 문제와 지속적 에너지 공급원인 환경과의 상호작용에 관계된 문제가 된다. 변화된 생물체의 기능과 주변 환경과의 상호작용이 진화의 주요 요인이라고 할 수 있다.

그러므로 진화는 처음부터 어떤 특정한 방향으로 일어나는 것이 아니고, 주어진 조건 아래서 무작위로 변화가 일어나되 주변 환경과의 상호작용을 통해 생명체로서의 기능성과 안정성을 유지할 수 있는 변화들만 자연적으로 선택된다는 것이다. 더욱이 이것이 세대와 세대로 이어지는 유전 과정은 또 다른 문제다. 여기에 어떤 의도가 개재될 여지는 없다. 그러나 개체 자체가 환경을 구성하는 요소임을 생각하면, 생명체의 진화는 쉽게 이해할 수 없는 굉장히 복잡한 과정을 거치는 것이라 할 수 있다. 환경은 개체 진화의 방향에 영향을 주고, 개체는 다시 환경을 구성하는 요소가 되어 영향을 되돌려 주므로 생명체들은 끊임없는 순환 고리 속에서 균형과 조화를 이루며 진화해 간다고 볼 수 있다.

중요한 것은 인간이 생태 환경에 영향을 끼침에 있어서 어떤 선택을 하느냐에 따라 진화의 고리 속에서 초래될 변화의 방향이 결정될 수 있다는 것이다. 인간의 자유의지의 문제다. 따라서 전체 생태계의 관점에서 유전자 조작과 같은 인간 중심의 행위가 어떤 결과를 초래할지 아무도 알 수 없으며, 특정한 집단이나 국가가 자기의 이익을 위해 함부로 취할 수 있는 권리는 더더욱 아니라는 사실을 강조할 필요가 있다. 암세포도 세포 개체의 관점에서는 진화다. 그러나 암세포는 생명 자체를 위협한다. 인간이 전체 생태계에 암적인 존재가 되어서는 안 될 것이다.

≡ 창조론과 진화론

진화론을 두고 창조론자들과 벌이는 논쟁은 다윈 이래 지금까지 이어져 내려오고 있다. 이와 관련하여 과학혁명기의 갈릴레이의 지동설에 대한 종교재판에서 갈릴레이에게 두 개의 우주 구조에 관한 책을 쓸 것을 허락하면서 취한 교회의 입장을 다시 살펴보는 것도 괜찮을 듯하다. 교회는 그 당시 아직 확실하지 않은 사실에 대해 어느 것이 진리라고 말하는 것을 금지하고, 단순하게 비교만 하라고 했다. 이러한 관점에서는 진화론이 절대적으로 많은 과학적 증거를 갖고 있다. 그러나 진화론에서도 생명의 기원에 관해서는 여러 가지 가설만이 있을 뿐, 확실한 이론도 증거도 없는 것이 사실이다. 우주의 시작이라는 빅뱅 사건도 그렇고, 생명의 시작도 마찬가지로 인간이 아직 설명하지 못하고 있는 부분이 있다. 이를 인정하는 것이 스스로를 부정하는 것은 아니다.

진화론에 대해 교황 비오 12세•는 1950년의 회칙을 통해 '숙고할 만한 가치가 있는 하나의 진지한 가설'로 받아들이면서, 그리스도교 신앙과 진화론은 양립할 수 있다고 선언했다. 다만, 인간의 육체는 그전에 살았던 존재에 기원한다고 할지라도 영혼은 직접적으로 신이 창조한 것이라고 강조했다. 이어 교황 요한 바오로 2세도 1996년 '생명의 기원과 진화'를 주제로 열린 교황청 과학원Pontifical Academy of Sciences•• 정기총회에서 과학적으로 검증된 진화 이론에 대해서는 거부하지 않지만, 모든 것을 진화로만 설명하려는 주장은 수용하지 않는다고 했다. 창조 자체는 전적으로 신의 일이며 "진화론에 있어서 영혼을 살아 있는 물질로부터 나온 것, 또는 단순히 물질의 현상에 지나지 않는다고 하는 것은 인간에 대한 진리와 일치되지 않을 뿐더러 인간의 존엄성을 살릴 수도 없는 주장"이라고 했다. 그러면서 종교

• 가톨릭교회 제260대 교황으로, 동아시아의 조상 제사에 대해서도 유교 문화권의 민속일 뿐, 가톨릭 교리와는 하등의 관계가 없다며 비교적 개방적인 자세를 취했다.

•• 1847년에 설립된 기관으로, 교황청 지원을 받되 독립 연구기관으로 존립한다는 규정을 갖고 있다. 전 세계 저명한 과학자 80명이 참여하고 있으며, 70여 명의 노벨상 수상자들이 과학원을 거쳐 갔다.

와 과학, 신앙과 이성의 관계에 대해서 "신앙과 이성은 인간 정신이 진리를 바라보려고 날아오르는 두 날개와 같다"•라는 표현을 했다. 인간의 정신과 진화론을 앞에 두고 '인간이란 존재는 무엇인가?'라는 질문을 던지면서, 진리를 탐구하는 우리에게 남겨진 과제가 무엇인지를 곰곰이 생각해 볼 필요가 있다.

≡ 세포생물학의 발전

현미경의 도움으로 1665년 훅이 처음 식물세포의 죽은 세포벽을 보았으나, 그는 오늘날의 세포라는 개념은 전혀 갖고 있지 않았다. 그 후 1839년 슐라이덴Matthias Schleiden(1804~1881)과 슈반Theodor Schwann(1810~1882)이 모든 생물 조직은 세포로 구성되어 있다고 하는 세포설을 주장했다. 그 당시 슈반은 동물 조직의 세포를 관찰하고 있었는데, 동물세포가 슐라이덴이 관찰했던 식물세포와 너무나도 닮은, 놀라운 사실을 발견했다. 식물세포와 동물세포가 모두 핵nucleus을 가지고 있음을 알고는 세포가 생물의 공통 단위라고 생각한 것이다.

1831년 브라운Robert Brown(1773~1858)은 세포 내 기관 중 가장 핵심인 세포핵을 발견했다. 슐라이덴과 슈반의 세포설은 세포핵에 관한 학설을 발전시킨 것으로서 모든 생물은 하나 또는 그 이상의 세포로 구성되어 있고, 세포는 모든 생물에서 구조, 기능, 조직화의 가장 기본적인 단위라고 했다. 그리고 1855년 피르호Rudolf Virchow(1821~1902)가 모든 세포는 이미 존재하는 세포에서 분화되어 만들어진다고 함으로써 고전적인 세포설이 완성되어 현대생물학의 기초가 되었다.

세포설이 발표된 이후, 세포학 분야의 과학자들은 점차 강력한 현미경을

• 교황 요한 바오로 2세 회칙 『신앙과 이성』 1항.

사용함과 동시에 새로운 세포 관찰 방법을 개발하기 시작하면서 세포가 처음에 생각했던 것보다 훨씬 더 복잡하다는 것을 발견했다. 세포의 핵을 포함하여, 19세기 말에는 엽록체와 미토콘드리아 등 중요한 세포 성분들을 찾아냈다. 이들 세포소기관organelle들의 기능과 역할은 20세기의 전자현미경과 분자생물학의 발전으로 밝혀짐으로써 생명의 신비를 조금씩 알아가게 되었다.

1878년 플레밍Walther Flemming(1843~1905)은 세포분열 과정에서 염색체가 각각의 딸세포로 나뉘는 유사 분열을 발견했다. 그는 염료를 이용하여 세포를 염색하면 진하게 염색되는 물질이 세포에 존재한다는 사실을 발견했는데, 그가 염색질이라고 이름 붙인 이 물질이 세포핵에 있는 실 모양의 물질과 관련이 있음을 밝혔다. 이 실 모양의 물질은 나중에 유전 현상과 관련이 있는 염색체로 밝혀졌다. 그는 세포가 유사 분열하여 딸세포가 생산되기 전에 염색체의 수가 두 배로 늘어난다는 것을 보여주었으나, 그 나뉜 염색체가 동일한 염색체라는 사실은 그 당시에 알지 못했다. 세포 생식에 대한 연구는 바이스만August Weismann(1834~1914)의 유전 이론으로 이어졌는데, 그는 염색체가 유전물질이라는 것을 밝혀냈다.

≡ 미생물학의 발전과 백신의 개발

17세기 말부터 현미경으로 미생물을 직접 관찰하면서 생물의 자연발생설과 생물속생설生物續生說, biogenesis의 대결이 본격화되었다. 생물의 자연발생설은 고대 그리스의 아리스토텔레스 시대부터 18세기까지 이어져 오던 생각으로, 과학자들은 살아 있는 생물체가 무생물체에서 저절로 발생한다는 믿음을 갖고 있었다. 현미경으로 미생물을 발견한 레이우엔훅도 생물체의 자연발생설을 주장했다. 썩은 고기에서 구더기가 발생하는 것부터 끓여놓은 고깃국을 그릇에 잘 담아두어도 며칠 후에 미생물이 자연적으로 발생하여 부패하는 현상까지 자연발생설은 일상 경험과 잘 일치했다. 그러나 이것은 인간의 불완전한 감각과 불충분한 경험에 생각의 근거를 두었던 잘못에서 비롯된 것이었다.

생물이 다른 생물체에서 발생한다는 생물속생설은 유기물을 담은 용기의 입구를 잘 밀폐하여 관리하면 구더기 발생이나 부패가 일어나지 않음을 보임으로써 힘을 얻게 되었다. 이후 1861년에 마침내 파스퇴르Louis Pasteur(1822~1895)가 미생물의 작용을 인식하고 생물속생설을 증명해 내는 데 성공했다. 그는 공기는 들어가지만 미생물은 목 부분에서 걸러지는 백조목 플라스크를 고안하여, 바깥에서 미생물이 들어가지 않으면 플라스크 내 유기물에서 미생물이 발견되지 않음을 보였다. 이것은 외부와의 접촉이 없는 상태에서는 미생물이 저절로 생겨나지 않는다는 설득력 있는 실험으로서 자연발생설을 부정했다.

'모든 생물은 생물로부터 발생한다'는 생물속생설은 질병에 대한 생각을 바꾸었고, 백신의 개발로도 이어졌다. 그때까지 질병은 신의 징벌, 독성 증기, 저주 등으로 일어난다고 생각했으나, 미생물학의 발전으로 질병은 미생물이 일으킨다고 생각하게 된 것이다. 그리고 생물속생설은 환경을 제어함으로써 질병의 원인이 되는 세균의 발생을 예방할 수 있는 구체적 방법을 마련할 수 있음을 의미했다. 생물이 자연 발생을 한다면 이러한 생각은 불가능한 것이었다.

그리고 특정한 세균은 특정한 질병을 유발하는 것도 알게 되었다. 파스퇴르 이후 등장한 질병의 세균감염설을 지지했던 코흐Robert Koch(1843~1910)는 1876년 역사상 최초로 박테리아성 질병인 탄저병이 탄저균에 의해 일어난다는 사실을 밝혀냈다. 이에 질병의 원인균을 알아내면 예방도 가능할 것으로 생각한 파스퇴르는 백신을 개발하기 위해 노력했고, 마침내 닭 콜레라나 광견병 등 동물의 질병을 예방하는 백신 개발에 성공함으로써 질병

예방의 신기원을 이루어냈다.

파스퇴르의 백신 개발에 얽힌 이야기도 재미있다. 1880년 닭 콜레라를 연구하던 중에 조수가 닭에게 콜레라균을 주입하는 걸 잊어버리고 휴가를 가버렸다고 한다. 휴가를 다녀온 후에야 콜레라균을 주입했는데, 이상하게도 오히려 닭들이 곧 건강해졌다고 한다. 이를 알게 된 파스퇴르는 여러 단계의 실험을 통해 휴가 동안 방치된 콜레라균이 약해진 상태에서 닭들에게 접종된 것이 콜레라균에 내성을 갖게 했다는 걸 알아냈다. 이리하여 백신은 질병 원인균의 독성을 약화시켜서 생물체에는 큰 해독을 끼치지 않으면서 면역을 갖도록 하는 의약품으로 자리를 잡게 되었다. 조수의 실수가 아니었으면 얼마나 더 많은 시간을 소비했을지 모르는 일이다. 과학적 발견에는 이런 우연이 만들어주는 기회가 있을 수 있는데, 중요한 것은 우연한 사건에도 얼마나 주의를 기울이느냐에 따라 결과가 많이 달라진다는 것이다.

과학기술과 산업혁명

18세기 말과 19세기 초는 과학과 기술의 역사에서 결정적인 변화를 가져온 시기다. 과학혁명의 뒤를 이어 영국에서는 기술의 혁신과 제조업의 기계화 및 공장화가 이루어지면서 사회, 경제 등의 분야에서도 큰 변화가 생겼다. 특히 증기기관의 발명은 동력 문제를 해결해 줌으로써 공작기계 산업을 발전시키는 데 크게 이바지했다. 그뿐만 아니라 운하와 철도 교통의 발전으로 이어져 물류 수송을 용이하게 함으로써 전반적인 기술 진보를 가능하게 했다. 과학에 있어서도 실용성이 많은 열역학과 전자기학 분야의 발전이 동시에 이루어지면서 과학과 기술이 밀접하게 연관되기 시작했고, 이는 다시 산업혁명을 촉진하는 계기가 되었다. 여기서 살펴볼 것은 과학과 기술의 상관관계가 그 이전의 시기와 비교했을 때 어떻게 달라졌는가 하는 것이다.

17세기 이전에 과학은 지적인 학문 추구가 목적이었고, 기술과의 연결고리는 거의 없었다. 17세기 이후 과학과 기술의 연계가 모색되기 시작하여 산업혁명을 거치면서 기술자들이 기술을 이용해 부를 축적하고 그들의 사회적 지위가 향상되었다. 이때부터 기술에 대한 사회적 관심이 높아지기 시작했다. 영국에서 먼저 주도적으로 일어난 산업혁명은 몇 가지 주목할 만한 시사점이 있다. 그 당시 프랑스를 비롯한 유럽 대륙의 나라들도 제도적으로 과학과 기술을 장려하는 정책을 갖고 있었고, 오히려 이런 측면에서는 영국보다 유리했거나 적어도 부족하지는 않았다. 프랑스는 에콜 폴리테크니크와 같은 전문교육기관을 통해 엘리트 과학기술자들을 배출하고 있었고, 국가가 정책적인 지원도 했기 때문에 영국보다 유리한 위치에 있었다고 볼 수 있다. 그렇다면 18세기 말에서 19세기 초까지 영국이 산업혁명을 주도한 주요 요인이 무엇일까?

영국에서는 다른 국가보다 일찍 봉건제가 해체되어 정치적인 성숙과 안정이 이루어지면서 자유농민층을 주축으로 모직물 공업이 많이 발달했다. 이를 중심으로 근대적인 산업이 발전했던 영국은 대항해 시대 중반인 17세기 무렵부터 북아메리카 진출과 동방무역 활성화를 통해 경제 발전을 이루고 있었다. 이때 인도에서 수입된 저렴한 면직물이 인기를 끌면서 영국의 모직물 산업에 위협이 되자, 영국은 원면을 수입하여 자체적으로 면직물 산업을 일으킨다. 산업혁명의 핵이었던 증기기관과 방직기 등의 기계 산업의 발달도 이 시기와 맞물려 있다. 와트James Watt(1736~1819)는 증기기관의 원리도 모른 채 경험적 시행착오를 거쳐 이를 개발했다. 증기기관을 이용하면서 영국은 석탄 산업의 발전은 물론 제철 능력이 크게 증가하여 일찍부터 자원 무역을 장악할 수 있었고, 식민지 지배 등을 통해 자본도 많이 확보하고 있는 상태였다. 따라서 산업혁명의 전반적인 조건이 잘 갖추어져 있던 상태였다. 기술이 가져다준 물질적 풍요에 먼저 눈을 뜬 것이다.

한편, 18세기 프랑스는 과학자들의 전문직업화가 이루어져 유럽 전체에서 지적 우위에 있었고, 조선이나 건축토목 공학 부문에서 큰 발전이 있었다. 그러나 영국이 산업혁명을 이루어내고 있던 18세기 말에 프랑스는 대혁명을 비롯한 정치·사회적 변혁기에 있었다. 과학기술에 대한 국가 제도와 정책은 장점도 많았던 반면, 인재들이 중앙에만 집중되어 산업의 기반이 될 지방 도시에는 기술적 활력을 줄 수가 없는 한계를 노출시켰다. 특히 과학기술의 경우는 영국과 프랑스가 대비를 보여주는 특성이 있었다. 철학에서도 그러했지만, 영국은 경험적이었고, 프랑스는 이론적이었다고 볼 수 있다. 그래서 영국에서는 경험에 기반을 둔 자수성가형 기술자 계층이 두터워, 즉각적이고 실용적인 기술의 개발과 발명을 이루어낼 능력자들이 많았던 것도 영국의 특징이었다. 그러나 프랑스는 그러하지 못했던 측면이 있었다.

≡ 과학과 기술의 연결

그러나 19세기 중반을 넘어가면 상황은 달라지기 시작한다. 1851년에 있었던 파리 대박람회는 영국의 산업이 선두에 있음을 확인시켜 주는 행사였지만, 그 이후로는 유럽 대륙의 국가들과 미국에서 기술적인 개선과 혁신을 더 많이 얻어내기 시작했다. 영국은 기술 면에서 지도적 위치를 잃기 시작했고, 열역학과 전자기학과 같은 과학의 영역에서도 주도권을 넘겨주기 시작했다. 자동차 산업과 같은 새로운 산업 분야에서도 주도권은 프랑스, 독일, 미국으로 넘어갔다. 특히 미국에서는 기발한 발명과 고안들이 쏟아져 나왔다. 그러면 산업혁명을 이끌었던 영국의 성공이 19세기 중반 이후까지 지속되지 않고, 상대적으로 쇠퇴한 원인은 무엇일까? 이를 어떤 한 가지로 압축하여 말하기는 어렵지만, 여기서는 과학과 기술의 관계를 중심으로 살펴보도록 한다.

영국이 주도권을 놓친 주된 이유 중 하나는 과학·기술적인 부분에서의 문제점이었다. 19세기 과학과 기술의 연계는 기존 학문과 기술의 연계가 아니라, 새로운 학문의 지평이 열리면서 생겨난 기술과의 연계가 더 중요하게 작용했다. 열역학 분야는 물론이고, 전기와 합성염료와 같은 새로운 분야에 바탕을 둔 기술에서 영국은 실패하기 시작했다. 전자기학 분야에서 초기의 과학적 성취는 대부분 영국에서 이루어졌지만, 기술적 혁신은 독일이나 미국과 같이 대부분 영국 바깥에서 이루어졌다. 유기화학의 발전에 힘입은 합성염료의 개발도 영국에서 먼저 이루어져 급속히 성장하는 영국의 섬유산업에 활력을 주었으나, 19세기 말에는 합성염료산업의 주도권이 독일로 넘어갔다. 이 점에서 영국과 새로운 세력으로 등장한 나라들의 차이를 비교해 보면, 결국 이 분야에 종사하는 저변 과학기술 인력의 육성과 관련되어 있음을 보게 된다. 과학적 성취가 과학자들의 집단 활동에서 큰 추동력을 얻었던 만큼, 기술의 발전도 과학적 성취를 이어받아 기술혁신으로 이끌 저변 인력이 필요했던 것이다.

19세기 말부터 독일의 과학은 유럽에서 주도적인 역할을 했다. 특히 1871년 독일 통일 후 대학과 고등기술학교에서의 과학기술 교육은 탁월했다. 독일의 대학은 정부가 재정을 담당하여 모든 분야를 골고루 지원했고, 대학교수의 자격으로 연구 능력이 가장 중요한 척도가 될 만큼 연구를 중요시했다. 이런 변화는 18세기 말까지 상대적으로 낙후되었던 독일의 대학을 혁신시키려는 노력에서 출발했다. 대학에서의 개혁은 수학과 물리학 교수들이 주도했는데, 유명한 수학자 클라인Felix Klein(1849~1925)은 수학을 물리학이나 기술에 응용하는 데 지대한 관심이 있었으며, 대학 및 중등교육 개혁 과정에서 수학·자연과학·공학의 통합을 추진했다. 그리고 대학교수의 주머닛돈으로 유지되던 연구실을 국가 재정으로 지원하기 시작하여 근대적 인 물리학 연구소로 탈바꿈시켰다(임경순, 1995).

그러면서도 독일의 대학은 학문적 자유와 자치가 보장되었고, 한 명의 정교수와 한두 명의 부교수, 사강사Privatdozent, 조교 등으로 구성된 대학 내 전문 연구자 집단과 정기적인 세미나와 컬로퀴엄 등 효과적인 과학 연구를 위한 제도와 여건이 조성되었다. 사강사들은 교수가 되기 위해 불꽃 튀는 경쟁을 해야 했고, 독일의 분권화된 교육정책과 서로 다른 지역의 역사적 배경에서 유래한 경쟁의식이 대학 간 경쟁으로 이어져 높은 학문 수준에 도달하고 또 유지하려고 노력하는 결과를 낳았던 것이다. 이러한 것들은 원래 대학을 개혁하면서 의도하거나 계획했던 것도 아니고 예측했던 것도 아닌, 자율적인 활동의 결과였던 점을 눈여겨볼 필요가 있다.

이러한 독일의 교육제도는 박사 학위를 가진 고급 과학 연구자나 기술자를 비롯해서 생산기술을 담당하고 관리하는 인력을 포함한 모든 계층의 인력을 골고루 양성해 낼 수 있었다. 이런 결과로 19세기 중엽쯤에는 독일 대학의 몇몇 실험실들이 그들 분야의 중심지가 되었다. 19세기 말과 20세기 초를 비교하면, 영국에는 최상급의 물리학 연구소가 케임브리지대학의 캐번디시Cavendish연구소와 맨체스터대학의 연구소 두 군데가 있었던 반면, 독일에는 이와 비슷한 규모의 물리학 연구소가 다섯 개 이상 있었으며, 화학 분야는 더 많은 최상급 연구소들이 있었다. 영국의 교육은 민간 주도였고, 기술 교육은 주로 야간학교에 의지했기 때문에 독일과 같은 큰 효과를 낼 수가 없었던 것이다. 그래서 19세기 말 영국의 산업기술에서는 마르코니Guglielmo Marconi(1874~1937), 베이어Adolf von Baeyer(1835~1917), 지멘스Ernst Siemens(1816~1892)와 같은 외국에서 들어온 천재적인 기술자들이 오히려 큰 이바지를 했다.

미국의 경우는 유럽과는 또 다른 환경에 놓여 있었는데, 1776년 독립선

언과 동시에 산업혁명의 열기로 휩싸여 면직업에서 출발한 산업은 남북전쟁이 일어나기 직전인 1860년까지 철도, 토목건설, 증기선, 철강업, 기계산업으로 엄청나게 확대되었다. 미국은 영국의 식민지였기 때문에 영국 산업혁명의 열기와 열매들이 그대로 전해졌고, 풍부한 토지와 천연자원을 소유한 이점이 있었다. 반면에 숙련노동자의 수가 적었다. 따라서 노동절약형 기계의 발명 필요가 산업혁명에 큰 요인으로 작용했다. 이리하여 발명이 발명을 낳는 지속적 활동이 이루어지면서 기술혁신을 이루어냈던 것이다. 그리고 개방적인 사회·정치 구조도 독창적이고 정력적인 사람들을 격려하는 분위기를 조성하여 기술과 산업 발전에 이바지하도록 했다. 에디슨 Thomas Edison(1847~1931)과 같은 발명가들이 대표적이다. 이러한 미국의 '경험적 기술'은 남북전쟁을 통해 더 큰 추진력을 얻었다. 현실적인 필요는 항상 새로운 기술의 발명을 기다리고 있다는 점에서 사회·경제적 추동력 제공 또한 중요하다고 볼 수 있다.

이와 같이 과학과 기술의 관계는 산업혁명 이전까지는 크게 눈에 띄는 형태를 보이지 않다가 그 이후부터 경제·사회·정치의 전반적인 구조를 바꾸어나갈 정도로 큰 영향력을 미치게 됨을 볼 수 있다. 독일의 '과학에 바탕을 둔' 기술과 미국의 '경험적' 기술은 20세기 국가들의 열강 구도를 결정짓는 요인이 되었다. 특히 독일의 경우를 보면, 대학의 역할과 과학기술 인력의 양성에 있어서 과학 발전의 현재와 미래의 상황을 면밀하게 살펴 세심하게 준비하는 자세가 중요함을 배울 수 있다. 최근에 우리나라에서 이루어지고 있는 대학의 구조개혁과 관련하여, 단기적인 처방 위주의 개혁이 아니라 대학의 근본적인 역할을 다시 살펴보고 그 역할에 합당한 경쟁력을 가지게 하는 방안을 먼저 고민해야 할 것이다. 모든 일은 결국 사람이 하는 것이므로 인력 수급이 적절하게 이루어지지 않으면 지속적인 발전을 도모하기가 어렵다고 볼 수 있다.

근대과학의 방법론과 칸트 철학

18세기와 19세기를 지나면서 과학에서는 수학적·실험적 방법론이 크게 강조되었다. 자연스럽게 과학자들의 과학 활동은 이론과 실험이 병행되는 형태가 대세를 이루기 시작했다. 실험에 있어서는 관찰이나 측정의 정밀도를 높이기 위해 기술적인 요소들에 대한 고려도 점점 중요해지게 되었다. 현미경의 배율을 높이는 기술이나 힘, 온도, 압력, 전류 등의 물리량을 정밀하게 측정하는 기술은 과학 이론을 정확하게 검증하는 데 결정적인 역할을 했다. 이로써 과학의 엄밀성을 더욱 촉진하게 되었고, 이는 다시 더 나은 관측기술의 개발로 이어졌다. 이러한 기술은 산업기술에도 응용되기 시작했고, 과학과 기술은 마치 경쟁을 하듯이 앞서거니 뒤서거니 하면서 추동력을 만들어나갔다.

오늘날 과학자들의 연구 활동, 특히 물리학에 있어서 이론물리학자와 실험물리학자로 구분 지어진 것은 19세기 후반에 이르러서 체계적으로 그 분화가 이루어지기 시작했다. 이러한 분화의 예는 베를린대학에서 이론과 실험을 동시에 담당했던 키르히호프가 죽자 그의 후임으로 플랑크를 이론물리 담당 부교수로 임용하는 과정에서 찾아볼 수 있다. 그리고 그 이후의 교수 승진과 임용에서 베를린대학은 이론물리학 분야와 실험물리학 분야의 분화가 제도적으로 정착되었다. 다른 나라에서도 20세기의 양자역학이 성립된 이후에는 이런 경향이 강하게 나타나기 시작했다(임경순, 1995).

고대 그리스 자연철학이 과학과 철학이 분리되지 않은 상태로 연구되어 오던 것처럼 근대과학도 이론과 실험이 구분되지 않고 함께 추구되어 왔다는 사실은 과학의 발전에 있어서 시사점이 많다. 현대로 접어들면서 과학자들의 역할 분리는 실험에 있어서의 기술적 요소가 예전에 비해 훨씬 전문화되었다는 것을 의미한다. 더욱 정밀하고 정교한 장치와 도구들이 실험에 사용되기 시작하면서 모든 과학자들이 이론과 실험을 동시에 연구하기가 힘들어졌다는 것이다. 그러나 이러한 분리는 어디까지나 분업적인 특징을 가지고 있음을 염두에 둘 필요가 있다. 과학은 이론과 실험이 나란히 상호보완적인 역할을 하면서 모순과 오류를 해결해 나감으로써 좀 더 완전한 과학적 진리를 향해 나아가는 것이다. 그렇다면 철학은 어떠했던가?

≡ 과학과 칸트의 비판철학

근대 인식론의 두 줄기인 합리론과 경험론을 창의적인 방식으로 종합한 칸트의 인식론을 살펴보자. 칸트가 첫 번째로 던진 질문은 '내가 알 수 있는 것은 무엇인가?'였다. 이 질문에 대해 그는 『순수이성비판』에서 인간의 이성이 지닌 한계를 지적하면서 이른바 '코페르니쿠스적 전환Kopernikanische Wendung'을 시도했다. 코페르니쿠스적 전환이란 인간이 대상을 있는 그대로 인식하는 것이 아니라, 인간의 인식이 대상에 대한 관념을 만들어낸다는 생각이다. 마치 예술가가 대상을 있는 그대로 나타내는 것이 아니라, 자신이 보는 관점에 따라 그 대상을 다르게 받아들이고 나타낸다는 것이다. 이렇게 칸트는 사물 자체와 우리에게 보이는 사물을 구분하고, 사물 자체가 어떤 것인지는 인간은 절대로 인식할 수 없고, 다만 그 사물이 어떻게 보이는지만 알 수 있다고 했다.

칸트 이전의 철학은 '존재론적' 성격이 상대적으로 강하여 인간의 인식 행위가 대상에 의해 결정된다. 즉, 존재하는 것을 얼마나 정확하게 있는 그대로 그려내는가의 문제가 철학의 과제였다. 우리 지식의 근원이 우리의 정신 활동 바깥에 있는 것이었다. 사물의 실체를 이데아로 본 플라톤이나, 신이 계시한 진리가 존재한다고 본 중세 실재론자들이나, 생득관념을 주장한 합리론자들, 실재에 대한 인식이 불가능하다고 본 경험론자들도 그 점에서는 마찬가지였다. 그러나 칸트는 이런 생각을 거부하고 인식의 대상보다는 인식의 주체가 더 중요하며, 인식 대상이 오히려 우리의 인식 방식에 따라 달라진다고 생각한 것이다.

칸트는 우리 자신 속에 선험적인 인식 형식이 있다고 보았고, 인식은 감각을 통해 받아들인 다양한 소재를 자신의 주관적인 인식 형식을 통해 통합하고 통일함으로써 성립한다고 보았다. 이 인식 형식을 칸트는 감성과 이성으로 구분했다. 감성적 인식 형식은 공간과 시간이라고 했는데, 이는 감각적 다양성을 수용하는 직관의 형식으로서 인식의 내용을 구성한다. 우리가 사물을 감각적으로 경험하는 것은 바로 시간과 공간 속에서 나타나는 현상이므로 시간과 공간은 '경험적 실재성'을 갖는 것이다. 그리고 이성은 사유 능력으로서 '범주'라는 인식 형식을 갖는다고 했는데, 이는 판단 형식이라고 할 수 있다. 결국, 모든 인식은 경험적 재료와 이성적 개념의 산물이며, 감성과 이성의 공동 작용에 바탕을 두고 있어서 경험적 재료가 없는 곳에서는 인식이 성립할 수 없는 것이다.

비유를 들어보자. 우리 집에서 같이 생활하는 강아지의 실체에 대해서 나는 확실하게 알 수 없다. 단지 나와 강아지의 관계에서 강아지는 다양한 방식으로 감정 표현을 하고, 나도 강아지를 애정으로 대하며 감정적 교류를 한다. 그런데 강아지가 우리 집의 다른 식구와 맺는 관계에서는 전혀 다른 감정으로 대하고 태도도 다르다. 우리 집의 다른 식구가 갖는 강아지에 대한 관념이 내가 보는 강아지와 다르다면 강아지는 어떤 존재인가? 나와 다른 식구가 강아지에 대해 알 수 있는 것은 무엇인가? 이제 서로가 다르게 보고 있는 강아지에 대한 주관적 관념이 어떻게 의미가 있을 수 있는지 생각해 보자. 강아지의 여러 가지 행동을 이성적으로 판단해 본다고 하자. 강아지와 사람의 관계를 종합적으로 분석하고 통일하여 어떤 인과관계를 찾거나, 강아지의 행동이 예측 가능하다고 판단할 수 있으면, 우리는 강아지의 행동에 대한 객관적 인식에 이르게 되었다고 할 수 있다. 강아지 조련사는 그것을 아마 터득했을 것이다. 그러나 그것이 강아지의 실체는 아니다.

이제 과학으로 다시 돌아와 보자. 과학적 탐구에서 실험적 관측과 수학적 논리는 과학적 진리에 이르는 데 모두 중요하고 상호보완적으로 작용한다. 여기서 실험적 관측을 통해 결론을 도출하는 과정만으로는 올바른 인식에 이를 수 없다고 보는 것이 칸트의 입장이다. 보는 사람의 인식에 따라 대상에 대한 관념이 달라질 수 있다는 칸트의 주장은 같은 관측을 하더라도 관찰 대상을 다르게 해석할 수 있다는 의미를 내포한다. 따라서 관측 행위 그 자체로는 객관적이거나 중립적이지 않다. 이 부분에서는 핸슨Norwood R. Hanson(1924~1967), 파이어아벤트, 쿤과 같은 과학철학자들이 칸트의 입장을 계승하고 있다고 볼 수 있다.

관찰과 측정을 통해서 사실을 수집하고 이로부터 이끌어낸 논리적 해석만으로 과학의 법칙과 이론이 완성되는 것은 아니다. 관측에서 부정할 수 없는 전제가 성립되면, 과학은 수학적 방법으로 이론을 재구성해 나간다. 수학적 논리를 이성이라고 할 때, 수학적 이론이 관측된 사실을 통합하고 통일하는 역할을 할 수 있을 것으로 기대하는 것이다. 다른 한편으로 관측 자체가 이미 특정한 이론에 의해서 영향을 받는다고 주장하는 쪽도 있다. 그렇다고 하더라도 이론 자체가 명백한 수학적 논리 오류를 포함하지 않는 한, 주어진 한계 내에서는 의미가 있는 것으로 보아야 한다. 그렇다고 그것이 진리라고 주장할 수는 없다. 적어도 현재 우리의 인식 범위 내에서 객관성을 지니는 것으로 보이는 것뿐이다.

이러한 점에서 칸트의 『순수이성비판Kritik der reinen Vernunft』의 인식론은 시사점이 많다. 칸트가 실재론의 입장을 비판하면서 대상이 우리의 주관적인 인식 틀을 통해서만 받아들여진다고 주장하는 것은 단순하게 인간의 인식 한계를 인정하는 것뿐이지, 그것이 결코 존재와 사유가 일치하지 않는다는 의미는 아닐 것이다. 마찬가지로, 과학의 방법론에서 관찰과 실험은 다양한 감각적 자료를 수집한다는 의미이며, 그것 자체가 과학 이론의 확실한 토대를 제공하는 것은 아니다. 나머지는 이들 자료를 통합하고 통일시키는 수학적 논리를 찾아내는 것이다. 그리고 이렇게 구성된 이론은 계속 관측을 통해 엄밀하게 검증을 받아야 한다. 이것이 과학의 과정이다. 예를 들면, 아인슈타인의 특수상대성 이론의 가정 중 하나는 빛의 속도는 일정하다는 것이다. 이는 빛의 속도 측정과 맥스웰의 전자기파 이론에 근거를 둔 가정이다. 이 가정이 성립하지 않는다면 특수상대성 이론도 성립하지 않는다. 그러나 적어도 그 가정이 성립하는 범위에서는 특수상대성 이론은 객관적 진리의 일부를 구성하는 것이다. 그리고 이 이론은 여러 가지 다른 관측 방식으로 검증을 받음으로써 객관성과 보편성을 획득한 하나의 과학 이론으로 인정받게 된다.

09

에너지 개념과 물리학

뉴턴역학과 만유인력 이론은 19세기 중반까지 물리학의 지배적인 내용을 구성하고 있었고, 그동안 열이나 전기, 자기, 빛 등에 관계된 분야는 상대적으로 발전이 느렸다. 그러다가 18세기에 접어들면서 열기관의 발명으로 열을 이해할 필요가 생기면서 열역학 분야가 틀을 갖추기 시작하여, 기존의 역학 분야와 전기, 자기, 빛 등에 관해 다루는 분야들이 합쳐져 물리학 분야를 형성하게 되었다. 고대 자연철학에서도 물리학이라는 말을 사용했지만, 이는 자연 세계를 기술하는 기본 개념들을 다루는 것이어서 오늘날의 물리학과는 거리가 있었다. 18세기 이후 생물학과 화학 분야가 독립적인 분야를 형성하여 떨어져 나가고, 수학적 구조를 지닌 역학 분야와 달리 실험과학에 속한 열, 전기, 자기, 빛과 같은 분야는 진보가 없는 상태에 있다가 18세기 말 이후 19세기를 거치면서 비로소 수학적으로 정리되기 시작했다. 그 과정에서 이들 분야도 크게 물리학 분야에 속한다고 인식했다. 그러나 이것만으로는 물리학 분야의 형성에 대한 설명이 부족하다.

물리학 분야의 형성에 가장 중요한 요소는 19세기에 자리 잡기 시작한 '에너지'라는 개념이다. 이 개념이 물리학의 여러 분야를 하나로 묶어주는 역할을 했다. 사실 역학을 포함하여 나머지 분야도 모두 에너지와 관련이 있다. 열역학도 열heat과 역학적 일work이라는 에너지 사이의 관계를 설명하는 학문이고, 전기와 자기도 에너지의 한 형태이며, 빛도 그렇다. 이들 에너지는 서로 연관되어 있고, 또 서로 변환될 수 있다. 이러한 생각이 물리학 분야를 하나로 묶어주는 역할을 했다고 볼 수 있다. 그래서 물리학을 에너지의 학문이라고 해도 크게 틀리지 않는다. 물질의 구조와 본성을 이해하는 데도 관련되는 에너지의 크기에 따라 들여다볼 수 있는 내용의 범위가 달라진다. 결국, 에너지와 관련이 있으며 수학이라는 이상적인 방법을 통해 자연을 체계적으로 기술하는 학문 분야로서 물리학이 형성된 것이다. 이제 앞에서 살펴본 뉴턴역학보다 늦게 발전한 물리학 분야인 열과 전기, 자기, 빛에 관한 내용을 살펴보도록 하자.

열역학과 에너지 그리고 엔트로피

근대화학이 성립하면서 아리스토텔레스의 흙, 공기, 물, 불의 4원소는 불을 제외하고는 모두 원소의 지위를 잃어버렸다. 그런데 불은 여전히 물질의 근본을 구성하는 원소로 생각되었다. 연소 현상이 일어날 때 방출되는 열은 '불의 원소'란 의미로 열소라고 불렀는데, 열소의 무게를 측정하는 데 실패한 라부아지에는 열소를 '무게가 없는 물질 입자'로 생각했다. 그리고 열의 출입에 따라 물체 온도가 변하며 이는 열소를 흡수하거나 방출하기 때문에 생기는 것으로 이해했다. 열이 물질이 아니라 에너지의 한 형태라는 생각은 19세기가 되어서야 나타났다. 그래서 열역학의 역사는 열과 에너지에 관한 연구의 역사라고 해도 무리가 없다. 오늘날 열량(열에너지의 양)의 단위로 사용하는 칼로리calorie라는 용어가 열소라는 뜻의 칼로릭caloric의 변형이다.

≡ 열은 에너지의 일종

먼저 열이 물질이 아니라 에너지의 일종임을 알게 되는 과정을 살펴보도록 하자. 사실 열역학의 시작은 열기관의 효율에 관한 관심에서 출발했다고 보아도 과언이 아니다. 그전에 열소설의 문제점에 대해 간헐적인 논의는 있었지만, 체계적이지도 않았고 별 관심도 받지 못했다. 그러다가 19세기 초에 접어들면서 열의 이동과 흡수, 열의 이동에 수반되는 온도의 변화 등에 관한 수학적 이론을 찾으려는 연구가 기술적인 관점에서 진행되기 시작했다. 그중에서 가장 많은 흥미를 끌었던 것은 당시 널리 사용되던 열기관(증기기관)의 효율에 관한 논의였다. 즉, 열기관이 일정한 양의 열을 사용하여 얼마만큼의 일(역학적 에너지)을 할 수 있느냐에 관한 문제였다. 18세기 후반부터 와트가 개량한 증기기관은 방직기계 등에 이용되기 시작하여 산업의 형태를 가내수공업에서 공장제조업으로 전환시켰고, 이는 대량생산을 가능하게 하여 산업혁명을 일으키는 계기가 되었다. 그리고 19세기에 접어들자 증기기관을 동력으로 하는 기차와 기선이 운행되기 시작했고, 자연스럽게 석탄 소비를 줄이기 위한 열기관의 효율에 관한 연구가 시작되었다.

프랑스의 물리학자인 카르노Nicolas Carnot(1796~1832)는 물이 높은 곳에서 낮은 곳으로 흐르면서 일을 하듯이 열기관도 열이 높은 온도에서 낮은 온도로 이동하면서 일을 하게 된다고 생각했다. 그리고 일정한 양의 물이 할 수 있는 일이 높이 차이로만 주어지듯이,• 일정한 양의 열이 하는 일, 즉

• 일로 변환되는 물의 위치에너지는 (물의 질량 × 중력가속도 × 높이 차이)로 주어진다.

열기관의 효율도 작용물질과는 상관없이 온도의 차이로만 결정될 것으로 생각하여 논의를 시작했다. 카르노는 1824년에 출간한 저서 『열의 능력과 그 능력을 개선시킬 수 있는 기계에 대한 고찰Reflections on the Motive Power of Fire and on Machines Fitted to Develop That Power』에서 열기관의 효율을 판단하는 기준을 정하기 위한 세 가지 전제를 설명했다. 간단히 정리하면, 영구기관은 절대 가능하지 않으며, 물리계에서 흡수되거나 방출되는 열의 양은 계의 처음 상태와 마지막 상태를 조사하면 측정할 수 있고, 온도 차이가 있으면 언제든지 유용한 일이 만들어질 수 있다는 것이었다. 카르노는 자신의 이름이 붙은 이상적인 열기관의 원리를 발전시켰고, 가역성이라는 개념을 도입했는데, 그의 연구는 나중에 열역학 제2법칙의 기초가 되었다.

카르노의 열기관에 관한 연구는 발표 당시 대부분 과학자에게 관심을 받지 못하고 무시되었다. 그러다가 그가 콜레라로 생을 마감한 한참 후인 1840년대 말에 가서야 그의 연구가 물리학자들의 관심 속으로 들어오게 되었다. 이 무렵에는 열소 이론이 이미 퇴색되고 있었고, 자연 세계의 여러 현상이 어떤 하나의 '능력' 또는 '에너지'의 다양한 효과에 불과하다는 믿음이 생겨났다. 그래서 열은 물질 입자의 운동에너지이며 일과 같은 종류의 물리적 양이라는 생각이 퍼지기 시작했다. 구체적으로는 에너지는 다른 형태로 변환될 수 있으므로 열과 일은 변환될 수 있고, 열과 일을 합친 양은 일정하다는 에너지 보존법칙에 관한 논의가 활발하게 이루어지기 시작했다.

≡ 열역학 법칙

열역학과 관련하여 에너지 보존법칙에 관한 논의는 의학자였던 마이어 Julius Mayer(1814~1878)가 아마 선구자일 것이다. 그는 동물이 활동하며 내는 열이 섭취한 음식의 산화(연소)를 통해서 나온다고 보았다. 음식에 들어 있는 화학에너지를 열의 양으로 표현할 수 있다고 결론을 낸 그는 음식물의 화학에너지가 동물의 활동에 필요한 역학적 근육 에너지로 바뀌며, 그 총량은 보존되어야 한다는 에너지 보존법칙을 제창했다. 1842년에 제안된 이 에너지 보존법칙은 물리학뿐만 아니라 자연과학 전반에 적용되는 근본적인 법칙으로서, 열과 역학적 에너지(일 또는 운동에너지와 위치에너지의 합)가 서로 같은 것이며, 오늘날 열을 에너지의 한 형태로 취급한 에너지 보존법칙인 열역학 제1법칙에 해당하는 것이었다.

같은 해에 영국의 줄James Joule(1818~1889)은 추에 연결된 물통 속의 젓개가 추가 떨어지면서 물을 휘저어 온도를 올리게 하는 실험을 함으로써 열이 에너지의 일종임을 증명해 보인다. 줄의 실험은 열이 에너지라는 것을 입증함과 동시에 에너지의 형태가 변하고, 여러 과정을 거쳐도 그 전체 양은 변하지 않음을 증명해 보인 실험이었다.

그러나 줄의 업적이 세상에 알려지게 된 것은 1847년 학회에서 영국의

그림 9-1 줄의 일의 열당량 실험장치. 일의 열당량이란 일이 얼마만큼의 열에너지에 해당하는지를 말한다. 추와 물통 속의 젓개가 연결된 장치다.

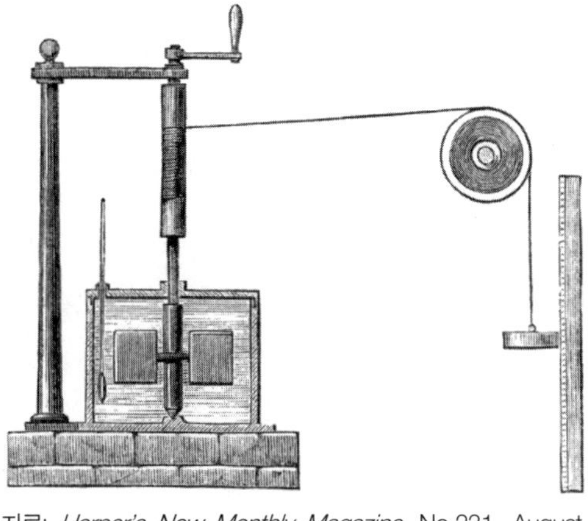

자료: *Harper's New Monthly Magazine*, No.231, August, 1869.

물리학자 톰슨William Thomson(1824~1907)이 줄의 발표에 흥미를 보인 것이 계기가 되었다. 톰슨(나중에 켈빈 경이 됨)은 카르노의 열기관을 연구하고 있던 중 카르노의 해석이 줄의 주장과 서로 모순이 됨을 깨달았다. 카르노에 따르면, 물이 일을 하는 것처럼 열기관은 높은 온도에서 흡수한 열을 전부 낮은 온도로 내보내면서 일을 한다고 했다. 그런데 이것은 열과 일이 모두 에너지의 양이어서 서로 변환될 수 있으며 열과 일을 합친 것은 일정하게 보존되어야 한다는 줄의 주장과 어긋났던 것이다. 이렇게 시작된 카르노 이론에 대한 논의는 결국 1850년에 클라우지우스Rudolf Clausius(1822~1888)가 카르노 이론을 수정하면서 해결점을 찾았다.

클라우지우스는 높은 온도에서 흡수한 열이 일을 한 만큼 열을 잃게 되고, 나머지의 열이 온도가 낮은 쪽으로 이동한다고 수정을 했다. 이렇게 수정하면 열과 일의 합이 일정해야 한다는 줄의 주장을 받아들여도 작용물질에 관계없이 온도 차이에만 의존한다는 카르노의 정리가 계속 성립함을 증명할 수 있었다. 그리고 이를 증명하는 과정에서 클라우지우스는 '외부의 작용이 없이 낮은 온도의 물체에서 높은 온도의 물체로 열을 이동시키는 것은 불가능하다'는 열역학 제2법칙을 발견했다.

톰슨도 1851년에 줄의 주장과 카르노 이론이 모두 만족될 수 있음을 인식했는데, 그는 클라우지우스와는 약간 다른 표현의 열역학 제2법칙을 찾아냈다. 즉, '열을 흡수해서 낮은 온도로 열이 빠져나가지 않고 모두 일로 바뀌는 것은 불가능하다'는 것이다. 한마디로, 열은 반드시 온도가 높은 데서 낮은 곳으로 이동해야 한다는 것이다. 이것은 열기관의 효율 문제와는 별도로 일상생활에서 쉽게 경험하는 내용이다. 뜨거운 물체와 차가운 물체가 접촉하면 열이 뜨거운 물체에서 차가운 물체로 이동하여 적당한 중간 온도로 같아지는 열평형 현상이 열역학 제2법칙에 따라 지배되는 현상이다. 그러나 열역학 제2법칙에 관한 클라우지우스의 표현과 톰슨의 표현을 비교하면 언뜻 같은 법칙을 말하는 것인지 알기가 쉽지 않을 것이다. 이것은 열의 이동과 일의 출입을 서로 반대로 기술했기 때문이다. 그리고 열역학 제2법칙 자체도 쉽게 이해될 수 있는 내용은 아니다.

이쯤에서 우선 열역학 제1법칙과 제2법칙의 의미를 정리하고 지나가자. 앞에서 언급한 대로 열역학 제1법칙은 에너지 보존법칙으로서, 열과 일을 포함한 변화 과정에서 열과 일의 총합은 항상 일정하게 보존되어야 한다는 것이다. 그리고 열역학 제2법칙은 그러한 변화의 과정이 일어날 수 있는 방향에 대해 제약을 주는 법칙이다. 열역학 제1법칙만 생각하면 열은 낮은 온도에서 높은 온도로 흘러도 문제가 없고, 열이 모두 일로 바뀌어도 법칙을 위배하지 않는다. 하지만 열역학 제2법칙은 열은 반드시 높은 온도에서 낮은 온도로만 흐르며, 일은 열로 모두 바뀔 수 있지만 열은 모두 일로 바뀔 수 없다는 방향성을 정해준다.

열역학 제2법칙은 시간의 흐름과 같은 우주적 사건의 진행이 대칭적이지 않은 현상을 설명하는 법칙이다. 그러나 자연에서 특정한 종류의 현상이 일어날 수 없다고 제약을 가하는 열역학 제2법칙은 '법칙'이라고 부르기에는 서술적으로 불완전해 보이고, 규칙성이나 정확성도 없어 보인다. 그래서 물리학자들은 좀 더 완전하고 수학적으로 정리된 표현을 얻고자 노력했다. 그리고 마침내 '엔트로피entropy' 개념을 탄생시킨다.

≡ 엔트로피

'엔트로피'는 클라우지우스가 열역학 제2법칙 발표 후 15년간의 노력 끝에 1865년에야 비로소 정의한 개념이다. 엔트로피는 열역학적 계에서의 에너지 흐름 중에 '사용할 수 없는(일로 변환할 수 없는) 열에너지의 양'과 관계된 다소 추상적인 개념이다. 클라우지우스의 노력에 방향을 제시한 것은 1852년 톰슨의 논문인 「자연 세계에 있어서 역학적 에너지의 낭비를 향한 일반적 경향에 대해서On the Universal Tendency in Nature to the Dissipation of Mechanical Energy」에서 "열이 한 물체에서 더 낮은 온도의 다른 물체로 이동하게 되면 사용 가능한 역학적 에너지의 절대적인 낭비가 생긴다. … 앞에서 말한 낭비란 소멸이 아니라 에너지의 어떤 변형이어야 한다"라고 한 언급이었다. 그래서 클라우지우스는 엔트로피란 용어를 제안할 때 '변형된 에너지'란 뜻으로, 에너지energy와 그리스어로 '변형'을 의미하는 'tropy'를 합성하여 'entropy'라고 했다. 그리고 일을 할 때 생기는 마찰열과 같이 소비되어 사라지면서 거꾸로 되돌릴 수 없는 '비가역적' 과정의 예를 통해 "역학적 에너지의 낭비를 향한 일반적인 경향"이 존재한다고 주장한 톰슨의 통찰력을, 클라우지우스는 엔트로피라는 개념을 사용하고 수학적 계산과 논리적 추론을 통해 다시 설명했다.

이제 엔트로피 개념이 무엇을 의미하는지 알아보자. 주어진 온도에서 엔트로피가 크면 열에너지가 일로 변환될 수 없는, '낭비되는 에너지의 양'이 많다는 의미다. 즉, 엔트로피가 클수록 열에너지가 일로 변환될 수 있는 양은 작아지고, 반대로 엔트로피가 작을수록 열에너지가 일로 변환될 수 있는 양은 많아진다. 엔트로피의 변화는 결국 열에너지의 출입과 온도에 의해 결정되는데, 수학적으로는 대략 (엔트로피의 변화 = 열에너지의 변화량 ÷ 온도)로 표현되며, 엔트로피의 총량은 일반적으로 일정하지 않다. 예를 들면, 같은 양의 열에너지라도 온도가 높은 계에 더해지면 엔트로피의 변화가 온도가 낮은 계에 더해졌을 때의 엔트로피 변화보다 작다. 따라서 낭비되는 에너지가 작으므로 일로 변환될 수 있는 열에너지의 양이 많다는 것이다.

엔트로피는 열을 얻으면 증가하고, 열을 잃으면 감소한다. 자연 상태에서 열이 온도가 높은 물체에서 온도가 낮은 물체로 이동하면, 높은 온도의 물체가 잃은 열에너지로 인해 감소한 엔트로피가 낮은 온도의 물체가 얻은 똑같은 양의 열에너지에 의해 증가한 엔트로피보다 작다. 따라서 전체적으로는 엔트로피가 증가하게 된다. 이는 엔트로피가 증가하는 방향으로 열에너지의 흐름이 생긴다는 의미다. 따라서 열역학 제2법칙은 엔트로피가 증가하는 방향으로 열적 변화가 일어난다는 것을 말해주므로 '엔트로피 증가 법칙'이라고 부르기도 한다. 자연계에서 일어나는 변화의 방향성을 결정하는 열역학 제2법칙을 클라우지우스는 엔트로피라는 개념을 이용하여 일반화했고, 그는 논문을 "우주의 엔트로피는 항상 증가한다"라는 언급으로 마무리했다.

그러나 엔트로피 개념은 한동안 제대로 이해되지 못했고, 클라우지우스 자신도 자기의 수학적 추론을 더는 진전시키지 못한 채 관념적인 수준에 머물러 있었다. 이는 엔트로피 개념을 제안한 클라우지우스 자신도 엔트로피 개념을 완전히 파악하지 못했음을 말해준다. 엔트로피에 물리적 의미를 부여하려는 노력은 열역학 제2법칙의 확률적 성격을 깨달은 볼츠만Ludwig Boltzmann(1844~1906)이 1876년 엔트로피에 대한 확률적 정의를 내림으로써 결실을 보았고, 또 통계역학statistical mechanics•이라는 새로운 분야를 탄생시킨다. 엔트로피의 확률적 정의에 따르면, 엔트로피(S)는 계가 가질 수 있는 상태의 수(W)에 로그값을 취한 것으로서, $S = k \log W$로 주어진다. k는 볼츠만 상수라고 한다. 여기서 상태란 계의 미시적 상태를 말하고, 당연히 엔트로피는 거시 상태를 특징짓는 양이다. 따라서 엔트로피는 물리계의 거시적인 기술에서만 의미가 있다.

엔트로피의 확률적 정의를 이해하기 위한 간단한 예로, 칸막이로 분리되어 있는 부피가 똑같은 두 종류의 기체를 생각해 보자. 처음에 분리되어 있

• 대상이 되는 입자가 무척 많거나 운동이 무척 복잡하여 확률적 해석이 중요해지는 현상을 주로 다루는 물리학 분야다.

던 기체는 칸막이를 제거하면 두 종류의 기체가 저절로 서로 섞이게 된다. 이는 칸막이가 제거됨으로써 미시적인 기체 분자가 가질 수 있는 상태의 수가 부피에 비례하여 두 배로 늘어난 것이다. 따라서 엔트로피가 증가하며, 일단 섞인 기체가 자발적으로 분리되는 역과정은 절대 일어나지 않는다.

이런 확률적 과정은 다른 표현으로는 무질서의 정도가 증가하는 방향으로 변화가 일어난다고 할 수 있다. 기체가 분리된 상태는 질서가 있는 상태이고, 섞인 상태는 무질서한 상태인 것이다. 물에 떨어뜨린 잉크 방울이 물 전체로 퍼져나가는 것도 같은 원리다. 운동장의 학생들이 가로세로로 열을 맞추어 서 있는 상태는 엔트로피가 낮은 상태이고, 무질서하게 흩어져 있는 상태는 엔트로피가 높은 상태다. 학생들이 서 있을 수 있는 자리를 강제로 정해놓은 경우보다 마음대로 서 있을 수 있도록 하는 경우가 학생들이 가질 수 있는 상태의 수가 많고 또 자연스러운 상태다. 반듯한 줄로 세워놓은 학생들이 강제력이 없어지면 왜 제멋대로 흩어지는지 이해가 되는가? 미시적 입자들도 그렇다는 것이다.

그렇다면 열에너지를 주면 엔트로피는 왜 증가하는가? 그리고 엔트로피 증가로 인해 일로 변환될 수 있는 에너지는 왜 감소하는가? 이는 열이 제멋대로 움직이는 운동, 즉 입자 운동의 무질서를 초래하기 때문이다. 기체 분자를 예로 들어보면, 기체에 열에너지를 주면 기체 분자들은 열에너지를 받아 빠른 속력으로 움직이면서 운동에너지가 증가한다. 열기구나 풍선이 열을 받아 부풀어 오르는 것은 기체 분자의 운동에너지가 증가하여 기체 분자가 빠른 속도로 풍선 벽을 치면서 나타나는 현상이다. 그만큼 무질서의 정도가 증가한다는 것이고, 이는 엔트로피의 증가로 표현된다. 실린더 피스톤의 경우에는 열에너지를 받아 실린더 내부 기체의 운동에너지가 증가하면 피스톤을 밀어 올리는데, 이때 기체의 운동이 무질서하므로 피스톤이 움직이는 방향과 다른 방향으로 움직이는 기체 분자는 피스톤을 움직이

그림 9-2 엔트로피 식이 적힌 볼츠만의 무덤 비석

ⓒ Daderot / Wikimedia Commons / CC BY-SA 3.0 / GFDL. https://commons.wikimedia.org/wiki/File:Zentralfriedhof_Vienna_-_Boltzmann.JPG. 원본 편집.

는 데 관여할 수 없게 된다. 따라서 열에너지가 완전히 일로 변환될 수 없는 것이다. 실린더 벽을 때린 기체 분자는 운동에너지를 실린더 벽의 온도를 올리는 데 사용하면서 내부에너지 형태로 바뀌게 된다. 즉, 무질서의 정도가 증가하면 엔트로피는 증가하고, 일로 변환될 수 있는 열에너지는 줄어든다.

통계역학을 완성한 볼츠만은 원자의 개념을 물리학적 관점에서 확립한 인물이기도 하다. 화학반응과 화합물의 조성을 설명하기 위해 제시되었던 돌턴의 원자설은 물론이고 이미 아보가드로가 분자의 존재도 예견했지만, 물리학에서의 현실은 달랐다. 원자나 분자의 존재 자체가 물리학의 관점에서는 입증 불가능한 것이었기 때문에 논란의 대상이었다. 이는 19세기 후반에 인간의 감각경험으로 확인할 수 없는 것은 과학적 연구의 대상이 될

수 없다고 주장하는 경험주의와 실증주의가 널리 영향을 끼쳤기 때문이다. 그러나 열역학에서는 기체의 물리적 성질을 설명하기 위해 화학에서의 원자론과는 별개로 기체분자운동론•의 형태로 원자론을 도입했다. 실증주의자로 원자의 존재를 믿을 수 없다고 주장하던 마흐와 같은 물리학자들은 원자론에 기반을 둔 볼츠만의 학문적 성과들을 공개적으로 공박했다. 신참 과학자였던 볼츠만은 좌절을 느끼고 철학적 실재에 대한 사유를 더 깊이 하려고 애썼지만, 이 때문에 정신적으로 쇠약해진 그는 불행하게도 자살로 생을 마감했다. 그의 무덤에는 엔트로피 식 $S = k \log W$이 새겨져 있다.

≡ 엔트로피 개념의 이해: 생명체와 우주의 진화

엔트로피 개념을 이해하고 해석하는 데 있어서 중요한 점은 대상계가 외부로부터 물질이나 에너지의 출입이 없는 '고립된isolated' 경우에만 엔트로피 증가법칙이 적용된다는 것이다. 예를 들면, 지구는 고립계isolated system가 아니다. 왜냐하면 태양으로부터 빛에너지를 받고 있고 지구도 받은 에너지를 외부로 방출하기 때문이다. 이 경우에는 에너지나 물질을 주고받는 것들을 모두 포함해서 고립계를 구성할 수 있다. 우주도 만약 다른 우주가 있어서 에너지나 물질의 출입이 있다면 고립계가 될 수 없다. 이를 염두에 두면, 국소적 또는 부분적으로는 엔트로피가 증가하지 않고 감소하는 변화도 가능하다. 다만 고립계 전체로 봐서 엔트로피가 감소하는 경우는 없다. 말하자면 상호작용을 통해 물질과 에너지가 끊임없이 오가는 상황에서는 자신의 엔트로피는 낮추지만, 주위 환경의 엔트로피는 증가시킴으로써 고립계 전체의 엔트로피가 증가하는 방향으로 변화가 진행될 수 있다는 것이

• 기체 분자의 무질서한 운동을 확률론적으로 기술함으로써 기체 분자가 갖는 평균적인 운동량과 에너지에 대해 알 수 있도록 한 통계역학 이론이다.

다. 부분적으로 엔트로피가 감소하는 현상 중 대표적인 것이 바로 생명현상이다.

생명체는 유기물이 고도로 조직화된 세포들로 구성되어 있고, 이들은 또 다른 조직화 과정을 통해 기관을 구성하는 등의 질서화 과정을 거쳐 탄생한다. 이 과정은 무질서가 증가하는 엔트로피 증가의 방향과는 반대이므로 엔트로피가 감소하는 과정이다. 그렇지만 이 과정은 저절로 일어나는 것이 아니라, 외부로부터 이런 조직화 작업을 하는 데 필요한 에너지를 공급받아야 한다. 그 에너지의 근원은 생명체 외부의 다른 물질일 수도 있고, 지구 전체로 보면 태양에서 오는 빛에너지다. 조직화 과정에서 에너지를 소비하면 주변 환경의 엔트로피는 증가하므로 전체 엔트로피는 거의 변하지 않거나 증가하는 형태가 된다. 예를 들어, 식물이 이산화탄소와 물을 이용하여 탄수화물을 합성하는 데 필요한 빛에너지의 양은 탄수화물로 저장된 에너지의 양보다 훨씬 많다. 그 차이만큼이 열에너지로 방출되면서 주변 환경의 엔트로피를 증가시키는 것이다.• 다행히도 식물의 광합성 과정에서의 전체적인 엔트로피 증가는 그렇게 크지 않다.

지구 생태계의 관점에서 보면, 에너지의 전체 양은 일정한데 엔트로피가 계속 증가하면 유용하게 쓸 수 있는 에너지(자유에너지)가 감소하여 생태계는 균형을 유지할 수 없게 된다. 에너지 순환의 균형, 더 정확하게는 엔트로피 증가를 최소화해야 하는 중요한 이유가 여기에 있다. 마구 버려지는 쓰레기가 제대로 치워지지 않으면 결국 엉망이 되는 것으로 비유할 수 있을까? 인간이 과도하게 에너지를 소비하면 엔트로피는 더 빨리 증가해 사용가능한 에너지는 더 빨리 감소한다. 결국, 지구 생태계의 취약한 부분부터 망가지는 현상이 반드시 생긴다. 유기체적으로 연결된 생태계가 연쇄적으

• 광합성에서 필요한 빛에너지의 약 7%가 엔트로피와 관계된 열에너지로 방출된다.

로 무너지면 결국 파국으로 이어질 수 있기에, 이는 에너지 자원 문제의 차원을 떠나 에너지 소비 자체가 심각한 문제가 된다. 사실 이러한 문제가 현실화되기 시작했다. 지구온난화와 기후 위기와 같은 환경문제가 그 전조적 현상이다.

현대의 첨단 기술과 산업은 점점 더 많은 에너지를 소비하는 방향으로 인류의 삶을 이끌고 있다. 정보산업에서 중요한 역할을 하는 데이터 센터는 굉장히 많은 전기에너지를 소비한다. 비트코인 채굴을 위해 소비하는 전력도 지구적 관점에서는 인간의 욕망으로 인해 그냥 낭비되는 에너지다. 재생 가능 에너지renewable energy가 점점 중요해지는 이유는 에너지 자원으로서의 문제뿐만 아니라, 바로 지구의 엔트로피 증가를 최소화하는 방법이기 때문이다. 이런 사실을 직시하면 인류는 물론 지구 생태계 전체를 위해서 에너지 소비를 절제하여 균형과 조화가 유지되도록 노력해야 하는 절대적인 이유를 발견할 수 있다. 엔트로피 증가법칙은 현대의 우리 인간에게 에너지 소비를 낮추도록 삶의 방식을 근본적으로 바꿀 것을 요구하고 있다. 지금보다 좀 더 불편하게 살더라도 에너지 소비를 낮추는 것이 모두를 위한 지혜로운 삶의 방법이다.

우주의 탄생과 진화도 엔트로피의 관점에서 생각해 볼 수 있다. 엔트로피가 증가하는 방향으로 우주가 진화했다면, 팽창하고 있는 현재의 우주가 과거에는 엔트로피가 가장 낮은 상태, 즉 모든 것이 한 점에 집중된 상태였을 것으로 상상할 수 있다. 우주 탄생 이론인 빅뱅 이론에 따르면, 우주는 한 점에 뭉쳐 있던 에너지의 대폭발로 팽창하기 시작한다. 팽창하면서 냉각이 시작되자 질량을 가진 물질들이 생겨나고, 중력에 의해 뭉쳐지면서 별들이 탄생하는 질서화 과정이 일어난다. 생명현상처럼 부분적으로 엔트로피가 감소하는 과정이 나타나기 시작한 것이다. 그러나 전체적으로는 엔트로피가 증가하는 과정으로서, 만약 우주 바깥쪽에서 우주를 관측할 수 있다면 점점 무질서하게 팽창하면서 변해가는 우주를 볼 수 있을 것이다. 수천억 개의 은하와 각 은하 안에 있는 수천억 개의 별들과 성간물질, 암흑물질과 암흑 에너지가 뒤섞여 무질서하게 팽창하는 것이 우주의 모습이다. 모든 것을 잡아 삼키는 블랙홀은 아마도 엔트로피를 무지하게 증가시키는 주범일지도 모른다. 언젠가 팽창이 끝나고 우주 전체가 열적 평형에 이르면 엔트로피는 최대인 상태가 될 것이고, 마침내 우주는 열죽음heat death의 상태에 이를 것이다. 그러나 이는 어디까지나 상상이다. 아직 우주에 대해서는 모르는 것이 더 많다.

엔트로피 개념은 과학의 영역을 벗어나 인문·사회과학 분야에서도 물질문명의 한계를 비판하기 위한 주요한 개념으로 사용되었으며, 특히 현대에 이르러서는 생태계 위기, 과학기술과 경제 문제 등과 관련하여 많이 언급되고 있다. 1921년 노벨상 수상자인 소디Frederick Soddy(1877~1956)는 열역학 제2법칙이 "정치체제의 흥망성쇠, 국가의 자유와 억압, 산업과 상업의 동향, 부와 빈곤의 발생, 그리고 인류의 복지 문제 등 모든 것을 지배하는 원리"라고 주장했다. 근대 이후 문명 발전은 더 많은 물질적 풍요를 추구하고 누리는 형태가 되었고, 과학과 기술의 발달은 세계를 더욱 질서 있게 변모시킬 것이라는 믿음을 주었다. 그러나 이는 앞에서 언급했듯이, 더 많은 에너지 소비를 일으켜 엔트로피를 증가시킴으로써 오히려 사용 가능한 에너지를 감소시키고 세계의 무질서를 촉진하는 방향으로 나아갈 수밖에 없다. 그리고 대량생산 및 소비생활에 익숙해진 현재의 생활상을 계속 유지한다면 문명의 위기는 곧 다가올 현실이라고 볼 수 있다.

생태계 문제뿐만 아니라 인간 사회에서 벌어지는 빈부 격차와 경제적 불평등의 문제도 엔트로피의 관점에서는 일종의 쏠림 현상으로, 엔트로피 감소를 의미한다. 그런 만큼 어디에선가 반대급부로 엔트로피 감소를 상쇄시킬 무질서의 증가가 초래된다고 볼 수 있다. 환경오염, 사회적·경제적 갈등으로 인한 혼란과 전쟁, 전 세계적인 난민 문제와 전염병의 발생이 무엇을 의미하는지 잘 살펴보아야 한다. 엔트로피 증가를 최대한 낮추어 지속 가능한 사회가 되려면, 인간 중심 사고에서 생태계 전체를 고찰하는 사고로의 전환, 재생에너지를 활용한 에너지 자원의 순환, 사회·경제적 평등의 실현, 선진국과 저개발국가의 평등한 호혜관계 등 다양한 영역에서 노력이 필요하다. 조화와 균형이 흐트러지지 않는 범위에서 발전을 도모하는 지혜가 필요한 것이다. 그리고 낙관적인 미래를 위해 개인적으로나 사회 또는 국가적으로 지금 우리가 해야 하고, 할 수 있는 일이 무엇인지를 심각하게 고민해야 할 때다.

전자기학

전기電氣, electricity와 자기磁氣, magnetism 현상은 이미 고대 그리스 사람들에게도 알려져 있었다. 기원전 600년경 고대 그리스의 자연철학자 탈레스는 호박amber•을 털에 문지르면 호박에 먼지나 작은 물체가 들러붙는 현상을 발견했는데, 오늘날 우리는 이런 현상을 마찰전기 또는 정전기라고 한다. 전기라는 뜻의 영어 'electricity'는 호박을 의미하는 고대 그리스어 'elektron'에서 유래한 것이다. 자기 현상도 기원전 6~7세기경 그리스의 마그네시아Magnesia 지방에서 철을 끌어당기는 돌(자철광)이 산출된 것과 연관시켜 자석을 영어로 'magnet'이라고 적고 있다는 설이 있다. 이처럼 전기와 자기 현상은 오래전부터 알려져 있었고, 자석은 남북을 가리키는 나침반으로 사용되어 대항해 시대를 열어나갔지만, 17세기 이전까지는 주로 놀이에 사용

• 송진과 같은 나무의 수지가 화석화된 보석의 한 종류다.

되거나 호기심을 자극하는 현상 정도로만 여겨졌다.

전기와 자기 현상은 1600년이 되어서야 마술적 놀이의 겉옷을 벗고 과학적 접근의 대상이 되었다. 전기에 'electricity'란 이름을 붙인 길버트William Gilbert(1544~1603)는 전기 현상과 자기 현상을 구분했고, 지구가 거대한 자석이라고 하면서 나침반의 원리를 설명했다. 그 후에도 큰 진전이 없던 전자기 현상에 대한 과학적 논의는 18세기에 들어와서야 비로소 본격적으로 시작되었다. 놀라운 사실은 이렇게 늦게 시작된 전자기 현상에 관한 연구가 불과 50년 만에 전자기파에 대한 이해를 제외하고는 전기와 자기에 관한 지식 대부분을 알아내게 되었다는 것이다. 늦게 시작되었지만 어느 분야보다 빠른 발전을 보인 것인데, 이는 전기와 자기 현상이 갖는 기술적 가치 때문에 그런 것으로 볼 수 있다. 오늘날 우리가 사용하는 일상의 모든 기기와 장치, 도구들이 전자기학을 응용한 것들이다. 그런 만큼 18세기에 전기와 자기 현상을 이용한 장치가 만들어져 생활에 사용되었을 때 얼마나 큰 반향을 불러일으켰을지 상상이 가고도 남는다. 이것이 다시 과학적 관심과 연구를 촉진함으로써 빠른 발전으로 이어졌다고 볼 수 있다.

≡ 전기와 자기는 동전의 앞뒷면

우선 전기와 자기 현상의 과학적 논의에 대한 역사적 흐름을 살펴보기 전에 오늘날 우리가 이해하고 있는 전자기 현상에 대한 이해를 먼저 정리하고 넘어가는 것이 전체적인 흐름을 파악하는 데 도움이 될 것이다. 기본적으로 전기 현상과 자기 현상은 독립적인 것이 아니라 서로 얽혀 있는 현상이다. 그래서 이 두 현상을 기술하는 분야를 전자기학이라고 한다. 현상적으로는 전기와 자기를 구성하는 요소들이 정지하고 있을 때와 움직이고 있을 때 보여주는 현상이 다르다. 전기를 구성하는 요소는 전하charge라고 하고, 자기를 구성하는 요소는 자기모멘트magnetic moment라고 한다. 자기모멘트는 아주 작은 자석이라고 보면 된다. 그런데 이들이 정지해 있을 때는 전기와 자기 현상이 독립적인 것처럼 보인다. 그러나 움직이게 되면 전기 현상과 자기 현상이 같이 나타난다. 맥스웰James C. Maxwell(1831~1879)의 전자기학 이론은 이렇게 동역학적으로 얽혀 있는 전기와 자기 현상을 통합적으로 기술하는 이론이다. 이 이론은 뉴턴역학과 함께 과학 발전의 초석이 되었을 뿐만 아니라 아인슈타인의 특수상대성 이론 발전에 핵심적인 역할을 했다.

이제 전기와 자기 현상이 동역학적으로 얽혀 있다는 사실을 인식하게 되는 과정 가운데 먼저 개별적인 현상들을 어떻게 이해하게 되었는지부터 하나씩 살펴보도록 하자. 전기 현상에서는, 정전기 현상에서 전하가 양(+)전하와 음(−)전하의 두 종류가 있다는 사실과 전하들의 흐름, 전하들 사이에 작용하는 힘을 이해하는 과정이 있었다. 실험적으로 1730년에 뒤페Charles F. Du Fay(1698~1739)가 정전기 전하를 지닌 금박에 비단으로 문지른 유리를 가져다 댔을 때는 밀려나고, 양털로 문지른 호박을 가져다 댔을 때는 끌려간다는 사실을 발견함으로써 두 종류의 전하가 존재한다는 사실을 알게 되었다. 더 중요하게는 같은 종류의 전하는 서로 밀어내는 힘을 작용하고 다른 전하끼리는 당기는 힘을 작용한다는 사실을 알게 된 것이다.

≡ 정전기와 전기 현상

그 후 프랭클린Benjamin Franklin(1706~1790)은 1752년 번개가 치는 날 연을 날리는 실험을 통해 번개의 정체가 전기 현상임을 밝히고, 전기가 유체와 같이 금속과 같은 도체를 통해 흐를 수 있음도 알게 되었다. 그리고 어떤 물체에 들어 있는 전하의 양이 바깥보다 더 많거나 모자라는 정도에 따라 양전하를 띠거나 음전하를 띤다고 생각했다. 마찰전기는 마찰을 통해 한 물체에서 다른 물체로 전하가 이동해서 생기는 현상이다.

정전기 현상에서 보는 것처럼 전하들 사이에 작용하는 힘은 1784년에 쿨롱Charles-Augustin de Coulomb(1736~1806)이 뉴턴역학의 성공에 힘입어 똑같은 방식으로 전하에 적용시켜 성공적으로 기술할 수 있었다. 쿨롱의 법칙은 놀랍게도 전하들 사이에 작용하는 힘의 수학적 형태가 전하 사이의 거리의 제곱에 반비례하고 전하량의 곱에 비례하는, 만유인력의 식과 똑같은 모양이었다. 질량이 전하로 바뀌고 비례상수만 달라졌을 뿐이었다. 그리고 앞에서 언급한 대로 전하의 종류가 두 가지였기 때문에 서로 잡아당기는 힘과 밀어내는 힘의 두 가지가 있다는 것이 유일한 차이였다. 자석 사이에 작용하는 자기력도 유사한 형태로 표현되는 것이 나중에 발견되었다. 힘에 대한 수학적 형태의 유사성은 자연에 존재하는 힘들 사이에 어떤 공통적인 요인이 있음을 암시하는 것이었고, 이것은 아인슈타인이 말년에 통일장 이론에 몰두하게 된 계기가 된 것이기도 하다.

전하에 대한 지식이 쌓여가는 동안 많은 현상이 전하의 흐름, 즉 전류에 대한 암시를 주었지만 이를 인위적으로 만들어내고 조절할 수 있기까지는 오랜 시간이 걸렸다. 그 당시 정전기 전하를 모을 수 있는 라이덴병•의 발명은 전하의 흐름을 이용한 것이었고, 전기가 인체에 충격을 줄 수도 있음을 알았지만, 전류에 관한 개념은 없었다. 전류는 1786년 우연히도 이탈리아 볼로냐대학의 해부학 실험실에서 발견되었다. 해부학 교수였던 갈바니Luigi A. Galvani(1737~1798)는 개구리 다리근육이 금속과 접촉할 때 갑자기 수축하는 현상을 발견했고, 개구리 신경이 금속과 접촉할 때 전류를 만들어낸다고 생각하여 이를 '동물전기'라고 했다.

그러나 그의 친구였던 볼타Alessandro Volta(1745~1827)는 이 현상이 동물전

• 축전기의 시초가 된 장치로, 1745년 독일의 수사 클라이스트(Ewald G. Kleist, 1700~1748)가 처음 만들었고, 같은 무렵에 네덜란드 라이덴(Leyden)의 과학자 뮈센브룩(Pieter van Musschenbroek, 1692~1761)이 독립적으로 이를 제작했다.

그림 9-3 뮈센브룩의 실험실에서 유리공을 회전시켜 얻은 마찰전기를 금속을 통해 물이 채워진 유리병에 모으는 과정을 보여준다. 실험 조수는 물에 연결된 금속 줄에 손을 대었다가 큰 전기 충격을 받았다.

자료: Augustin Privat Deschanel. 1876. *Elementary Treatise on Natural Philosophy, Part 3: Electricity and Magnetism*. translated and edited by J.D. Everett. New York: D. Appleton and Co.

기와 같은 생물학적 현상이 아니라, 개구리 다리의 신경은 단순히 전류를 전달해 주는 것뿐이고 전류가 생기는 것은 다른 원인이 있을 것이라 생각했다. 다른 두 금속을 쓸 때와는 달리 같은 종류의 금속을 쓸 때는 개구리 다리의 경련이 일어나지 않았기 때문이다. 볼타는 이러한 자기 생각을 확인하기 위해 은판과 아연판 사이에 소금물을 적신 종이를 끼워 이를 겹겹이 쌓아 올려 철사를 연결하는 실험을 했다. 그 결과 강한 전류가 흐르는 것을 발견했는데, 이것이 볼타전지의 시초였으며 볼타는 1800년에 이 연구 결과를 발표하고 훈장과 백작의 작위를 받았다. 이때부터 전기에 관한 연구는 정전기에서 전류 연구로 급속히 바뀌었고, 전류 연구는 곧 전류가 자기 현상을 만들어낸다는 새로운 발견으로 이어졌다.

≡ 전류

전하의 흐름, 즉 전류가 자기 현상을 만들어내는 것은 1820년 외르스테드Hans C. Ørsted(1777~1851)가 코펜하겐의 대학에서 실험 강의를 하면서 우연히 발견했다고 전해진다. 그 강의에 참석했던 사람의 증언에 따르면, 외르스테드는 실험 도중에 일어난 예상하지 못한 현상을 보고 당황하는 기색을 보였다고 한다. 그 실험은 학생들에게 전선에 전류가 흐르면 전선이 뜨거워지는 현상•을 보여주려던 실험이었는데, 외르스테드는 볼타전지의 양극과 음극에 전기선을 연결하여 강한 전류를 흘려주는 순간, 옆에 우연히 놓여 있던 나침반의 자침이 회전하는 것을 보게 된 것이다.

외르스테드는 이 현상을 반복적으로 실험하여 전기 현상과 자기 현상 사이에 밀접한 관계가 있다는 사실을 밝혀냈다. 이 발견은 과학 역사에서 가장 위대한 발견 중 하나인데, 전자기학과 관련된 과학과 기술의 모든 영역에서 획기적인 전환을 촉발하게 되었다. 이 발견을 설명하기 위해 전기장과 자기장 개념이 도입되기 시작했고, 전자석과 전동기 등의 기술적 발명들이 나와 우리 생활과 사회의 모든 측면을 변화시키기 시작했다.

외르스테드의 발견에서 특이했던 점은 전류가 나침반의 자침에 작용하는 힘의 양상이 전하들이나 자석들 사이에 작용하는 힘이나 만유인력과 사뭇 달랐다는 점이다. 자침은 전하의 영향을 받지 않기에 자침의 회전은 명백히 자기적인 효과 때문이었고, 따라서 외르스테드는 전류가 자기를 발생시킨다는 결론에 이르렀다. 그리고 자침에 작용하는 힘은 단순한 인력이나 척력이 아니라 힘의 방향이 전선 주위를 맴도는 형태로 작용하는 것임을 알게 되었기 때문에 이를 설명할 방법을 찾아야 했다. 전기장과 자기장 개

• 도체에 전류가 흐를 때 열이 생성된다. 발생한 열과 전류에 대한 수학적 법칙은 1840년에 줄이 발견했다.

그림 9-4 전류의 자기작용. 스위치를 닫기 전에는 나침반 자침은 남북 방향을 가리키다가 스위치를 닫고 전류를 흘리면 자침이 회전한다. 나침반이 전선 위쪽에 있는 경우와 아래쪽에 있는 경우, 전지의 전극 방향이 바뀜에 따라 모두 달라진다.

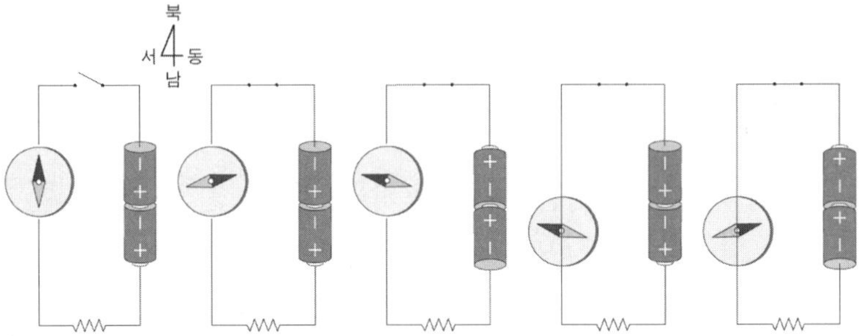

념의 도입은 이렇게 시작되었다.

≡ 장의 개념

장場, field의 개념은 멀리 떨어져 있어도 작용하는, 소위 '원격작용'에 대한 거부감을 피하려고 도입한 개념이다. 아리스토텔레스 이래 힘은 접촉을 통해 전달된다는 생각이 강했던 탓에, 원격작용을 신비스러운 힘이라고 하여 받아들이기를 거부했다. 그래서 물체 사이의 공간이 힘을 전달하는 무엇으로 채워져 있다고 보고, 이를 '장'이라고 했다. 장 자체를 모든 공간을 가득 채우고 있는 물리적 실체 또는 구조로 보는 것이다. 따라서 전기장은 전하의 존재 때문에 변화된 공간의 성질 또는 구조를 의미한다. 그리고 그 공간 내에 다른 전하가 들어오면 그 전하는 변화된 공간 구조의 영향을 받게 되는 것이다. 즉, 멀리 떨어져 있는 다른 전하와 힘을 주고받는 것이 아니라, 자신이 놓여 있는 공간의 영향으로 힘을 받게 되는 것이다. 자기장도 마찬가지의 개념이고, 중력장에도 똑같이 적용되는 개념이다. 흔히 불공정한 게임을 비유할 때, 기울어진 운동장이란 표현을 쓴다. 장의 개념이 이와 같다. 전하나 자석, 질량과 같은 물리적 존재가 기울어진 운동장을 만드는 것

그림 9-5 전하가 만드는 전기장의 형태. 짧은 머리카락이나 잔디 씨앗을 이용하여 점 전하 사이의 전기력선을 가시화할 수 있고, 그림과 거의 같은 형태를 보인다.

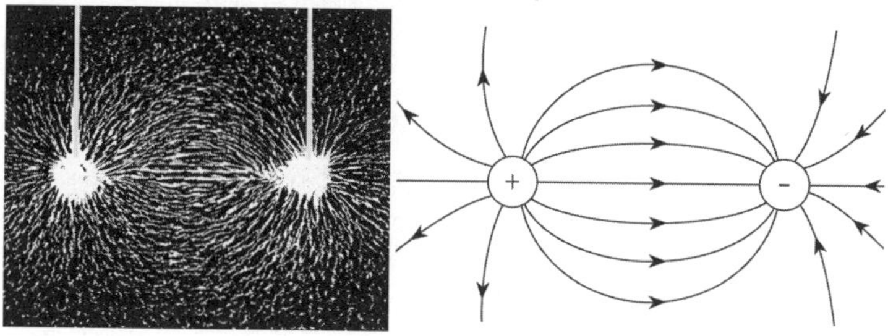

이다. 기울어진 운동장에 공을 놓으면 한쪽으로 굴러가듯이, 변화된 공간 속에서 전하나 자석은 어느 쪽으로 힘을 받는 것처럼 보이는 것이다.

전자기 현상을 설명하기 위해 보통 전기장과 자기장을 시각적으로 이해하기 쉬운 역선力線, line of force을 사용하여 나타낸다. 역선은 수학을 싫어했던 패러데이Michael Faraday(1791~1867)가 고안한 방법으로서, 선의 밀도는 전기장이나 자기장의 세기를 나타내고, 화살표로는 방향을 표시하는 방법이다. 모든 물질은 전하를 포함하고 있으므로 전기가 통하지 않는 절연체는 전기장 내에서 전하가 배열하는 반응을 보인다. 마찬가지로 쇳가루와 같이 자석의 성질을 갖는 물질도 자기장 내에서 배열하기 때문에 이런 반응을 이용하면 가시적으로 전기력선과 자기력선의 형태를 관찰할 수 있다. 〈그림 9-5〉를 참조하면, 전기력선은 전하가 놓여 있는 평면상에서 두 개의 다른 전하 사이를 잇는 곡선으로 나타난다. 선들 사이의 간격이 좁을수록 전기장의 세기가 강하다. 이 전기장 안에 전하가 들어가면, 전하는 전기장과 상호작용하여 양전하는 전기장 방향(화살표 방향)으로, 음전하는 전기장의 반대 방향으로 힘을 받게 된다.

≡ 전류의 자기작용

그런데 전류가 흐르는 도선 주위에서의 자기력선이 보여주는 형태는 전류의 방향과 자기장의 방향이 같은 평면상에 있지 않고 서로 수직인 평면상에 놓이는 것을 관측할 수 있다. 그리고 자기력선의 방향은 도선 주위를 맴도는 형태로, 〈그림 9-6〉의 오른쪽 그림과 같이 엄지손가락 방향이 전류가 흐르는 방향이라면 도선을 감아쥐는 네 손가락 방향이 전류가 만드는 자기장의 방향이다. 이제 외르스테드가 발견한 현상을 이해할 수 있는가? 전선을 따라 전류가 흐르면 그 주변으로 맴돌이 형태의 자기장이 만들어지고, 나침반의 자침(자석)은 그 맴돌이 자기장과 상호작용하여 자기장 방향으로 돌아가는 것이다. 전류가 흐르는 도선 옆에 강한 자석을 두면 자석도 돌아갈 텐데, 만약 자석을 돌아가지 않게 붙들어 둔다면? 그러면 반작용 때문에 전선이 자석 주위로 돌아갈 것이다. 이것이 전동기의 원리이고, 외르스테드의 발견은 곧 전동기의 발명으로 이어져 산업을 혁신하게 된 것이다. 중요한 과학적 사실은 전류가 자기장을 만든다는 것이고, 이로써 전기 현상과 자기 현상이 서로 얽혀 있다는 사실을 알 수 있다.

그림 9-6 전류가 흐르는 전선 주위로 생기는 맴돌이 형태의 자기장. 오른손의 법칙을 따른다.

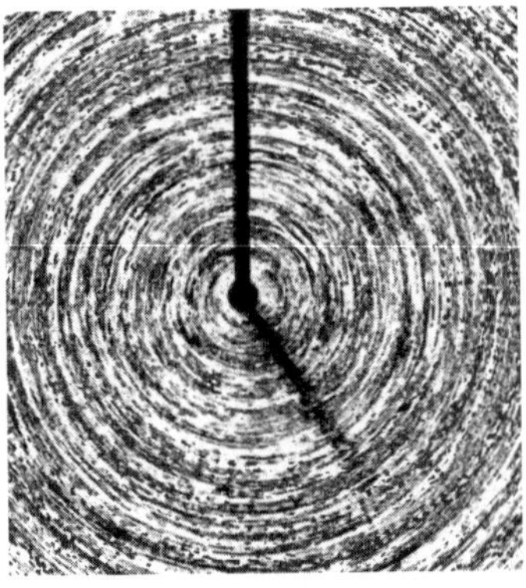

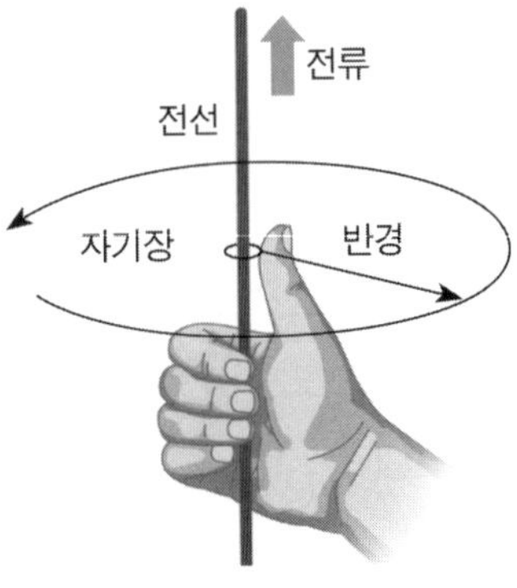

외르스테드의 발견 이후로 전류에 관한 연구는 활발히 진행되어, 앙페르 André-Marie Ampère(1775~1836)는 전류가 흐르는 두 도선 사이에 힘이 작용한다는 사실도 발견했다. 이는 도선 주변의 자력선 밀도 차이 때문에 생기는 현상으로 해석할 수도 있고, 전류와 자기장의 상호작용으로 해석할 수도 있다. 그러나 보통 정량적 분석을 위해 전류와 자기장의 상호작용으로 해석하는 것이 일반적이다. 전류의 단위 암페어(A)는 그의 이름에서 온 것이다. 이러한 동역학적 성질의 발견은 왜 정지된 전하는 자기적인 성질을 보이지 않는지에 대한 질문을 하게 한다. 왜 전하와 자석은 바로 옆에 놓아두어도 서로의 존재를 전혀 느끼지 못하고 아무런 상호작용을 하지 않을까? 이 질문에 대한 해답은 전하의 움직임과 관련이 있다. 이것을 다른 말로 표현하면, 전기장의 변화와 관련이 있다는 것이다.

이제 전기장과 자기장 사이의 연결 고리는 전하와 자석의 상대적인 운동에서 찾을 수 있다. 전류는 전하의 흐름이므로, 이 흐름이 연결 고리의 중요한 핵심이다. 이렇게 생각해 보자. 전하는 정지해 있고 자석이 움직이면 어떻게 될까? 사실 어느 것이 움직이든지 상관없이 운동의 상대성 관점에서 보면 똑같은 것으로 볼 수 있다. 전하를 중심으로 보면 자석이 움직이는 것이고, 자석의 입장에서는 전하가 움직이는 것이다. 이제 어떤 생각을 떠올릴 수 있다. 전하의 흐름, 즉 전류가 자기장을 만든다면, 자석의 움직임은 전기장을 만들어야 공평하지 않겠는가? 이는 일종의 대칭성에 관한 관념인데, 이러한 관념은 패러데이의 전자기유도 현상의 발견과 맥스웰의 전자기파 이론 연구로 이어지면서 과학적 사실로 명백하고 깨끗하게 정리된다.

≡ 흙수저 출신 패러데이의 전자기유도 발견

패러데이는 요즈음의 표현을 빌리자면 지독한 흙수저 출신의 인물이었다. 런던 빈민가의 대장장이 아들로 태어난 그는 읽기와 쓰기, 간단한 셈 정도의 기초 교육만을 받았음에도 불구하고 놀라운 독창력을 발휘하여 뛰어난 업적을 세운 과학자가 되었다. 그는 생계를 위해 13살 때부터 책을 제본하는 일을 했다. 제본하는 책을 통해 화학과 전기에 관한 지식을 쌓은 그는 혼자 과학에 대한 열정을 키워나갔다. 그러다가 24살이 되던 1813년에, 우연한 기회에 자신의 열정을 인정해 준 화학자 데이비Humphry Davy(1778~1829)• 의 조수가 됨으로써 자신이 원하던 과학을 연구하게 되었다. 특히 아무런 수학 교육을 받지 않았던 패러데이는 이론적 지식보다는 직관과 영감에 의존하여 세밀하고 꼼꼼하게 실험을 고안하고 수행하여, 전기화학에서의 발견을 포함하여 전기장과 자기장의 개념을 쉽게 표현하는 역선의 창안, 전자기유도 현상의 발견 등 뛰어난 업적을 남겼다. 그는 매우 신앙적이었고 겸손한 인격의 소유자였으며, 명예도 중요하게 생각하지 않는 사람이었지만, 과학에 관해서는 매우 엄격한 인물이었다. 수학을 잘 모른다는 이유로 당대 과학자들의 냉대와 편견의 눈초리를 받기도 했지만, 패러데이는 이를 마음에 두지 않았고 오직 과학에 대한 열정만으로 모든 일을 이루어냈다.

패러데이의 전자기유도 현상은 자석을 움직일 때 주변 도선에 전기가 발생하는 현상을 말한다. 외르스테드의 발견에서 전기가 자기를 만든다면 자기도 전기를 만들 수 있다는 자연법칙의 통일성에 관한 그의 생각은, 처음에 정지된 자석에서 전기장을 만들어보려는 시도로 시작했으나 실패를 거듭했다. 그러다가 우연이었는지는 모르지만, 자기장이 변하지 않을 때는 아무런 변화가 없다가, 자기장의 변화가 있을 때만 도선 회로에 전류가 흐르는 것을 발견했다. 이러한 사실은 10년이나 실험에 실패하면서 헤매던 끝에 1831년에야 발견하고 깨닫게 된 것이다. 실제의 실험에서는 원형 철

• 데이비는 영국 화학자로서 나트륨과 같은 알칼리 금속을 발견하여 전기화학 분야에 업적을 남겼다.

심의 양쪽에 전선을 따로 감아서, 한쪽에서 전류를 흘려 만든 자기장을 다른 쪽에 전달시키는 형태로 진행되었다.

전기 도선에는 쉽게 움직일 수 있는 전하들이 매우 많다. 오늘날 우리는 그것이 음전하를 지닌 전자인 것을 알고 있다. 이 발견을 조금 다른 표현을 써서 정리하면, 전류는 전하의 흐름, 즉 전하량의 시간에 대한 변화이므로 전류는 전하가 만드는 전기장을 시간에 따라 변하게 한다. 이것이 주변 공간에 자기장을 만들어낸다는 것이다. 마찬가지로 자석의 움직임은 자기장이 시간에 따라 변한다는 것이고, 이 변화가 자석 주변 공간에 전기장을 만든다는 것이다. 이렇게 전기와 자기 현상은 동역학적으로 밀접하게 연관이 있다는 사실이 확정된 것이다.

패러데이의 전자기유도 현상은 발전기의 발명으로 이어져 우리 사회를 전기 사회로 바꾸었다. 그 당시에도 연구를 위해서는 비용을 조달해야 했는데, 이를 위해 패러데이가 은행가를 비롯한 유력한 인사들 앞에서 전선을 원통 모양으로 감은 코일을 이용하여 전자기유도 실험을 보여주었다고 한다. 그때 한 인물이 '그래서 그것이 어쨌다는 것이오?'라는 투로 그 연구의 쓸모에 대해 질문을 했다고 한다. 패러데이는 그가 데리고 온 아기를 가리키며, "이 갓 태어난 아기가 어디에 쓸모가 있을까요?"라고 되물었다고 한다. 그러면서 "언젠가는 여러분이 이것에 세금을 매길 때가 올 것입니다"라고 했다고 한다. 그의 말은 발전기가 발명됨으로써 현실이 되었다. 그러나 과학적 연구는 반드시 쓸모를 염두에 두고 하는 것이 아니다. 자연철학의 시작도 그랬고, 지금도 과학적 탐구는 자연을 이해하고자 하는 진리를 향한 순수한 발걸음으로서 받아들여야 한다.

≡ 맥스웰이 전자기 현상을 통합하다

이렇게 전자기 현상의 동역학적 성질이 드러나자, 이를 통합적으로 기술하는 이론적 연구가 맥스웰의 손으로 넘어가 전자기파 이론의 탄생으로 이어졌다. 맥스웰은 전자기유도 현상이 발견된 1831년에 태어났으니, 운명적으로 그에게 전자기학에 대한 과학적 임무가 주어졌는지도 모른다. 패러데이와는 달리 그는 수학에 매우 능숙했는데, 전기장과 자기장의 공간적 변화가 상대되는 장의 시간적 변화와 관계가 있음을 나타내는 수학 방정식을 찾아낼 수 있었다. 그리고 맥스웰은 전하와 자석이 정지해 있는 정전기와 정자기 현상을 포함하는 4개의 방정식•을 만듦으로써 전기장과 자기장을 전자기장으로 통합하는 전자기학 이론을 1865년에 완성했다. 이 방정식들을 연립해서 풀면 전기장의 변화가 자기장을 만들고, 자기장의 변화 또한 전기장을 만드는 형태로 서로 얽혀서 전자기 파동의 형태로 퍼져나간다는 사실을 알 수 있다. 이것을 전자기파electromagnetic wave라고 하고, 빛이 바로 전자기파다. 이어서 1887년 헤르츠Heinrich R. Hertz(1857~1894)는 맥스웰의 이론을 실험으로 증명하여 무선통신 발명의 기초를 놓았다. 맥스웰의 전자기파 이론은 뉴턴이 이룬 고전역학만큼 중요하고 큰 업적이다. 전자기파 이론에서 눈여겨볼 내용은 빛의 속도가 공간의 성질에 관계된 양으로서 상수(초속 약 30만 km)로 주어진다는 사실이다. 이 사실은 아인슈타인의 특수상대성 이론에서 "빛의 속도는 일정하다"라는 기본 가정 중 하나로 들어가게 된다.

전자기학의 발전은 산업혁명 후기에 광범위하게 기술에 응용되었다. 외르스테드가 발견한 전류의 자기작용은 모스부호로 전기신호를 만들어 1842년부터 원거리 통신을 할 수 있게 했고, 발전기를 통해 만들어진 전기에너지는 새로운 에너지원으로서 19세기의 산업혁명을 주도했다. 전기에

• 1865년의 논문 「전자기장의 역학 이론」에서 맥스웰 방정식의 원래 형태는 8개의 방정식으로 이루어진 것이었으나, 1884년에 헤비사이드(Oliver Heaviside, 1850~1925)가 4개의 방정식으로 정리했다.

너지는 쉽게 열, 빛, 전파, 화학에너지로 변환되어 산업에 응용되었던 것이다. 패러데이의 전자기유도 현상은 1866년 지멘스의 상업용 발전기의 개발에 이용되었는데, 전기에너지는 송전 시설을 통해 어디에나 에너지를 공급할 수 있었다. 이어서 벨은 전화기를 발명하여 1876년 특허를 얻었으며, 헤르츠의 전자기파 발생은 1895년 마르코니의 무선전신 발명으로 이어졌다. 이처럼 짧은 기간에 발전된 전자기학은 그 실용적 특성 덕분에 더 빠른 발전을 이어갈 수 있었던 것이다.

광학

빛의 본질은 맥스웰의 전자기파 이론이 완성되어 전자기파의 일종임이 알려지면서 파동으로 인식되었다. 그러나 빛의 본질에 관한 문제는 그렇게 단순한 것이 아니었다. 그 역사는 데카르트의 시기로 거슬러 올라가는데, 데카르트가 빛이 미립자로 구성되어 있다고 생각하여 빛의 반사와 굴절 현상을 설명하면서부터 빛의 본질에 대한 논의가 시작된 것으로 볼 수 있다. 물론 그 이전에도 아리스토텔레스, 프톨레마이오스 등의 자연철학자들이 빛의 성질을 다루었으며, 유클리드의 저서를 통해 빛의 직진성과 반사법칙 등이 언급되었음을 알 수 있다. 중세 이슬람의 과학자 알 하이삼은 『광학의 서』에서 직접 관찰한 빛의 직진, 분산, 반사, 굴절 등과 같은 현상을 기록해 놓았다. 이러한 빛의 성질들은 빛의 본질과 관련이 있었지만, 본질에 대한 논의는 이루어지지 않고 있었던 것이다. 빛의 본질에 관한 문제는 어떤 성질은 빛의 파동성을 보여주는 것도 있고, 다른 어떤 성질은 입자의 특성을 보여주는 것도 있기 때문에 빛의 입자성과 파동성의 문제는 시기를 달리하며 엎치락뒤치락하는 양상을 보여주었다. 여기서는 간단하게 빛의 성질과 본질에 대한 이해가 어떻게 진전을 이루었는지 살펴보도록 하자.

≡ 빛의 입자성과 파동성

빛의 성질이 체계적으로 연구되기 시작한 것은 17세기 이후의 일로서, 안경 제작자였던 리퍼세이Hans Lippershey(1570~1619)가 1608년 망원경을 처음 만들었고, 케플러와 갈릴레이 등이 이를 발전시켰다. 안경이나 망원경에 들어가는 렌즈는 빛이 다른 매질로 들어가면서 경계면에서 빛의 진행 방향이 꺾이는 굴절 현상을 이용한 도구다. 경계면에서의 빛의 반사와 굴절에 대한 수학적 관계식은 1621년 스넬•이 찾아냈다. 이에 대한 설명은 데카르트가 빛을 직선운동을 하는 미립자라고 생각하고, 매질의 경계에서 빛의 속도의 경계면에 수직한 성분이 달라져서 생기는 현상이라고 했다. 이 설명은 빛의 속력이 매질 내에서 더 빨라져야 하는 문제가 있어서 틀린 설명이지만, 이를 발표한 1637년 당시에는 빛의 속력에 대한 논의가 시작되기 전이어서 반론이 있을 여지가 없었다. 어쨌든 굴절 법칙을 잘 설명할 수 있었고, 프랑스에서는 굴절 법칙을 데카르트 법칙 또는 스넬-데카르트 법칙이라고도 한다. 1704년에는 뉴턴이 프리즘을 통해 빛이 여러 색으로 나뉘었다가 다시 합쳐져 백색광이 되는 현상을 관찰하고 이를 성질이 서로 다른 입자들의 흩어짐과 재결합으로 해석했으며, 빛 입자 사이에 작용하는 힘으로 회절을 설명하고자 시도했다. 이후 빛이 입자라는 생각은 100년간 굳게 자리 잡았는데, 라부아지에의 원소 목록에 빛이 포함되어 있을 정도로 입자설이 강하게 영향을 미쳤다.

한편, 빛의 파동설에 대한 주장은 주로 빛의 회절과 간섭현상을 중심으로

• 스넬리우스(Willebrord Snellius, 1580~1626)의 영어권 이름. 스넬의 굴절법칙은 사후에 알려졌다.

그림 9-7 영의 이중 슬릿 실험 모식도. 두 개의 좁은 틈새를 통과한 빛살이 간섭하여 뒤쪽에 밝고 어두운 간섭무늬가 만들어진다.

이루어진다. 파동설은 빛의 직진성을 설명하는 데에는 약점이 있었지만, 빛의 회절과 간섭현상은 또 입자로는 설명할 수 없는 현상이었다. 1665년 예수회 수사 그리말디Francesco M. Grimaldi(1618~1663)는 그림자의 경계 안쪽으로 색깔이 번져 보이는 회절현상을 관찰하고, 빛이 물결 파동처럼 운동하는 액체라고 했다. 그리고 파동의 진동수에 따라 색이 달라진다고 함으로써 광학 연구에 큰 영향을 주었다.

이후 하위헌스Christian Huygens(1629~1695)는 1678년 빛의 반사와 굴절을 파동으로 완벽하게 설명하는 수학적 모형을 제시했는데, 여기서는 빛이 액체처럼 움직이는 것이 아니라 '에테르'라는, 정지되어 있는 탄성매질 속을 진행하는 파동으로 보았다. 이어서 1803년에는 의사였던 영Thomas Young(1773~1829)이 좁고 긴 두 개의 틈새slit를 이용한 실험에서 여러 개의 밝고 어두운 간섭무늬가 만들어지는 결과를 관찰하고, 이를 물결파의 간섭처럼 설명하여 빛의 파동성을 확정하는 듯했다. 그러나 뉴턴의 영향력이 워낙 강했던 탓인지 빛을 입자라고 한 100년 전의 견해를 이겨내기에는 역부족이었고, 빛에 대한 영의 파동설은 오히려 이단 취급을 받게 되었다.

그러나 빛의 파동성은 프레넬Augustin Fresnel(1788~1827)이 1818년 빛의 회

그림 9-8 아라고 반점. 프레넬의 회절 이론의 결정적 실험 결과로, 왼쪽 원형 그림자의 가운데에 작은 밝은 점이 관찰된다. 오른쪽은 작은 점이 잘 보이도록 음영을 반전시킨 것이다.

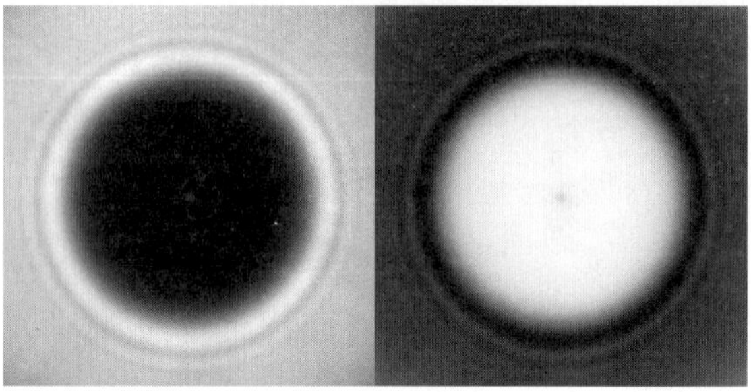

절 이론을 수학적으로 전개하면서 강한 설득력을 갖게 되었다. 특히, 직관적인 예상과는 달리 원형 장애물이 만드는 그림자의 가운데가 밝을 것이라는 수학적 예측이 실험적으로 증명된 것이다. 재미있는 사실은 프레넬의 논문 심사에 참여했던 푸아송Siméon D. Poisson(1781~1840)이 빛의 파동설을 터무니없는 주장이라고 하면서 반박하기 위해 그와 같은 수학적 예측을 제시했던 것이다. 그는 직관에만 의존했고 실험을 하지 않음으로써 자신의 결과를 부정적인 방향으로 사용하는 데 그쳤다. 반면에, 정치가이자 노예제도 폐지론자였으며 프랑스 수상으로 훨씬 더 유명했던 아라고François Arago(1786~1853)는 직접 이에 대한 결정적 실험을 수행하여 실제로 그림자 중앙에 밝은 점이 만들어지는 것을 보였다. 그래서 그림자 중앙의 이 밝은 점을 아라고 반점Arago spot이라고 하며, 푸아송 반점 또는 프레넬 반점이라고도 하는데, 이 이름들이 여기에 얽힌 이야기를 반영하고 있다. 과학에 있어서 편견이 없는 열린 자세가 중요하다는 교훈을 주는 사건 중 하나다.

빛의 파동성과 관련된 빛의 성질에는 편광 현상이란 것이 있다. 방해석으로 물체를 보면 둘로 보이는 복굴절 현상을 연구하던 말뤼스Étienne Malus (1775~1812)가 1808년 창유리에 반사된 석양을 방해석을 통해서 보다가 방해석을 돌렸을 때 특정한 각도에서 어두워지는 현상을 발견했다. 이 현상은 빛이 입자라고 보았을 때는 설명하기 어려운 현상이었다. 그러나 빛이 진행 방향에 대해 수직한 방향으로 진동하는 횡파라고 생각하면, 빛이 반사될 때 반사 평면과 나란한 방향의 진동만 살아남아 편광이 되므로 설명이 가능했다. 복굴절 현상을 편광 방향에 따라 굴절률이 달라져서 생기는 현상으로 설명하면, 유리에 반사된 빛을 볼 때 방해석의 각도에 따라 어두워지는 현상을 편광 방향의 차이로 설명할 수 있었기 때문이다. 나중에 빛의 속도 측정을 통해 빛의 파동성은 더욱 큰 지지를 받게 되었다.• 맥스웰의 전자기 이론은 빛이 전자기파의 일종으로서 파동성을 갖고 있음을 보였다. 편광은 맥스웰의 전자기파 이론에서 전기장의 진동 방향으로 정의된다. 그리고 현대에서는 빛을 이용한 양자통신에서 이용되는 빛의 중요한 성질이다.

그럼에도 불구하고 빛의 입자설과 파동설은 각각 빛의 성질을 모두 완벽하게 설명할 수 없었고, 논쟁은 20세기 초까지 계속되었다. 현대물리학이 내린 결론은 빛은 입자의 성질과 파동의 성질을 모두 갖고 있다는 것이다. 이를 빛의 이중성이라고 부른다. 빛의 본질에 대한 오랜 논쟁의 결론으로서는 허탈한 느낌도 있지만, 이것이 빛의 본성이며 좀 더 자세한 내용은 현대물리학에서 다루기로 한다.

• 빛의 입자설은 매질에서의 빛의 속력이 공기 중에서의 속력보다 빠르다고 했지만, 실제 측정에서는 이것이 틀렸다는 것이 증명되었다.

III부

강요된 생각과 확장된 논리

1900년 플랑크의 광양자 가설

제1회 노벨상 수여 1901년

1905년 아인슈타인의 특수상대성 이론
광전효과

1911년 러더퍼드, 원자핵 발견

1913년 보어, 원자모형 발표

제1차 세계대전(~1918년) 1914년

1915년 아인슈타인의 일반상대성 이론

1924년 드브로이의 물질파 이론

1926년 슈뢰딩거의 파동방정식

1927년 양자역학의 코펜하겐 해석
르메트르의 빅뱅 이론

1929년 허블, 적색편이 발견

제2차 세계대전(~1945년) 1939년

미국, 원자폭탄 제조 1945년

1947년 트랜지스터 발명

1953년 왓슨-크릭, DNA 분자구조 밝힘

소련, 최초 원자력발전 1954년

1964년 우주배경복사 발견

미국, 아폴로 11호 달 착륙 1969년

1982년 아스페, 양자역학의 비국소성 확인

1990년 허블 우주 망원경 발사

구소련 붕괴 1991년

유엔 기후변화협약 1992년

2012년 힉스 입자 발견
딥러닝 기술 개발

코로나바이러스 감염병 2019년

2021년 제임스 웹 우주 망원경 발사

10 상대성 이론과 휘고 엮인 시공간

"시간과 공간은 그들의 그림자만 남기고 사라져 버렸고, 이 둘의 연합체만이 독립적인 존재를 유지할 뿐이다." —헤르만 민코프스키

20세기에 접어들자 과학계에는 상대성 이론과 양자역학이 대두되면서 큰 변혁이 생기기 시작했다. 뉴턴역학에 바탕을 둔 고전물리학 체계가 급격히 무너져 내리기 시작한 것이다. 물론 이러한 변화는 어느 날 갑자기 시작된 것이 아니고, 약 40년에 걸쳐 물리학 분야에서 조금씩 기존의 과학과 맞지 않거나 설명이 되지 않는 현상들이 발견되었기 때문이다.

아인슈타인Albert Einstein(1879~1955)의 상대성 이론은 양자물리학과 함께 현대물리학을 특징짓는 양대 축의 하나다. 아인슈타인은 1905년에 논문을 세 편 발표했는데, 모두가 현대물리학의 발전에 큰 공헌을 한 것들이어서 과학계에서는 이해를 '기적의 해'라고 한다. 특히 광양자 이론은 양자역학의 태동기에 양자론의 형성에 획기적 공헌을 했고, 또 하나의 획기적 논문

이 바로 특수상대성 이론에 관한 논문이었다. 아인슈타인의 특수상대성 이론은 뉴턴의 고전역학이 가졌던 절대적이고 독립적인 공간과 시간의 개념을 완전히 바꾸어 공간과 시간이 독립적이지 않은, 하나로 엮여 있는 새로운 시공간 개념을 형성했다. 그리고 $E=mc^2$라는 유명한 공식, 즉 질량-에너지 등가원리도 특수상대성 이론에서 파생되어 나왔다. 이로써 뉴턴의 고전적인 역학 체계가 완전한 것이 아니라 근사적인 체계였음을 명백히 보여주게 된다.

그리고 특수상대성 이론이 발표된 지 10년 후인 1915년에는 일반상대성 이론이 발표되었는데, 여기에는 질량 또는 에너지 분포가 중력장의 세기를 결정하여 공간을 변형시키고, 공간의 변형(곡률)은 다시 질량과 에너지의 분포를 결정하는 반복적 구조를 갖고 있다는 내용이 담겨 있다. 중력은 우주의 탄생과 진화에 있어서 매우 중요한 요소다. 이와 같이 시간과 공간의 개념에 획기적인 전환을 이루고, 우주를 보는 관점도 완전히 바꾸도록 한 아인슈타인의 상대성 이론은 양자역학과 함께 인류에게 과학적인 성과는 물론, 사고의 틀에 있어서도 큰 변혁을 가져다주었다. 과학의 역사에는 인간의 사고에 큰 영향을 준 여러 발견들이 있었지만, 상대성 이론만큼 과학적 사고와 철학적 사고의 모든 측면에서 심오한 영향을 끼친 것은 없다. 여기에서는 아인슈타인의 상대성 이론의 전개 과정과 주요 내용인 엮여 있는 시공간 개념 및 중력장과 시공간 구조에 대해 살펴보도록 한다.

아인슈타인의 상대성 이론

많은 사람들은 상대성이라고 하는 것이 그저 관찰자의 위치에 따라 대상물의 겉보기 모습이나 형태가 다르게 보이는 정도로 생각한다. 그러나 아인슈타인의 상대성 이론은 물체의 운동과 물리적 법칙이 만족시켜야 하는 원칙, 즉 모든 수용 가능한 물리 이론은 '상대론적으로 불변'이어야 한다는 커다란 원칙에 관한 것으로서, 물체의 운동에 관한 법칙이 이를 만족시킬 때 우리가 살고 있는 시공간이 어떠해야 하는지를 말해주는 이론이다.

≡ 갈릴레이의 상대성 원리

아인슈타인의 상대성 이론이 나오기 전에 고전역학에서는 갈릴레이의 상대성 원리가 적용되고 있었다. 갈릴레이의 상대성 원리란 "모든 운동은 상대적이며, 서로 일정한 속도(빠르기와 방향을 모두 고려한 물리량)로 움직이는 관찰자에게 물리법칙은 동일한 형태를 가져야 한다"라는 것이다. 갈릴레이가 이런 상대성 원리를 제창한 이유는 그때까지도 지배적으로 영향을 주고 있던 아리스토텔레스의 생각이 틀렸다고 생각했기 때문이다. 아리스토텔레스는 세상의 모든 물체는 본성적인 위치를 찾아가도록 목적이 정해져 있어서 언젠가는 정지해야 한다고 했지만, 갈릴레이는 정지 상태란 본질적으로 존재하지 않는다고 생각했다. 이것은 우리의 경험에서도 알 수 있듯이, 배경이 없는 상황에서 두 기차에 탄 각 사람이 서로 상대 기차의 움직임을 보면 어느 기차가 정지해 있는지, 또 어느 것이 움직이고 있는지 알 수 없다. 이처럼 운동은 절대적인 것이 아니고 상대적이어서 원래부터 정지해 있는 상태란 있을 수 없다고 본 것이다.

이제 두 관찰자가 다른 물체의 운동을 관찰한다고 해보자. 이런 상황에서는 기준이 되는 사람에 따라 물체가 정지한 상태로 보일 수도 있고, 운동 상태로 보일 수도 있다. 기준이 되는 사람과 같은 속도로 움직이고 있는 물체는 정지해 있는 것처럼 보이고, 다른 속도로 움직이면 운동을 한다고 인식한다는 것이 갈릴레이의 상대성 원리다. 갈릴레이의 1638년 저서 『두 개의 새로운 과학에 관한 수학적 논증과 증명Discorsi e Dimostrazioni Matematiche

Intorno a Due Nuove Scienze』의 내용을 보면, 정지한 배 안에서의 물체의 운동이나 일정한 속도로 움직이는 배 안에서의 물체의 운동이 똑같아 보인다고 하면서 "서로 일정한 속도로 움직이는 관찰자에게 물리법칙은 동일한 형태를 가져야 한다"라고 했다. 비록 정지한 관찰자가 볼 때, 움직이는 배 안에서 일어나는 일이 다르게 보일지라도 관여되는 물리법칙은 같아야 한다는 것이다. 갈릴레이의 상대성 원리를 정리하면, 어느 관찰자도 자신을 절대적인 기준으로 삼을 수 없으며, 일정한 속도(등속도)로 움직이면서 관찰한 물체의 운동에 관한 법칙은 비록 겉보기 운동의 형태는 달라도 정지한 사람이 관찰한 물체의 운동에도 똑같이 적용된다는 것이다.

≡ 아인슈타인의 특수상대성 이론

그런데 아인슈타인은 갈릴레이의 상대성 원리가 맥스웰의 전자기 이론에서는 성립하지 않는다는 사실을 간파했다. 전자기 이론에서 전하를 띤 입자가 자기장 속에서 움직이면 입자의 속도에 비례하는 자기력이 작용하는데, 힘이 속도에 비례하는 경우에는 뉴턴의 운동 법칙이 갈릴레이의 상대성 원리를 만족시키지 않는다. 왜냐하면 등속운동을 하는 관찰자는 정지한 관찰자가 측정한 입자의 속도와 다른 값을 측정하게 되므로 힘도 달라져야 하기 때문이다. 이는 힘이 가속도(속도의 변화율)에 비례한다는 뉴턴의 운동 법칙과 모순된다. 따라서 모든 물리학의 법칙이 등속으로 움직이는 관찰자에게도 똑같이 적용되어야 한다는 관점에서 보면 무언가 잘못되어 있는 것이다.

더욱이 빛(전자기파)의 속력이 관찰자의 운동과는 관계없이 공간의 성질에만 의존하는 상수로 주어지는 전자기 이론 자체가 고전적 상대성 원리를 위반한다. 고전역학에서는 상대운동에 따라 물체의 속력이 더 빨라지거나 느려져 보이는데, 상대운동에 관계없이 일정하다니 이상하지 않은가? 그렇다면 빛의 속력이 변해야 하는가? 아니면 다른 것을 고쳐야 하는가?

빛의 속력이 관찰자의 운동과 관계없이 일정하다는 사실은 실험으로도 증명이 되었다. 그 당시 고전역학에서는 에테르로 채워진 절대공간과 이와 독립적인 절대시간의 개념이 사용되고 있었는데, 빛의 상대속력을 측정함으로써 절대공간을 채우고 있는 에테르의 존재를 증명하려는 노력이 이루어졌다. 이것이 그 유명한 마이컬슨-몰리의 실험이다.• 빛에 대한 맥스웰의 전자기파 이론은 빛이 파동의 형태로 전파된다고 했고, 에테르는 빛이 전파되는 매질로서 제안되었던 것이다. 따라서 태양 주위를 초속 30 km로 빠르게 공전하고 있는 지구는 에테르의 상대적 흐름을 만들 것으로 생각했다. 마치 호수에서 배가 움직일 때 상대적인 물의 흐름을 만드는 것과 같은 이치다. 그러면 지구의 운동 방향과 나란한 방향으로 관측한 빛의 속력과 지구운동에 수직한 방향으로 관측한 빛의 속력을 비교하면 차이가 있을 것이고, 이로써 에테르의 존재를 증명할 수 있으리라 생각했던 것이다.

그러나 마이컬슨과 몰리의 실험은 에테르의 존재를 증명하는 데는 실패했다. 빛의 속력에 아무런 차이를 발견할 수 없었던 것이다. 에테르 존재의 증명에 실패한 이 실험은 오히려 아인슈타인의 상대성 이론의 발견에는 핵심적인 뒷받침 역할을 했다. 즉, 빛의 속력이 관찰자의 등속운동과는 관계없이 항상 일정한 값을 갖는다는 사실이다. 마이컬슨-몰리의 실험은 원래의 목적을 이루지 못한 실패한 실험으로서 가장 유명한 실험이자, 아인슈타인의 특수상대성 이론의 핵심적인 가정을 뒷받침하는 연구로서 두 번째

• 마이컬슨(Albert Michelson, 1852~1931)과 몰리(Edward Morley, 1838~1923)가 1887년에 실행한 실험으로서, 에테르가 존재할 경우에 지구의 운동에 의해 빛의 상대속력이 달라질 것을 예측했으나, 결국 아무런 차이를 발견하지 못함으로써 에테르 이론을 부정하는 최초의 유력한 증거가 되었다. 마이컬슨은 이 실험으로 1907년에 노벨 물리학상을 받았다.

과학혁명의 시발점이라는 평가를 받는다.

그러나 정작 아인슈타인은 특수상대성 이론을 발표할 때 마이컬슨과 몰리의 실험에 관해서 모르고 있었다고 한다. 그들의 실험은 아인슈타인이 여덟 살 때 행해진 실험이었고, 아인슈타인은 특수상대성 이론을 구상할 때까지 주류 과학자들과 전혀 접촉이 없던 상태였다. 그리고 많은 물리학자들이 마이컬슨-몰리 실험의 수수께끼 같은 결과를 해석하려고 매달려 있었던 반면, 아인슈타인은 고전역학의 절대공간과 절대시간의 개념들이 틀렸을 수도 있다는 과감한 생각을 했던 것이다.

아인슈타인의 새로운 출발점은 물리법칙 불변이라는 상대성 원리와 빛의 속력(c)이 일정하다는 두 가지 가정이었다. 빛의 속력에 관한 가정은 맥스웰의 전자기 이론이 상대성 원리에 의해 관찰자의 운동에 관계없이 성립해야 했고, 여기서 빛의 속력은 상수이기 때문이다. 양자론에서 최소 작용 단위인 플랑크 상수•의 존재가 중요한 역할을 하듯이 빛의 속력 또한 상대론에서 중요한 상수로 등장하는 순간이었다.

빛의 속력이 일정하다는 가정이 가져다주는 결과와 관련하여 먼저 살펴볼 내용은 동시성 개념에 관한 것이다. 동시성simultaneity은 적어도 한 개의 기준계(관찰자) 안에서 공간적으로 다른 두 곳에서 같은 시간에 사건이 발생하는 것을 말한다. 우리는 특정한 순간에 사건이 일어났다고 판단하는 기준을 빛이 우리 눈에 도달하는 시점으로 삼는다. 이 경우에 빛의 속력이 일정하면 한 관찰자에게 동시에 일어난 사건들이 상대운동을 하고 있는 다른 관찰자에게는 동시에 일어나지 않는 것이 될 수 있다. 동시성을 확인해 줄 빛은 관찰자의 운동과 상관없이 일정한 속력으로 움직이는데 동시성을 따져야 할 사건은 관찰자에 따라 정지해 있거나 움직이기 때문이다.

• 이 책 11장 양자론 참조. 양자 이론에서 최소 작용 요소에 해당하는 상수다.

이러한 관점은 천문학적으로 중요한 의미가 있다. 우리가 관측하는 밤하늘의 별들은 각각 수백, 수천 년 전의 다른 순간을 보여주고 있는 것이다. 나에게 현재인 사건이 다른 관찰자에게는 현재가 아니라는 것이다. 따라서 동시성이라는 개념은 절대적 의미를 갖지 못하고 관찰자의 운동에 따라 달라진다. 즉, 우리가 만약 빛의 속력에 가깝게 빠르게 움직이면 우리가 인식하는 시간과 공간은 매우 다를 것이다. 이제 시간도 절대적이지 않고 공간처럼 상대적이라는 것이다.

≡ 길이는 줄어들고, 시간은 늘어나고

그렇다면 아인슈타인의 특수상대성 이론에서는 시간과 공간이 어떻게 나타날까? 결론부터 이야기하면, 절대적이고 독립적인 공간과 시간의 개념은 사라지고 시간과 공간이 서로 엮여 있다. 절대적 공간도 없고 절대적 시간도 없다. 절대적인 것은 오직 빛의 속력만 남아 있을 뿐이다. 빛의 속력은 우주의 본질적인 속성을 담고 있는 물리상수다. 이제 시간과 공간의 관점에서 현상을 보는 것이 아니라, 빛의 속력이 시간과 공간을 어떻게 이어주고 있는지를 들여다보고 해석해야만 하는 것이다. 빛의 속력은 빛이 진행한 거리를 빛이 진행하는 데 경과한 시간으로 나눈 것이므로 빛의 속력에 공간과 시간이 엮여 들어가 있다. 양자론에서 플랑크 상수에 입자와 파동의 성질이 엮여 들어가 있는 것과 유사하다.• 상대성 이론에서는 시간과 공간이 더 이상 독립적이지 않고 서로 유기적인 관계를 맺고 있다. 3차원의 공간과 1차원의 시간으로 따로 존재하는 것이 아니라, 이들이 하나로 합쳐진 '4차원 시공간'을 형성한다. 수학적으로 엄밀하게 시공간이 서로 얽혀

• 입자성을 나타내는 운동량(p)과 파동성을 나타내는 파장(λ)을 곱한 값이 플랑크 상수(h)와 같다는 식으로 표현된다($p\lambda = h$).

있음을 보일 수 있지만, 여기서는 수학적 표현을 되도록 피하고 전체적인 내용만 살펴보기로 한다.

특수상대성 이론에서는 정지한 관찰자의 측정과 비교할 때, 등속도로 상대운동을 하는 관찰자에게는 물체의 길이는 짧아지고 시간은 천천히 간다. 이를 길이 수축 및 시간 지연 효과라고 한다. 이처럼 특수상대성 이론은 우리 경험과는 동떨어진, 상식적으로 믿기 힘든 결과를 제시하기 때문에 이해하기 어렵지만, 실험으로 증명이 되고 있다. 대표적인 현상을 살펴보자. 우리 지구에는 우주로부터 수많은 우주방사선cosmic rays•이 쏟아져 들어온다. 지표면에서 많이 관측되는 뮤온 입자••는 지표면으로부터 수십 킬로미터 이상 떨어진 상층대기의 원자들과 우주방사선이 충돌하여 발생한다. 뮤온 입자의 수명은 약 2.2 μs(1마이크로초 = 100만분의 1초) 정도로 매우 짧다. 그래서 뮤온 입자가 지표면에 도달하기 전에 대개 사라져 지표면에서는 거의 검출되지 않을 것으로 예측할 수 있지만 실제로는 엄청나게 많이 검출된다.

이 현상은 특수상대성 이론으로만 이해될 수 있다. 즉, 특수상대성 이론을 적용하지 않으면 뮤온이 빛의 속력의 99.95%로 움직인다고 해도 기껏 660 m 정도만 이동하다가 대기권 상층에서 붕괴해서 사라져야 하므로 지표 근처에서는 발견될 수 없다. 그러나 특수상대성 이론을 적용하면, 뮤온 입자 자신은 2.2 μs의 수명 동안 660 m 정도를 이동하지만 지구상의 관찰자에게는 수명이 30배 정도로 늘어난 66 μs 동안 이동하여 30배 거리인 19.8 km 정

• 은하계 안의 천체 폭발로 발생한 것으로 생각되는, 높은 에너지의 입자 또는 방사선을 말한다.

•• 기본 입자 중 하나인 뮤온 입자는 음전하를 띠며 질량은 전자의 200배 정도로 무겁다. 대기에서 우주방사선 때문에 생긴 뮤온 입자는 지표면에 도달하거나 지하까지 투과할 수 있다.

도를 날아간 것으로 보인다. 즉, 지구의 정지해 있는 관찰자에게는 19.8 km로 측정되는 공간적 거리가 빛의 속력에 가깝게 달리는 뮤온 입자에게는 30분의 1로 축소되어 660 m로 측정되고, 시간은 2.2 μs 정도만 흘렀지만 이 시계는 지구 관찰자의 시계와 비교하여 30분의 1 정도로 천천히 진행되었다는 이야기다. 뮤온이 지표면 가까이에서 관측된다는 결과는 똑같지만, 그 과정은 지구 표면에 정지한 관찰자와 뮤온과 함께 움직이는 관찰자에게 전혀 다르게 보이는 것이다.

이처럼 특수상대성 이론에서는 눈에 보이는 현상이 관찰자에 따라 얼마든지 다를 수 있다. 뮤온의 경우, 시간과 공간이 30이라는 숫자로 엮여 있으면서 관찰자에 따라 다르게 측정되는 것이다. 엮임의 정도를 나타내는 이 숫자를 '로렌츠 인자'라고 하며 물체의 속도가 빠를수록 엮임의 정도가 더 커진다. 이는 두 관찰자가 서로 다른 시공간 척도를 갖고 있어서 다른 값을 측정하게 되지만, 시공간 척도 사이의 상관관계가 로렌츠 인자에 의해 변환이 가능한 규칙을 갖고 있는 것으로 볼 수 있다. 이를 '로렌츠 변환'이라고 한다. 특수상대성 이론에서 물체의 속력이 빛의 속력에 비해 무시할 만큼 느리면 로렌츠 인자는 1이 되어 고전역학으로 환원되는 결과를 얻는다. 다른 표현으로는, 빛의 속력이 무한대가 되는 극한을 취하면 고전역학의 결과를 얻는다. 이 역시 양자론에서 플랑크 상수를 0으로 취하는 극한에서 고전역학으로 환원되는 것과 유사하다. 신기하고 이해하기 힘들지만 물리법칙이 보여주는 틀이 얼마나 아름다운가!

≡ $E=mc^2$

빛의 속력이 일정하다는 가정은 힘이 물체에 작용해서 물체의 속력을 점점 빨라지게 할 때 고전역학과 맞지 않는 또 다른 문제를 일으킨다. 고전역학에서는 물체에 힘을 계속 작용하여 일을 하면 속력이 무한대로 증가해야 하지만, 상대성 이론에서는 물체의 속력은 빛의 속력보다 빨라질 수 없다. 즉, 물체에 에너지를 공급하면 물체가 점점 빨라지면서 계속 운동에너지가 증가해야 하는데, 물체의 속력이 빛의 속력보다 빨라질 수 없다면 물체에 공급한 에너지는 어디로 가야 하는가? 이 의문에 대한 해답은 에너지가 질량으로 변환된다는 것으로 주어진다. 물체의 속력이 증가하면, 물체의 질량은 정지해 있을 때보다 증가한다. 질량의 증가도 로렌츠 인자만큼 증가하는데, 여기서 에너지와 질량이 본질적으로 같다는 개념이 등장한다. 이것이 유명한 아인슈타인의 $E=mc^2$의 공식이다. 빛의 속력(c)이 굉장히 큰 값이기 때문에 작은 질량도 큰 에너지를 만들어낼 수 있다. 이것을 실제 상황으로 만들어낸 것이 핵분열이나 핵융합을 이용한 원자력 에너지다. 핵분열이나 핵융합 과정에서는 질량의 일부가 없어지면서 그만큼의 에너지가 만들어지게 된다. 이 과정을 인위적으로 잘 제어하면 에너지 생산에 이용할 수 있지만, 제어하지 않으면 폭탄이 되는 것이다.

≡ 일반상대성 이론

일반상대성 이론은 특수상대성 이론이 관찰자의 상대운동을 등속운동에만 제한한 것을 확장하여 상대운동의 속도가 시간에 따라 변하는 가속도 운동까지 포함한 것이다. 아인슈타인은 이 일반적인 경우에 대한 기초적인 아이디어를 1907년에 처음 생각해 내고는 '자신의 생애에 있어서 가장 행복한 생각을 해낸 해'라고 회고했다. 그가 통찰한 것은 중력 효과와 가속 효과를 구별할 수 없다는 생각이었다. 그는 뉴턴의 중력 법칙과 맥스웰의 전자기 법칙 그리고 자신의 특수상대성 이론을 같이 생각하기 시작했다.

그렇지만 일반상대성 이론을 완성할 때까지 8년이라는 시간을 고심하며 보냈는데, 때로는 스스로 낙담하고 좌절하며 고통스러운 시간을 보낸 흔적이 동료들에게 쓴 편지에서 발견된다. 그는 상대론 문제를 푸는 것이 "유황

불을 견디는 것"과 같다며 고통을 토로했고, "미칠지도 모르겠다"라거나 "정신병원에 가게 되는 것은 아닐까?"라는 표현들을 편지에 썼다. 또 아인슈타인이 존경해 마지않았던 플랑크도 그의 노력이 성공할 것을 기대하지 않았을 뿐더러 성공해도 믿으려 할 사람이 없을 것이라며 그의 연구를 반대하기도 했다. 그만큼 어렵고 힘든 업적을 이루어냈다고 보아야 하는데, 그의 이론은 상대적인 시공간의 변형이 중력을 만들어내는 원인임을 밝혀낸 것이었다. 이것은 질량을 가진 물체가 다른 질량을 가진 물체에 힘을 작용한다는 뉴턴의 중력이론과는 근본적으로 다른 관점에서 출발한 것이어서 우주 관측으로 증명되기 전까지는 그 당시에 쉽게 받아들여지지 않았다.

우선 아인슈타인의 중력에 대한 관점을 먼저 살펴보자. 우리가 물체를 높은 곳에서 떨어뜨려 자유낙하를 시키면 물체는 중력 때문에 점점 빠르게 떨어진다. 그렇지만 우리도 중력가속도로 같이 낙하하면서 물체를 보면 물체는 정지해 있는 것처럼 보일 것이다. 거꾸로, 정지해 있는 물체를 우리가 중력가속도로 올라가면서 보면 물체가 중력에 의해 자유낙하를 하는 것처럼 보일 것이다. 즉, 가속도운동은 중력의 존재와 동등한 의미가 된다. 이를 '등가원리equivalence principle'라고 한다.

승강기 안의 저울 위에서 몸무게를 측정하는 경우를 생각해 보자. 승강기가 정지한 상태에서는 정상적인 몸무게가 측정될 것이다. 그러나 중력가속도로 승강기가 올라가면 몸무게가 두 배로 증가한 것으로 측정이 된다. 마치 중력이 두 배로 증가한 것과 같아 보인다는 것이다. 실제로 작용하는 힘은 아니지만, 가속도를 갖고 움직일 때 나타나는 것처럼 보이는 힘을 관성력이라고 한다. 버스가 정지해 있다가 갑자기 출발하면 사람들이 넘어지는 것이 관성력 때문이다. 이때 관성력은 실제로는 없는 것이지만, 버스의 가속도 때문에 나타난다. 이와 같이 지구로 인해 생기는 중력과 중력가속도와 같은 크기의 가속도로 움직이는 계에서 느끼는 관성력은 구분할 수

그림 10-1 중력과 가속도의 등가성

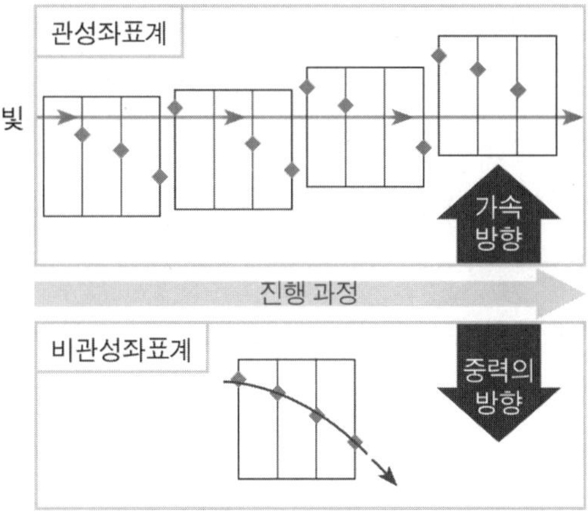

없다. 일반상대성 이론에서는 중력보다는 가속도가 더 근본적인 양이고, 가속도가 주는 효과는 중력과 동등하다.

≡ 중력과 휘어진 시공간: 빛의 진행도 휘어진다

일반상대성 이론이 예상하는 흥미로운 현상 중 하나는 중력이 작용하는 계에서는 빛도 휘어서 진행한다는 것이다. 왜 그럴까? 중력에 의해 자유낙하를 하는, 폭이 넓은 승강기에서 물체를 낙하하는 방향에 수직인 앞 방향으로 던지는 사고실험을 해보자. 그러면 승강기 안에 있는 관찰자는 낙하 가속도가 중력장을 상쇄시켜 중력장이 존재하지 않고, 던진 물체가 곧장 앞으로 진행하는 것을 보게 된다. 그러나 승강기 바깥에 있는 관찰자는 물체가 중력의 영향을 받고 있어서 포물선을 그리며 휘어진 경로로 이동하는 것으로 보인다. 즉, 물체를 빛이라고 하면 중력장이 없는 곳에서는 빛이 직진하지만, 중력장이 있는 곳에서는 빛이 휘어서 진행하는 것으로 보인다. 이 예측은 일식 관측을 통해 먼 곳에 있는 별에서 나온 빛이 태양 근처를 지나면서 휘는 것이 확인되면서 증명되었다.

빛이 휘어서 간다고 하면, 하나의 질문이 생긴다. 가속운동이 중력장을 상쇄시킨 승강기 안의 관찰자나 중력장 안에서 정지해 있는 승강기 밖의 관찰자에게 빛은 같은 순간에 승강기 반대편 벽에 도달할 것이다. 이때 승강기 밖에서 본 휘어진 경로가 더 길기 때문에 빛의 속력이 더 빨라야 하는 문제가 생긴다. 그러면 빛의 속력이 일정해야 한다는 특수상대성 이론의 기본 가정이 위태로워진다. 그러나 이 문제는 다른 방식으로 해결된다. 가속도운동을 하는 계나 중력이 큰 곳에서는 시간이 천천히 흐른다는 것이다. 중력가속도로 자유낙하를 하는 승강기에서는 시간이 천천히 흐르므로 빛이 승강기 반대편에 도달할 때까지의 시간이 짧고, 휘어진 경로로 빛이 진행하는 것을 보는 승강기 밖의 관찰자는 더 긴 시간 동안 빛이 진행하는 것을 보는 것이다. 그래서 빛의 속력이 일정해야 한다는 가정에는 아무 문제가 없다.

그렇다면 빛의 직진성과 중력 공간에서 빛이 휜다는 것을 어떻게 이해해야 할까? 아인슈타인은 이 문제를 새로운 방식으로 정리했다. 중력이 공간을 변형시켜 휘게 한다는 것이다. 이제 중력이 작용하는 곳에서 빛이 휘어 진행한다는 것을 다른 표현으로 나타내면, 빛은 휜 공간에서 가장 빠른 직선• 경로를 따라 진행한다고 말할 수 있다. 마치 지구 표면의 두 위치를 가장 빠르게 이동하는 직선 경로가 휜 경로인 것과 같다. 좀 더 나아가면, 중력이 공간을 휘게 만들고, 시공간은 엮여 있으므로 중력이 시공간을 휘게 만든다는 생각을 금방 하게 된다. 이것이 일반상대성 이론의 내용이다.

아인슈타인은 일반상대성 이론을 만들 때 자신의 중력이론이 뉴턴의 만유인력 법칙도 잘 설명할 수 있어야 한다고 생각했다. 만유인력의 법칙이

• 기하학적으로 두 점을 잇는 가장 짧은 경로를 직선이라고 한다.

300여 년 동안 태양계 수준에서 아주 잘 적용되는 이론이었기 때문이다. 그래서 만유인력의 법칙은 새로운 중력이론의 한 특수한 경우가 되어야 하는 중요한 요구사항이었다. 아인슈타인은 결국 이 조건을 만족하는 방정식을 찾았고 그것이 중력장 방정식이다.

중력장 방정식을 살펴보면, 한쪽 변은 시공간의 휘어짐을 나타내는 항으로 구성되고, 방정식의 다른 변에는 시공간에서의 에너지(물질) 분포를 나타내는 항이 포함되어 있다. 따라서 아인슈타인 방정식은 에너지(물질)의 분포가 시공간의 휨에 어떻게, 얼마나 영향을 끼치는지를 나타낸다. 특별히 시공간에서 에너지의 분포를 나타내는 항에 뉴턴의 중력상수가 들어가 있는데, 이것은 중력이 약하고 시간에 대해 변하지 않으며 물체의 속력이 빛의 속력에 비해 아주 느린 고전적 극한에서는 뉴턴의 만유인력의 법칙이 되도록 맞춤형으로 정해진 값이다. 즉, 아인슈타인은 적절한 조건에서는 뉴턴의 중력이론으로 환원되도록 했다.

시공간은 4차원 공간이므로 시각적으로 표현하기 어렵지만, 근사적으로 〈그림 10-2〉를 통해 조금 쉽게 접근할 수 있다. 아인슈타인은 중력을 상대적 시공간이 변형되어 생기는 웅덩이 때문에 나타나는 것으로 생각했다. 이때 시공간 변형의 원인은 질량을 가진 물체다. 즉, 질량을 가진 물체는 주위의 시공간을 변형시켜 웅덩이를 만들고, 웅덩이가 만드는 곡면으로 다른 질량체가 들어오면 웅덩이 안쪽으로 끌려들어 가거나 주위를 돌게 되는 것으로 이해한 것이다. 결국 천체 현상을 관측한다는 것은 우주에 펼쳐진 휘어진 시공간에서의 천체들의 운동을 관측하는 것이다.

시공간에서 물체의 존재는 서로 영향을 준다. 변형된 시공간의 모양은 물체의 운동에 영향을 주고, 동시에 물체는 시공간을 변형시킨다. 시공간의 변형은 물체의 운동뿐만 아니라 시간의 흐름도 바꾼다. 시공간이 변형되어 휘어 있다는 것은 시공간 내에서의 위치에 따라 시간의 길이가 같지

그림 10-2 질량을 가진 물체가 만드는 시공간의 변형을 시각적으로 표시한 것. 질량이 클수록 시공간의 변형이 커서 곡률이 커진다.

않다는 것이다. 가령 질량이 지구보다 훨씬 무거운 중성자별의 표면에서는 중력이 너무 강해 시간이 지구보다 30% 정도 느리게 간다. 빛조차도 빠져나오지 못한다는, 매우 큰 중력을 만드는 블랙홀•은 시간이 느리게 가는 가장 극단적인 예인데, 블랙홀 표면에서는 시간이 거의 멈춘 상태라고 생각할 수 있다.

≡ 아인슈타인의 위대한 승리

아인슈타인은 자신의 중력에 관한 이론이 뉴턴과는 완전히 다른 관점에서 출발하여 얻어낸 결과였기 때문에 뉴턴의 중력이론보다 더 포괄적인 이론이라고 믿었다. 그래서 뉴턴의 이론은 중력이 아주 크게 작용하는 경우에는 적용되지 않을 것으로 생각했다. 지구상에서는 자신의 이론이나 뉴턴

• 중성자별과 블랙홀은 별의 진화 과정 마지막 단계에서 형성되는 것들로 질량이 매우 크다. 이 책 13장 참조.

의 이론이 거의 같은 결론을 주므로 그는 우주와 같이 중력이 아주 크게 작용하는 환경에서 자신의 이론을 적용해 보는 것에 생각을 집중했다.

그 첫 번째 적용 대상이 태양의 중력이 크게 작용하는 수성의 수상한 궤도 이동에 관한 것이었다. 수성의 궤도 이동 문제는 1859년에 발견된 이후 50년 이상 뉴턴의 법칙으로는 해결하지 못한 문제였는데, 아인슈타인은 질량의 이동으로 생기는 시공간의 변화가 행성의 궤도 자체를 행성의 운동 방향으로 회전하게 하는 원인이라고 생각했다. 그래서 자신의 이론으로 수성의 궤도 이동을 정확히 예측할 수 있음을 보임으로써 이 문제를 완전히 해결했다. 결국 뉴턴의 중력이론은 일반상대성 이론의 근사해에 해당하는 것이었다.

그림 10-3 중력에 의한 빛의 경로 휨 현상

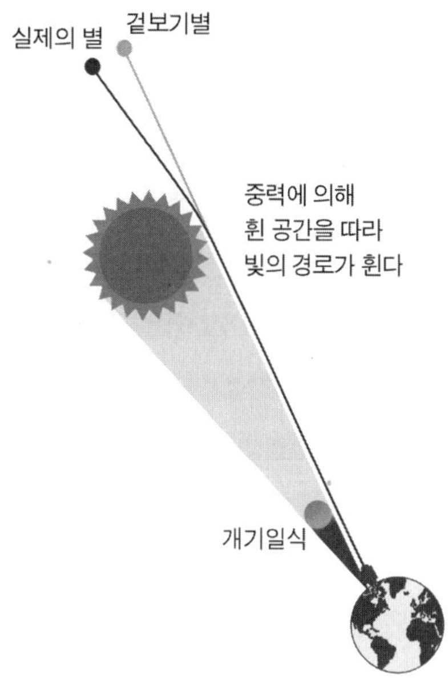

이에 고무된 아인슈타인은 자신의 이론을 입증할 방법으로서 태양 주위를 지나는 빛의 경로가 휠 것을 예상하고 계산을 하여 이를 일식 관측으로 확인할 수 있을 것으로 생각했다. 그러나 1차 세계대전의 발발로 일식 관측 1차 시도는 불발로 끝났다. 4년 뒤에 마침 전쟁이 종식되자 그의 예측을 시험하는 일식 관측이 가능해졌다. 에딩턴Arthur S. Eddington(1882~1944)의 일식 관측은 결정적으로 아인슈타인의 이론에 정당성을 부여했는데, 1919년에 발표된 에딩턴의 일식 관측 결과는 아인슈타인의 예측과 오차한계 내에서 일치하는 것이었다. 이 일식 관측 결과가 나오자 ≪뉴욕타임스≫ 기사는 이렇게 썼다. "하늘에서 빛이 휘어지다. 아인슈타인 이론의 승리." 뉴턴의 이론이 무너지는 순간이었다.

시공간 개념의 변화

우리는 일반적으로 공간과 시간에 대한 개념을 직관적으로 받아들인다. 사실 공간과 시간은 인간이 사물의 존재와 변화를 인식하는 중요한 환경이다. 근대의 철학자 칸트는 시간과 공간은 인간이 세상을 이해하는 데 필요한 선험적 형식이라고 했지만, 상상해 보라. 아무것도 없고 보이지도 않는 깜깜한 환경이라면 시간과 공간에 대한 관념이 생겨나겠는가? 빛이 생겨나고 사물이 여기저기에 다른 모습으로 존재하면서 생성과 소멸, 운동과 같은 변화를 보이는 것을 인간이 인지할 때부터 시간과 공간은 우리의 인식 속에 자연스럽게 자리 잡은 개념이다. 그래서 우주 창조 신화에서 제일 먼저 하늘과 땅, 낮과 밤의 창조 이야기가 공통적으로 나오는 것도 이런 연유일 것이다.

이렇게 시간이나 공간처럼 인간의 삶과 밀접하게 연결되어 있으면서도 정작 그것의 본질에 대해서는 무관심하거나 무지한 것도 드물 것이다. 그것은 아마도 그 본질에 대한 지식이 우리의 일상생활에 직접적으로 큰 영향을 주지 않기 때문인지도 모른다. 그러나 시간과 공간의 본질에 대한 질문은 인간이 가졌던 아주 오래된 문제들 중 하나다. '시간과 공간은 사물과 독립해서 실재하는 것인가? 아니면 사물과의 상관관계 속에서만 존재하는 것인가?', '만약 시간과 공간이 실재하는 것이라면, 그것의 실체는 무엇인가?' 등의 철학적 질문들이 있었다. 또한 시간과 공간의 본질은 우리 우주를 이해하는 핵심 개념이기도 하다. 아직 이에 대한 합의된 이해는 없지만,

여기에서는 일반상대성 이론이 나오기까지 시간과 공간에 대한 개념의 변화를 살펴보기로 한다.

≡ 시간과 공간은 절대적 실체인가?

고대 그리스 자연철학자들은 사물의 변화 문제를 생각하면서 시간에 대한 개념을 먼저 발전시킨 것으로 보인다. 대표적으로 헤라클레이토스가 사물의 변화에 대해 자신의 생각을 표현한 "같은 강물에 두 번 발을 담글 수는 없다"라는 언급 속에 그의 시간에 대한 개념이 포함된 것을 알 수 있다. 나중에 아리스토텔레스는 '시간은 변화의 척도'라는 표현을 쓰기도 했다. 공간에 대한 언급은 고대 원자론에서 등장한다. 데모크리토스는 공간적으로 충만한 존재를 원자라고 하고 존재하지 않는 것을 진공이라고 하여 둘 다 실재하는 것으로 간주했다. 이후 진공의 문제는 고대 자연철학을 비롯하여 현대물리학에 이르기까지 중요한 논쟁의 대상이 되었고, 여기서도 나중에 다시 다루기로 한다. 아무튼 시간과 공간에 대한 철학적 사변들과는 별개로, 시간과 공간의 문제를 명확히 다루기 시작한 것은 뉴턴과 라이프니츠라고 볼 수 있다. 뉴턴은 시간과 공간을 절대적인 실체로 보았는데, 그는 저서 『프린키피아』에서 다음과 같이 서술했다.

1. 절대적이고 실제적이며 수학적인 시간은 그 자체로, 그리고 그 자체의 성질에 의해 외부의 어떤 것에도 영향을 받지 않고 항상 일정하게 흐른다.
2. 절대공간은 그 본성상 외부의 어떤 것에도 영향을 받지 않으며 항상 균일하고 움직이지 않는다.

이렇게 아인슈타인 이전의 뉴턴의 역학 체계는 절대공간과 절대시간을 기초로 세워진 것이었다. 시간과 공간은 분리되어 있는, 서로 독립적인 것으로 간주되었다. 독립적이고 절대적인 시간과 공간에 대한 뉴턴의 실체론적 사고는 3차원 공간에서의 유클리드 기하학을 통해 엄밀하게 분석되어 혁명적인 중력의 법칙을 발견하게 되었다. 그리고 중력의 법칙에서 얻어낸 역학적 결과가 우리의 일상적인 경험과 다르지 않다는 점에서 일반적인 것으로 받아들여졌다. 절대시간의 개념은 인과율로 정확히 규정되었다. 그리고 근대과학에 이르기까지 이 절대공간은 에테르라는 매질로 채워져 있다고 생각되었는데, 에테르는 절대적인 공간 개념을 제공하는 기준이었다.

전자기 이론을 완성하고 빛이 전자기파임을 밝혀낸 맥스웰도 우주 공간을 채우고 있는 이 매질의 존재를 빛의 속도 측정을 통해 알아낼 수 있을 것으로 생각했다. 사실 그 당시에는 잘 이해할 수 없었던 중력이라든가 전자기 작용 같은 현상을 이해함에 있어서 에테르의 존재를 가정하면 원거리 작용이라는 신비적 개념을 피할 수 있었기 때문이다. 그래서 절대공간의 존재를 확인하기 위해서 에테르의 존재를 증명하려는 노력이 이루어졌고, 그 유명한 마이컬슨-몰리의 실험이 있었다. 결론적으로 에테르의 존재는 밝혀지지 않았다. 다시 원점으로 되돌아간 것이다.

반면에 라이프니츠의 관계론에 따르면, 시간과 공간이란 사건과 물체들 사이에 성립하는 상대적 관계의 총합으로, 사건이나 물체들이 없으면 시간도 공간도 존재하지 않는다. 시간은 사건들 사이의 선후 관계를 모두 모은 것에 지나지 않는다고 본 라이프니츠는 물질이 없다면 사건이 없을 것이고, 따라서 사건의 선후 관계도 없을 것이므로 시간이란 것이 있을 수 없다고 했다. 마찬가지로 물체들이 없는 공간도 의미가 없다고 생각했다. 예를 들면, 두 세계의 공간 속에서 물체들이 똑같은 구성으로 배치되었다고 해 보자. 우리가 직접 공간을 볼 수 있는 것은 아니므로, 물체들만 보아서는 실질적으로 두 세계를 구별할 방법이 전혀 없다. 따라서 공간이란 물체들 사이의 상대적 관계일 뿐이라고 주장하는 것이다. 물질이 없다면 '사건'도 없고 '공간'도 없다. 결국, 라이프니츠에게 텅 빈 절대공간이라는 관념은 무의미한 것이다.

여기에 대해 뉴턴은 물이 든 양동이를 회전시킬 때, 물의 가운데가 오목해지는 현상을 가지고 절대공간의 존재를 추론할 수 있다고 했다. 만약 절대공간이 없다면 물은 가만히 두고 내가 물 주위를 돌아도 가운데가 오목해져야 하는데, 그렇지는 않으므로 절대공간이 존재해야 한다는 것이다. 즉, 회전한다는 사실로부터 절대적인 참된 운동과 물질들 사이의 상대적인 운동을 구분할 수 있다고 논박했다.

그러나 문제는 단순하지 않았다. 마흐는 물 표면이 오목해지는 것이 우주에 멀리 떨어져 있는 별이나 은하들이 물에 어떤 힘을 작용하기 때문이라고 했다. 양동이의 물은 가만히 두고 나머지 우주의 물질을 돌리면 양동이 물의 가운데가 오목해질 것이라고 했다. 즉, 물질이 전혀 없고, 단지 양동이의 물만 있다면 물이 돈다고 하더라도 물 표면은 오목해지지 않으리라는 것이 마흐의 주장이다. 실제로 관측할 수 없는 모든 것을 부정했던 실증주의자 마흐는 원자 개념을 부정하면서 볼츠만과 대립했고, 관측할 수 없는 절대공간을 부정하며 뉴턴과도 대립했던 것이다. 절대공간의 문제는 아인슈타인의 상대성 이론에서도 중요한 쟁점으로 다루어졌다. 아인슈타인은 일반상대성 이론의 사상적 뿌리에 마흐가 있다고 말하면서, "나는… 공간에 관한 우리 관념의 점진적인 변화에 대한 내 견해를 제시했다. … 물체가 공간 속에 있는 것이 아니라 물체들이 공간적으로 연장되어 있는 것이다. 이런 식으로 '텅 빈 공간'이란 개념은 그 의미를 잃어버린다"라고 공간 개념에 대한 자신의 견해를 밝혔다.

≡ 휘고 엮인 시공간

아인슈타인의 상대성 이론에서는 시간과 공간이 서로 밀접하게 연관되어 있다. 시간과 공간이 하나로 엮인 시공간 개념으로 받아들여야 하는데, 이는 시간을 공간적 거리로 환산할 수 있고 공간적 거리를 시간으로도 환산할 수 있음을 의미한다. 아인슈타인의 이 혁명적 생각을 수학적으로 매우 간단하게 표현한 사람이 독일의 수학자 민코프스키Hermann Minkowski(1864~1909)다. 1907년 민코프스키는 사건들이 일어나는 공간과 시간을 더 이상 따로 구분하지 않는 기하학적 공간인 민코프스키 공간을 최초로 정의했다. 그는 시간을 공간의 3차원에 더할 수 있는 네 번째 차원으로 간주하여 시공간 4차원 공간을 제안함으로써 시공간을 통합시켰다. 그리고 그는 이렇게 단언했다. "이제 공간 자체 및 시간 자체는 마치 그림자처럼 사라질 것이고, 오직 그 둘의 합체만이 독립적인 실체로 남을 것이다." 그는 이 4차원 공간에서 한 관찰자가 측정한 시간과 공간이 상대운동을 하는 다른 관찰자에게는 어떻게 측정되는지를 설명하는 간단한 기하학적 방법을 제시할 수 있었다.

민코프스키의 4차원 공간이 어떻게 상대운동을 하는 두 관찰자의 시공간을 설명하는지 〈그림 10-4〉를 참고해서 살펴보자. 그림에서는 편의상 3차원 공간을 1차원으로 표시했다. 검은 실선과 회색 실선으로 나타낸 두 관찰자는 다른 시공간 좌표계에 있으므로 A라는 사건을 관측했을 때, 공간 성분(X)과 시간에 빛의 속력을 곱한 성분(ct)이 각각 다르게 관찰된다. 그러나 관측되는 두 시공간 사이에는 좌표변환을 가능하게 하는 상관관계가 있다. 이는 마치 빛을 비추어 어떤 막대의 그림자 길이를 측정했을 때, 빛을 비추어주는 방향에 따라 그림자 길이가 달라 보이는 것과 비슷한 개념이라고 보면 된다. 우리는 빛을 비추어주는 각도 차이를 알면, 한 방향에서 빛을 비추어 측정한 그림자 길이로 다른 방향에서 빛을 비추어 만든 그림자 길이를 알아낼 수 있는 것이다.

이제 시간과 공간에 관해 우리는 다음과 같은 존재론적 의미를 부여할

그림 10-4 민코프스키 공간. 두 시공간에서 다르게 관측되는 시공간 사건을 표현하고 있다.

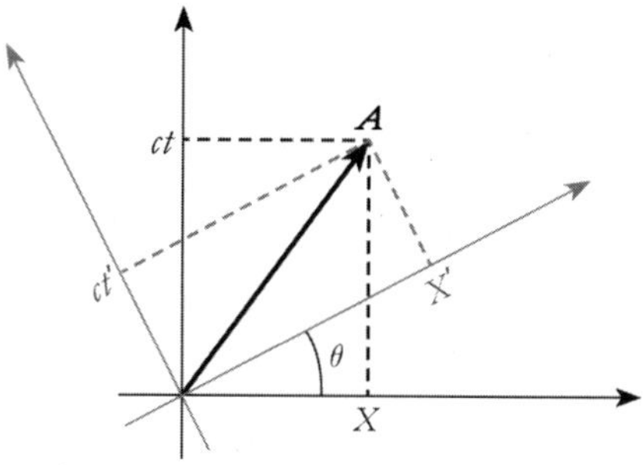

수 있다. 시간과 공간은 서로 긴밀히 얽혀 있다. 더 이상 공간과 시간은 분리되어 있지 않고, 또한 독립적이지도 않다. 일반상대성 이론은 시공간 개념의 난해성을 한층 심화시킨다. 시공간의 특성은 물체의 운동뿐만 아니라 공간에서의 물질적 분포와도 밀접한 연관이 있다. 실제로 중력에 의해 그 주위의 시공간은 뒤틀리고 휜다. 이는 시간과 공간이 물질세계와는 관계없이 처음부터 존재하고 있었다거나 이의 변화에 상관없이 변하지 않는 어떤 절대적인 무엇이 아니라, 운동을 포함하여 물질세계의 변화에 따라 같이 달라질 수 있는 상대적인 성질의 것이라는 의미다.

이러한 시공간의 개념 안에서는 모든 사람들에게 공통적인 '현재'도 존재하지 않는다. 즉, 객관적이고 절대적인 의미를 갖는 '현재'란 없고, 다만 관찰자에 따라 서로 다르게 인식되는 각자의 '현재'만 있을 뿐이며 반드시 동시적일 필요도 없다. 공간의 성질도 물체의 존재 자체에 따라 달라지고, 변형된 공간은 다른 물체에 영향을 주므로 물체의 존재 자체가 서로 긴밀하게 엮여 상호작용할 수밖에 없는 상황에 놓이게 되는 것이다.

≡ 상대적 시공간에 대한 이해

이쯤에서 다시 갈릴레이의 시대로 돌아가 보자. 갈릴레이는 관성의 개념을 처음 도입했는데, 이것은 천체의 원운동을 설명하기 위해 도입한 개념이어서 오늘날 직선운동에 적용되는 관성의 개념과는 다른 것임을 이미 언급했다(6장 참조). 그러나 아인슈타인의 일반상대성 이론의 관점에서 보면 갈릴레이가 원운동에 적용한 관성의 개념은 그 의미가 새로워진다. 중력에 의해 변형된 공간 내에서의 직선운동은 마치 지구 표면에서의 직선운동처럼 결과적으로는 원운동으로 나타날 수 있기 때문이다. 유클리드 기하학에서 두 점 사이를 최단 거리로 잇는 선을 직선이라고 정의한다. 그러나 휜 공간에서는 최단 거리를 잇는 선이 곡선이다. 이런 의미에서 갈릴레이가 처음에 원운동을 설명하고자 도입했던 관성의 개념이 일반상대성 이론의 관점에서는 오히려 직관적으로 타당했다고 볼 수도 있는 것이다.

사실 우리는 아직 관성에 대해 정확히 이해하지 못하고 있다. 왜 관성이라는 성질이 나타나는지를 모른다는 것이다. 물리학에서는 운동량(=질량×속도) 보존법칙으로 관성을 설명하고 있고, 운동량 보존법칙은 공간의 성질이 모든 방향으로 똑같이 균일하다는 것과 관련이 있다. 그러나 공간이 균질하지 않고 방향에 따라 달라진다면 직선운동에 대한 관성법칙은 더 이상 성립하지 않는다. 한편, 중력에 의해 중심으로 잡아당겨지는 힘이 작용하는 경우에는 회전운동을 일으킬 수 있다. 회전운동도 휜 공간에서의 최단 경로 운동이라고 보면, 직선운동과 회전운동의 차이는 공간의 형태 차이에서 오는 것으로 해석할 수 있다.

겉으로 보기에 완전히 다른 두 가지 형태의 운동이 사실은 평평한 공간과 휜 공간에서 최단 경로로 물체가 이동하면서 보여주는 궤적에 불과하다는 것이다. 우주 공간에 물질 분포가 있으면, 모든 물체의 운동은 이들이 변형시키는 공간 구조의 영향을 받는다고 보면 된다. 자유낙하도 변형된 시

그림 10-5 지구에서 8900만 광년 떨어진 NGC 7727 은하에 있는 한 쌍의 초대질량 블랙홀. 더 무거운 블랙홀 주변의 별은 더 큰 중력 때문에 더 빠르게 운동한다. 이 효과는 별의 스펙트럼에 반영되며 별이 더 빨리 움직이면 스펙트럼선이 더 넓어진다.

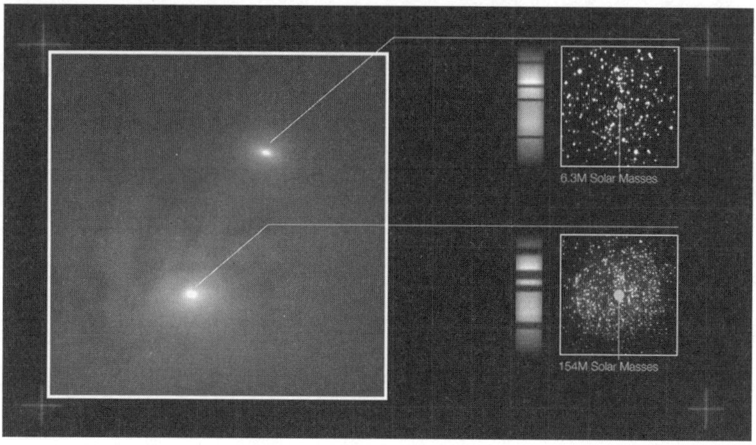

ⓒ ESO/L. Calçada; VST ATLAS team; Voggel et al. https://www.eso.org/public/videos/eso2117c/.

공간에서 최단 경로로 이동하는 과정이다. 이는 거꾸로 물체의 운동을 관찰하면 공간을 변형시키는 물질의 분포를 알 수 있다는 이야기와 같다. 현대의 우주천문학자들은 은하계 내에서의 별들의 행동을 면밀히 관측함으로써 블랙홀과 같은 거대한 중력 효과를 만들어내는 우주 구성 요소들을 예측하고 찾아낼 수 있는 것이다.

선불교의 육조 혜능선사에 얽힌 이야기에 이런 내용이 있다. 깃발이 바람에 펄럭이는 것을 바라보며 두 승려가 설전을 벌이고 있었다. 한 사람은 깃발이 움직인다고 하고, 다른 승려는 바람이 움직인다고 했다. 이를 지켜보던 선사는 이렇게 말했다고 한다.

"움직이는 것은 깃발도 아니고 바람도 아니오, 그대들의 마음이 움직이는 것이오."

깃발은 바람결에 얹혀 고요하게 머물러 있지만, 바깥에서 보는 우리는 움직이는 바람결을 보지 못하고 깃발이 흔들리는 것만을 보는 것이다. 서로 얽혀 있는 시공간의 구조에 대한 인식이 없이 단지 현상만을 볼 때, 사물의 모습은 혼란스럽게 보인다. 상대성 이론은 그 현상 이면에 있는 휘고 엮여 있는 시공간에 대해 알려주고 있고, 우리는 비로소 그 변형된 시공간에서 움직이는 물체의 운동을 다소나마 이해할 수 있게 되었다.

상대성 이론은 순수한 과학의 영역뿐만 아니라 실제로 현대의 과학기술에 적용되어 일상생활에서 널리 쓰이고 있다. GPSGlobal Positioning System라고 하는 범지구 위치결정시스템은 상대성 이론을 감안해 시간 차이를 보정하지 않으면 정밀도가 떨어져 큰 쓸모가 없어진다. GPS 위성들은 아주 정

그림 10-6 상대성 이론에 의한 GPS 위성의 지상과의 시간 차이. 지상의 시간 1초에 대해 빨라진 정도와 느려진 정도를 나타낸다.

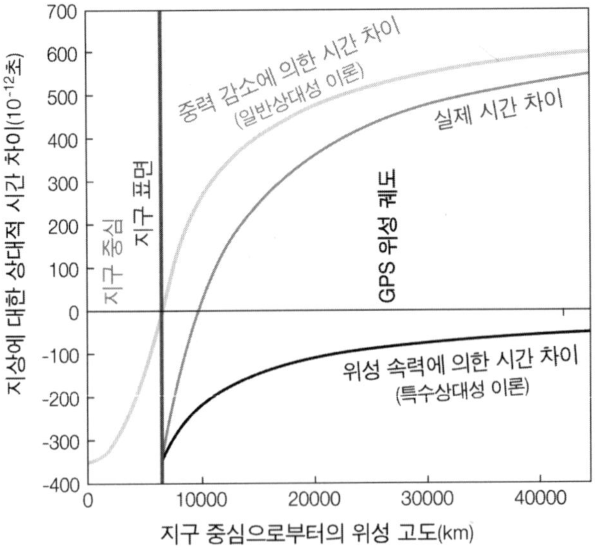

자료: P. Fraundorf. 2012. "A Traveler-centered Intro to Kinematics." https://doi.org/10.48550/arXiv.1206.2877를 수정함.

밀한 원자시계•를 갖고 위성 궤도에서 빠르게 움직이면서, 위성의 위치와 전파 발신시간에 관한 정보 등을 담은 전파신호를 발사하는데, 이 정보를 지상의 기기들이 분석하여 위치를 정확히 계산••한다. 이 위성들은 빠르게 움직이기 때문에, 특수상대성 이론 효과에 의해 하루에 약 100만분의 7초 정도의 비율로 지상의 시간보다 느려진다. 그리고 위성의 고도에서는 지구 표면보다 중력이 약하기 때문에 일반상대성 이론 효과에 의해 하루에 약 100만분의 45초 정도의 비율로 지상보다 시간이 빨라진다. 전체적인 시간 차이는 하루에 약 100만분의 38초 정도로 작아 보이지만, 시간 보정을 하지 않으면 전파의 속력이 초속 30만 km임을 생각할 때 매일 11 km 이상의 거리 오차가 생길 수 있다. 따라서 이 두 효과를 모두 감안해서 보정해야 정확한 위치를 계산할 수 있다. 이로써 비행기의 자동항법장치나 자동차 길안내 장치를 사용해 안전하게 운행할 수 있는 것이다. 우리가 알게 모르게 이미 상대성 이론은 일상에 들어와 있는 것이다.

• 원자 속 전자들의 에너지 상태 변화가 일정한 시간 간격으로 일어나는 것을 이용한 시계로, 매우 정밀하게 시간을 측정할 수 있다.

•• 토목 측량에서 삼각법을 이용하듯이, 보통 네 개 이상의 GPS 위성 신호를 수신하여 계산한다.

11 양자 세계의 미묘함

19세기 말 이전까지 물리학 분야는 뉴턴역학으로 대표되는 역학 체계를 비롯하여 열역학과 통계역학, 전자기학이 거의 완벽한 틀을 갖추고 모든 거시적 현상들을 설명할 수 있었다. 그러나 이러한 기존의 틀로는 설명할 수 없는 현상들이 발견되고, 이들을 새로운 방법으로 설명하려는 시도들이 시작되었다. 그러면서 새로운 현상들이 점점 더 발견될수록 이들에 대한 개별적이고 독립적인 설명들에 통일성을 주는 원리들을 다시 찾기 시작했다. 대표적인 예가 소위 흑체복사 문제와 원자보다 작은 입자인 전자의 발견이다.

흑체복사 문제는 제철산업에서 쇳물의 색깔로 온도를 정확히 알아내려고 한 데서 시작된 연구다. 그 후 빛의 색깔 분포와 온도의 상관관계가 정확히 설명되지 않는 난관에 부딪히면서 이를 설명하기 위한 다양한 시도들이 이루어졌다. 이 과정에서 고전물리학과는 완전히 다른, 양자 개념을 축으로 하는 양자역학이 형성되기 시작했다.

그리고 19세기 말에 원자보다 작은 입자인 전자가 발견됨으로써 물질을 구성하는 기본 입자가 원자라는 생각이 흔들렸고, 원자의 안정성과 관련된 각종 의문이 생겨났다. 양자역학은 1925년 무렵까지는 완전히 체계를 형성하지 못하고 전이의 시기를 보내다가, 이후 1935년까지 10년 동안에 완전히 새로운 체계를 형성했다. 이로써 현대물리학은 이전과는 전혀 다른 새로운 세기를 맞게 되었다. 아인슈타인의 상대성 이론과 양자역학으로 대변되는 현대물리학의 발견들은 너무 충격적이고, 때로는 이해가 쉽게 되지 않는 개념들이 많아서 사람들의 사고 양식에도 큰 영향을 주었다. 이 장에서는 양자역학에서의 중요한 발견과 개념들을 정리해 보고, 양자의 세계를 어떻게 이해할 것인지를 생각해 보도록 한다.

흑체복사와 광양자 이론

19세기 말 독일은 제철산업을 일으키면서 철광석을 녹이기 위한 높은 온도를 얻으려고 코크스 등의 연료를 태울 때 불꽃의 색깔로 온도를 알아내려 했다. 오늘날 우리가 익히 아는 것처럼 파장이 긴 붉은색보다 파장이 짧은 파란색의 불꽃이 온도가 더 높다는 것은 그 당시에도 경험적으로 알고 있었다. 그렇지만 빛깔과 온도의 관계에 관한 정확한 이론은 아직 나오지 않고 있었다.

이러한 문제를 연구하던 독일의 물리학자 키르히호프Gustav R. Kirchhoff (1824~1887)는 모든 빛을 전혀 반사하지 않고 완전히 흡수하는 이상적인 물체로 흑체black body라는 것을 가정했다. 온도가 일정하게 유지되는 열평형 상태에 있는 흑체는 그 온도에 해당하는 최대 에너지의 빛이 나오는데, 이를 흑체복사라고 하며 그 본질은 전자기파라고 하는 파동이다. 당시 과학

그림 11-1 흑체 온도에 대한 복사파의 파장별 강도 분포. 온도가 높아질수록 최대 강도로 나오는 복사파의 파장이 짧아진다.

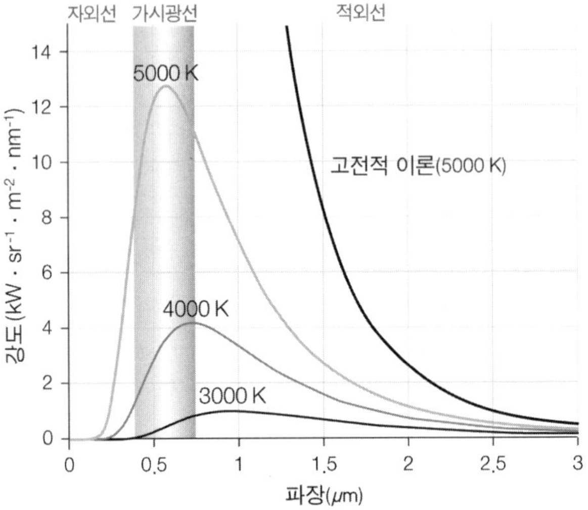

자료: https://commons.wikimedia.org/wiki/File:Black_body.svg를 수정.

자들은 이 복사파의 파장(색깔)별 강도가 흑체의 온도에 따라 달라진다는 것을 알아냈다. 이로부터, 주어진 온도에서 나오는 복사파의 모든 파장에 대해 세기가 어떻게 달라지는지를 실험을 통해 알아내고 그 결과를 이론적으로 설명하려고 했다. 이것이 그 당시 물리학자들이 고민하던 '흑체복사' 문제였다.

복사파의 파장별 강도 분포를 복사파의 스펙트럼이라고 한다. 〈그림 11-1〉에서 볼 수 있듯이, 스펙트럼의 모양을 보면 온도가 올라갈수록 강도가 최대인 복사파의 파장이 짧아진다. 그리고 이 최대 강도의 파장을 중심으로 긴 파장 쪽의 빛과 짧은 파장 쪽의 빛의 강도가 다른 형태로 감소한다. 이러한 흑체복사 스펙트럼에 대해 물리학자들이 고전적 이론에 바탕을 두고 여러 접근 방식으로 설명을 하려 했지만, 어느 것도 전체를 완벽하게 설명하지는 못했다. 단지 온도가 올라감에 따라 최대 강도 복사파의 파장이 짧아지는 현상만을 설명한다든지, 분포곡선의 최대 강도 파장을 기준으로 긴 파장 부분의 곡선 모양이나 짧은 파장 부분의 곡선 모양을 따로따로 근사적으로 설명할 수 있을 뿐이었다.

그런데 1900년에 이르러 독일의 물리학자 플랑크Max Planck(1858~1947)가 과감한 가정을 하고 통계역학적 방법을 이용해 이 문제를 완벽하게 해결해 냈다. 플랑크의 가설이라고 하는 이 가정은 '전자기파의 에너지는 불연속적인 특정한 값을 가진 형태로만 방출될 수 있다'는 것이었다. 다시 말해, 복사되는 전자기파의 에너지가 연속적인 에너지를 가지고 나오는 것이 아니라, 기본단위의 정수배 형태로만 방출된다는 것이다. 그 기본단위는 빛의 에너지에 해당하는 양으로서 플랑크가 찾아낸 상수(플랑크 상수)에 빛의 진동수를 곱한 값에 해당하는 양이었다. 플랑크는 복사파의 에너지가 (정수 × 플랑크 상수 × 빛의 진동수)의 값만을 가지고 나온다는 가정만으로 흑체복사가 완벽하게 설명될 수 있음을 보인 것이다.

≡ 광양자 이론

이는 빛의 에너지가 연속적인 값을 갖지 않고, 빛이 기본단위 에너지를 가진 알갱이들로 구성되어 특정한 값만을 갖고 나온다는 것을 의미한다. 이 불연속적인 특정한 값만을 갖는 것을 양자화quantized되었다고 부르며, 물리학자들은 이제 양자화된 에너지를 갖는 빛을 입자로 간주하여 광자photon•라고 부른다. 정수에 해당하는 것은 광자의 개수에 해당하며, 광자의 개수가 많으면 빛의 강도가 세어지는 것이다. 이 과정에서 도입된 '플랑

• 영어 표현에서 접미사 형태로 붙는 -on은 양자화된 성질을 가져 입자처럼 간주될 수 있는 객체를 표현하는 방식이다.

크 상수'는 인간의 감각으로는 감지할 수 없는 아주 작은 값•을 가진 작용 단위 또는 양자quantum인데, 앞으로 전개될 양자역학에서 아주 중요한 양으로 등장한다.

이러한 내용은 그 당시의 모든 물리학자들이 기존의 사고방식에서 벗어나 새로운 시각에서 세상을 보도록 강요하는, 완전히 새로운 개념을 내포하고 있다. 이미 시사했지만, 바로 양자화 개념이다. 이 개념은 앞으로 양자역학에서 고전역학과는 뚜렷이 구분되는 개념으로 자리 잡는다. 이 양자화 개념과 함께 빛의 입자성도 새로운 관심을 받게 되었다. 플랑크의 이론은 빛에너지가 양자화되어 있다는 새로운 개념을 제시함과 동시에, 빛이 입자의 성격을 가지고 있음을 의미했기 때문이다. 플랑크는 이 에너지 양자의 발견 업적으로 1918년에 노벨 물리학상을 수상했다.

그렇다면 플랑크의 흑체복사 이론이 나온 이후에 과학계의 반응은 어떠했고, 또 어떻게 받아들여졌을까? 먼저 플랑크 자신의 생각을 보면, 흑체복사에서 나오는 전자기파가 파동이 아니라 양자화된 입자의 성격을 띤다는 것을 두고 플랑크도 처음에는 자신의 이론이 맥스웰의 전자기파 이론과 맞지 않는다고 생각했다. 왜냐하면 파동과 입자는 그 성격이 전혀 다르기 때문이다. 파동은 공간적으로 퍼져 있는 성질인 데 비해 입자는 공간적으로 한 곳에 집중된 성질이기 때문이다. 그래서 그는 양자화된 복사파의 성질에 큰 의미를 부여하려 하지 않았고, 오히려 부담스러워했다. 자신의 이론이 옳다는 확신은 있었지만, 자신의 발견이 얼마나 중요한 것인지는 충분히 깨닫지 못했던 것이다. 그만큼 선뜻 받아들이기 힘든 내용이었고, 당시의 대부분 물리학자들도 플랑크의 양자론을 임의로 도입한 단순한 수학적

• 플랑크 상수 $h = 6.63 \times 10^{-34}$ J·s의 크기와 단위를 갖는다. J(줄)은 에너지 단위이고 s는 시간(초)이다.

기법의 하나쯤으로 간주했다.

플랑크의 흑체복사 이론이 나온 후 가장 먼저 획기적인 연구를 한 물리학자는 아인슈타인이었다. 그는 다른 물리학자들과는 달리 플랑크의 양자론을 심각하게 받아들이고, 파동과 입자는 그 차이가 겉으로 보이는 것처럼 그렇게 결정적이고 명확하지 않을지도 모른다고 생각했다. 아인슈타인은 1905년에 발표한 「빛의 생성과 변환에 관한 직관적 관점에 관하여On a Heuristic Point of View Concerning the Production and Transformation of Light」라는 제목의 논문에서 자신의 이러한 생각을 전개했다. 그는 이 논문에서 "광선이 전파되는 동안 에너지는 계속 확장되는 공간 전체에 연속적으로 분포되어 있지 않고, 공간의 여러 지점에 국소적으로 몰려 있는 유한한 수의 에너지 양자로 구성된다. 이들은 분할되지 않고 이동하며, 개체로서 흡수되거나 생성될 수 있다"라고 가정한 광양자 이론light quantum theory을 제안했다.

아인슈타인은 한 점에서 나온 빛의 에너지가 점점 확장되는 공간 전체에 퍼진다고 생각하는 것이 논리적으로 맞지 않는다고 본 것이다. 그는 자신의 논문 마지막에, 금속 표면에 빛을 쬐였을 때 전자가 튀어나오는 현상, 즉 광전효과•를 설명하는 데 있어서 겪는 어려움을 광양자 이론으로 간단하고도 완벽하게 설명할 수 있음을 보였다. 진동수가 작은 긴 파장의 빛(붉은색 빛)은 아무리 강하게 쬐여주어도 전자가 튀어나오지 않지만, 진동수가 큰 짧은 파장의 빛(파란색 빛)은 아주 약하게 쬐여주어도 전자가 튀어나오는 것은 바로 빛이 진동수에 비례하는 값을 가진 에너지 알갱이처럼 행동하기 때문이라는 것이다.

• 이 현상은 독일의 물리학자 헤르츠가 처음 발견했고, 1897년에 그의 조교 레나르트(Philipp Lenard, 1862~1947)는 금속에 자외선을 쬐였을 때 나오는 광선이 음극선, 즉 전자와 유사하다는 것을 알아냈고, 전자의 에너지가 빛의 강도에는 무관하며 파장에 반비례한다는 것을 발견했다.

이는 마치 오목한 홈에 들어 있는 구슬을 바깥으로 쳐내기 위해 충분한 에너지를 가진 다른 구슬을 던져 넣는 것과 같다. 던져 넣는 구슬은 다른 구슬이 오목한 홈을 빠져나올 수 있게 할 정도의 에너지를 가져야만 되는 것이다. 그리고 빛의 세기는 광자의 수와 관계되어 있고, 따라서 빛의 세기는 튀어나오는 전자의 수에만 관계되는 것도 자연스럽게 설명이 된다. 던져 넣는 구슬이 많아지는 만큼 튀어나오는 구슬도 많아지는 것과 같은 이치다.

그의 광전효과 이론은 밀리컨Robert A. Millikan(1868~1953)의 실험•으로 완벽히 증명되었고, 이 공헌으로 아인슈타인은 1921년에 노벨 물리학상을 수상했다. 그의 연구는 빛의 본질을 이해함에 있어서 파동의 측면과 입자(광자)의 측면을 모두 고려해야 한다는, 현대물리학에 내재된 파동과 입자의 이중성에 대한 논의를 촉발시킨 중요한 연구였다.

≡ 광양자 이론의 적용

아인슈타인은 양자론을 물리의 모든 부분에 적용되는 심오한 과학적 진리로 받아들였다. 그리고 자신의 광양자 이론을 계속 확장하여 1906년에 낮은 온도에서 고체 물질에 열에너지를 주었을 때 온도가 올라가는 경향을 설명하는 데에도 적용했다. 조금 전문적인 이야기이지만 내용을 요약하면, 고전 이론에서는 고체를 일정한 진동수로 진동하는 입자들의 집합으로 취급하고, 각 입자는 온도에 비례하는 고전적인 평균 에너지를 가지는 것으로 계산하여 비열••을 구한다. 높은 온도에서는 이 계산이 비교적 잘 적용

• 빛의 파동성을 믿었던 그는 실험에 처음 착수했을 때 아인슈타인의 광양자 가설이 틀렸을 것이라 생각하면서 실험을 시작했던 것으로 보이나, 결국 광양자설을 지지하는 결론을 얻게 되었다.

•• 일정한 열에너지를 주었을 때 물체의 온도가 얼마나 올라가는지에 대한 비율을 비열이라 한다. 비열이 크면 똑같은 열에너지를 주어도 온도가 잘 올라가지 않는다.

되었지만 낮은 온도에서는 잘 맞지 않았다. 그러나 아인슈타인은 양자론으로 계산한 평균 에너지를 사용하여 낮은 온도를 포함하여 모든 온도 범위에서 고체 비열의 변화를 올바로 설명할 수 있었다.

또한 1917년에는 원자에 속한 전자의 에너지가 양자화되어 있고, 전자는 일정한 진동수를 갖는 광자를 흡수하거나 방출한다고 보고 플랑크의 복사 공식을 유도했다. 그는 전자가 광자를 방출할 때 주변의 다른 전자를 자극하여 더 많은 광자를 방출하게 할 수 있다는 복사의 유도방출을 가정했는데, 이는 나중에 레이저의 기본 원리가 되었다. 그리고 광자가 입자의 성질을 갖기 위해서는 에너지가 양자화되는 것뿐만 아니라 운동량도 가져야 한다고 보았다. 고전역학에서 운동량은 (질량×속도)로 정의되는 물리량이다. 그런데 광자는 질량을 갖지 않으므로 아인슈타인은 광자의 운동량을 (광자의 에너지÷빛의 속도)로 정의했다. 빛이 운동량을 가진다는 아인슈타인의 생각은 콤프턴 실험으로 완벽히 증명되었는데, 전자에 빛을 쬐여주면 마치 구슬이 충돌하여 에너지를 전달하면서 다른 방향으로 튕기듯이 산란된 빛의 파장이 달라지면서 전자의 운동량도 바뀌는 것을 관측한 것이다.

이처럼 양자론과 이에 바탕을 둔 양자역학은 광자의 에너지 양자화에서 출발한 것이다. (플랑크 상수×빛의 진동수)로 주어지는 광자의 에너지에 관한 공식은 어떤 기본 원리로부터 구해내려는 그 어떤 시도도 없이 물리학자들에게 거저 주어진 하나의 선물이었으며, 여기에 들어간 보편상수인 플랑크 상수는 자연을 좀 더 깊이 이해할 수 있도록 하는 실마리였다.

빛의 이중성과 물질파 이론

빛의 입자성과 파동성에 대한 논란은 과학의 역사만큼 오랜 문제였다.

고대 자연철학자들은 빛을 입자로 보았고, 뉴턴도 입자로 보았다. 그 후에 빛이 아주 작은 틈새를 지나면서 생기는 회절이나 간섭현상은 입자로는 설명할 수 없는 성질이어서 파동성도 상당한 입지를 갖게 되었다. 19세기 말에 맥스웰의 전자기파 이론이 확립되면서 빛은 전자기파의 일종임이 밝혀지고, 그래서 빛의 파동설이 완전히 굳혀지는 듯했다.

반면에 플랑크의 흑체복사 이론은 빛이 입자의 성격을 띤다는 강한 함의를 갖고 있었다. 플랑크의 흑체복사 이론이 나온 이후에는 빛의 파동성과 입자성에 관한 논란은 새로운 국면으로 접어들었다. 그렇다면 이 논란은 어떻게 결론이 났을까? 결론부터 말하면, 빛은 파동의 성질과 입자의 성질을 모두 갖는다는 '빛의 이중성'을 받아들이게 되었다. 말이 이중성이지 그야말로 개념적으로 모든 사람을 헷갈리게 하는 결론이다. 이제 여기에 관한 핵심 개념들을 살펴보고 양자역학에서는 이 결론이 어떻게 사물을 보는 시각을 바꾸게 했는지도 정리해 보도록 하자.

우선 파동성과 입자성이 개념적으로 왜 중요한 문제인지부터 이해해야 한다. 파동은 연속적이고 공간적으로 퍼져나가는 특성이 있다. 반면에 입자는 불연속적이고 공간적으로 한 점에 집중된 성질을 띤다. 이 두 성질은 우리의 상식적 관점에서는 양립할 수 없는 성질이다. 그런데 빛은 두 가지 성질을 모두 가지고 있는 것처럼 보이고, 결정적으로 흑체복사는 파동과 입자의 성질을 모두 갖고 있어야 설명이 되기 때문에 서로 갈라놓을 수 없음을 보여준 것이다.

이 성질은 너무 혁신적이어서 아인슈타인은 에너지와 물질에 대한 사고의 혁명을 통해서만 이것이 이해될 수 있으리라고 느꼈다. 그의 이런 생각은 자신이 발표한 상대성 이론에서 유도된 질량과 에너지의 등가 공식 $E=mc^2$가 출발점이었다. 이 발견은 입자(질량)와 파동(에너지)의 통합이었지만, 이것은 물질(입자)도 파동적 성격을 보인다는 물질파 이론의 수립을 이끌었다.

≡ 물질파 이론

그렇다면 물질파 이론이란 어떻게 나온 것인지를 살펴보자. 앞에서 아인슈타인이 광자의 운동량을 (광자의 에너지 ÷ 빛의 속도)로 정의했다고 언급했는데, 여기서 광자의 에너지는 (플랑크 상수 × 빛의 진동수)로 주어지고 빛의 속도는 (빛의 파장 × 빛의 진동수)이므로, 광자(빛)의 운동량은 (플랑크 상수 ÷ 빛의 파장)으로 다시 고쳐 쓸 수 있다.

빛이 운동량을 가질 수 있다는 관점을 파악한 프랑스의 물리학자 드브로이Louis de Broglie(1892~1987)는 1924년에 물질도 동일한 관계식으로 파동적 성질을 가질 수 있다고 추론했다. 즉, 광자의 운동량 대신에 물질의 운동량을 쓰면, 물질파의 파장을 알아낼 수 있다는 혁명적 가설을 제안한 것이다. 물질의 운동량은 (질량 × 속도)로 정의되므로, 물질파의 파장은 (플랑크 상수) ÷ (질량 × 속도)가 되는 것이다. 이와 같이 양자론에서는 플랑크 상수에 입자와 파동의 성질이 엮여 들어가 있다. 아인슈타인의 상대성 이론에서 상수인 빛의 속력에 공간과 시간이 엮여 들어가 있는 것과 유사하다.

앞에서 언급했듯이 플랑크 상수는 인간의 감각으로 감지할 수 없는 매우 작은 값이어서 일상에서의 물질들은 파장이 거의 0의 값을 가지게 되고, 파동성을 관찰할 수 없다. 그러나 전자와 같이 질량이 아주 작은 입자에 대해서는 이야기가 달라진다. 전자의 질량은 아주 작기 때문에 전자는 파동성을 보일 수가 있다. 결국 전자도 빛처럼 회절과 간섭과 같은 파동성을 보이는 것이 1927년에 실험으로 확인되었다.• 오늘날 전자현미경과 같이, 고체 물질에서의 원자 배치를 알아내는 데 사용되는 장치가 바로 전자의 파

• 1927년 데이비슨(Clinton J. Davisson, 1881~1958)과 거머(Lester H. Germer, 1896~1971)가 니켈 단결정에 전자를 입사시켜 산란된 전자의 각도 분포가 전자기파인 X선이 보이는 회절 현상과 같은 것임을 확인했다. 이 업적으로 데이비슨은 톰슨과 함께 노벨 물리학상을 수상했다.

그림 11-2 얇은 알루미늄 막을 통과시킨 X선(전자기파, 왼쪽)과 전자(물질파, 오른쪽)에 의한 회절 무늬는 놀라운 유사성을 보인다.

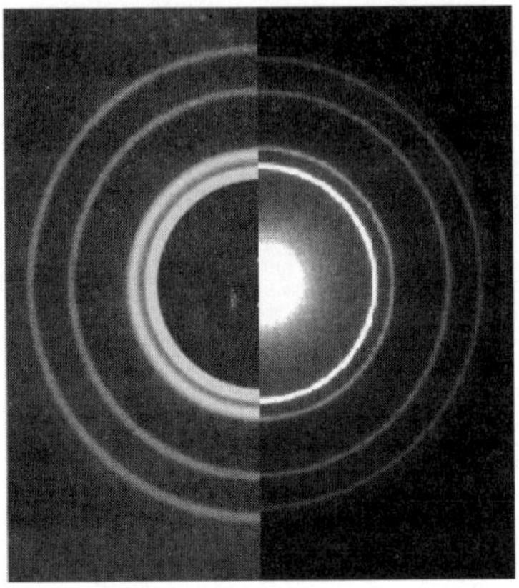

동성을 이용한 것이다.

≡ 입자-파동의 이중성과 상보성 원리

이제 전자기파든 물질파든 파동성과 입자성은 물리적으로 떼어놓을 수 없는 성질이 되어버렸다. 이 이중성 문제를 어떻게 이해할지는 아직도 숙제로 남아 있다. 그러나 분명한 것은 피상적으로 보아서 대립적이고 양립 불가능할 것 같은 성질을 모두 가지고 있다는 것, 이것이 자연의 본질이라는 사실이다. 물론 실험적으로 두 가지 성질을 동시에 측정하는 것은 불가능하다.

덴마크의 물리학자 보어Niels Bohr(1885~1962)는 입자 또는 파동으로 나타나는 이중성이 실험의 종류에 따라 하나의 성질로만 나타난다고 해석했다. 직관적으로 이해할 수 없는 양자역학에서의 이러한 현상을 논했던 '코펜하겐 해석Copenhagen interpretation'•에서는 이 두 대립적 개념을 하나의 개념으로 통합하고 이를 상보성 원리complementarity principle라고 했다. 양자 세계가 보여주는 현상은 사람들에게 기존에 갖고 있던 생각을 바꿀 것을 강요했다.

상보성 원리는 입자성과 파동성이 상호배타적이 아니라 오히려 상호보완적이란 것이다. 만약에 배타적인 관점에서 입자성만을 찾으려 한다면, 얼마든지 파동성을 부정할 수 있는 증거들을 찾을 수 있다. 그 반대의 경우도 마찬가지다. 그렇지만 그런 배타적 관점은 틀렸다는 것이 물리학이 보여준 이중성의 문제다. 세상을 보는 눈도 배타적 관점보다는 상호보완적 관점에서 보는 것이 과학이 보여준 보편성과 합치되는 것이다. 결국 이중성의 의미를 포함하여 겉으로 보기에 대립적이고 모순적인 것들에 대한 문제는 인간이 이를 어떤 방식으로 수용하고 이해하느냐 하는 지혜에 달려 있다고 하겠다.

전자의 발견과 원자구조

앞에서 살펴보았던 흑체복사 문제와 함께 고전역학 체계를 흔드는 또 하나의 중요한 발견이 19세기를 마감할 무렵에 이루어졌다. 즉, 원자보다 더 작은 '전자electron'라는 입자의 존재를 밝힌 것이다. 이 발견은 물질을 구성하는 근본적인 물질에 관한 기존의 생각을 크게 바꾸었을 뿐만 아니라, 양자역학의 획기적 발전을 이끄는 계기가 되었다.

19세기 후반에 과학자들은 음극선cathode ray 장치를 장난감처럼 다루며 연구하고 있었다. 1830년대에 패러데이가 처음 연구를 진행했던 음극선 현상은 진공관에 삽입된 전극에 전압을 걸면 전극 사이에 어떤 흐름이 생겨

• 뒷부분 '코펜하겐 해석' 참조. 양자역학 해석의 중심이었던 코펜하겐의 지명에서 붙여진 이름이다. 보어와 하이젠베르크 등이 크게 이바지했고, 20세기 전반에 걸쳐 양자역학에 대한 가장 영향력이 컸던 해석으로 꼽힌다.

그림 11-3 톰슨이 전자의 발견에 사용했던 음극선관의 복제품

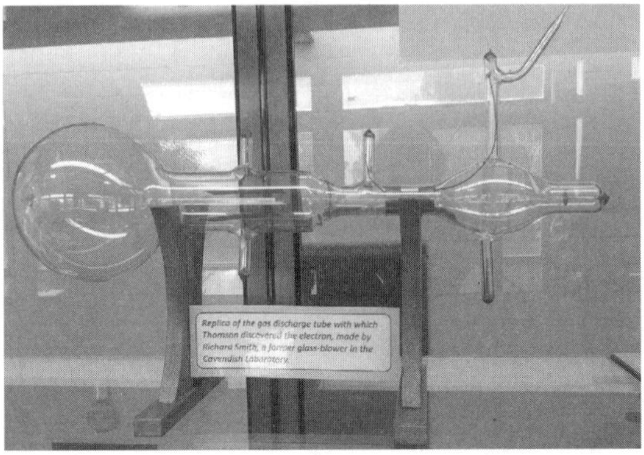

빛이 나오는 현상인데, 오늘날의 네온사인의 원리와 비슷하며 브라운관 TV의 동작도 음극선을 이용한 것이었다. 처음에는 진공 상태가 좋지 않아 음극선의 실체를 잘 알지 못했으나, 진공 기술이 발전한 후 영국의 물리학자 톰슨Joseph J. Thomson(1856~1940)이 1897년에 이 흐름이 이전까지 알려지지 않았던 음전하를 갖는 입자들의 흐름이라는 것을 알게 되었다.

그 후 톰슨의 발견과 밀리컨의 기름방울 실험•을 통해 전자의 전하량을 알아냈는데, 놀랍게도 전하의 양도 전자의 전하량을 기준으로 양자화되어 있었다. 그리고 질량은 나중에 양극선에서 발견된 입자의 약 2000분의 1 정도로 가볍다는 사실도 알게 되었다. 이러한 발견은 당시 물리학자들을 큰 혼란으로 빠져들게 하는 사건이었다. 물질을 구성하는 가장 작은 실체라고 생각했던 원자가 그보다 더 작은 입자들로 구성되었다는 사실을 받아

• 작은 기름방울이 전하를 가지도록 한 후 중력과 전기력 사이의 균형을 얻는 조건을 찾아 기름방울의 전하량을 측정한 실험으로, 전하량이 양자화되어 있음을 보였다. 기본 전하는 전자 하나의 전하라고 제안했다.

들여야만 했고, 그리고 이들 새로운 입자들이 원자 내부에서 어떻게 전하를 잃어버리지 않고 안정된 형태로 존재할 수 있는지가 수수께끼였다.

전자를 실험적으로 발견하기 직전인 1895년에 독일의 물리학자 뢴트겐 Wilhelm Röntgen(1845~1923)은 오늘날 X선이라고 하는, 파장이 짧고 투과력이 강한 전자기파를 발견하고 이 업적으로 1901년 최초의 노벨 물리학상을 수상했다. 그는 음극선관에 큰 전압을 걸었을 때 나오는 눈에 보이지 않는 전자기파가 두꺼운 마분지를 통과해서 사진 건판을 감광시키는 것을 발견해냈다. 이 현상은 광전효과와는 반대의 과정에 해당하는 것으로서, 전자(입자)의 운동에너지가 전자기파(파동)로 바뀔 수 있는 양자론적 관계를 보여준 것이다. 이 발견은 전자의 발견과 함께 강한 투과력을 보이는 방사능을 내는 물질의 연구에 영감을 주어 방사능의 속성을 이해하도록 했다.

톰슨의 제자였던 러더퍼드Ernest Rutherford(1871~1937)는 우라늄과 같은 무거운 원소들이 내는 방사능이 적어도 두 가지 다른 속성을 가지고 있음을 발견했다. 알파선은 베타선보다 투과력은 훨씬 약하지만 둘 다 전하를 띠고 있음을 발견했고, 나중에 알파선은 양전기를 띤 헬륨 이온이고 베타선은 그 정체가 전자임을 알게 되었다. 그리고 알파입자의 질량이 베타입자 질량의 약 8000배나 큰 값을 가지는 것도 알게 되었다. 러더퍼드의 방사능에 대한 이해는 원자들이 방사능을 내보내면서 원자 내부가 일련의 변화를 겪는다는 결론에 다다르게 되므로, 결국 방사성 원소는 저절로 새로운 원소로 변환된다는 것이다. 1908년에 노벨 화학상을 안겨준 이 업적은 모든 원소는 다른 원소로 바뀌지 않는다는 돌턴 원자설의 기본 견해를 바꾸었고, 화학을 송두리째 흔들어놓으면서 물질관에 커다란 변화를 일으켰다.

≡ 방사능 입자와 원자구조의 탐색

러더퍼드는 나아가 알파입자를 이용하여 원자의 내부 구조를 밝히는 데 크게 이바지한다. 사실 전자의 발견 이후 원자구조에 대한 풀리지 않는 의문이 여러 가지로 남아 있었다. 처음에는 톰슨이 제안한 모형으로서, 전기적인 중성을 유지하기 위해 양전하를 배경으로 음전하를 띤 전자들이 공간적으로 골고루 분포된 형태의 모형이 제시되었다.

그러나 1909년 러더퍼드가 그의 대학원생들이 측정한 소위 '후방산란back scattering 실험'을 설명하는 이론을 내놓으면서 톰슨의 원자모형은 부정된다. 무거운 알파입자를 아주 얇은 금박에 쏘아 넣어 산란되어 나오는 알파입자의 각도 분포를 조사한 이 실험은 예상보다 큰 확률로 알파입자가 뒤쪽 방향으로 튕겨 나오는 것을 보여주었다. 이는 양전하를 띠면서 질량 대부분이 매우 작은 점(원자핵)에 집중되어 있는, 그리고 그 주위에 가벼운 전자들이 넓게 분포되어 있는 원자구조를 의미하는 것이었다.

이 결과로부터 러더퍼드는 양전하를 띤 원자핵 주위를 전자가 궤도운동을 하고 있다는 원자의 행성 모형을 제안했다. 원자핵은 나중에 양전하를 띠고 전자보다 2000배 정도나 큰 질량을 가진 양성자와 전하는 띠지 않지만 양성자만큼 질량이 큰 중성자로 구성되어 있음을 알게 된다. 그러나 원운동(진동운동)을 하는 전자는 전자기파를 내어놓으며 원자핵 속으로 빨려 들어가 사라져야 하는데, 원자의 행성 모형은 그러한 전자기적 현상이 나타나지 않는 이유를 설명하는 데는 실패했다. 그래서 이 행성 모형은 버려진 채로 있다가 1913년 보어가 양자론을 도입한 원자모형이 나오면서 새로운 전기를 맞는다.

러더퍼드와 함께 원자구조를 연구했던 보어는 전자궤도가 양자화되어 있다는 과감한 가정을 도입함으로써 원자의 행성 모형에 대한 전자기적 어려움을 제거했다. 보어 모형은 원자에서 관찰되는 선스펙트럼을 해석하려는 과정에서 탄생했다. 수소 원자에서 나오는 빛을 관찰하면 특정한 파장의 빛만 나오는데, 보어는 이를 전자의 궤도와 연관시켜 설명할 수 있음을 깨달았다. 즉, 수소 원자 내에서 전자는 양자화된 특정한 에너지 상태(궤도)에서만 안정하게 존재할 수 있고, 한 상태에서 다른 상태로 바뀔 때 두 상태의 에너지 차이에 해당하는 빛(광자)만을 내보내거나 흡수한다는 가정을 했다. 이 가정을 바탕으로 전개한 원자모형에서 양자화된 전자궤도들의 에너지 차이는 수소 원자에서 나오는 불연속적인 선스펙트럼과 정확하게 일치했다.

≡ 원자 속의 양자화된 전자궤도

보어의 불연속적 궤도에 대한 생각은 너무 이상한 것이어서 많은 물리학자들이 회의적이거나 부정적 태도를 보였다. 그럼에도 불구하고 그동안 엄두도 내지 못했던 수소 원자의 선스펙트럼을 설명했기 때문에 받아들일 수밖에 없었다. 보어는 이 업적으로 1922년에 노벨 물리학상을 수상했다.

그러나 보어의 원자모형은 더 복잡한 원자에 적용했을 때 수정이 필요한 결함이 있음이 밝혀졌고, 이를 개선하기 위해 '주양자수principal quantum number(n)'로 나타내는 전자의 궤도 에너지의 양자화에 덧붙여 새로운 양자 법칙들이 도입되었다. 우선 전자의 궤도가 원형이 아닌 다른 모양을 가지는 식으로 개선을 하여 두 번째 양자수인 '궤도양자수orbital quantum number(l)'(또는 방위양자수)를 도입해야 했다. 주양자수가 궤도 크기에 해당하는 것이라면 궤도양자수는 궤도 모양을 나타내는 양자수이고, 이는 궤도운동을 하는 전자의 각운동량(회전운동)에 해당하는 양이었다. 이리하여 전자궤도의 기하학적 모양은 전자의 동역학적 성질과 관계되는 두 개의 양자수로 표현되었다.

이렇게 해도 보어의 원자모형은 설명되지 않는 부분이 있었는데, 자기장 속에서의 원자의 행동이었다. 자기장이 없는 경우에 나타나는 원자의 스펙트럼은 주양자수와 궤도양자수만으로 이해될 수 있었지만, 자기장 속에 원자가 놓이면 원자의 스펙트럼에는 더 많은 선들이 나타나는 것이었다. 원

그림 11-4 수소 원자의 선스펙트럼(위)과 궤도 에너지가 양자화된 보어의 원자모형(아래). 여기서 n은 궤도를 나타내는 주양자수이고 ΔE는 궤도 에너지 차이, $h\nu$는 방출되는 빛의 에너지다.

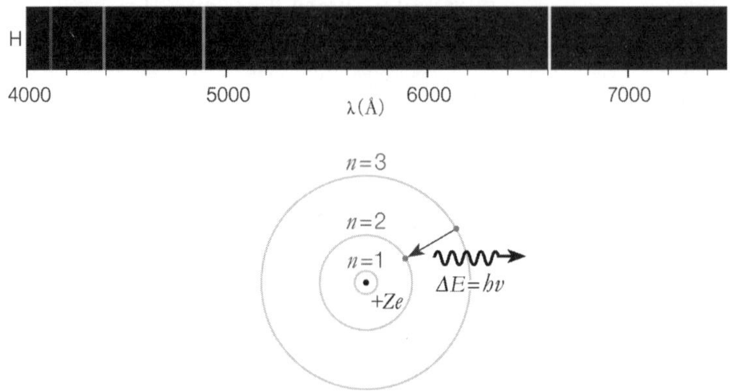

자는 음전하를 띤 전자의 궤도운동 때문에 마치 내부에 자석이 들어 있는 것처럼 행동하고, 따라서 외부 자기장과 상호작용하게 된다. 이를 설명하기 위해 '자기양자수magnetic quantum number(m)'라고 하는 세 번째 양자수가 도입되어야 했다. 이것은 마치 팽이 회전축이 수직이 아니면 중력의 영향으로 휘청거리며 돌아가는 모양과 비슷한 양상을 나타낸다. 원자가 자기장 내에서 보이는 동역학적 특성, 즉 원자의 회전축 방향이 양자화되어 있다는 이야기는 공간도 양자화되어 있다는 의미가 된다.

≡ 스핀 개념의 도입

이런 식으로 보어의 원자모형은 필요할 때마다 새로운 규칙이 추가된 고전적 이론과 양자론의 혼합 형태였지만, 어쨌든 실험적 사실을 잘 설명할 수 있었다. 그러나 여전히 설명되지 않는 부분이 남아 있었으니, 자기장 내에서 스펙트럼에 나타나는 선이 미세하게 둘로 갈라지는 현상이었다. 그래서 맨 마지막에는 파울리가 제안했던 네 번째 양자수를 도입하면 이 문제가 깨끗하게 해결될 수 있음을 호우트스미트Samuel A. Goudsmit(1902~1978)와 울렌벡George E. Uhlenbeck(1900~1988)이 보였고, 이 양자수를 '스핀spin(s)'이라고 했다. 스핀이 도입되면서 이제 전자의 양자 상태를 나타내는 양자수는 4개(주양자수, 궤도양자수, 자기양자수, 스핀)로 늘어났다.

전자가 갖는 네 번째 양자수인 스핀이 자기장과 상호작용하여 스펙트럼을 미세하게 2개로 분리시키는 원인이 되려면 전자는 2분의 1의 크기를 갖는 각운동량을 가져야 했다. 즉, 전자는 N/S극을 가진 막대자석과 유사하게 자기모멘트를 가져야 했고, 그 방향은 자기장과 나란한 방향과 반대 방향 두 가지만 가져야 했다. 그래서 이 스핀 양자수를 +1/2과 −1/2의 두 가지 값으로 표현했다. 그러면 자기장의 방향과 나란한 스핀을 가진 전자와 반대 방향의 스핀을 가진 전자는 다른 크기의 에너지 상태에 놓이기 때문에 미세한 스펙트럼 분리를 설명할 수 있었다.

그런데 스핀 개념이 자리 잡는 과정에서도 과학자의 권위가 어떤 영향을 미칠 수 있는지를 생각하게 하는 뒷이야기가 있다. 원래 스핀의 개념은 크로니히Ralph Kronig(1904~1995)가 1924년 파울리의 배타원리•에 대한 편지를 읽고 착안하여 계산으로 먼저 유도해 낸 것이지만, 파울리와의 대화에서 부정적인 의견을 들었다. 크로니히는 전하를 띤 전자가 회전하면 자기모멘트를 가지게 된다고 생각했던 것인데, 미소한 입자를 다루는 양자역학의 개념을 고전역학으로 나타낼 수 없다는 생각을 가졌던 파울리는 "자연은 그렇지 않아요"라고, 그의 생각을 부정적으로 평가했던 것이다. 파울리의 이 말을 듣고 크로니히는 곧바로 자신의 생각을 포기해 버렸다고 한다.

한편, 박사과정 학생이었던 호우트스미트와 울렌벡도 기본적으로 동일한 아이디어로 얻은 연구 결과에 대해서 크로니히가 받았던 것과 거의 같은

• 배타원리는 동일한 양자 상태에 2개 이상의 전자가 들어갈 수 없다는 원리다.

평가를 로렌츠Hendrik A. Lorentz(1853~1928)로부터 받고 논문 발표를 포기할 생각을 했다. 그러나 그들의 논문은 이미 스승이었던 에렌페스트Paul Ehrenfest(1880~1933)가 학술지에 투고하여 출판 직전의 상태였다. 에렌페스트는 그들에게 "자네들은 젊으니까 바보 같은 짓을 좀 해도 괜찮아"라고 오히려 격려했다고 한다. 1925년 그들의 논문이 발표되자 반응은 폭발적이었다. 결국, 후속적인 연구가 다른 연구자들에 의해 진행되어 그들의 기본적인 생각이 옳았음이 밝혀졌다.

물론 스핀을 고전적인 개념인 전자의 자전으로 설명할 수 있는 것은 아니다. 그러나 스핀 개념을 사용하면 전자와 원자핵 사이의 상대론적 효과에 의해 전자의 스핀이 스펙트럼을 분리시킬 수 있음을 완전하게 설명할 수 있었다.• 현재는 스핀을 전하나 질량처럼 입자가 가지는 기본 성질로 보고 있다. 파울리의 비판 때문에 자신의 연구 내용을 발표하지 않았던 크로니히는 자신의 연구에 확신을 갖지 못했던 것을 후회했고, 파울리도 이에 대해 미안해했다고 한다. 젊은 연구자들은 자신의 생각이 완전하지 못하고 연구 결과가 틀릴 가능성이 있다고 하더라도 스스로 확신을 갖고 정진할 필요가 있으며 학문적 권위자들에게 너무 주눅들 필요도 없다.

원자구조에서 4개의 양자수로 표현되는 전자의 양자화된 상태와 실제 원자를 이해하기 위해, 동역학적인 성질은 고려하지 않고 다음과 같은 비유로 생각해 보자. 원자구조를 학교 건물이라고 하면 전자의 양자 상태는 건물 내에 있는 특정한 의자에 붙은 라벨이라고 할 수 있다. 그 라벨은 4개의 숫자로 표시되는데, 건물의 층(주양자수), 교실 번호(궤도양자수), 책상 번호(자기양자수), 의자 번호(스핀)의 순서로 적는다고 하자. 층별로 높이(에너

• 토머스(Llewellyn H. Thomas, 1903~1992)가 상대론적 계산으로 스핀에 대한 논의에 종지부를 찍었다.

지)가 모두 다르며, 각 층에 있는 교실의 수와 크기, 책상의 수는 어떤 규칙에 따라 정해진다. 각각의 책상에는 의자 2개가 마주 보도록 놓여 있다. 이제 의자 각각에는 특정한 층과 교실, 책상과 의자를 구분할 수 있는 4개의 수로 표시된 라벨을 붙일 수 있는데, 이것을 우리는 전자가 가질 수 있는 특정한 양자 상태라고 비유할 수 있다. 학교에 사람이 없으면 실체가 없다고 볼 수 있다. 학교는 교사(양성자)와 학생(전자)의 비가 1 : 1로 유지되도록 운영되며, 교사들의 역할을 보조할 교직원(중성자)도 있다. 정상적인 경우에는 규정에 따라 학생은 반드시 차례대로 지정된 의자에 가서 앉을 수 있도록 되어 있다. 학교의 특성은 실제 얼마나 많은 수의 학생들이 어떻게 교실 의자에 앉아 있는지에 따라 다르게 나타난다. 그리고 외부 자극에 대해 이들 학생들이 보이는 반응도 모두 다를 것이다. 즉, 원자 속에 들어갈 수 있는 전자의 상태들은 미리 정해져 있고, 이 상태들에 실제로 전자들이 어떤 방식으로 들어가 차지하고 있는지에 따라 원자의 종류와 특성이 달라진다고 보면 전자의 양자 상태를 이해하기가 좀 쉬울지 모르겠다.

개선된 보어의 원자모형은 그것이 보여준 성공적인 결과에도 불구하고 여전히 문제점을 안고 있었다. 두 가지 문제점이 있었는데, 하나는 보어의 원자모형이 고전물리학의 법칙과 특별한 양자 규칙들을 임의로 도입하여 짜 맞추어놓은 모형이었다는 것이고, 다른 하나는 원자들에서 나오는 선스펙트럼의 강도라든가 전자가 들뜬상태•에 머물러 있을 수 있는 시간과 같은 특정한 현상들을 전혀 설명할 수 없었다는 것이다. 그런데 앞에서 언급했던 드브로이의 물질파 이론이 등장하면서 원자의 구조에 대한 이해는 새로운 국면으로 접어든다.

• 외부 자극으로 원래보다 높은 에너지 상태에 있으면 이를 들뜬상태(excited state)라고 한다.

슈뢰딩거의 파동방정식

드브로이의 물질파 이론은 전자를 파동으로 기술할 수 있는 근거를 제공했다. 오스트리아의 물리학자 슈뢰딩거Erwin Schrödinger(1887~1961)가 원자 내에 있는 전자의 상태를 기술하는 파동방정식을 1926년 「고유치 문제로서의 양자화Quantization as an Eigenvalue Problem」라는 제목의 논문에서 발표했다. 그 논문의 내용이 바로 전자의 에너지(고유치)를 구하는 방정식이었다. 이 방정식을 풀면 전자의 파동함수는 3개의 양자수•로 표현되는 상태들을 가질 수 있음을 알게 된다. 첫째는 주양자수로 전자의 양자화된 에너지 상태를 결정하여 보어의 불연속적 궤도를 만들고, 둘째는 궤도양자수로 궤도의 모양을 기술하며, 마지막은 자기양자수로 자기장이 있을 때 자기장 방향에 대한 전자궤도의 회전축이 불연속적인 방향을 갖는다는 것을 의미했다. 이들 양자수가 의미하는 것은 원자를 구성하는 전자의 에너지가 양자화된 것뿐만 아니라, 전자가 존재할 수 있는 공간도 양자화되어 있다는 것이다. 이리하여 슈뢰딩거의 파동방정식은 관측된 원자스펙트럼을 정확히 예측할 수 있는 매우 효과적인 방법이라는 것이 증명되었다.

슈뢰딩거는 자신이 발견한 파동함수처럼 유연하면서도 기존 관념으로는 쉽게 받아들이기 어려운, 자유로운 삶을 살아간 물리학자였다. 그는 한 분야의 연구를 앞서 개척하거나 이끈 적은 없지만, 사람들이 관심을 가지는 분야에 뒤늦게 뛰어들어 먼저 시작한 사람들보다 더 깊고 세련된 업적을 남겼다. 파동방정식도 드브로이의 업적을 뒤이은 것이지만 드브로이를 뛰어넘었으며, 20세기 분자생물학의 발전에도 일조한 『생명이란 무엇인가What Is Life?』라는 책을 통해 생물체의 유전암호가 있는 복잡한 분자의 개념

• 미분방정식의 해에서 얻어지는 함수에 나타나는 정수 (n, l, m)이 양자수에 해당한다.

을 언급함으로써 DNA•의 존재를 예측했고, '음의 엔트로피negentrophy'에 대한 논의를 통해 생명체 발현의 우주적 통찰을 포함한 중요한 개념들을 발전시켰다. 부인과의 큰 갈등 없이 다른 세 명의 여성에게서 세 딸을 얻는 등 개인적 삶도 자신의 파동함수처럼 넓게 퍼져 있는 독특한 모습을 보여주기도 했다.

원래 슈뢰딩거는 보어의 불연속적 전자궤도에 부정적 편견을 가지고 있었다. 그래서 그의 연구는 이러한 불연속성을 파동방정식을 통해 몰아내려는 의도에서 출발했는데, 오히려 파동 자체에 숨어 있던 불연속성을 밖으로 드러내 보이게 된 것이다. 그 뒤에 파울리는 슈뢰딩거의 파동함수에 전자가 갖는 고유한 양자 상태로서 (±1/2)의 2개의 값을 갖는 스핀이 들어가도록 확장했다.

전자가 양자화된 궤도를 따라 움직인다고 생각하던 것이 파동으로 대체되자 상황은 더욱 어려워졌다. 이 모든 것이 상식과는 맞지 않았던 것이다. 그렇지만 실험적으로 관측되는 원자의 여러 성질을 가장 정확하고 자세하게 설명할 수 있으니, 어떻게 과연 그것이 가능한가? 이것은 그때까지 가지고 있던 모든 상식적 생각을 포기할 것을 강요했다. 앞에서 이미 언급했거니와, 더 이상 입자와 파동을 구분하는 것은 자연을 정확히 기술하는 데 있어서는 의미가 없으며, 플랑크 상수라는 기본적인 작용 단위가 너무 작은 값이어서 우리의 감각 범위에서는 그 효과가 보이지 않는 것이다. 원자보다 작은 세계는 우리가 감각적으로 경험하는 세계와는 그 모습이 다르며, 더욱이 완전히 새로운 세계가 열려 있는 것이다. 감각의 세계를 철저히 부정하면서 이데아의 세계를 찾으려고 했던 플라톤의 태도가 원자의 세계를

• DNA(DeoxyriboNucleic Acid, 디옥시리보 핵산)는 유전정보를 저장하는 거대 고분자 물질이다.

이해하는 데 도움이 되는 사고방식일까?

이제 전자의 고유한 상태를 나타내는 파동함수의 의미에 대해 질문할 차례다. 고전적인 파동 현상은 빛이나 소리처럼 관측 가능한 양이다. 그러나 슈뢰딩거의 파동함수는 허수($i=\sqrt{-1}$)가 포함되는 복소수로 표현되기 때문에 실제적인 파동이 아니다.• 따라서 그 세기가 실제로는 측정될 수가 없다. 이 문제에 대해 슈뢰딩거는 복소수가 제거된 파동함수 절댓값의 제곱을 전자의 전하밀도로 해석했다. 그렇지만 공간적으로 매우 작은 영역을 차지하고 있다고 생각되는 입자가 공간 전체에 퍼져 있다는 해석은 납득하기 어려웠다. 그래서 물리학자 보른Max Born(1882~1970)은 이를 확률밀도함수로 해석했다. 그는 전자와 같은 기본 입자들의 성질은 정확히 기술할 수 없고, 단지 확률적으로만 기술할 수 있다고 보았다. 즉, 파동함수 절댓값의 제곱은 공간의 특정한 위치에서 전자를 발견할 확률이라는 것이다.

≡ 파동함수의 확률론적 성격

지금은 파동함수의 확률론적 성격이 일반적으로 받아들여지고 있지만, 처음 이런 해석이 나왔을 때 슈뢰딩거는 무척 화를 냈다고 한다. 슈뢰딩거는 파동방정식이 정확하며 결정론적이어서 확률적이지 않다고 생각했었다. 그러나 확률론적으로 해석함으로써 들뜬상태의 전자들이 더 낮은 에너지 상태로 가면서 광자를 방출할 확률을 계산할 수 있었고, 따라서 보어 이론에서는 불가능했던 들뜬 전자들이 그 상태에서 머물 수 있는 시간이라든지 원자들의 스펙트럼선의 세기 등을 설명할 수 있게 되었다. 이리하여 파동함수에 대한 보른의 확률론적 해석은 많은 물리학자의 지지를 받게 되었

• 복소수는 $a+ib$의 형태로 표현되는데, 실수부와 허수부에는 각각 실수 a와 b가 포함된다. 자연계는 실수만이 실제 의미를 가진다.

그림 11-5 수소 원자에서 전자의 파동함수를 전자 분포 확률밀도로 나타낸 모양. 숫자는 양자 상태(n, l, m)를 나타낸다.

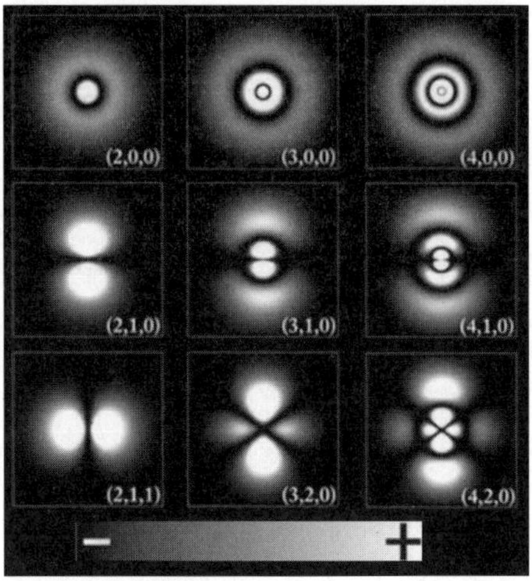

자료: https://commons.wikimedia.org/wiki/File:Hydrogen_Density_Plots.png를 수정.

다. 이같이 양자역학 형성에 이바지했던 주인공들도 정작 양자 세계에 대해서 무척 혼란스러워하고 있었음을 알 수 있다.

이렇게 파동함수의 의미가 확률밀도함수로 이해됨에 따라 점점 더 많은 원자에 관한 문제들이 슈뢰딩거 방정식으로 풀려 널리 쓰이게 되었다. 이제 파동함수와 물리적 실재 사이의 본질적 연결은 어디에도 찾아볼 수 없게 되었다. 파동함수는 단지 관찰 가능한 현상들의 발생 확률로만 연관되어 있을 뿐이다. 그래서 오늘날 원자의 구조를 설명할 때는 전자가 공간적으로 확률적 분포를 가진 전자구름으로 표현하는 것이 오히려 익숙하게 되었다.

한편, 슈뢰딩거의 파동역학에 앞서 빛의 진동수와 세기를 기초로 수립된 하이젠베르크Werner Heisenberg(1901~1976)의 행렬역학•도 원자의 스펙트럼을 성공적으로 설명해 낼 수 있었다. 하이젠베르크는 양자역학이 관찰 가

그림 11-6 양자역학 성립 과정에서의 원자모형의 변화

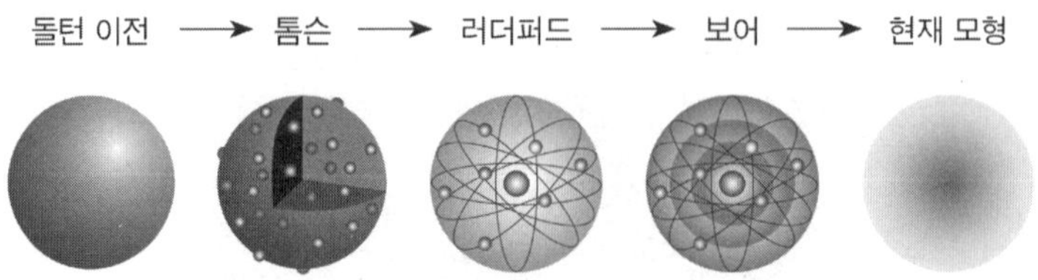

능한 양만을 다루어야 하며, 관찰할 수 없는 전자궤도와 같은 개념은 배제해야 한다고 생각했다. 그래서 그는 전자가 갖는 에너지 준위와 다른 에너지 상태로 옮아갈 때 나오는 원자스펙트럼선의 강도를 수의 배열, 즉 행렬 형태로 나타냈다. 하이젠베르크는 전자가 핵 주위를 돌고 있다는 시각적 형식을 과감히 버리고 순수하게 수학적인 서술로 대치한 것이다. 관점이 달랐기 때문에 슈뢰딩거의 파동역학과 하이젠베르크의 행렬역학은 완전히 다른 수학적 형식을 취하고 있었지만, 결론적으로는 동등한 것이었음이 나중에 밝혀졌다.

양자역학의 형성과 해석

흑체복사를 설명하기 위해 플랑크가 빛에너지가 양자화되었다는 가정을 한 이후 광양자 이론이 정립되고, 빛의 이중성과 물질파 이론, 보어의 원자모형 그리고 슈뢰딩거의 파동방정식이 양자화된 원자구조를 설명해 낼 수 있기까지 약 25년에 걸쳐 물리학은 고전역학 체계에서 양자역학 체계로

• 1925년 하이젠베르크가 제안한 내용을 보른과 요르단(Pascual Jordan, 1902~1980)이 구체화했다.

서서히 자리바꿈을 하게 되었다. 그 이후 1935년까지 약 10년에 걸쳐 양자역학은 원자보다 작은 세계를 설명하는 원리로 완전한 체계를 갖추었다. 고전역학의 모든 개념이 양자역학적으로 새롭게 정의되었을 뿐만 아니라, 고전역학에서는 찾아볼 수 없었던 새로운 물리량과 개념들도 나타났다. 대표적인 새로운 물리량이 스핀이며, 이 스핀은 전자를 포함하여 원자핵의 양성자와 중성자를 구성하는 다른 기본 입자들을 기술하는 중요한 물리량•이 된다. 그리고 불확정성의 원리uncertainty principle라든지 양자 중첩, 양자 얽힘과 같은 새로운 개념들이 등장한다. 이러한 물리량과 개념들은 고전역학에서는 존재하지 않는 물리량과 현상들을 포함하기 때문에 직관적으로 이해하기가 쉽지 않다. 그렇지만 양자역학을 응용한 전자기기를 일상에서 사용하고 있는 현대인을 위해서 가능한 범위 내에서 다루고 넘어가는 것이 좋겠다.

≡ 스핀과 파울리 배타원리

네 번째 양자수인 스핀의 존재는 파울리가 처음 예측했다. 파울리는 원소의 주기율표••에서 전자들이 궤도에 들어가는 방식을 설명하기 위해서는 '고전적으로는 기술할 수 없는, 두 가지 값을 갖는' 네 번째의 양자수가 필요함을 발견했다. 그에게 영감을 준 것은 1924년에 발표된 스토너Edmund

---

• 스핀이 반정수(1/2)인 기본 입자들 집단을 페르미온(fermion)이라고 부르며, 우주를 구성하는 물질로서 전자, 양성자, 중성자, 중간자 등이 이에 해당한다. 반면에 보손(boson)이라고 하는 입자들의 스핀 양자수는 0을 포함한 정수 값을 가지며, 중력자(graviton), 광자(photon), 글루온(gluon) 등과 같이 페르미온들 사이에 작용하는 4대 힘(중력, 전자기력, 약력, 강력)의 매개입자들이 여기에 해당한다.

•• 1913년 모즐리(Henry G.J. Moseley, 1887~1915)가 멘델레예프의 주기율표를 개량하여 원자량이 아닌 원자번호순으로 배열한 주기율표를 만들었고, 파울리는 이 주기율표를 사용했다.

Stoner(1899~1968)의 논문이었다. 이 논문에서는 주양자수 n으로 정해진 궤도에 전자가 가득 차 있을 때, 전자의 수는 2, 8, 18, 32, … 개로 주양자수 제곱의 2배가 되는, 즉 $(2 \times n^2)$으로 표현된다는 내용이 담겨 있었다. 이로부터 파울리는 2개의 값을 갖는 네 번째 양자수인 '스핀'이 존재해야 하며, 원자 속의 전자는 스핀을 포함한 양자수들이 모두 다르게 배치되어야 한다는 '배타원리exclusion principle'를 찾아냈다.

배타원리는 보통 '같은 양자 상태에 2개 이상의 전자가 들어갈 수 없다'라고 표현된다. 마치 학교 교실 의자에 두 사람이 앉을 수 없는 것과 같다. 전자의 수가 많아지면, 각 전자는 자기가 차지하고 있는 양자 상태에 다른 전자가 들어오지 못하게 한다. 결국, 전자들은 에너지가 낮은 상태부터 높은 상태로 차례대로 양자 상태를 채워나가게 된다. 학교 건물의 아래층부터 학생들이 교실로 들어가 번호 순서대로 의자에 앉는 것과 같다. 이로써 마침내 원자 속에서 전자들이 어떻게 배치되는지를 알게 된 것이다. '왜 가장 낮은 에너지 상태의 궤도에 모든 전자가 모여 있지 않는가?', '왜 각각의 궤도에는 특정한 숫자의 전자만 있을 수 있는가?' 등의 의문에 대한 확실한 답을 찾은 것이다. 이 간단한 원리는 화학원소의 주기율표를 설명하며, 화학적 원자가를 결정하는 열쇠가 되었고, 자연이 보여주는 다양성의 원리가 되었다.

"파울리 출입 금지." 대학 실험연구실 문에 붙어 있던 팻말 글귀다. 배타원리를 발견한 파울리에게는 배타원리의 느낌다운 전설 같은 이야기가 있다. 그는 실험물리학자들에게는 기피 대상이었다. 실험장치를 망가뜨리기로 유명했던 그는 처음에는 실험에 익숙하지 않은 이론물리학자여서 그런 줄로 생각했다. 그러나 그가 만지지 않아도 실험장비들은 저절로 고장 나거나 오작동을 일으키고, 심지어 파울리가 실험실 근처만 지나가도 고장을 일으켰다고 한다. 파울리가 취리히에 있을 때, 어느 날 괴팅겐대학교의 비싼 실험장치가 고장이 나자 사람들은 농담으로 "파울리가 나타났나?"라고 했다고 한다. 사실인즉, 파울리가 취리히에서 코펜하겐으로 가는 도중 기차 고장으로 잠시 괴팅겐 역에 들렀던 일이 있었다고 한다. 이후 '파울리 효과'는 실험장비들이 망가지는 현상을 표현하는 말이 되었다. 이 때문에 그가 2차 세계대전 말 미국 정부의 원자폭탄 개발 연구인 '맨해튼 프로젝트'에서 제외되었다는 이야기가 있다. 순수 이론물리학자라는 이유도 있었지만, 파울리 효과 때문에 핵폭탄이 중간에 터지는 사고가 생길까 봐 연구에 참여하지 못하게 했다는 것이다. 믿거나 말거나이지만, 그의 동료 학자들이 증언한 것들이다.

스핀은 전자나 양성자 등 원자보다 작은 기본 입자들이 가지는 고유한 성질이며 외부 변수와 상호작용을 한다. 이미 앞에서 살펴보았듯이 원자에서 나오는 스펙트럼이 자기장 내에서 미세하게 둘로 분리되는 현상은 스핀이 자기장과 상호작용하여 전자의 에너지 상태가 둘로 쪼개지기 때문에 생기는 현상이다. 또한 물질의 자기적 성질도 물질을 구성하는 원자에 속한 전자들의 스핀에 의해 지배된다. 원자의 맨 바깥쪽 궤도에 있는 전자의 스핀이 어떤 형태로 배열되느냐에 따라 어떤 물질은 영구자석의 성질을 띠기도 하고, 또 어떤 물질은 자기장과 전혀 상호작용을 하지 않기도 한다. 두 가지 값을 갖는 전자의 스핀은 현대의 전자공학에서 차세대 디지털 메모리 소자를 개발하는 데에도 응용된다. 전자의 스핀을 이용하는 전자소자공학을 '스핀트로닉스spintronics'라고 한다. 최근에 언론에서 미래 기술로 많이 언급하는 양자컴퓨터와 양자통신에서도 전자의 스핀은 양자 중첩과 양자 얽힘과 같은 핵심 개념을 구성하는 중요한 물리량이다. 이 문제는 뒤에 따로 다루어보기로 하자.

≡ 불확정성의 원리•

양자역학에서 입자와 파동의 이중성과 관련하여 더욱 어려운 문제는 '측정'에 관한 문제다. 이 문제에 관한 하이젠베르크의 '불확정성의 원리'는 양자역학에 대한 코펜하겐 해석의 핵심 내용 중 하나다. 1927년 코펜하겐 해석이 제안되었을 때, 정확한 인과관계에 따라 세계가 움직인다는 결정론을 받아들이고 있던 과학자들, 특히 아인슈타인과 슈뢰딩거와 같은 과학자들이 가장 완강하게 비판하며 받아들이지 않은 내용 중에 불확정성의 원리가 있었다. 그렇다면 불확정성의 원리란 무엇이고, 무엇을 의미하는가?

불확정성의 원리는 흔히 다음과 같은 방식으로 설명된다. 즉, 입자의 위치에 대한 오차 크기(불확정성)와 운동량의 오차 크기를 곱한 값은 특정한 값(플랑크 상수)보다 크다는 것이다. 만약 입자의 위치를 매우 정확히 측정하여 위치의 불확정성을 아주 작게 줄이면 반대급부로 운동량의 불확정성이 매우 커지고, 반대로 운동량을 아주 정확히 측정하면 그만큼 위치에 대한 불확정성이 매우 커진다는 것이다. 한마디로, 입자의 위치와 운동량을 동시에 아주 정확히 측정할 수는 없다는 이야기다. 과학, 특히 물리학에서는 물리량을 정확히 측정하고, 측정 결과로 얻은 물리량들 사이의 상관관계를 밝히는 작업이 매우 중요하다. 그런데 불확정성의 원리가 말하는 대로 입자의 위치와 운동량을 동시에 정확하게 측정할 수 없다고 하는 것은 심각한 문제가 된다. 물리학에서는 입자의 위치와 운동량으로 입자의 물리적 상태를 정의하는데, 이 상태를 정확히 기술할 수 없다는 이야기인 것이다.

불확정성의 원리를 두고 당시의 과학자들 사이에 오갔던 논쟁은 일단 뒤로하고, 먼저 불확정성 원리의 근원을 살펴보도록 하자. 원자보다 작은 세

• '불확실성의 원리'라는 용어로 사용하기도 하지만, 근본적으로 나타나는 현상이라는 의미에서 '불확정성의 원리'란 용어가 더 정확한 표현이다.

계에 속한 입자들은 그 자체로서 점이지만, 파동함수로 표현되어 확률적으로 해석되기 때문에 위치가 공간적으로 퍼져 있다. 즉, 확률적으로 어느 곳에서나 발견될 수 있다. 그래서 아무리 동일한 조건에서 실험을 반복한다고 하더라도 매번 측정값이 조금씩 달라질 수밖에 없다. 이러한 요동fluctuation의 근본적인 원인은 실험장비나 측정기술의 불완전성이 아니라, 입자의 위치가 파동처럼 퍼져 있는 양자역학의 근본적인 속성 때문이다. 이러한 요동을 양자 요동quantum fluctuation이라고 한다. 양자역학에서는 파동함수를 통하여 어떤 실험 결과를 얻을 수 있는지를 확률적으로 계산할 수는 있지만, 입자가 실제로 어떤 상태인지를 정확히 알 수는 없다는 것이다. 다시 말해, 파동방정식이 말해주는 것은 입자가 어떤 상태에 있는지가 아니라, 측정했을 때 어떤 값을 얻을 확률이 얼마인지를 이야기해 줄 뿐이다.

그런데 처음에 하이젠베르크가 '불확정성의 원리'를 이야기했을 때, 그는 '측정'이라고 하는 행위 자체가 측정 대상인 입자의 상태에 영향을 줄 수 있어서 정확한 측정이 불가능하다는 방식으로 설명을 했다. 이런 설명은 불확정성의 원리가 측정 방법의 한계와 관계가 있는 것으로 오해를 불러일으키기도 하지만, 그런 내용이 아니다. 이는 양자역학에서 입자의 파동성으로 인해 나타나는 근본적인 현상으로, 하이젠베르크가 불확정성의 원리를 제안한 직후에 불확정성을 표현하는 식이 수학적으로 유도되는 하나의 정리임이 밝혀졌다. 아직 잘 이해하지는 못하지만, 양자의 세계는 그렇게 되어 있다. 양자 세계에서는 입자의 상태가 상공간phase space(위치와 운동량으로 구성된 공간) 내에서 한 개의 '점'으로 표시되는 것이 아니라, 디지털 형식의 그림처럼 플랑크 상수라는 최소 크기의 사각형 픽셀pixel 형태로 표현된다고 비유해 볼 수 있다.

≡ 측정과 파동함수

그렇다면 '측정'이란 것은 확률적으로 해석되는 파동함수와 어떤 관계가 있는가? 파동함수는 양자계quantum system가 가질 수 있는 가능한 상태, 즉 고유 상태들을 모두 포함하고 있다. 모든 가능성이 열려 있다는 것이다. 이를 양자역학에서는 상태의 '중첩superposition'이라고 한다. 양자 상태는 파동으로 나타내므로 여러 고유 상태의 파동이 중첩된 표현을 갖는다. 그러나 모든 상태가 똑같은 가능성을 갖는 것은 아니다. 측정이란 행위는 중첩되어 있는 가능한 여러 고유 상태 중에서 어느 상태를 관측 가능한 물리량으로 확정하는 행위다. 여러 가능한 양자 상태들 중 하나가 측정에 의해 특정한 상태로 바뀌어 나타나는 것을 '파동함수의 붕괴wave function collapse'라고 한다. 여러 가능성 중 하나가 실제로 나타나면서 다른 모든 가능성들이 순식간에 사라져 버리는 것이다. 예를 들면, 입자의 위치를 측정했다고 하면, 다른 위치에서 발견될 사건에 해당하는 양자 상태는 파동함수에서 사라져 버리는 것이다. 이로써 측정은 파동함수에 영향을 준다는 의미로 해석할 수 있다.

불확정성의 원리는 켤레(또는 쌍conjugate)를 이루는 물리량에 대해서 똑같이 적용되는데, 에너지와 시간의 관계도 위치와 운동량의 관계와 마찬가지로 켤레에 해당하는 물리량이다. 즉, 에너지를 정확히 측정하려면 오랜 시간 동안 측정해야 가능하고, 순간적인 짧은 시간에 에너지를 측정하면 측정된 에너지 값의 오차가 매우 클 수밖에 없다는 것이다. 여기서 켤레 변수라는 표현에는 두 개의 물리량이 독립적인 양이 아니어서 측정 순서에 따라 다른 결과를 얻게 된다는 의미가 포함되어 있다. 마치 한 켤레의 장갑을 손에 낄 때, 장갑의 짝을 바꾸어 끼었을 때의 느낌의 차이라고나 할까? 이것은 켤레의 한 물리량을 측정하면 파동함수가 변하여 처음과 같지 않은 상태에서 켤레의 다른 물리량을 다음에 측정하게 되기 때문이다.

이쯤이면 고전역학의 결정론적 세계관에 대해서도 의문이 생기기 않을 수 없다. 과연 불확정성의 원리는 정확한 인과관계로 굴러가는 결정론적 세계를 완전히 부정하는 의미인가? 여전히 논란이 있지만, 반드시 그렇다고 볼 수는 없다. 잘 살펴보면 불확정성 원리는 물리적 실재가 갖는 파동과 입자의 이중성으로 인해 나타나는 특징을 이야기하는 것뿐이다. 양자역학에 대한 코펜하겐 해석은 입자를 파동함수로 기술했을 때 파동함수의 절댓값의 제곱은 측정에서 특정한 사건이 일어날 확률에 해당한다고 본다. 여기서 중요한 것은 사건 발생은 확률로 주어지지만, 확률을 결정하는 파동함수 자체는 슈뢰딩거 방정식에 의해 정확히 인과론적으로 결정된다는 사실이다.

따라서 비결정론적인 것처럼 보이는 양자역학도 결정론적 인과론을 완전히 부정하는 것은 아니라고 볼 수 있다. 단지, 파동함수가 주는 위치나 운동량 등의 측정 물리량에 대한 정보가 확률적인 성격을 띠기 때문에 특정한 범위 내에서는 비결정론적인 특징을 보인다고 이해할 수 있다. 특히 상호작용이 있는 경우에는 특정 사건이 특정 범위 안에서 반드시 일어나게 되어 있다. 완전히 비결정론적이라면 세상이 어떻게 되겠는가? 적어도 우리가 경험하는 세상은 상호작용 속에 놓여 있어서 그렇지 않고 결정론적으로 운행되고 있는 것처럼 보인다. 이것은 마치 디지털 형식의 그림을 아주 크게 확대해 보면 구체적인 모양이 없는 흐릿한 픽셀들의 집합으로 되어 있지만, 전체적으로는 분명한 모습을 그려주는 것과 비슷하게 생각할 수 있다.

이런 면에서 플랑크 상수로 제한되는 불확정성의 원리는 우리가 측정할 수 있는 물리량 사이의 인과관계를 파악할 수 있는 한계를 나타낸다고 볼 수 있다. 공간적으로 매우 제한되고 시간적으로도 매우 짧은 영역의 세계에서는 거시 세계의 인과론이 성립하지 않을 수 있다. 반면에 이 한계는 시공간의 매우 작은 영역에서 일어날 수 있는 다양한 사건들을 상상할 수 있

그림 11-7 이미지화시킨 양자역학의 비결정론적 결정론. 흐릿한 픽셀들의 집합이 명확한 이미지를 구성한다.

게 하는 여유로움을 제공한다. 시공간의 매우 작은 점에서는 운동량과 에너지와 같은 물리량의 요동이 아주 클 수 있기 때문이다.

상대성 이론에 따르면, 에너지는 질량과 동등하므로 눈에 보이지 않는 수많은 입자가 찰나적으로 생성되고 소멸하는 과정이 여기에서 일어날 수 있다. 아무 일도 없는 듯해 보이는 빈 공간이 실제로는 매우 심하게 요동치고 있는 공간인 것이다. 이런 이유로 불확정성의 원리는 우주가 탄생하는 빅뱅big bang 초기 상태나 블랙홀black hole에서 일어날 수 있는 사건을 설명하는 데 매우 중요한 원리가 된다.

우리가 경험하는 거시 세계는 플랑크 상수를 영(0)으로 보내는 극한에 해당하는 세상이다. 이 극한에서는 입자의 파동성도 느껴지지 않고 양자역학의 불확정성도 사라져서 뉴턴역학의 결정론적 세계로 환원된다. 보어는 이를 '대응원리correspondence principle'라고 했다. 양자역학에서는 뉴턴의 고전역학에서는 볼 수 없었던 양자 요동을 볼 수 있었던 것이다. 양자 요동의 크기는 우리가 보는 대상에 따라 다른데, 전자와 같은 미시적 입자는 양자 요동이 커서 불확정성이 크게 보이는 것이고, 감각으로 인지할 수 있는 거시적 물체는 양자 요동이 거의 0이 되어 고전역학을 따르는 것처럼 보이는 것이다. 양자역학의 혼란스럽고 믿기지 않는 현상들이 거시 세계에서는 잘 드러나지 않지만, 전자를 이용하는 현대의 첨단기술에서는 양자역학적 현상이 매우 중요하게 적용된다.

양자역학은 그 토대가 고전역학과는 완전히 다르다. 그러나 대응원리의 관점에서 보면, 적절한 조건에서 양자역학은 고전역학으로 환원된다. 일반 상대성 이론도 뉴턴역학과 시공간에 대한 관점을 완전히 달리했지만, 아인슈타인은 이 이론을 전개하는 과정에서부터 대응원리를 적용함으로써 적절한 조건에서는 뉴턴의 중력이론이 도출되도록 했다. 이러한 관점에서는 양자역학과 아인슈타인의 상대성 이론은 좀 더 포괄적인 이론이라고 볼 수 있다. 이들이 생소하고 어렵게 느껴지는 것은 너무 작아서 또는 너무 빨라서 인간의 감각적 인식 범위를 벗어나므로 기존의 경험에 바탕을 둔 관념들이 적용될 수 없기 때문이다. 따라서 우리의 관념을 적극적으로 바꾸어야 하는 후속 과제가 남은 셈이다.

≡ 코펜하겐 해석

양자역학이 보여주는 이해하기 힘든 현상들은 당시의 양자역학 형성에 중요하게 이바지했던 물리학자들 사이에서도 의견을 달리하며 격렬하게 논쟁을 할 만큼 커다란 수수께끼였다. 양자역학의 거두였던 보어와 상대성 이론으로 유명한 아인슈타인의 거센 논쟁은 잘 알려져 있다. 광양자 이론으로 양자론의 서막을 장식했던 아인슈타인이 양자역학을 끝까지 받아들이지 못했던 것은 그만큼 양자역학의 세계가 고전적 관점으로는 이해가 불가능할 정도로 기묘한 세상이기 때문이다. 이제 '코펜하겐 해석'이라고 하는 양자역학에 대한 '권위' 있는 해석을 살펴보면서, 양자 세계가 보여주는 기묘한 현상들을 어떻게 이해하려 했는지를 정리 요약하고, 또 어떤 다른 견해들이 있는지 알아보자.

1927년 10월 브뤼셀의 솔베이연구소에서 개최된 제5차 솔베이 회의•에서는 양자역학의 물리적 의미에 대한 논리적 해석이 다루어졌는데, 이것이 현재 양자역학 해석의 주류가 되었다. 회의에 참석한 29명의 물리학자 중 17명이 노벨상을 수상했을 정도로 이 회의는 물리학 거장들의 경연장이었다. 공식적으로 정리된 코펜하겐 해석은 없지만, 물질의 파동성과 입자성, 슈뢰딩거 파동함수의 확률적 해석, 측정의 문제와 불확정성의 원리와 같이 그 내용은 모두 연관되어 있는 것들이다. 이미 앞에서 대부분 다룬 내용이지만, 코펜하겐 해석의 핵심을 대략적으로 정리하면 다음과 같다.

1. 양자계는 하이젠베르크의 불확정성의 원리에 지배받는다. 위치와 운동량, 에너지와 시간과 같은 켤레 변수는 불확정성의 원리에 따라 동시에 정확하게 측정할 수 없으며, 그 한계가 플랑크 상수에 의해 정량적으로 주어진다.
2. 양자계의 특성은 파동함수로 기술되며, 파동함수의 절댓값 제곱은 측정값에 대한 확률밀도다.
3. 모든 물리량은 관측 가능할 때에만 의미가 있다. 그러나 측정은 파동함수의 붕괴를 일으킨다. 즉, 측정은 양자 상태에 영향을 준다.
4. 양자계의 모든 물질은 파동과 입자의 이중성을 갖는다. 이러한 속성을 상보성의 원리라고 한다. 그러나 동시에 두 가지 성질을 가지지는 않는다.

코펜하겐 해석은 솔베이 회의 한 달 전인 1927년 9월에 이탈리아 코모에서 열린 볼타 서거 100주년 기념 강연에서 코펜하겐에서 온 보어가 "양자역학은 이제까지의 물리적 개념을 전혀 새롭게 다시 정의할 것을 요구한다"

• 벨기에의 화학자 솔베이(Ernest Solvay, 1838~1922)의 후원으로 1911년부터 1930년까지 여섯 차례 열린 솔베이 회의는 양자역학의 발전에 중요한 역할을 했으며, 20세기 물리학의 발전 과정을 생생히 보여주었다.

그림 11-8 1927년 제5차 솔베이 회의 참석자들(벨기에 브뤼셀 레오폴드 공원)

라고 하면서 이미 제안했던 내용이다. 그래서 솔베이 회의는 양자역학에 대한 코펜하겐 해석을 확인하고 수용하는 축제의 회의가 될 것으로 예상했다. 그러나 아인슈타인이 보어의 해석을 날카롭게 반박하기 시작하면서 회의는 격렬한 토론의 장으로 바뀌었다. 아인슈타인은 자연현상은 확률적인 방법이 아니라, 엄격한 인과법칙으로 설명되어야 한다고 주장했다. 곧 회의는 여러 나라에서 참석한 과학자들 사이의 시끄러운 논쟁으로 어수선해졌고, 분위기가 정리되지 않자 마침내 아인슈타인과 보어의 오랜 친구였던 에렌페스트가 앞으로 나가 구약성경의 한 구절을 크게 칠판에 썼다.

"하느님께서 온 땅의 말을 뒤섞어 놓으셨다!"

과학자들은 이것을 보고 한바탕 크게 웃었다. 그 후 며칠 동안 회의는 아인슈타인이 보어의 해석을 부정하는 수많은 예를 들어 보이면, 보어가 또 그것들을 하나하나 반박하는 식으로 진행되었다. 논쟁이 며칠 동안 지루하게 계속되자 아인슈타인의 친구인 에렌페스트가 "자네는 자네의 적들이 상대성 이론에 대해서 반대했던 것과 똑같은 방식으로 새로운 양자 이론에 반대해서 논쟁을 벌이고 있네"라며 아인슈타인의 독단성을 충고했다. 아인슈타인은 그의 친절한 충고에도 불구하고 끝까지 자신의 고집을 꺾지 않았다. 그러나 결국 보어의 견해가 양자역학에 대한 표준 해석으로 받아들여졌다. 물리학계에서 존경받는 지도자였던 아인슈타인은 솔베이 회의에서 학문적 유연성을 잃어버린 구시대 인물처럼 되어버렸고, 그 자신도 서서히 양자역학에 대한 관심을 멀리하면서 통일장 이론에 더 집중하게 되었다. 그렇다고 모든 것이 해결된 것은 아니었다. 이제, 그 회의에서 제기된 주요 쟁점을 알아보고, 어떤 다른 견해가 있는지 살펴보도록 하자.

코펜하겐 해석과 관련된 논쟁은 '물리적 실재'에 관한 것이었으며, 인식의 관점에서는 고전적 개념과 언어가 갖는 한계의 문제였다. 물리적 실재의 본질에 대한 질문은 고대 때부터 있었고, 고대인들은 직관적이고 상식적인 틀에서 논리적인 접근을 했다. 그러나 양자 실험이 보여주는 것들은 상식적 관점이 적용되지 않는다. 보어의 주장에 따르면, 양자역학의 이론은 관측자와 관계없이 객관적으로 존재하는 대상을 기술하는 것이 아니라, 관측자와 대상 사이의 상호작용을 기술하는 것이다. 말인즉슨 물리학자들이 원자나 다른 미시적 입자에 대해 마치 물리적 실재인 것처럼 말하지만, 그것은 측정장치가 보여주는 것을 기술하기 위해 사용하는 관념에 불과하다는 것이다. 여기서 다시 김춘수 시인의 시 「꽃」의 한 구절을 조금 바꾸어 표현함으로써 보어의 생각을 나타내 보자.

내가 그를 바라보기 전에는
그는 다만
하나의 추상에 지나지 않았다.

내가 그를 바라보았을 때
그는 나에게로 와서
꽃이 되었다.

꽃을 바라보기 전에는 꽃의 실재에 대해서 정확히 알 수 없고, 바라보아 꽃이 보일 때에만 꽃이라는 존재를 확인할 수 있다는 것이다. 양자역학의 비실재론적이고 확률론적인 해석에 반발하여 아인슈타인이 "아무도 달을 쳐다보지 않으면 달이 없다는 말이오?"라고 질문했을 때, 보어가 "아인슈타인 박사님과 저, 그리고 이 세상 모든 사람들이 달을 쳐다보지 않는다면 달이 저기 있다는 것을 어떻게 알겠습니까"라고 응답한 것도 같은 맥락이다. 즉, 우리는 측정하기 전에는 물리적 실재에 대해서 이야기할 수 있는 것이 아무것도 없고, 모든 가능성이 열려 있다. 오직 측정의 순간에 비로소 어떤 모습이 드러나게 된다는 것이 보어의 주장이다. 그것도 확률적으로! 대상을 기술하는 파동함수는 대상의 속성이 나타날 가능성에 대해서만 확률적으로 알려줄 뿐이고, 측정으로 관측될 때 나타나는 것은 실재가 갖는 속성의 일부일 뿐이다.

겹치고 얽힌 양자 세계의 미묘함

양자역학의 비실재론은 반실재론과는 약간 차이가 있다. 즉, 관측하지 않으면 그 대상이 존재하지 않는다는 의미는 아니다. 양자 이론에서 물리적 실체는 관측자와 분리되어 독립적으로 존재하는 무엇이 아니라, 외부 세계와 어떤 형태로든지 상호작용을 통해서만 그 실체의 일부를 드러내는 것이다. 그리고 상호작용의 형태는 관측자의 '의도'에 따라 달라질 수 있다.

가령 전자의 파동성을 확인하려 한다면, 파동성의 증거인 간섭현상을 보려는 '의도'가 이중 슬릿을 이용한 관측을 선택하게 할 것이고, 그러면 입자의 파동성이 간섭무늬로 나타나면서 입자성은 사라지고 없다. 반대로 입자성을 확인하려 한다면, 그 의도에 따라 입자검출기를 이용하게 되고, 전자가 입자검출기와 상호작용하는 순간 입자성은 확인되지만 파동성은 사라지는 것이다. 두 실험 모두 전자가 갖는 속성을 관측한 것이지만, 의도에 따라 다른 결과를 얻는다. 이는 관측 방법에 따라 관측 대상이 외부 세계와 상호작용하는 형태가 달라졌기 때문이다. 그리고 계의 특정 상태를 측정하면 파동함수의 붕괴가 일어나면서 계 전체의 상태가 바뀐다. 이를 두고 양자 상태는 서로 '얽혀 있다entangled'고 한다.

인간도 중첩되고 얽혀 있는 존재다. 우리는 이웃 사람의 장점을 보려 하면 장점을 얼마든지 찾을 수 있고, 반대로 상대의 단점을 보려 한다면 흠집투성이의 못난 인간의 모습도 쉽게 찾을 수 있지 않은가? 그렇다면 그 사람은 어떤 존재이고, 나는 그 사람의 무엇을 보고 있는가? 결국 상대방과 나의 관계 맺음에서 유래하는 인간존재의 한 측면을 보고 있을 뿐이다. 당신이 그 사람을 어떻게 대하느냐에 따라 상대방의 모습은 계속 달라질 것이다. 관측자의 마음이 실재를 만들어낸다고 하면 너무 과장된 표현인가? 양자역학의 세계가 이와 같다는 것이다. 철학자 화이트헤드는 자연을 사건들의 상호 관계로 얽혀 있는 유기체적 관계망으로 보았다. 관계가 진정한 실재라고 보는 화이트헤드의 철학은 이렇게 양자론과 맞닿아 있다.

결정론적 세계관을 갖고 있던 아인슈타인은 양자역학의 확률론적인 성격을 받아들이려 하지 않았다. 양자론의 개척자 중 한 사람인 아인슈타인이 고전적 결정론의 관점에서 벗어나지 못했다는 것도 매우 역설적이다. 그에게 측정은 이미 결정된 물리량을 단순히 읽어내는 것이지 확률적으로 정해지는 여러 가능한 결과들 중 하나를 관측하는 것이 아니었다. "신은 주사위 놀이를 하지 않는다God does not play dice"라고 반발한 것이 이러한 그의 관점의 표현이었다. 이에 대해 보어는 "아인슈타인 박사님, 신이 무엇을 하든 선생님이 상관할 바는 아닙니다Einstein, stop telling God what to do"라고 대답했다고 한다. 관점의 차이는 신에 대한 생각도 바꾼다.

아인슈타인은 자연이 어떻게 되어 있느냐에 대한 답을 찾으려는 것이 아니라, 자연에 대해 말할 수 있는 것이 무엇이냐의 문제를 더 중요하게 보았다. 보어는 감각경험과 실험적 검증에 기반을 둔 것만이 확실한 지식이라고 보는 실증주의의 영향을 크게 받았다. 그래서 그에게 중요했던 것은 관측 결과를 중심으로 나타나는 현상을 기술하는 것, 그 이상은 아니었다. 이는 뉴턴이 만유인력의 법칙에 대해 "나는 가설을 설정하지 않는다"라고 하면서 행성의 운동을 기술하고 예측하는 방정식 너머의 의미에 대해서는 언급을 피했던 태도와 크게 다르지 않다.

양자 세계에 대한 견해의 차이는 어쩌면 궁극적으로 무엇을 알고자 하는지에 대한 질문과 관계가 있는지도 모른다. 아인슈타인은 뉴턴의 만유인력 방정식 너머를 알고자 했기에 자신의 중력이론인 일반상대성 이론을 통해 시공간의 본질에 대한 직관을 얻어냈다고 볼 수 있다. 따라서 양자 세계에 대해서도 파동방정식과 상보성 원리 너머에 무엇이 있는지를 알아내려는 노력이 물리학자들에게 남겨진 과제라고 보아야 하겠다.

≡ 양자역학의 다른 해석들

비실재적이고 확률론적인 코펜하겐 해석이 일반적으로 받아들여진다고 해도 논리적으로 완전하다고 보기는 어렵다. 아인슈타인은 측정 결과를 확률론적으로 나타내는 것은 양자역학의 이론이 물리적 실재를 완전하게 기술할 수 없기 때문이라고 생각했고, 따라서 알려지지 않은 숨은 변수들을 찾아내서 추가하면 완전한 실재를 기술하는 것이 가능할 것이라고 주장했다. 아인슈타인의 이런 주장을 '숨은 변수 이론hidden variable theory'이라고 부르는데, 실재론적으로 양자역학을 해석하려는 방법이다.

특히 봄은 1947년 프린스턴대학의 조교수가 되었는데, 여기서 아인슈타인과 공동연구를 진행했다. 그는 자신의 논문 「양자론에 관한 숨은 변수 해석A Suggested Interpretation of the Quantum Theory in Terms of Hidden Variables」에서 양자 퍼텐셜potential이란 개념을 도입하고, 양자 퍼텐셜의 성질에 의해 입자들이 양자적으로 상호 연결되어 있다는 주장을 했다(Bohm, 1952). 마치 배가 대양에서 레이더를 이용해 서로 정보를 주고받으며 항해하듯이 입자도 그렇게 전체적인 틀 안에서 운동한다는 것이다. 이 이론은 양자역학의 다른 해석이라기보다는 고전역학의 관점에서 출발하여 양자역학과 같은 결과를 주도록 만들어낸 특이한 이론이었다. 공산권 이민자 출신이었던 봄은 1950년대 미국에 불어닥친 매카시즘의 희생자가 되어 프린스턴대학에서 해고되면서 수년간 불안정한 연구 생활을 했던 시대의 불운아였지만 훌륭한 연구 업적을 이룬 뛰어난 물리학자였다.

숨은 변수 이론 외에 '여러 세계many world' 해석도 제안되었다. 여기에서는 관측장치를 포함한 계 전체의 파동함수를 고려한다. 파동함수는 관측에 의해 붕괴하는 대신, 측정 때마다 결흐트러짐에 의해 겹쳐져 있던 세계가 갈라진다는 해석이다. 이에 따르면 측정 때마다 세계가 갈라지므로 무한히 많은 다른 세계가 존재한다는 결론에 이른다. 대체로 우주론을 연구하는 사람들이 좋아하는 해석이긴 하지만, 제안된 해석 중에서 가장 이상하고 상상력이 많이 필요한 해석이다. 코펜하겐 해석과 다른 해석은 이 외에도 몇 가지 더 있다.

≡ 양자역학과 거시 세계

코펜하겐 해석과 관련된 마지막 질문은 거시계를 어떻게 이해할 것인가에 관한 문제다. '슈뢰딩거의 고양이'•라고 하는 사고실험도 사실은 거시적인 계에 대한 질문이라고 할 수 있다. 원자와 같은 미시계로 이루어진 거시 세계는 왜 양자역학의 지배를 받지 않고 고전적으로 기술되는가? 이를 설명하기 위해서 나온 최근 이론에서는 결맞음coherence과 결흐트러짐decoherence이라는 개념을 사용한다. 파동의 결(위상)이 일정한 형태를 갖는 상태를 결맞음, 파동의 결이 흐트러진 상태를 결흐트러짐이라고 한다. 행진하는 사람들의 발맞춤이 잘된 상태가 결맞음 상태이고, 발맞춤이 되지 않고 제멋대로 걷는 상태가 결흐트러짐 상태와 비슷하다고 보면 된다. 미시계는 결맞음 상태들의 중첩으로 존재하다가 주변 환경과의 상호작용(관측)을 통해 결흐트러짐 상태로 변하고, 이 순간 고전물리학으로 기술되는 거시계가 된다는 것이다. 코펜하겐 해석에서, 관측하는 순간 파동함수가 붕괴하여 특정한 값으로 확정된다는 표현이 결흐트러짐으로 바뀐 것이다.

이 해석은 1999년 오스트리아의 과학자 차일링거Anton Zeilinger(1945~)가 탄소 원자 60개로 구성된 풀러렌fullerene(C_{60})이란 축구공 모양의 거대분자 물질로 진공 중에서 이중 슬릿 실험을 하여 거대분자도 파동성을 보임을 밝힘으로써 구체화되었다(Arndt, et al., 1999). 그리고 진공의 정도를 조절하는 방식으로 결흐트러짐이 발생하는 순간, 즉 파동성이 주는 간섭무늬가 사라지는 것을 관측함으로써 미시계에서 거시계로의 전환을 검증했다. 이는 고전적인 측정 행위가 아닌, 공기 분자와의 상호작용만으로도 결흐트러짐이 일어나 거시계로의 변환이 일어난다는 사실을 보여준 것이다. 우리가 경험하는 거시계는 끊임없이 주변과 상호작용하여 결맞음 상태가 깨어지기 때문에 중첩 상태가 사라진 결정론적 거시 현상만을 보게 된다는 것이

• 슈뢰딩거가 양자역학의 불완전함을 보이기 위해 고안한 사고실험으로, 양자 중첩의 문제를 지적하려고 했다.

다. 복잡다단한 세상을 살아가면서 부드럽고 유연한, 순수한 마음가짐을 보전하기가 거의 불가능한 이유가 이와 같을까?

≡ 양자 개념에 대한 이해와 소통의 문제

"새 포도주는 새 부대에 담아야 한다"라는 성경 구절이 있다. 새로운 내용은 새로운 체계로 정리되어야 한다는 뜻으로 이 구절을 해석하면, 양자역학은 고전역학과는 다른 내용이므로 다른 체계로 정리되어야 한다. 그래서 양자역학의 기본적인 수학적 형식은 1926년에 하이젠베르크와 슈뢰딩거가 독립적으로 개발했고, 지금은 상대론적 양자역학인 양자전기동역학 quantum electrodynamics 이론으로 발전하여 양자역학의 수학적 체계가 거의 완전히 새롭게 수립되기 시작했다.•

그러나 그것이 의미하는 바에 대한 해석은 아직 완전하지 못하다. 양자 세계가 보여주는 현상은 고전적 물리현상과는 너무나 큰 차이가 있어서 일반인들이 이해할 수 있도록 적절히 설명할 수 있는 언어가 없다는 것이 문제다. 왜냐하면 언어는 우리의 경험이 만들어낸 관념의 표현이기 때문이다. 그런데 양자 세계는 우리가 직접 경험할 수가 없다. 우리가 시도하는 측정의 모든 결과들이 고전물리학의 개념으로 표현되기 때문에 어쩔 수 없이 양자 현상을 고전물리학의 언어로 기술해야 하는 역설에 빠져든다. 현상의 기술 자체가 근사적일 수밖에 없는 한계를 지니는 것이다. 양자 세계가 보여주는 미묘함은 인간이 경험적으로 형성한 관념과 언어와는 너무 다르기 때문에 하이젠베르크는 이렇게 표현했다. "언어의 문제는 여기에서 정말 심각한 것이다. 우리는 원자의 구조에 관하여 어떤 방식으로든 말하려고 하지만… 일상 언어로는 아무래도 이야기할 수 없다"(카프라, 2006).

• 아직 일반상대성 이론과 양자역학의 통합은 이루어지지 않았다.

양자론에 대한 코펜하겐 해석은 고전물리학이 성취한 자연에 대한 객관적이고 보편적인 설명의 가능성에 대해 의문을 던졌다. 측정에 의해 양자 세계가 영향을 받는다는 사실은 결정론적인 고전물리학의 개념이 자연을 정확하게 나타낼 수 없으며, 따라서 고전적 개념을 완전히 버려야 한다는 생각까지도 하게 한다. 인간의 인식 범위 바깥에 있는 양자 세계를 어떻게 이해할 것이냐의 문제는 결국 양자 세계와의 소통의 문제다. 가장 가능한 방법은 인간의 사고가 좀 더 자유로워져서 스스로 양자 세계의 구성 요소가 되는 수밖에 없는데, 이는 가능하지 않다. 결국 양자 세계를 완전히 이해한다는 것은 불가능에 가깝다는 느낌이다. 양자전기동역학의 발전에 이바지한 공로로 노벨상을 수상한 파인먼도 자신이 양자역학을 결코 이해하지 못했다고 말할 만큼, 양자역학은 적어도 우리가 이해할 수 있는 언어로는 설명 못 할 수도 있다. 그렇다 보니 일부 물리학자들은 양자역학을 이해하는지 여부를 깊이 생각하는 것보다는 정량적 물리량을 구하기 위한 수학적 형식을 다루는 방법을 아는 것이 더 중요하다고 생각하는 태도를 보이고 있고, 또 많은 사람이 그렇게 활동하고 있다. "닥치고 계산이나 해!"라는 말이 이렇게 나온 것이다.

양자 얽힘과 제2차 양자혁명

"수십억 년 걸리는 문제, 몇 초 만에 풀 수 있다."

어느 뉴스 기사제목에 이렇게 선정적인 표현이 있었다. 바로 양자컴퓨터에 대한 이야기다. 궁금증을 가지고 조금 더 소식을 찾아보면, 양자암호, 양자컴퓨터, 양자원격전송 등의 이야기들이 최근 들어 자주 눈에 띈다. 관련된 분야의 국가 경쟁력에 대한 이야기도 거론되면서 곧 무언가 대단한 기술적 혁신이 이루어질 것 같다는 느낌이 든다. 무슨 내용일까?

역설적이게도 이러한 기술과 관련된 이야기는 아인슈타인의 양자역학에 대한 '불신'에서 시작되었다. 양자역학의 확률론적 성격을 받아들이지 않았던 아인슈타인은 측정이 파동함수를 붕괴시킨다는 코펜하겐 해석을 '귀신같은spooky' 작용이라고 하면서 이것이 자신의 특수상대성 이론과 모순됨을 보임으로써 양자역학이 불완전한 이론 체계임을 증명하려고 했다. 1935년 아인슈타인은 EPR 역설•에 관한 논문을 발표하는데, '양자 얽힘quantum entanglement'이라는 개념이 핵심적인 내용이다. 양자 얽힘이란 하나의 양자계가 멀리 떨어진 두 지점에 걸쳐 있을 때 한 지점의 측정 결과가 나머지 한 지점의 측정 결과와 상관관계를 갖는다는 것이다.

≡ 양자 얽힘과 비국소성

EPR 역설에 관한 논문의 내용은 대강 이렇다. 각운동량 보존법칙이 적용되는 전자의 스핀을 이용한 사고실험을 해보자. 전자 한 쌍의 스핀의 합이 0이 되도록 처음 상태를 만든 다음, 두 전자를 서로 멀리 떼어놓고 두 전자 중 한 전자 상태를 측정한다고 하자. 측정을 통해 한 전자의 스핀 상태를 알면, 각운동량이 보존되어야 하므로 다른 전자의 스핀 상태는 저절로 결정이 된다. 예를 들어, 한 전자의 측정된 스핀 상태가 +1/2이면, 다른 전자는 반드시 −1/2이 되어야 한다. 여기서 중요하게 기억해야 할 사실은, 양자역학에 따르면 측정하기 전에는 전자의 스핀은 +1/2의 상태와 −1/2의 상태가 겹쳐진(중첩) 상태이기 때문에 두 상태 모두가 가능하다. 두 상태 중 어

• EPR는 이 논문의 저자인 아인슈타인(Einstein), 포돌스키(Podolsky) 및 로젠(Rogen) 이름의 첫 글자를 딴 것으로, 양자역학이 완전한 물리 이론이 아님을 보이기 위해 이 역설을 발표했다.

느 한 상태로 결정되어 있지 않고, 다만 측정 순간에 그 상태가 결정된다는 것이다. 앞에서 이야기한 파동함수의 붕괴에 해당한다.

EPR 역설은 여기에서 시작된다. 양자 얽힘에 따르면, 한쪽을 측정하는 순간 그 영향이 다른 쪽에 바로 전해져야 한다. 만약 두 전자가 수억 광년 떨어진 다른 은하로까지 멀리 떨어져 있어도 한 전자의 상태가 결정되는 순간에 다른 전자의 상태가 결정된다는 것이다. 이러한 성질을 '비국소성 non-locality'이라고 한다. 이상하지 않은가? 이것은 아인슈타인의 특수상대성 이론에 위배된다. 어떤 정보가 빛의 속도보다 빠르게 전달될 수 없는데, 어떻게 그렇게 멀리 떨어져 있는 두 전자의 상태가 한순간에 결정되느냐는 것이다. 이를 EPR 역설이라고 하고, 따라서 물리적 실재인 전자의 스핀을 양자역학은 제대로 기술하지 못하므로 양자역학이 완전하지 않다는 반론을 편 것이다. 아인슈타인의 이러한 관점을 국소적 실재주의라고 하는데, 물리적 실재는 관찰과 무관하게 자신의 성질을 가지고 있어야 하며, 또 어떤 정보도 빛의 속도보다 빠르게 전파될 수 없다는 것이다. 이 논문으로 아인슈타인은 보어에게 결정적인 타격을 가한 것으로 생각하고는 유유하게 양자역학의 논쟁에서 멀리 떠나갔다.

그런데 실제 흥미로운 이야기는 여기서부터 다시 시작된다. 아인슈타인이 죽은 뒤, 1964년 벨John Bell(1928~1990)은 EPR 역설을 검증해 볼 수 있는 기준과 실험 방법을 제안했고,• 1982년 아스페Alain Aspect(1947~)가 광자를 이용한 실험을 통해 벨의 검증 기준을 적용해 보았다. 놀랍게도 실험 결과는 양자역학이 맞고 아인슈타인의 생각이 틀렸다는 결론 쪽으로 흘렀다. 결국, EPR 논증에서 사용했던 가정인 실재성과 국소성•• 중 어느 하나 또는

• 숨은 변수 이론은 만족하지만 양자역학은 만족하지 않는 벨 부등식이라는 조건을 유도했다.

•• 한 곳에서의 물리적 변화가 다른 곳에 영향을 줄 경우, 빛의 속력보다 느리게 그 영향이

둘 다를 포기해야만 했다. 여기서 '실재성'이란 물리현상이 관측자에 의존하지 않고 객관적으로 존재하는 실재의 특성이라는 개념으로 우리의 직관과 잘 일치하지만, 양자역학의 코펜하겐 해석은 비실재론적이다. 어쨌든 아스페의 실험 결과는 선택적으로 양자 현상의 국소성이 성립하지 않음을 보여주는 것으로서 양자 얽힘을 받아들이는 계기가 되었다.

개념적으로 익숙하지 않아서 여러 가지 오해가 생길 수 있는데, 여기서 오해해서는 안 되는 중요한 한 가지가 있다. 양자 얽힘의 상관관계를 이용하더라도 빛보다 빠른 속도로 정보를 전달할 수는 없다. 어느 쪽에서 측정하더라도 그 결과는 실험자의 의도대로 이루어지는 것이 아니다. 측정하기 전까지는 결과가 무엇인지 알 수 없기 때문이다. 즉, 어떤 경우에도 실험자가 원하는 정보를 다른 쪽에 보낼 수는 없고, 단지 나중에 측정 결과를 서로 비교해 보면 상관관계를 갖고 있을 뿐이라는 것이다. 비국소성은 양자 얽힘에 따른 상관관계를 말하는 것이지 정보 전달에 관한 것이 아니다.

≡ 기본 개념과 생각

양자 얽힘 현상이 받아들여지자, 1990년대부터 이를 이용해 양자통신quantum communication과 양자전산quantum computation에 응용할 수 있다는 이야기들이 쏟아져 나오기 시작했다. 양자암호는 IBM 연구소의 베넷Charles Bennet(1943~) 박사가 1984년 처음 개발하여 5년 후에는 상용화의 길을 열었다. 그리고 그는 1993년에 마침내 동료들과 함께 양자 얽힘을 이용해 양자원격전송quantum teleportation이 가능함을 이론적으로 증명함으로써 양자컴퓨터의 개발 가능성을 열었다. 공상과학영화의 순간이동을 연상케 하는 양자원격전송에 대한 연구 발표 이후 이와 관련된 수많은 연구가 쏟아져 나왔고,

---

전파되어야 한다는 것을 말한다. 물리적 실재는 한 곳에만 있을 수 있다는 의미와 같다.

1997년에는 오스트리아의 차일링거 연구진이 세계 최초로 양자원격전송 실험에 성공하기에 이르렀다.

양자컴퓨터에 대한 개념은 파인먼이 1981년 MIT에서 개최된 전산물리학회 기조연설에서 처음 언급했다고 한다. 파인먼도 양자역학의 문제를 푸는 것이 만만찮게 귀찮고 힘들었던 모양이다. 파인먼이 활동했던 시기도 그렇고 지금도 여러 개의 전자를 다루는 양자역학의 문제를 쉽게 푸는 방법은 없다. 여러 전자들이 상호작용하는 계에서는 전자의 수에 따라 상태의 수가 기하급수적으로 증가하기 때문이다. 방정식의 수도 그만큼 늘어나므로 해를 구하는 것이 불가능해 보인다. 그래서 파인먼의 단순한 생각은 인간의 생각이나 계산기 동작 자체가 양자역학적이라면 자연을 더 잘 알아낼 수 있지 않겠느냐는 것이다. 1983년에 로스앨러모스에서 한 그의 강연 제목 "양자역학의 법칙을 따르는 작은 컴퓨터들Tiny computers obeying quantum mechanical laws"을 보면 그의 생각이 드러난다. 결국 계산기가 양자역학적으로 동작하도록 만든다면 양자역학 문제들을 훨씬 더 쉽고 빠르게 풀 수 있을 것으로 파인먼은 기대했던 것이다.

양자 현상을 이용한 기술이 모습을 드러내기 시작하자 바야흐로 '제2차 양자혁명'이 시작되었다고 사람들은 말한다. 양자역학을 기초로 트랜지스터와 같은 반도체 소자의 발명이 일구어낸 전자기술혁명을 1차 양자혁명이라고 한다면, 2차 양자혁명은 양자 중첩과 양자 얽힘이라는 양자 현상을 활용하여 정보통신과 컴퓨터 관련 기술 전반에 걸쳐 큰 변혁을 불러올 수 있을 것으로 기대하는 것이다. 그러면 양자 중첩과 양자 얽힘이라는 기묘한 양자 현상을 어떻게 이용하겠다는 것일까? 자세한 내용을 설명하기는 어렵지만, 개념적인 수준에서만 양자통신과 양자전산의 원리를 간단히 짚어보도록 하자.

≡ 양자통신과 양자컴퓨터

양자통신은 양자 현상을 이용하여 도청을 불가능하게 함으로써 통신보안 기능을 획기적으로 높이는 통신 방식을 말하며, 빠른 시일 내에 실현 가능한 기술이 될 것으로 보고 있다. 양자통신에서는 보통 광자의 양자 상태로 편광•을 이용한다. 한 개의 광자는 편광 상태에 따라 0 또는 1의 2진 정보를 가지거나, 0과 1의 중첩 상태를 가지게 할 수 있다. 양자역학에서는 측정하는 순간 중첩된 양자 상태 중 어느 하나로 결정되므로 중간에 누군가가 도청을 한다면 양자 얽힘에 의해 정보의 내용이 바뀌어 도청 사실을 금방 알아낼 수 있다. 중첩 상태가 아니더라도 측정 행위가 양자 상태를 바꿀 수 있기 때문에 도청 행위를 즉시 감지하여 조치를 취할 수 있는 것이다. 이것이 보안성이 높은 양자통신의 원리다. 현재의 모든 정보처리에서는 2진 정보를 사용하고 있기 때문에, 양자 중첩 상태를 이용하는 방식보다는 일반적으로 2진 정보를 양자암호화하는 방식을 많이 연구하고 있다.

양자전산은 양자 중첩과 양자 얽힘을 이용하여 복잡한 계산을 빠른 시간 내에 해결할 수 있도록 하는 방식이다. 현재의 디지털컴퓨터는 하나의 입력에 대해 하나의 결과만 내놓는다. 반면에 양자컴퓨터는 하나의 양자계가 여러 가지 양자 상태의 '겹침'이기 때문에 각각의 상태에 대한 출력 값을 동시에 얻을 수 있다. 이러한 특성 때문에 어떤 문제는 양자컴퓨터에서 매우 빠르게 계산이 가능하다는 것이다. 기존의 0과 1로 구분되는 디지털 정보를 비트bit, **b**inary dig**it**라고 하는 데 비해, 0과 1의 두 가지 상태가 겹쳐진 양자 정보는 큐비트qubit, **qu**antum **bit**라고 한다. 양자컴퓨터에서 몇 개의 양자 입자(보통 전자)들이 중첩과 얽힘 상태로 있느냐에 따라 큐비트의 수가 결정된

• 광자는 전자기파의 특성도 있는데, 전자기파의 전기장 진동 방향을 편광 방향으로 정의하고 편광자를 이용하면 편광 방향을 바꾸거나 측정할 수 있다.

다. N-큐비트라고 하면 N개의 양자 입자가 양자 중첩과 얽힘 상태에 있다는 것이고, 따라서 2^N개만큼의 중첩된 상태를 만들어낼 수 있다. 이들 중첩된 상태 모두가 기존 컴퓨터에서의 입력에 해당하므로, 2^N개의 입력이 동시에 들어가서 계산이 진행되어 결과가 얻어진다고 볼 수 있다. 따라서 큐비트의 수가 늘어날수록 계산 속도는 기하급수적으로 빨라지는 것이다. 이것이 양자컴퓨터의 원리다.

예를 들어, 어떤 함수의 값이 0이 되는 입력 변수의 값을 찾아내는 작업을 생각해 보자. 고전적인 디지털컴퓨터에서는 입력 값을 하나씩 바꾸면서 계산하여 결과가 0이 되는 경우를 찾는다. 10비트 계산을 한다고 하면,• 입력 값을 0에서 1023까지 하나씩 넣어보면서 계산한다. 그러나 10큐비트의 양자컴퓨터는 $2^{10}=1024$개의 중첩 상태가 있으므로, 이 중첩 상태들에 대한 계산이 한꺼번에 이루어지면서 단 한 번 만에 계산이 끝난다는 이야기다. 이를 양자병렬성quantum parallelism이라 한다. 고전적 디지털컴퓨터도 병렬 계산을 하면 거의 같은 정도로 계산을 할 수 있겠지만, 컴퓨터가 1024대가 필요하다. 그러나 양자컴퓨터는 1대로 충분하다. 현실화된다면 그야말로 획기적인 성능의 컴퓨터가 탄생하는 것이다.

언론 보도를 보면 금방이라도 양자컴퓨터가 만들어질 것 같은 느낌을 준다. 그러나 문제는 그렇게 단순하지 않다. 일반적으로 양자계를 구성하는 입자는 전자나 광자, 원자가 모두 가능하지만, 많은 경우에 전자의 스핀 상태를 이용한다. 하지만 양자 정보를 갖는 큐비트의 수를 늘리려면 여러 개의 전자들의 양자 중첩과 얽힘 상태를 만들 수 있는 기술도 있어야 하고, 이러한 양자 상태가 연산이 끝날 때까지 안정하게 유지되어야 하는 등 조건이 맞아야 한다. 특히 이들 입자들의 양자 상태는 외부 환경의 영향에 매우

• 10자리의 2진수 0000000000(10진수로 0)에서 1111111111(10진수로 1023)까지의 값.

민감하기 때문에 양자 중첩과 양자 얽힘 상태가 쉽게 깨져버린다. 이를 결흐트러짐이라고 한다.

결흐트러짐이 일어나지 않도록 외부와의 상호작용을 차단하거나 최소화해야 하는 문제가 양자컴퓨터의 실현에 가장 큰 걸림돌이다. 더 모순적인 것은 큐비트들을 조작하기 위해서는 외부와의 상호작용이 가능해야 한다는 것이다. 가장 제어가 용이하리라고 예측되는 전자의 스핀조차 결맞음 시간coherence time, 즉 양자 중첩과 양자 얽힘이 안정하게 유지되는 시간이 현재로서는 실용적인 수준의 연산을 구현하기에는 너무 짧다.• 이 이야기는 계산하려고 입력한 값이 없어져 버리거나 다른 값으로 제멋대로 바뀌는 것과 같아서 계산 결과의 신뢰성이 보장되지 않는다는 뜻이다. 이런 복잡한 기술적 문제를 해결해야 하는데, 관점에 따라 다를 수는 있지만 단시일, 적어도 10년 이내에는 양자전산이 실용화되기는 쉽지 않아 보인다.

양자컴퓨터의 쓸모도 특수한 분야에서 기존의 슈퍼컴퓨터가 쉽게 수행할 수 없는 계산을 하는 것으로 제한될 전망이다. 대표적인 예가 양자 현상이 포함된 계를 시늉 내기simulation하는 것이다. 촉매에서의 전자들의 거동이나 새로운 물질의 특성 등을 예측하는 작업이 여기에 해당한다. 그야말로 파인먼이 말한 것처럼 양자컴퓨터가 하나의 양자계로서 작동하도록 하는 것이다. 또 다른 분야는 암호해독 분야다. 기존 암호 체계는 고전적 디지털컴퓨터로 해결할 수 없지만, 양자컴퓨터는 큐비트 수에 따라 계산 공간이 기하급수적으로 증가하여 매우 커지므로 소인수분해와 같은 암호 문제를 쉽게 풀 수 있을 것으로 기대하고 있다. 이 분야는 국가 보안과도 관계되어 있어 초미의 관심 대상이다. 마지막으로는 '인공지능' 분야인데, 대용

• 결맞음 시간을 계속 증가시키는 기술이 나오고 있지만, 현재는 대략 수천분의 1초 정도로 짧다.

량의 데이터를 처리하여 분류하거나 묶어주는 작업을 양자컴퓨터가 기존 컴퓨터보다 훨씬 더 빠르게 처리할 수 있을 것으로 생각하고 있다.

≡ 양자 얽힘과 인간 사회

양자 중첩과 양자 얽힘이라는 기묘한 양자 현상이 우리의 일상 경험이나 관념과는 너무 멀리 떨어져 있는 것 같지만, 사실은 그렇지도 않다. 우리의 가족 관계가 어떻게 보면 양자 중첩과 양자 얽힘으로 이해될 수 있는 부분이 많다. 오랫동안 함께 살면서 가치관과 세계관을 비슷하게 공유한다든지, 가족 구성원들의 역할 또한 많은 부분 공유된다는 점에서 양자 중첩과 다르지 않다. 인간의 공감 능력은 아무리 멀리 떨어져 있고 헤어져 있어도 기쁨과 슬픔을 함께 느낄 수 있게 한다. 이를 이심전심以心傳心이라고 표현한다. 양자 얽힘처럼 가족 관계도 이렇게 서로 얽혀 있기 때문이다. 양자컴퓨터의 큐비트처럼 가정의 정상적 기능이 얼마나 좋은 사회를 만드는지를 결정한다고 볼 수 있다.

가정은 인간 사회의 가장 작은 공동체 단위다. 만약 세상의 다양한 가치관과 관념들이 가족이라는 관계의 결맞음 상태를 깨뜨리는 부정적 요인으로 작용한다면, 가정이라는 인간 사회의 기본적인 단위가 제대로 기능하지 못하고, 나아가 사회 전체의 기능을 약화시킬 수 있다. 반대로 사회의 전반적인 구조와 제도가 가족 관계를 향상시키는 방향으로 간다면, 인간 사회의 전반적인 모습도 양자컴퓨터의 획기적 성능처럼 좋아질 것으로 기대할 수 있다.

다른 인간 사회의 구조들도 어쩌면 이와 유사하게 이해하고 효율적으로 관리할 수 있다는 생각을 할 수 있다. 기업 경영의 관점에서도 여러 부서별로 구분된 업무를 효과적으로 중첩시키고, 업무 상황이 내부에서 실시간으로 소통되어 빠른 의사결정이 이루어질 수 있게 함으로써 전체적인 업무 효율을 최대한 높일 수 있는 방법을 찾을 수 있다. 양자역학적인 겹침과 얽힘의 개념과 원리를 이용한 소위 양자경영학이란 분야가 나올지 어떻게 알겠는가? 양자 중첩과 양자 얽힘은 기술적 효용과 효율의 문제에서 더 나아가 바람직한 인간 사회가 어떠해야 하는지 성찰해 볼 수 있는 미묘하고 심오한 원리 중 하나라고 생각할 수 있다.

감각경험과 실재

우리는 외부 세계에 대한 우리의 지식의 근거를 확보하기 위해 고대의 자연철학자들의 노력에 이어 근대와 현대의 철학자들도 많은 철학적 논의들을 계속해 오고 있음을 살펴볼 수 있다. 약간의 느낌 차이가 있을지언정 결국은 인간의 이성과 감각경험에 관련된 문제다. 그렇다면 양자역학은 실재와 인식의 문제에 있어서 어떤 시사점을 던져주고 있는지 생각해 볼 차례다. 사실 양자역학적으로 기술되는 세계는 인간이 감각적으로 느낄 수 있는 세계가 아니다. 그럼에도 불구하고 인간이 경험적으로 감각하는 세상을 양자역학의 관점에서 기술해 보도록 하자.

결론부터 이야기하자. 우리가 감각적으로 경험하는 모든 것은 양자 상태를 갖고 있는 미시적 입자들과 외부 세계의 상호작용의 결과다. 실체는 없다. 왜 그런가? 원자의 크기는 직경이 대략 1옹스트롬(10^{-10} m)이고, 원자는 10^{-15} m 정도 크기의 원자핵과 그보다 훨씬 작은 전자로 구성되어 있다. 원자를 축구 경기장 크기라고 한다면 그 안의 원자핵은 바로 축구공 크기에 불과하다. 원자의 부피에서 원자핵과 전자가 차지하는 부피는 전체의 0.001%도 되지 않는다. 나머지 99.999% 이상은 텅 빈 공간이다. 이 원자들이 가까이 결합하여 분자를 만들고, 분자들이 결합하여 우리가 단단하다고 느끼는 거시적 물체가 만들어진다. 그렇다고 하더라도 원자핵과 전자들의 크기를 기준으로 기술하면 대부분 여전히 텅텅 빈 공간이다. 아무것도 없다. 우리 몸도 마찬가지다. 그런데 우리가 보고 만지고 느끼는 것은 무엇인가?

≡ 감각경험은 상호작용의 형식

우리가 보고 감각하고 느끼는 것은 물체를 구성하는 원자나 분자를 직접 만지거나 보는 것이 결코 아니다. 아무것도 없는데 무엇을 보고 만질 수 있다는 말인가? 우리가 감각하는 것은 단지 이것들이 외부 자극의 주체와 어떻게 상호작용하며, 상대적인 상호작용의 세기가 얼마인지에 의해 결정되는 상호작용의 형식이라고 할 수 있다. 물을 예로 들어보자. 물은 수소 원자 2개와 산소 원자 1개가 결합되어 있는 분자구조다. 섭씨 100도 이상이 되면 기체 상태가 되어 우리 눈에는 보이지 않는다. 그러나 주전자에서 끓는 물이 김처럼 나오는 수증기는 눈에 보인다. 그러면 우리는 수증기, 즉 물의 분자를 보고 있는 것일까? 그렇다고 할 수도 있지만, 엄밀하게 말하면 수증기 분자들의 뭉치와 부딪쳐 튕겨 나오는 광자(빛)를 보는 것이다. 즉, 우리는 분자를 보는 것이 아니라 분자와 상호작용한 빛을 보는 것이다.

그릇에 담긴 물도 마찬가지다. 손으로 감각할 수 있는 것도 물이라는 무엇을 느끼는 것이 아니다. 물 분자들이 서로 상호작용(결합)하는 세기가 증가하여 수증기처럼 흩어지지는 않지만, 외부 작용에 의해 결합이 부분적으로 쉽게 끊어지면서 유연하게 변형되는 상호작용의 형식이 물의 감촉을 주는 것이다. 외부에서 작용하는 힘과 분자 사이의 결합력의 상대적 차이 때문에 나타나는 현상이다. 눈에 보이는 물의 특성도 빛과 물 분자들의 집합적 상호작용의 결과다. 가시광선 영역에서 물 분자는 빛을 흡수하지 않기 때문에 투명하게 보인다. 물의 출렁임은 물과 공기의 경계에서 빛이 반사되고 굴절되면서 보이는 신기루다. 우리는 결코 물 분자를 보거나 감각할 수는 없다. 실제로는 텅 빈 공간을 관통하는 상호작용 또는 에너지의 교환만이 있을 뿐이다.

물은 온도가 섭씨 0도 아래로 내려가면 단단한 얼음이 된다. 단단하게 만져지는 얼음은 물 분자 사이에 텅 빈 공간이 있음에도 불구하고 분자들 사이의 결합력이 강해서 손을 구성하는 분자들의 결합에 대해 배타적으로 작용하기 때문에 비집고 들어갈 수 없어서 그렇게 느껴지는 것뿐이다. 언뜻 이해가 되지 않는다면 자석을 생각해 보자. 자석의 N극과 N극을 마주하여 놓고 밀면 자석 사이에 공간이 있음에도 불구하고 더 가까이 갈 수 없다. 눈을 감고 그 현상을 경험하면 누군가는 거기에 단단한 물체가 있다고 말할 것이다. 이러한 자기적 상호작용은 기차도 공중에 띄워놓을 만큼 강하기 때문에 자기부상열차를 운행할 수 있는 것이다. 단단한 물체로 받쳐놓은 것이나 다름없을 만큼 밀어내는 힘이 강한 것이다. 단지 그 공간이 가시광선 영역의 전자기파를 산란시키지 않기 때문에 눈에 보이지 않을 뿐이다. 얼음도 결함이 없으면 투명하게 보인다. 고체 상태에서도 물 분자가 전자기파와 상호작용하는 형태가 비슷하기 때문이다.

색깔이 보이는 단단한 물체도 단지 전자기파와의 상호작용 형태가 달라졌을 뿐이다. 여러 가지 파장의 전자기파 중에서 특정한 파장의 전자기파는 원자들의 전자 배치나 분자들 결합이 만드는 진동의 형태에 따라 흡수되어 열에너지로 바뀌거나 아주 짧은 시간 뒤에 도로 방출된다. 이 과정에서 선택적으로 흡수되거나 방출되는 빛의 파장에 따라 다른 색깔로 보이는 것뿐이다.

≡ 황금 보기를 돌과 같이

사람들이 좋아하는 황금도 텅 빈 공간 속에서의 원자핵과 전자들의 배치에 따른 상호작용의 결과 외에 아무것도 아니다. 우리가 아는 금은 금을 구성하는 원자에 속한 전자들의 배치와 상호작용에 따라 다른 파장의 빛은 흡수하고 황금색을 주는 파장의 전자기파들만 내어놓은 결과다. 그리고 화학적 활성을 보여야 하는 전자의 궤도가 맨 바깥쪽에 있지 않고 안쪽으로 들어가 숨어 있기 때문에 쉽게 공기 중의 산소와 결합하지 않는다. 그래서 황금이 녹슬지도 않고 항상 변하지 않는 것처럼 보이는 것이다. 이 모두가 원자에 속해 있는 전자들이 외부의 원자나 분자, 전자기파와 어떻게 상호작용하느냐의 차이에 따라 결정된다. 정확히 말할 수 있는 것은 특정한 종류의 원자나 분자들이 어떤 방식으로 배치되고 결합하고 있고, 어떻게 상호작용하는지에 대해서만 이야기할 수 있으며, 그래서 우리의 감각경험의 본질은 상호작용의 형식일 뿐이라는 것이다.

이렇게 양자역학의 관점에서 보면 우리의 감각경험이란 것은 단순히 주체와 객체 사이의 상호작용하는 형식에 관해서만 의미를 가진다. 감각경험은 사물의 실재에 대한 일부의 정보는 제공할 수 있지만, 실재 자체와는 전혀 관계가 없다. 실체라는 것이 있는 것인지조차 의심하게 한다. 우리가 객관적이라고 할 수 있는 것은 우리가 감각하는 기관이 얼마나 같은 방식으로 동작하느냐와 관계가 있을 뿐이다. 우리는 초음파를 들을 수 없지만 고래와 박쥐와 같은 동물은 들을 수 있다. 우리의 눈이 X선을 볼 수 있는 기관이라면 우리가 감각하는 모든 물체의 모습은 지금 우리가 보는 모습과 완전히 다를 것이다. 우주 탐색에서 다양한 전파를 이용하는 것이 이런 이유다. 감각기관이 다르면 정보의 내용도 달라진다. 감각경험에는 어떻게 상호작용하느냐에 대한 정보만 있고, 이를 통해 우리는 대상을 규정하게 된다. 결국 이런 감각경험에 의미를 부여하는 것은 인간의 정신이라고 할 수 있다. 따라서 어떤 면에서는 모든 감각경험을 통합하는 정신이 실재를 만든다고 할 수 있다.

12
생명의 신비

분자생물학molecular biology 분야는 1953년 왓슨James D. Watson(1928~)과 크릭Francis H.C. Crick(1916~2004)이 유전인자로서의 DNADeoxyriboNucleic Acid(디옥시리보 핵산) 구조를 밝혀냄으로써 유전 현상을 분자적 수준에서 설명할 수 있는 중심 개념이 확립되면서 시작되었다. 이후 분자생물학은 세포 내에서의 대사와 유전에 관련된 생체분자들의 상호작용을 다루는 생화학 분야의 다양한 기법과 아이디어들을 융합시켜 급격하게 성장해 왔다. 분자생물학은 이제 현대 생물학의 주류를 차지하고 있으며, 생체분자의 구조와 기능, 역할, 유기체에서 일어나는 생명 활동 과정과 유전체의 복사, 전사 및 번역 과정 전체에서 분자적 기반을 연구하는 학문으로 자리 잡았다. 실로 분자생물학은 과학의 다양한 활동들이 전체적으로 이바지한 결과로서 탄생하고 성장했으며, 현재는 과학의 영역에서 그 어느 때보다도 많은 관심을 받고 있다. 여기에는 생명현상에 대한 근본적인 이해와 관련한 과학적 관심은 물론이고, 생명현상에 대한 유물론적 관점의 등장과 유전자 지식을 이용한 다양한 산업적 관심, 그리고 이와 연관된 종교적·윤리적 문제 또한 포함된다.

분자생물학 탄생의 배경

생물체의 형질을 전달하는 유전물질인 DNA는 이미 1869년에 발견되었지만, 당시에는 그것이 형질 유전에 중요한 역할을 하는지를 전혀 인식하지 못했다. 그리고 유전학의 창시자인 멘델Gregor Johann Mendel(1822~1884)은 1865년에 12년에 걸친 체계적인 관찰을 통해 부모로부터 물려받는 유전적 형질을 통계적으로 예측할 수 있다는 '멘델의 유전법칙'을 발표했다. 멘델의 업적은 유전과 진화의 문제들을 해석하는 데 기초를 제공하는 획기적인 발견이었다. 그러나 그의 연구는 인정받지 못하고 있다가 1900년대에 들어서야 재조명을 받는다. 멘델의 형질은 1900년대에 들어 유전자gene라는 이름으로 바뀌어 불렸고, 1941년에는 DNA 속의 유전자가 특정한 효소 단백질의 합성을 제어함으로써 세포의 대사 작용을 조절한다는 것이 규명되었다.

흥미로운 점은 분자생물학이 형성될 무렵인 1940년대에 물리학자들과 화학자들이 대거 생물학 연구에 뛰어들어 다양한 방법으로 연구를 진행했다는 것이다. 물리학자인 보어는 자신이 이룬 양자역학적 성과를 생물학에 적용하려는 작업을 시작했는데, 유기체를 화학적으로 설명하는 기계적이거나 환원적 방법이 아닌, 좀 더 새로운 방식의 접근이나 개념이 필요하다고 생각했다. 괴팅겐의 물리학자 델브뤼크Max L.H. Delbrück(1906~1981)는 록펠러 재단의 지원으로 보어에게 가서 이 접근을 더욱 구체화하여 「유전자 변이와 유전자 구조의 본성에 관하여」라는 논문을 발표했다.

≡ 파지그룹과 유전자 연구

1938년 미국으로 건너간 델브뤼크는 칼텍에서 '파지phage그룹'•을 통해 자신의 연구를 구체화시켰고, 루리아Salvador E. Luria(1912~1991), 허시Alfred D. Hershey(1908~1997)와 같은 젊은 학자들을 합류시켰다. 그리고 1944년 말에 물리학자로서 양자역학의 파동방정식을 만들어낸 슈뢰딩거는 『생명이란 무엇인가?』라는 저서에서 유전자를 하나의 '정보운반체'로 간주해야 한다고 주장했다. 그리고 생명체는 당시에까지 확립된 물리법칙에서는 알려지지 않은 또 다른 물리법칙으로 설명되어야 한다고 했다. 그는 여기서 유전물질의 여러 후보를 거론했는데, 가장 유력한 후보는 단백질이었다. 파지그룹이 초기에 DNA보다 단백질에 더 집중했던 이유도 여기에 있었는지도 모른다.

1944년 에이버리Oswald Avery(1877~1955)는 박테리아 사이의 유전형질 전환을 관찰한 그리피스Frederick Griffith(1877~1941)의 실험을 주목하고, 이 실험을 훨씬 정교하게 통제하여 DNA가 형질전환의 원인임을 밝혀냈다. 그러나 그들은 DNA가 곧 유전자라고 주장하는 데는 조심스러워했기 때문에 DNA가 유전 현상을 이해하는 결정적인 물질이라는 것이 다른 과학자들에게 제대로 인식되지 않았는데, 1952년에 파지그룹의 허시가 방사성 동위원소 추적자••를 이용하여 파지 감염에 대한 분자적 과정을 연구하면서 명확하게 밝혀졌다. 그 당시 파지그룹에서는 유전 현상에 대해 DNA가 아닌 단백질에 연구의 초점을 맞추고 있었지만, 허시의 연구 결과로 단백질이 아

• 생물학자들의 비공식적 네트워크로서, 박테리아가 존재하는 모든 곳에서 발견되는 바이러스인 박테리오파지(bacteriophage)를 이상적인 자기 복제 연구의 대상으로 삼은 데서 유래한 이름이다. 생물학자이자 물리학자였던 델브뤼크가 크게 이바지했으며, 20세기 중반 세균유전학과 분자생물학의 형성에 중요한 역할을 했다.

•• 방사성 동위원소는 아주 조금만 있어도 쉽게 검출할 수 있는 방사선을 방출하므로 이것을 기준으로 물질의 이동을 추적할 수 있다.

닌 DNA가 파지의 복제에 관계되는 생화학적 물질임이 밝혀졌던 것이다. 그리고 바로 이 단계에서 물리학이 발전시킨 X선 결정학 기술은 DNA의 구조를 밝히는 연구에서 중요한 역할을 하게 된다.

≡ DNA의 이중나선 구조

파지그룹에서 루리아의 제자로 초기 연구 활동을 시작했던 왓슨은 DNA 구조에 대해 알고 싶어 했고, 윌킨스Maurice H.F. Wilkins(1916~2004)의 강연에서 DNA X선 회절 데이터를 본 후 DNA의 구조를 밝히면 유전자가 무엇인지를 알 수 있을 것이라고 확신했다. 그의 동료였던 크릭은 원래 물리학을 공부했는데, 슈뢰딩거의 책 『생명이란 무엇인가?』를 접하고 물리학과 화학의 개념으로 생물학적 현상을 설명할 수 있다는 생각에 영감을 받아 생물학으로 방향을 바꾼 늦깎이 연구자였다. 그의 연구는 X선 회절 양상을 분석하여 단백질의 3차원 구조를 이해하고자 하는 것이었으나, 그 역시 DNA의 구조를 밝히는 작업의 중요성을 아는 몇 안 되는 사람 중 한 명이었다.

그 당시 DNA가 나선형의 기하학적 구조로 되어 있다는 사실은 이미 윌킨스의 동료였던 프랭클린Rosalind Franklin(1922~1958)의 X선 구조결정학 연구 결과로 어느 정도 알려져 있었다. 프랭클린은 집중력과 열정, 연구 독립성이 매우 강했던 여성 과학자로서 그 당시에 DNA에 대한 가장 좋은 X선 회절실험 결과를 가지고 있었기 때문에 나선 구조의 주기적인 특성도 이미 알고 있었다. 문제는 이런 구조에서 DNA 분자가 어떻게 화학적 안정성을 유지하는지를 밝혀내는 일이었다. 이 과정에서 왓슨과 크릭은 케임브리지의 수학자 그리피스John Griffith(1928~1972)에게서 DNA 내에서 다른 염기끼리 상보적인 수소결합을 할 가능성에 대한 의견을 들었고, 또한 생화학자인 샤르가프Erwin Chargaff(1905~2002)와의 교류를 통해 DNA를 구성하는 특정 염기들의 비에 대한 결정적인 단서를 찾아냈다. 그리고 칼텍의 폴링Linus C.

그림 12-1 DNA는 많은 뉴클레오타이드의 사슬로 구성된 중합체 핵산이다.

Pauling(1901~1994)이 단백질 구조분석에 사용한 접근법을 채용하여 이론적으로 만든 구조적 모형을 X선 결정학 기법으로 확인했다.

왓슨과 크릭은 이렇게 당시까지 알려진 여러 사실들을 종합하고 자신들의 결과를 분석함으로써 DNA의 이중나선 구조를 밝히게 된 것이다. 전문학술지 ≪네이처Nature≫에 발표된 논문은 겨우 128줄에 불과한 한 쪽짜리 논문이었으나 유전자 혁명으로 이어지는 거대한 물줄기를 이끌어냈으며, 왓슨과 크릭은 윌킨스와 함께 1962년 노벨 생리·의학상을 수상했다. 이 연구에 중요한 이바지를 한 프랭클린은 안타깝게도 일찍 생을 마감했기에 노벨상 수상의 영예를 누리지 못했다.

이렇게 해서 DNA의 분자구조를 알게 되자 이제는 유전 현상을 분자적 수준에서 설명할 수 있는 길이 열렸다. 그렇지만 DNA가 어떻게 수많은 단백질의 합성에 관여하여 세포의 대사를 조절하는지에 대한 의문은 여전히 숙제로 남아 있었다. 나중에 1960년대에 이르러 DNA 외에도 DNA의 일부가 그대로 복사되어 만들어진, 하나의 나선이 길게 꼬여 있는 구조의 RNA RiboNucleic Acid(리보핵산)가 단백질을 합성하는 과정에서 중간 정보를 전달하는 작용을 한다는 것이 밝혀지고, 분자구조와 생물학적 기능에 따라 아홉 가지의 다른 RNA가 존재하는 것이 확인되었다. 이리하여 분자생물학을 구성하는 기본적인 개념이 형성되었다. 분자생물학의 발전은 과학혁명 이후 전문적인 분야로 분리·연구되어 오던 한 분야의 학문적 성취가 다른 분야 학문의 발전에도 획기적인 전환을 이루는 계기가 된다는 사실을 보여준다. 분자생물학은 융합 성격의 학문 분야가 형성되는 과정을 보여주는 좋은 예이기도 하다.

유전물질과 유전 발현

DNA에는 유전정보를 포함하는 부분과 포함하지 않는 부분이 다 같이 존재한다. 유전정보를 포함한 DNA의 일부 영역을 유전자라고 하고, 따라서 DNA는 유전자를 보유하고 있는 유전물질이다. 이중나선 구조를 갖고 있는 DNA는 뉴클레오타이드nucleotide라고 하는 분자가 아주 많이 사슬처럼 연결된 중합체 두 가닥이 서로 꼬여 있는 형태다. 뉴클레오타이드는 디옥시리보오스deoxyribose라고 하는 탄소 5개를 포함하는 당을 중심으로 한쪽에는 인산기가, 다른 한쪽에는 네 종류의 염기 가운데 하나가 결합되어 있고, 디옥시리보오스와 인산기는 중합 과정을 통해 사슬 한 가닥의 뼈대를 이루게 된다. 염기는 시토신(C), 구아닌(G), 아데닌(A), 티민(타이민)(T) 네 가지로 구성되며, 다른 뉴클레오타이드 사슬의 염기들과 상보적인 수소결합을 통해 시토신-구아닌(C-G), 아데닌-티민(A-T)의 염기쌍을 이루어 이중나선을 만든다. 즉, 이들 염기쌍들은 마치 어릴 때 헤어진 형제가 서로를 찾기 위해 반쪽씩 나누어 가진 표식처럼 행동한다. 이 표식을 이용하여 유전정보를 전달하고 복제할 수 있다.

DNA를 구성하는 염기쌍의 상보성은 한쪽 사슬만으로 상대 사슬의 염기배열을 예측할 수 있게 해준다. 그리고 염기쌍들이 가지는 고유한 표식은

그림 12-2 구아닌-시토신 및 아데닌-티민 염기쌍의 상보결합

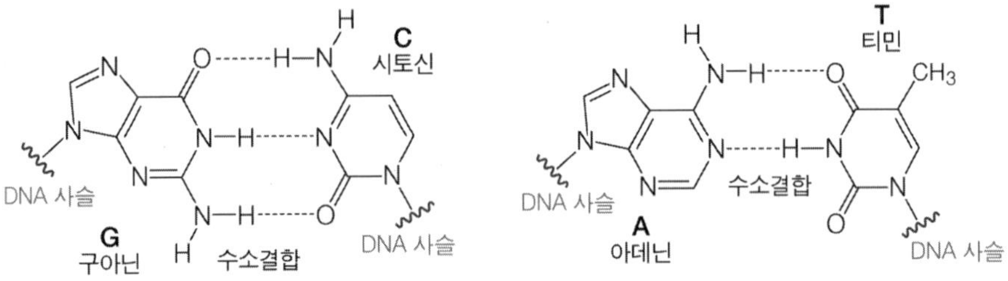

자기 복제를 위한 정확한 정보 전달을 가능하게 한다. 예를 들어 한쪽 가닥의 염기들이 -A-C-G-T-의 순서로 배열된다면 다른 쪽 가닥의 염기서열은 -T-G-C-A-가 된다. 그리고 염기가 DNA 사슬 내에서 배열되는 순서는 마치 글자의 배치로 낱말이 만들어지듯이 그 순서에 따라 유전정보의 내용이 결정되는데, 이들 핵염기가 배열되는 순서를 흔히 DNA 염기서열이라고 부른다. DNA 염기서열은 유전정보를 갖고 있는 유전자 구간과 그렇지 않은 비부호화 DNA 구간으로 나눌 수 있다. 즉, 염기서열의 모든 것이 유전정보가 되지는 않고 일부만 유전자로 기능한다. 유전자는 생체 내에서 어떤 것을 어떻게 만들지에 대한 정보를 담고 있는 작업순서도와 같다. 우리 몸은 평균적으로 10^{15}개의 세포로 구성되어 있고, 이들 세포의 거의 모두는 세포핵에 한 생명체의 완전한 DNA 복사본을 갖고 있다. 말하자면 우리 몸의 거의 모든 곳곳에 우리 몸을 어떻게 만들지에 대한 작업순서도 사본이 저장되어 있는 것이다.

≡ DNA와 염색체

DNA를 세포핵에 저장하는 방식도 놀랍다. 한 생물이 지니는 DNA 염기서열 전체를 게놈genom 또는 유전체遺傳體라고 하는데, 게놈은 유전자 gene과 염색체 chromosome을 합성하여 만든 낱말이다. 여기서 염색체라고 하

그림 12-3 세포 내에서의 DNA 위치와 염색체의 구조. 염색체는 히스톤에 감겨 있는 DNA 뭉치다.

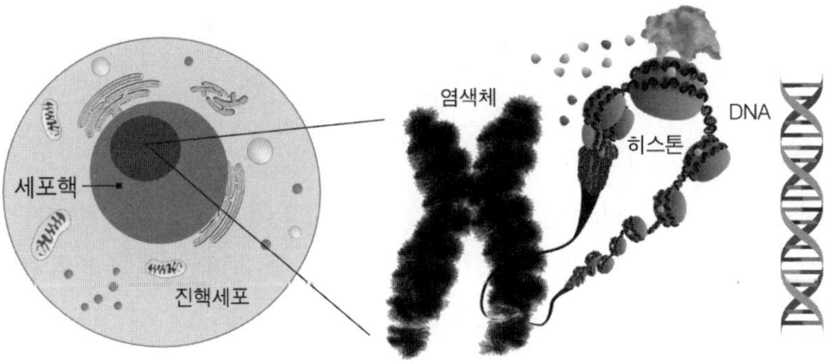

는 것은 생체 정보를 저장한 DNA 다발 뭉치다. 인간은 23쌍으로 이루어진 46개의 염색체를 갖고 있는데, 이 46개의 DNA 다발 뭉치에 인간 개체의 모든 유전정보가 담겨 있는 것이다. 인간의 유전체는 대략 30억 개의 염기로 구성되어 있는데, 정보의 양으로 따지면 보통 책 3000권 정도에 해당하는 어마어마한 양이다. 이 정보를 46개의 염색체에 나누어 보관하고 있는 것이다. 인간의 유전체는 전체적으로 2만 개 내지 2만 5000개의 유전자를 갖고 있다.

분자구조 내에 수많은 유전정보를 담아두는 DNA의 길이는 인간의 경우에는 거의 2 m에 가까울 정도로 길지만, 세포는 0.005 mm 정도로 작다. 그래서 DNA는 평소 부피가 작게 포장되어 있는데, 세포핵 내부에서 단백질과 결합하여 염색질chromatin 형태로 보관된다. 염색질은 DNA, 단백질, RNA로 구성된 거대분자 복합체인데, 그 일차적인 기능은 DNA를 포장하여 부피를 줄이고 손상을 막으며, 유전자 발현과 DNA 복제를 통제하고 조절하는 것이다. DNA 사슬은 히스톤이라는 단백질을 실패 삼아 감겨서 압축 포장된다. 즉, 염색체는 〈그림 12-3〉처럼 DNA 사슬이 염색질 단위로 뭉친 구조다.

DNA 분자는 크게 두 가지 중요한 일을 하는데, 하나는 자기 복제다. 생물은 생명이 생겨나고 성장하는 과정 전체에 걸쳐 끊임없이 세포분열을 한다. 인간의 경우에는 처음 정자와 난자가 수정하여 1개의 세포가 만들어지면서 23개의 쌍으로 이루어진 46개의 염색체를 전달받는다. 즉, 아버지로부터 23개, 어머니로부터 이에 대응되는 23개의 염색체를 받아, 23쌍의 염색체로 시작하여 세포분열을 하면서 세포가 갖고 있는 유전정보 역시 빠짐없이 나누어 갖는다. 이 과정에서 DNA 복제가 일어난다. 이 복제의 과정은 이중나선 구조의 DNA 사슬이 두 가닥으로 풀린 후, 각 가닥마다 새로운 상보적 염기서열이 형성되어 2개의 동일한 DNA가 형성되는 방식으로 진행되는 것으로 확인되었다. 즉, 복제된 DNA 2개는 각자 원래의 DNA 가닥 가운데 하나를 포함하게 된다. 세포분열이 2, 4, 8, 16, 32, … 개로 분열하여 증가하므로 DNA도 똑같은 수만큼 복제되어 보관되는 것이다.

DNA의 두 번째 작용은 특정한 단백질의 합성을 제어하는 것으로서 유전자 발현에 관여하는 것이다. 단백질은 몸을 구성할 뿐만 아니라, 세포 내의 생화학적 과정 전반을 제어하는 기능이 있어 정확한 위치, 정확한 시간에 화학적 과정이 일어나게 하거나 일어나지 않게 조절한다. 이때 DNA 속 유전자는 단백질의 합성에 대한 정보만을 제공하고 실제 합성은 세포핵 밖의 리보솜ribosome에서 일어나므로 둘 사이에 정보 전달이 필요하다. 이 과정은 전령 RNAmessenger RNA; mRNA라고 부르는 '정보전달자'가 담당한다. DNA의 유전정보를 mRNA로 옮기는 과정은 DNA 복제 과정과 비슷하지만, DNA 한쪽 가닥의 필요한 정보만을 베낀 후 RNA가 합성되어 떨어져 나오면 DNA는 원상 복구된다. 리보솜이 mRNA에 포함된 정보를 해석하여 그에 맞는 아미노산들을 연결하면, 아미노산 사슬은 단백질 접힘• 과정을

• 아미노산 사슬로 이루어진 단백질은 기다란 끈 구조이나, 특별한 모양으로 접히면서 특

거쳐 특정한 기능을 갖는 단백질로 합성된다. 결국 mRNA가 전달한 DNA의 유전정보에 맞게 리보솜이 아미노산 사슬을 연결하여 특정한 단백질을 합성하는 것이 유전자 발현의 핵심 과정이다.

생명과학의 발전

분자생물학의 발전은 모든 생물학적 문제들이 궁극적으로 분자 차원에서 연구될 수 있다는 믿음을 주었다. 복잡한 생물학적 현상을 더 간단한 세포나 분자 차원으로 환원시킬 수 있다는 생각도 나타났다. 이러한 생각은 아이러니하게도 생물학이 분리된 학문 분야로서 연구되기 시작하던 시기의 생각과는 대조적이다. 생물학은 18세기에 팽배했던 기계론적 철학에 대한 반발로 나타난 낭만주의 과학의 중심에 있었다. 통일되고 유기적인 자연을 추구했던 이들의 경향은 20세기에 이르기까지 생물학이 세부적인 전문 분야로 나뉘지 않고 하나의 전문 과학 분야를 이룬 배경이 되었지만, 20세기 초반에 이르면 다른 물리과학의 흐름과 같아지는 경향을 보인다. 러브 Jacques Loeb(1859~1924)와 같은 기계론자들이 지녔던 꿈이 실현된 것이다. 분자생물학과 생화학에서는 생명현상을 화학적·물리학적으로 이해하려고 시도하고 있다.

20세기에 들면서 서술적이고 추측에 의존하던 생물학의 형태도 물리학이나 화학처럼 엄격한 실험적 분석과 새로운 과학적 사고방식으로 접근하려는 노력을 기울이기 시작했다. 이리하여 예전에는 없었던 측정 방법, 즉

정 기능을 발현하는 것으로 알려져 있다. 마치 형상기억합금처럼 고유한 접힘 구조를 유지하는 특성을 보인다.

전자현미경으로 생명체의 구성 요소들을 미시적으로 관찰한다거나 단백질의 구조를 분석하여 종을 규정하는 데 이용하려고 했다. 사실 19세기 말 이전에는 생물학 분야에서 이렇다 할 실험적 전통이 없었음을 보면 물리학과 화학에 비해 과학적인 방법론이 늦게 적용되기 시작했다고 볼 수 있다. 결국 실험적 방법이 생물학의 분야로 확산된 것은 20세기에 이르러서였다.

한편, 실험적 방법론에서 앞서 있었던 물리학 분야에서 양자역학적 현상의 이해로부터 얻은 결론은 자연현상이 단순한 부분들의 합으로는 해석이 되지 않고 상호작용에 의해 더 많은 것이 결정된다는 것이다. 즉, 각 부분의 성질들 각각을 별도로 이해한다고 하더라도 전체의 성질에 대해서는 완전히 알 수 없다는 것이다. 물리과학에서는 편의상 복잡한 것을 분할하여 문제를 단순하게 한 다음 현상을 파악하고, 그다음에 전체적인 것을 이해하려고 한다. 그러나 분할된 것은 대부분 실재와는 상당히 거리가 멀다. 대표적인 것이 생명현상이다. 이런 면에서 생명과학은 부분보다는 전체의 의미를 고찰하는 매우 중요한 분야라고 볼 수 있다.

≡ 생화학과 분자생물학

20세기 초반의 생화학의 발전은 20세기 중반에 성장한 분자생물학이 통일된 이론 체계로 발전하는 기초가 되었다. 이 기초에는 생명체의 기본단위가 세포라는 관념, 그리고 세포 내부에서의 반응이 단계적인 방식으로 진행되며, 각 단계가 특정한 효소에 의해 지배된다는 인식 등이 있었다. 이러한 관념에서 생겨난 다양한 질문들에 대해 분자생물학은 생체분자들의 구조와 성질에 대한 근본적인 접근을 통해 답을 얻으려고 했다. 이로써 생명체에서의 생리 현상을 비롯하여 발생, 유전, 진화 등의 현상들 사이에 존재하는 근본적인 관계들을 찾아나가기 시작했다. 생화학은 다시 분자생물학의 발전에 힘입어 분자유전학, 물질대사, 단백질 과학의 세 분야를 발전시킴으로써 생명의 과정을 설명하는 데 큰 성공을 거두었다.

사실 생명현상을 이해하기 위해서는 다양한 부분에서의 이해가 필요했다. 전통적인 유전학과 생화학은 단순히 유전 현상 자체나 분자의 작용에 관해 다루었던 반면, 분자유전학은 3차원 분자구조에 관심을 기울이고 유전자의 작용 메커니즘을 다루었다. 생화학적 연구에서 유전자와 단백질 사이의 연결 고리를 찾으려는 노력은 DNA 구조의 발견으로 이어졌으며, 이로써 유전자 복사의 원리가 이해될 수 있었던 것이다. 그리고 생물체의 세포 내에서 일어나는 많은 화학반응들, 즉 호흡이나 단백질 대사와 같이 생명 과정에 포함된 화학반응들을 다루는 생화학 분야의 연구는 생명현상 이해에 필수적이다.

1937년 크렙스Hans Krebs(1900~1981)는 생화학 역사상 가장 위대한 발견이라고 평가되는 생물에서의 물질대사 체계인 시트르산 순환citric acid cycle을 밝혀냈다. 이로써 산소 호흡을 하는 생물이 호흡 과정에서 어떻게 탄수화물, 지방, 단백질과 같은 물질을 분해하여 에너지 대사를 하는지를 이해하게 되었다. 놀라운 것은 이 반응이 세포에서 일어나는 반응의 1%도 안 되는 부분이라는 것이고, 현재까지도 실험실에서 인공적으로 이 순환과정을 재현할 수가 없다. 그만큼 생명현상은 표현하기 어려울 정도로 복잡하고도 정교한 과정이라는 것이다.

물질대사metabolism는 생물이 생명을 유지하기 위해 세포에서 일어나는 화학반응으로서, 대사를 통해 생물은 성장하고 번식하며, 구조를 유지하고 환경에 반응할 수 있는 것이다. 기본적인 대사 경로와 구성 성분은 생물종이 달라도 매우 유사한 것으로 밝혀졌다. 시트르산 회로를 구성하는 대사 중간체인 카복실산carboxylic acid•은 단세포인 대장균에서부터 인간에 이르

• -COOH 작용기를 갖고 있는 유기산을 말한다.

기까지 알려진 모든 생물에 존재한다. 따라서 이러한 대사 경로는 생명체의 진화 초기에 등장한 것으로 보이며, 그 효율성 때문에 계속 유지된 것으로 추정하고 있다. 그리고 생물 환경이 변하더라도 세포가 생명을 유지하도록 일정한 조건, 즉 항상성을 유지하기 위해 대사는 섬세하게 조절되어야 한다. 인슐린 호르몬은 포도당 대사를 조절하는 대표적인 예로서 이 과정에 문제가 생기면 당뇨병이 발생한다.

대사 조절은 대사 경로에서 반응물질의 운송을 담당하는 효소enzyme를 조절함으로써 전체 대사 경로의 속도를 조절한다. 효소는 대사 과정에서 반응에는 참여하지 않으면서 일어나기 힘든 화학반응이 일어날 수 있도록 도와주는 역할을 하는데, 굉장히 복잡한 구조의 단백질로 이루어져 있다. 마치 시각장애인 안내견이 장애물을 피하도록 도와주는 것과 비슷한 역할을 하는 것이다. 효소가 없으면 반응에 필요한 에너지가 너무 높아 반응이 잘 일어나지 않는다. 효소를 이루는 단백질은 이를 구성하는 아미노산 서열과 구조에 따라 기능과 역할이 달라지므로 생물체 내에서 정교하게 제어되어야 한다.

단백질은 생물체의 구성 성분, 세포 안에서의 여러 가지 화학반응에 관여하는 효소, 항체를 형성하는 면역 물질 등 여러 가지 형태로 생체 내에서 중요한 역할을 한다. 단백질은 아미노산 중합체 사슬이 접혀 고유한 3차원 구조를 갖는다. 아미노산 서열이 복잡한 3차원 구조를 이루는 과정을 단백질 접힘protein folding이라고 하는데, 이러한 구조의 변형은 단백질의 촉매작용이나 다른 분자와의 결합 등에 매우 중요한 역할을 한다. 효소와 같은 단백질이 제 기능을 하려면 아미노산의 순서뿐만 아니라 3차원 구조 역시 매우 중요하다. 잘못된 구조의 단백질은 치명적인 질병의 원인이 되기도 하는데, 광우병을 일으키는 프리온prion이란 물질이 바로 잘못된 구조의 단백질로서 뇌세포를 파괴하는 요인으로 알려져 있다.

단백질을 포함하여 생체를 구성하는 거대분자의 구조와 성질을 살피는 일은 분자생물학이 주로 한다. 유전자 발현도 DNA에 포함된 유전정보에 따라 생물체를 구성하는 다양한 단백질이 형성되는 과정이다. 따라서 단백질의 구조분석은 세포 내 또는 세포 간에 이루어지는 여러 가지 형태의 상호 작용을 해석하고 이해하는 데 매우 중요한 정보를 제공하며 분자생물학이 매우 중요한 이바지를 한다. 이렇게 분자생물학과 생화학은 생명현상을 이해함에 있어서 분자 수준에서의 구조와 성질을 세포 내에서의 화학반응과 연결시켜 이해할 수 있도록 하는 상호보완적인 분야임을 인식하게 되었다.

20세기 말에는 다양한 동물과 식물의 발생 과정을 비교하여 공통 조상에서부터 진화한 생물의 공통 요소와 변이를 연구하는 진화발생생물학Evo-devo: evolutionary developmental biology 분야가 틀을 잡기 시작했다. 이는 기본적으로 서로 다른 생물종의 유전자 구조를 분석하고, 비교하고, 이해하는 과정을 통해 이루어진다. 결국 분자생물학의 발전은 생물학에서 발생학적·유전학적·생화학적·진화적 개념들의 통합을 실현시켰다고 볼 수 있다. 그것은 생명현상을 분자 수준에서 탐구할 수 있게 함으로써 생명과학의 여러 분야들을 통일한 것이다.

생명공학과 생명윤리

생물의 유전과 진화에 대한 많은 부분을 새롭게 이해할 수 있게 되면서, 사람들은 유전자 정보를 인위적으로 조작하는 기술을 개발하기 시작했다. 생명공학 기술BT: biotechnology은 생물의 유전·성장·물질대사에 관여하는 유전자 정보를 인위적으로 재조합하여 형질을 전환하거나 생체 기능을 조작함으로써 인류에게 필요한 물질과 서비스를 가공, 생산하려고 하는 것이다. 그러나 이러한 기술 시도는 관점에 따라 극명하게 평가가 엇갈린다. 과학기술에 대한 철학적 성찰이 가장 뚜렷하게 요구되는 부분이 생명공학기술일 것이다.

우선 생명을 어떤 관점에서 보고 이해하느냐의 문제부터 살펴보자. 생명에 대한 관점은 종교적 관점에서부터 생태계의 관점, 단순한 학문적 관점에 이르기까지 스펙트럼이 다양하다. 유전자 활동을 제어하는 효소에 대한 연구로 노벨상을 수상한 자코브François Jacob(1920~2013)는 "생물학자들은 그들의 실험실에서 더 이상 생명을 탐구하지 않는다"라고 말함으로써 역설적으로 생명과학이 처한 모순적인 상황을 적시했다(Jacob, 1970). 환원주의의 입장에서는 생명도 하나의 기계에 불과하다. 그러나 조금 더 깊이 생각하면 생명에 관한 관점은 인간을 포함하는 문제이기 때문에 단순하지가 않다.

생태계의 관점에서 생명현상을 보면, 각각의 생명은 다양성이라는 가치를 실현하고 있다. 그리고 다양성 안에서 전체적인 환경을 조성함으로써 진화를 통한 가변성을 제공한다. 아무리 생명을 기계론적 관점에서 평가한다고 하여도 무기물의 변화와 생명은 차이가 있다. 생명의 과정은 가능성의 풍요로움으로 넘친다. 그리고 거기에 내재하는 질서는 아직 인간이 완전히 파악할 수 없는 원리나 능력에 의해 지배되고 있다. 인간이 개입하지 않은 자연은 적어도 모든 것을 허용하고 보전하는 생명현상으로 가득 차 있다.

진화에 어떤 특정한 방향성과 경향성이 있다고 한다면 개체 생명들이 보여주는 다양성은 전적으로 긍정적인 것이 아닐 수도 있다. 그러나 그렇지 않고 자연선택에 의해 진화가 결정된다면 이미 나타난 모든 생명들은 선택된 존재들이거나 앞으로 선택될 존재 양식이다. 우리가 알고 있는 범위에서 유전자는 자체적으로 굉장히 보수적인 특성이 있어서 쉽게 바뀌지 않는다. 유전 특성이 바뀌려면 유전자 변이가 생겨야 하는데, 변이의 원인이 외부 환경을 포함하여 유전자와 생명체 내부 조직들 간의 역동적인 상호작용에서 나온다면, 이것은 그 자체로 끝없는 변화와 생성의 원리의 일부라고 볼 수 있다. 그런데 과학적 증거는 진화의 과정이 매우 느리다는 것이다. 그것은 충분한 상호작용의 결과로 선택된 것임을 의미한다.

만약 짧은 시간 내에 갑자기 변이가 일어난다면 그것이 전체 생태계에 좋은 영향을 줄지 부정적 영향을 줄지는 아무도 모른다. 오랜 시간이 지나야 자연이 그 변이를 선택할 것인지의 여부를 결정할 것이다. 그것은 결국 생태계 전체와 관계된 문제다. 자연이 원래 그렇게 서로 상호작용하는 유기체이기 때문이다. 그런데 인간이 갑자기 그 변이의 조작자가 되려고 하는 것이다.

≡ 생태계와 생명윤리

현재 우리의 일상생활 속으로 들어온 생명공학의 사례들을 살펴보자. 우선 유전자변형작물GMO: genetically modified organism을 이용한 식품이 있다. 이것의 우려로는 가장 큰 문제가 인체에 대한 유해 여부다. 유전자변형작물과 관련된 관심은 식량 생산의 증대와 특정 영양소의 강화 및 의약품으로서의 활용에 관한 것이다. 유전자변형작물의 안전성 여부는 장기적인 관점에서 견해차가 크게 엇갈리고 있다. 다음으로는 환경문제다. 유전자변형작물은 생산 증대를 위해 병충해나 잡초 등에 강한 내성이 있도록 만들어졌다. 이는 농약과 제초제 등의 사용을 크게 줄일 수 있어서 환경오염을 줄이는 데 큰 도움이 되었다는 주장이 있지만, 장기적으로는 오히려 내성이 더 강한 해충과 잡초 등이 출현할 가능성이 있다. 실제로 유전자변형작물에서 일반 작물보다 많은 잔류 농약이 검출된다. 이는 유전자변형작물이 다른 잡초와의 이종교배를 통해 이른바 '슈퍼잡초'를 만들어내기 때문이다. 슈퍼잡초는 일반 잡초보다 농약 내성이 커서 더 많은 농약을 뿌릴 수밖에 없고,

그래서 유전자변형작물에 잔류 농약이 많이 남게 되는 것이다. 또한 유전자변형작물이 일반 작물과 유기농 작물까지 오염시키며 생태계 교란을 가져올 수 있다는 지적도 있다. 무엇보다 생태계의 다양성을 제한하는 큰 문제를 일으킬 수 있다.

20세기 후반으로 오면서 유전자에 관한 연구가 급증했고, 1996년에는 체세포의 핵 이식 기술을 이용하여 복제 양 돌리를 탄생시켰다. 그 이후 다른 동물들을 대상으로 비슷한 연구들이 진행되었다. 인간이 생명의 근원을 건드리기 시작한 것이다. 곧이어 인간에 대해서도 복제 시도를 하면서 생명윤리 문제가 다시 전면으로 등장했다. 생명윤리의 역사는 뉘른베르크 강령Nuremberg Code으로 거슬러 올라간다. 이것은 2차 세계대전에서 독일과 일본의 의사와 과학자들이 전쟁 포로와 수용소 민간인에게 저질렀던 생체실험이 계기가 되어 만들어진 윤리 규범이다. 최근 코로나바이러스 감염이 전 세계를 위협하자 백신 개발을 위해 무리한 생체실험을 감행하여 뉘른베르크 강령 위반 혐의로 어느 나라가 피소되었다는 기사가 있었다. 어떤 경우에도 생명과 인권이 무시되는 상황이 있어서는 안 된다.

생명윤리는 좁은 의미에서는 생명과학, 의학 등 인간을 대상으로 연구와 치료를 하는 직업에 대한 윤리적 문제로 인식되고 있다. 일종의 전문직 윤리로서 새로운 과학의 발달로 생겨난 여러 문제를 다루기 위한 것이다. 넓은 의미에서의 생명윤리는 생명공학과 의과학 기술을 적용함에 있어 생명의 존엄성과 가치를 훼손하지 않고 증진하며 인류의 지속적 발전에 이바지하는 것이다. 나아가 우리가 좀 더 심각하게 생각해야 할 것은 '생명'에 대한 보편윤리로서 생명에 대한 경외심을 요청하는 것이다. 이는 인간과 모든 생명을 하나의 공동체로 바라보고, 인류가 함께 공존해야 할 생명체들을 포함하는 지구환경의 지속 가능성을 모색해야 함을 의미한다. 자연환경이라는 지구 자원은 생태계의 지속성에 필수적이기 때문이다.

생명과학이 발전시킨 유전학에 관한 내용을 설명하면서 '생명'에 대한 우려스러운 시각을 드러내는 예도 있다. 도킨스의 『이기적 유전자』는 인기도서로 유명해진 만큼 영향력도 컸을 것이다. 환원론적 시각에서 접근하여 흥미롭게 유전자에 관한 이야기를 풀어나가기는 했지만, 생명현상에 비추어서도 그렇고 인간 존재의 의미에서도 그렇게 유익한 가치를 전달해 주는 것 같지는 않다. 생명은 전체로서 보아야지 부분을 확대하거나 과장해서는 올바로 이해할 수 없다. 생명체를 유전자라는 물질적 구조체의 숙주처럼 취급하는 것에는 동의할 수 없다. 유전자가 생명체의 모든 행동을 관장한다는 시각은 생명체가 하나의 존재로서 갖는 고유한 가치를 제거해 버리는 위험한 시각으로 보인다.

유전자는 진화와 새로운 창조를 위해 필요한 정보를 저장하고 풀어낼 수 있도록 준비된, 생명체가 지닌 신비스러운 설계도이자 작업순서도다. 그러나 유전자 정보는 생명체의 물질적인 구조를 재구성하고 진화를 일으키는 데는 결정적인 요인으로 작용하겠지만, 생명 활동 자체는 생명체의 내외적 환경과 밀접하게 상호작용하며 놀라운 가변성을 보인다. 이것이 생명체가 지닌 신비이며 경외심을 불러일으키는 원리일 것이다. 그리고 무한한 인간 정신의 가능성을 기껏 수십억 개의 단위구조를 가진 유전체로만 설명한다는 것이 과연 가능한지 의문이다.

≡ 생명과학과 생명철학

적어도 생명과학에서는 과학이 자연과 인간 사이에 어떤 분열도 일으키지 않아야 한다는 과학적 낭만주의romanticism가 여전히 의미가 있어 보인다. 생명과학은 생명현상에 관한 사실적 원리를 밝혀내는 것 자체보다는 생명현상을 이해하고 생명과 인간의 존재 가치를 생각하게 하는 지혜와 통섭의 학문이 되어야 할 것이다. 화학자이자 낭만주의 사상가 데이비가 자연을 이해하는 데는 "존중심, 사랑과 경외심 그리고 개인적인 응답"이 필요하다고 말한 것을 되새겨 볼 필요가 있다. 그는 진정으로 자연을 존중하는 사람들만이 지식을 얻을 수 있다고 믿었다(Cunningham and Jardine, 1990).

생명현상을 환원주의 시각에서 바라보면 생명의 신비는 사라지고, 경외심도 사라지며, 생명 존중의 당위성도 없어진다. 생명과 인간 존재를 특별한 것으로 생각해야 할 마땅한 이유를 찾을 수 없다고 주장한다면, 반대로 무기물과는 엄연히 다른 생명을 유물론적 관점에서 무기물처럼 취급하여 격하시킬 이유는 더더욱 없지 않은가? 비록 흙에서 나와서 흙으로 돌아간다는 생명체의 숙명은 어쩔 수 없다고 하더라도 생명체로서 존재하는 동안은 끊임없이 환경과 상호작용하면서 유전과 진화를 통해 세상의 창조를 이어가는 존재이므로 존중받는 것이 마땅할 것이다.

『창조적 진화L'Évolution Créatrice』를 저술한 베르그송Henri-Louis Bergson(1859~1941)은 생명의 진화라는 관점에서 출발하여 의식의 지속 및 정신적 주체의 자유에 관해 탐구했다. 그는 의식의 지속이 새로운 경험을 통해 자신의 내부에서부터 새로운 것을 창조해 나간다고 보았으며, 우주를 관통하는 연속적 변화와 창조라는 자유로운 흐름 전체를 생명의 '창조적 진화'라고 했다. 그는 창조적 진화 발전의 원동력을 '생명의 약동l'élan vital'이라고 불렀고, 생명은 정신과 육체, 의식과 물질이 분리되어 있는 것이 아니라 하나인 그대로 '실재'라고 보았다. 그리고 인간의 자유는 절대적 자유가 아니라, 인간이 물질의 장애를 이기고 정복함으로써 새로운 것을 창조해 가는 선택의 자유, 행위의 자유를 의미한다고 했다. 베르그송은 생명의 진화 앞에서 미래의 문이 크게 열려 있으며, 그것은 끝없이 계속되는 창조로서 무한히 풍요로운 통일성을 만든다고 했다(베르그송, 2005).

생명은 그 자체로서 하나의 목적이자 의미, 가치로 인식되어야 하며, 일부 생명공학자들의 연구 목적에서 드러나는 것처럼 단순히 과학기술의 대상, 나아가 자본의 대상으로 격하되어서는 안 될 것이다. 이것은 인간 중심의 사고에서 벗어나 생명 전체를 바라보는 관점으로의 전환을 요구한다. 인간은 모든 생명체와의 긴밀한 조화 아래 전체 생명계를 지탱해 나가는 데 이바지함과 동시에, 모든 생명체의 안전과 번영을 보살펴 나가는 생명 보호자이자 생태계 관리자로서의 역할에 대해 좀 더 깊이 생각해야 할 것이다(장회익, 2014).

13
우주 탄생의 비밀

"우주에 대해서 가장 이해할 수 없는 것은 우리가 우주를 이해할 수 있다는 사실이다." —알베르트 아인슈타인

나의 생명은 어떻게 시작되었고, 생명의 기원은 어디서 찾을 수 있나? 지구상에서 생명은 언제 어떻게 탄생했을까? 지구의 나이와 우주의 나이는 얼마나 될까? 우주는 어떻게 탄생했는가? 이렇게 질문을 시작하면 끝이 없을 것 같다. 그런데 이렇게 끝도 없을 것 같고 막연한 질문에 대해 인간은 과학을 통해 조금씩 부분적으로 가능한 대답들을 내어놓고 있으니, 이 또한 어찌 놀랍지 않은가?

요즘 사람들은 많은 시간을 손바닥만 한 전자기기를 들여다보면서 삶에서 필요한 정보를 얻기도 하고 놀잇거리를 찾기도 한다. 이와 비슷한 일들이 고대에도 있었으니, 바로 하늘을 살피는 일이었다. 천체의 운행을 살피는 일은 인간이 농경을 시작하면서부터 삶의 일부분으로 들어오게 되었다.

즉, 이를 통해 주기적인 계절의 흐름과 기상 현상을 예상하고 필요한 것들을 준비할 수 있었다. 그리고 수많은 별들에 자신들의 삶을 투영시켜 흥미진진한 이야기들을 펼쳐나갔던 것이다.

다른 한편, 하늘에서 일어나는 천체 운동과 현상들은 점점 인간의 상상력과 호기심을 자극했고, 우주와 인간이라는 객체와 주체 사이의 관계에 관해 질문을 던지기 시작했다. 고대부터 시작된 천문학이 점성술과 구분이 되지 않았던 때도 있었고, 인간이 살고 있는 지구가 우주의 중심이라고 굳게 믿던 시대도 있었으며, 이제는 우리가 살고 있는 우주 너머의 다른 생명체를 찾아 나설 정도로 우주를 보는 시각이 큰 변화를 거쳤다. 여기서는 우주를 보는 시각이 어떻게 바뀌어 왔는지 돌아보고, 우주는 어떤 형태이며 어떻게 탄생되었는지에 대해서 현대의 과학은 어떤 가능한 대답을 내어놓고 있는지 살펴보도록 한다. 그리고 인간이란 존재에 대해 멀찌감치 서서 생각해 보는 기회를 가져본다.

지구의 나이와 우주의 나이

인간은 기껏해야 100년 정도의 삶을 살아간다. 그 유한한 삶 안에서 인간은 영원을 상상하기 시작했다. 고대 자연철학자들은 우주의 영원성을 언급했는데, 아리스토텔레스는 우주는 시작도 없고 끝도 없이 영원한 것이라고 했다. 그들의 경험 범위 내에서는 천상계가 영원히 변하지 않는 것처럼 보였다. 그리고 아리스타코스와 같이 일찌감치 지구가 중심이 될 수 없다고 생각한 자연철학자가 있기는 했지만, 중세를 지나기까지 지구 중심의 우주관은 큰 변화를 보이지 않았다.

그러나 17세기를 지나면서 태양 중심의 우주 구조가 자리 잡고 천체의 운동을 이해할 수 있게 되자, 우주를 보는 인간의 시각에도 변화가 생기기 시작했다. 관심의 범위가 점점 더 넓어지면서 망원경의 발전과 함께 사람들은 더 멀리 떨어진 천체의 모습도 볼 수 있게 되었다. 지구의 나이에 대한 견해들도 17세기부터 나오기 시작했다.

≡ 지구의 나이는 45억 년

다윈의 진화론은 생명의 기원에 대해서, 그리고 인간 존재의 의미에 대해서도 기존의 생각을 바꾸었다. 생명이 시작된 그 최초의 시간은 어디일까? 이 질문은 곧 지구의 나이가 얼마인가로 이어진다. 왜냐하면 지구가 인간 삶의 터전이고, 옛사람들은 지구의 탄생을 곧 우주의 탄생으로 생각했기 때문이다. 지구 나이에 대한 첫 논의의 근거는 성경이었다. 학자들은 성경에 나오는 창세기의 인물들과 족보, 삶에 대한 기록들에 기초해서 지구의 나이가 6000년 정도인 것으로 보았다.•

그리고 뉴턴은 성경을 벗어나 자연적 원리를 이용하여 지구 나이를 추산하는 방법을 제안했다. 그는 『프린키피아』에서 지구가 불덩어리 쇠공과 같았다고 보고 당시의 평균온도로 냉각하기까지 걸린 시간을 계산하여 대략 5만 년 정도라고 했다. 이후 뷔퐁이 실제로 쇠공을 이용한 실험으로 지구 나이를 최대 17만 년 정도라고 추산했다. 19세기에는 자연선택에 의한 진화의 과정이 매우 느리게 일어날 수밖에 없는 과정임이 받아들여지자, 다윈은 별다른 근거 없이 영국의 지질학적 변화가 3억 년에 걸쳐 일어났다고 주장했다. 심지어 지구의 나이로 306,662,400년이라는 숫자를 제시하여 시빗거리를 만들기도 했는데, 나중에 『종의 기원』 3판에서 이 내용을 삭제하

• 아일랜드의 어셔(James Ussher, 1581~1656) 주교는 성경을 근거로 지구는 기원전 4004년 10월 23일 오전 9시에 탄생했다는 주장을 했다.

그림 13-1 NASA의 심우주기후관측위성(DSCOVR)이 160만 킬로미터 떨어진 지구-태양 간 궤도에서 찍은 달과 지구. 사진에서 보이는 달의 모습은 지구에서 볼 수 없는 달의 뒷면이다. 달의 나이는 약 44억 년으로 추정된다.

ⓒ NASA/NOAA, https://www.nasa.gov/sites/default/files/thumbnails/image/epicearthmoonstill.png.

기는 했지만 이미 발표된 내용이어서 반대자들에게 많은 공격을 받았다.

물리학자 톰슨(켈빈 경)은 지구가 태양에서 떨어져 나왔다고 가정하고, 용암의 온도에서 지구가 냉각될 때까지 걸리는 시간을 그 당시의 열역학 이론을 적용하여 계산한 결과, 지구의 나이가 1억 년 정도라고 했다가 나중에 2400만 년 정도라고 최종적인 나이를 정했다. 나이를 줄인 것은 아마도 진화론을 공격하기 위해 진화가 진행되기까지는 지구의 나이가 턱없이 부족하다는 점을 보여주려는 의도도 있었을 것이다. 아무튼 이렇게 지구의 나이는 점점 늘어나기 시작했다. 이후 방사능 물질이 발견되면서 러더퍼드는 방사성 붕괴로 시간을 측정하는 방법을 적용하여 우라늄 광물이 10억~15억 년 이전에 형성되었다는 사실을 발표했다. 1956년에는 패터슨Clair C. Patterson(1922~1995)이 지구에서 발견되는 운석들에 대한 납의 방사능 동위

원소를 분석하여 마침내 지구를 포함하는 태양계의 나이가 45억~46억 년 정도임을 최종적으로 알아냈다.

≡ 우주의 나이와 우주론

그렇다면 우주의 나이는 얼마일까? 우주의 크기는? 이 질문들에 대한 논의는 20세기 중반이 되어서야 시작된다. 그 당시까지는 영원하고 무한하며 변함이 없는 정적인 우주에 대한 믿음이 강했기 때문이다. 사실 무한한 우주에 대한 의문은 뉴턴의 만유인력 법칙이 발견된 이후부터 생기기 시작했다. 우주가 무한하다면 우주 전체에 균일하게 퍼져 있는 천체들이 만드는 중력은 어느 한 점에서 일정한 값을 가질 수 없고 어떤 값이라도 가질 수 있기 때문이다. 또 다른 질문도 있었다. 우주가 무한하다면 무한한 별들이 태양처럼 빛을 낼 텐데, 왜 밤하늘이 어두우냐는 질문이다. 아무리 약한 빛이라도 무한으로 더하면 어두울 이유가 없는 것이다. 이 질문에는 아주 멀리 있는 별의 빛은 도달하기 전에 사라진다고 하면 설명이 될 수는 있지만, 중력의 문제는 해결이 되지 않는다.

20세기에 접어들면서 아인슈타인의 새로운 중력 법칙인 일반상대성 이론이 받아들여지고, 이를 우주 전체에 적용한 우주론에 관한 방정식이 나오자 영원불변하는 우주관에도 변화가 생기기 시작했다. 중력이론의 적용은 우주가 중력으로 붕괴되는 모습을 보여주었다. 즉, 언젠가는 중력의 작용으로 서로 잡아당겨서 한 곳으로 모여드는 사건이 생기는데, 이는 현재 관측되는 우주의 모습과는 달랐다. 중력붕괴는 뉴턴의 중력이론에서도 마찬가지로 예상되었다. 뉴턴도 이를 고민했고, 그가 생각한 해법은 무한한 대칭적 우주였다. 모든 물체가 모든 방향으로 똑같은 크기로 서로 잡아당기는 힘을 받고 있으면 안정된 상태를 유지할 것이라는 생각이다.

그러나 무한한 대칭적 우주 구조는 매우 불안정하다. 혜성 같은 것이 나타나 조금만 균형을 깨뜨리면 결국 파국으로 이어질 수 있기 때문이다. 그러나 우주는 그렇지 않았고, 그래서 뉴턴은 우주의 운행에 신이 개입한다는 생각을 했던 것이다. 20세기에는 아인슈타인이 자신의 일반상대성 이론에 우주상수라는 값을 포함시킴으로써 우주가 붕괴하지 않도록 하는 수학적인 방법을 찾아냈다. 그러면 이 임의적인 우주상수가 갖는 의미는 무엇인가?

아인슈타인의 우주상수는 중력의 효과를 상쇄시켜 우주가 붕괴하지 않도록 우주를 밀어내는 반발력에 해당하는 것이었다. 그런데 어떻게 이런 작용이 존재할 수 있는가? 비록 우주상수의 도입은 정적이고 영원한 우주의 모습을 되찾게 해줄 수는 있었지만, 그 의미는 아무도 모르는 것이었다. 아인슈타인 자신도 우주상수가 자신의 일반상대성 이론의 아름다움을 심하게 훼손하고 있다고 평가했다. 이런 문제에 대해 다른 관점을 가지고 등장한 인물이 프리드만Alexander Friedman(1888~1925)이었다. 그는 우주상수의 역할에 의문을 갖고 1922년 「공간의 곡률에 대하여Über die Krümmung des Raumes」란 논문에서 우주상수의 값에 따라 우주가 어떤 다른 모습을 가지는지를 검토했다. 그중에서 중요한 것이 인위적으로 도입된 우주상수를 0으로 두어 없애버리는 우주 모형을 제시한 것이다. 이것은 앞에서 언급한 대로 우주 붕괴로 끝나는 것이어서 대부분의 학자는 생각하지 않던 것인데, 그는 역동적이고 진화하는 우주의 모형으로서 완전히 새로운 우주관을 제시했다.

≡ 새로운 우주관

프리드만의 우주는 최초의 우주가 팽창으로 시작되었다는 것에서 출발한다. 그래서 팽창하는 작용과 중력의 작용이 상대적으로 어떤 크기로 경쟁하느냐에 따라 중력붕괴도 가능하고, 영원히 팽창하는 우주는 물론, 팽창하지만 속도가 줄어들어 결과적으로 영원히 팽창하지는 않는 우주도 가능하다고 보았다. 이런 역동적인 우주의 모습은 마치 지구에서 로켓을 쏘아 올리는 것과 유사하다. 충분한 속력으로 쏘아 올리지 못하면 도로 지구로 떨어지지만(중력붕괴), 아주 빠르게 쏘면 지구 중력을 이기고 벗어나 우주로 나가게 되거나(팽창우주) 지구 주위를 안정하게 돌게 되는(정적인 우주) 것과 같다. 이러한 프리드만 우주관의 핵심적인 내용은 우주가 영원히 변하지 않고 정지해 있는 것이 아니라, 우주적으로 진화한다는 것이다. 생물 종이 변하지 않고 있는 것이 아니라 진화하듯이, 우주도 계속 변화해서 바뀌어 간다는 것이다.

정적인 우주에 관한 생각이 강했던 아인슈타인은 자세히 살펴보지도 않고 프리드만의 이론이 수학적으로 틀렸다고 즉각 공격했다. 나중에 아인슈타인은 자신의 잘못을 시인하고 편지로 사과하기는 했지만 그런 사실은 잘 알려지지 않았다. 프리드만은 불행하게도 자신의 우주관이 잘 알려지기도 전에 1925년 병으로 죽었다. 사실 팽창하는 우주를 뒷받침할 어떤 관측 자료나 증거도 없는 상태였기 때문에 프리드만의 우주론은 곧 잊힐 수밖에 없는 위기에 있었다. 그러나 벨기에의 가톨릭 신부이자 물리학자였던 르메트르Georges Lemaître(1894~1966)가 완전히 독립적으로 팽창하는 우주에 관한 연구를 진행하여 1927년에 벨기에의 과학 학술지 ≪브뤼셀과학학회 연보≫에 이를 발표했다(Lemaître, 1927). 이 학술지는 벨기에 바깥에서는 잘 알려지지 않았기 때문에 논문에 대한 반향은 거의 없었다. 그렇지만 르메트르의 논문에 실려 있었던 우주론이 바로 우주의 창조를 설명하는 '대폭발Big bang'• 이론이었다.

• '빅뱅'이란 용어는 1949년 BBC 라디오 방송에서 정상우주론을 지지하던 천문학자 호일(Fred Hoyle, 1915~2001)이 르메트르의 이론을 비꼬듯이 장난스럽게 붙인 이름인데, 대중적인 이름이 되었다.

르메트르는 프리드만과 거의 똑같은 사고 과정을 통해 자신의 우주론에 도달했지만, 그는 단순한 수학적 이론을 기술하기보다는 방정식 뒤에 숨어 있는 우주적 실재를 이해하려고 한 물리학자였다. 우주가 진화하고 있다면 팽창하는 우주의 과거는 지금보다 작았을 것이고, 더 먼 과거로 가면 전체 우주가 원시 원자라고 하는 아주 작은 크기로 굉장히 압축된 상태로 있었을 것으로 생각했다. 이러한 통찰력을 통해 우주 창조의 순간에 이른 르메트르는 그 작은 원시 원자의 폭발에서 방출되는 에너지가 팽창하는 우주 진화의 원동력이라고 생각했다. 그리고 그는 우주 창조와 진화의 증거를 찾으러 나섰다. 그는 우주에서 오는, 에너지가 큰 입자들(우주방사선)이 우주 폭발의 흔적이고 잔해이며, 그때 흩어진 물질이 모여 오늘날 별들과 행성을 형성했다고 생각했다. 그리고 르메트르는 허블Edwin Hubble(1889~1953)보다 2년 앞서 우주팽창속도와 거리의 관계를 도출하고,• 처음으로 허블 상수••의 관측 추정치를 제공했다.

르메트르는 자신의 연구를 발표한 직후인 1927년 솔베이 회의에 참석하여 아인슈타인과 개인적으로 만나 우주의 탄생과 진화에 관한 자신의 연구를 설명했다. 이 아인슈타인과의 첫 만남은 썩 좋지는 않았다. 아인슈타인은 르메트르의 설명을 듣고 몇 년 전에 프리드만의 비슷한 연구가 있었다고 하면서 여전히 비판적인 태도를 보였다. 르메트르도 그때 프리드만이 자신의 우주론과 같은 이론을 발표했음을 알게 되었다.

아인슈타인은 자신의 정적인 우주를 굳게 믿었기 때문에 르메트르에게

• 국제천문연맹(International Astronomical Union)은 2018년 미국 천문학자 허블보다 먼저 허블법칙에 관한 식을 도출한 르메트르의 업적을 인정하고 이 법칙을 허블-르메트르 법칙으로 알려야 한다고 권고하는 결정을 내렸다.

•• 우주의 팽창속도와 관계된 값으로 정확히는 상수가 아니므로 허블 매개변수라고 부르기도 한다.

"계산은 정확하지만, 물리적으로는 전혀 의미가 없는 것입니다"라는 말을 했다고 한다. 이 말은 프리드만의 계산이 틀렸다고 공격했던 사실을 사과하면서 하려던, 그러나 하지 않았던 말이었다. 결국 아인슈타인은 프리드만과 르메트르를 통해 자신의 우주관을 다시 생각해 볼 기회를 두 번이나 얻었지만, 자신의 우주관을 너무 확신했던 탓인지 젊은 두 학자에게 상처만 준 꼴이 되었다. 세상도 아인슈타인의 명성에 눌려 르메트르의 새로운 우주관에 호의적인 눈길을 주지 않은 채 영원하고 변함이 없는 정적인 우주에만 매달려 있었다. 그러나 몇 년 후에는 상황이 완전히 뒤집힌다.

≡ 빅뱅 우주론의 탄생과 명암

아인슈타인의 정적인 우주론을 뒤엎는 사건은 1929년에 일어났다. 허블이 은하를 관측하면서 먼 곳에 있는 어두운 은하일수록 여기서 나오는 원소 스펙트럼이 모두 붉은색 쪽으로 이동한다는 사실을 발견한 것이다. 이 현상을 '적색편이red-shift'라고 하는데, 마치 응급구급차의 사이렌 소리가 멀어져 갈 때는 낮은 음의 소리를 내는 것처럼 들리는 현상•과 비슷해서 적색편이가 클수록 더 빨리 멀어진다는 정보를 준다. 적색편이의 관측 결과는 멀리 있는 은하일수록 더 빨리 지구에서 멀어져 간다는 사실을 보여줌으로써 우주팽창의 강력한 증거가 되었다. 이를 허블-르메트르 법칙이라고 한다.

이 발견으로 아인슈타인은 1931년 공개적으로 자신의 정적인 우주를 부정하고 팽창하는 우주 모형을 받아들였다. 1933년 캘리포니아의 윌슨산 천문대에서 열린 세미나에서 르메트르가 자신의 이론을 자세히 설명하고 발

• 이런 현상을 도플러 효과라고 한다. 가까이 올 때는 진동수가 더 높은(짧은 파장) 음으로 들리고, 멀어져 갈 때는 진동수가 더 낮은(긴 파장) 음으로 들린다.

표를 마쳤을 때, 아인슈타인은 일어서서 박수를 치며 "내가 들어본 것들 중 가장 아름답고 만족스러운 창조에 대한 설명이었다"라고 말했다고 한다. 르메트르에게 실망을 주는 반박을 한 지 6년 만에 공개적으로 실수를 인정한 것인지도 모른다. 그리고 자신의 일반상대성 이론 방정식에 우주상수를 넣은 것이 일생 최대의 실수였다고 후회했다.

여기서 잠시 허블의 천문학자로서의 이력을 보고 넘어가자. 허블의 이력은 천문학에 대한 한 인간의 열정을 보여주는 긴 여정이다. 그는 시카고대학에서 물리학과 천문학을 공부했으나, 부모님의 희망에 따라 영국 옥스퍼드대학에서 법학을 공부한 후 법률가로서의 이력을 잠시 가졌다. 체격도 좋고 권투도 잘했는데, 당시 중량급 챔피언이었던 존슨의 경기 상대로 지목될 정도였다고 한다. 가족 생계를 위해 일했던 법률가가 적성에 맞지 않음을 느낀 그는 아버지가 세상을 떠나자 다시 천문학을 공부하여 천체망원경으로 우주를 관측하는 천문학자가 되었다. 1924년에 안드로메다 성운이 우리 은하에 속하지 않는, 93만 광년이나 떨어져 있는 다른 은하임을 밝히는 논문을 발표함으로써 우주의 크기가 우리가 생각했던 것보다 훨씬 크다는 것을 확인시켜 주었다. 1929년에는 우주가 팽창함을 보여주는 허블법칙을 발표했다. 이후 허블은 수많은 천문학 업적을 남겼지만 안타깝게도 노벨상은 수상하지 못했다. 그 당시에는 천문학을 물리학의 일부로 생각하지 않았기 때문이다. 이후에 노벨물리학위원회는 규칙을 바꾸어 허블의 노벨상 수상을 결정했지만, 수상자로 발표되기 전에 허블은 안타깝게도 뇌경색으로 세상을 떠났다. 사후에는 수여될 수 없는 노벨상 규정으로 인해 수상할 수 없었으나 이 사실을 허블의 부인에게 알려 세상에 공개했다. 허블의 위대한 업적이 결코 무시되지 않았음을 알리기 위함이었다.

허블의 우주팽창 관측 이후 빅뱅 이론에 밀리던 반대편 천문학자들은 1946년에 호일을 주축으로 새로운 정상우주론을 제창했다. 이 이론은 허블의 관측 결과를 설명할 수 있도록 전통적인 정적 우주에 우주팽창과 지속적인 창조를 덧붙여 수정함으로써 진화하지만 전체적으로는 영원히 변하지 않고 남아 있는 우주의 모습을 보여줄 수 있었다. 그러자 마치 과학혁명기의 프톨레마이오스와 코페르니쿠스의 우주 체계가 경쟁하던 상황이 재현되는 듯, 대중적인 관심과 함께 뜨거운 토론이 벌어지기 시작했다.

르메트르가 가톨릭 신부였다는 사실 때문에 당시 언론은 그의 우주론에 더욱 관심을 보였다. 르메트르는 과학과 종교를 구분하지 않고 섞는 것은 반대했지만, 그렇다고 서로 충돌하지도 않는다며 중립적인 태도를 취했다. 그럼에도 불구하고 르메트르를 반대하던 비판자들은 그의 우주론이 현대판 창세기에 지나지 않는다고 폄하하기도 했다. 이 상황에서 교황 비오 12세가 1951년 교황청 과학원에서 빅뱅 이론을 지지하는 연설을 했다. 연설 다음 날 ≪뉴욕타임스≫는 교황의 연설을 주요 기사로 다루었다. 그러자 정상우주론 지지자들이 곧바로 교황의 연설을 빅뱅 이론을 폄하하는 데 이용하기 시작했다. 빅뱅 이론이 그리스도교를 기반으로 하는 이론이라는 비판에서부터 그리스도교를 선전하려는 음모라는 주장까지 마구 쏟아냈다.

르메트르는 자신의 이론을 지지하는 교황의 연설을 듣고, 과학에 대한 교회의 입장 표명이 잘못되면 오히려 교회에 더 큰 어려움을 불러올 수도 있음을 걱정했다. 그래서 교황의 과학 고문을 통해 교황이 우주론에 대해 언급을 하지 않도록 설득하여 더 이상 빅뱅 이론이 교황의 연설 주제가 되지 않게 했다. 르메트르는 과학적인 노력과 종교는 분리되어야 한다는 신념을 갖고 과학과 신앙 사이의 균형을 잘 유지하려고 했던 것이다. 그 후 르메트르의 우주론은 1966년에 우주배경복사가 발견되어 추가적인 강력한 증거를 확보하게 되었다.

그런데 빅뱅 이론은 엉뚱하게 정치적인 의도에 의해 시련을 겪는다. 소련의 유물론적인 마르크스-레닌 사상은 창조라는 표현 자체를 부정했기 때문에 빅뱅 이론을 적대적으로 받아들였다. 정상우주론도 창조를 포함하고 있어서 환영받지 못하는 것은 마찬가지였다. 빅뱅 이론을 지지하던 소련의 과학자들은 투옥되기도 했고, 심지어 서방세계의 간첩이라는 죄목을 뒤집어쓰고 총살형을 당하기도 했다. 과학에 대한 새로운 형태의 비과학적이고 비이성적인 간섭이 나타난 것이었다. 종교나 이념이란 것이 도대체 과학과 인간에게 무엇인지를 생각하게 하는 역사적 경험의 하나다.

≡ 우주의 나이 138억 년

다시 질문을 계속해 보자. 그러면 우주의 나이는 어떻게 알 수 있고, 또 얼마나 될까? 언제 빅뱅이 일어났고, 빅뱅 이전에는 무엇이 있었나? 여전히 질문은 남는다. 우주의 나이는 기본적으로 빅뱅 이론에 기초한다. 정적우주론에서는 우주의 나이는 무한하며, 우주는 영원히 변하지 않는 상태에 있을 것이라고 믿고 있었다. 그런데 우주의 나이가 무한할 수 없을 것이라는 생각은 우주의 엔트로피는 항상 증가해야 한다는 열역학 법칙에서도 제기된다. 만약 우주의 나이가 무한하다면 엔트로피는 최대가 되어 그 안에 있는 모든 것들의 온도는 똑같아야 한다. 따라서 우주는 열적죽음에 이르러 별이나 생명 같은 것들이 존재할 수 없는 모순이 생긴다. 그러나 빅뱅 이론은 우주의 나이가 유한하므로 이런 모순이 해결된다. 오히려 진화하는 우주이기 때문에 물질과 생명이 존재할 수 있으니 이 또한 어찌 놀랍지 않은가?

허블은 현재 우주의 팽창속도로부터 우주가 언제부터 팽창을 시작했는지 계산함으로써 최초로 우주의 나이를 결정했는데, 이 값은 대략 허블상수의 역수에 해당한다. 따라서 우주의 정확한 나이를 알기 위해서는 허블상수의 정확한 값이 필요하다. 허블상수는 다시 별까지의 정확한 거리와 적색편이의 측정으로부터 구해지기 때문에 정밀한 측정이 요구된다. 마침내

그림 13-2 흑체복사 이론과 우주배경복사

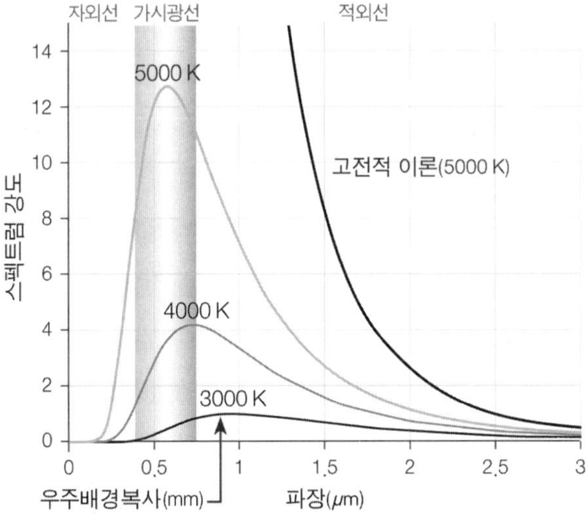

자료: https://commons.wikimedia.org/wiki/File:Black_body.svg를 수정.

1958년 샌디지Allan R. Sandage(1926~2010)가 정확한 허블상수를 구하여 현재 우리가 알고 있는 우주의 나이인 138억 년과 상당히 비슷한 값을 얻어냈다.

우주의 정확한 나이 계산에는 우주배경복사cosmic background radiation의 측정 결과가 이용된다. 우주배경복사란 우주의 모든 곳에서 아주 약하게 전파되어 오는 전자기파를 말한다. 우주배경복사는 주로 마이크로파로 이루어져 있기 때문에 우주 마이크로파 배경복사CMB: cosmic microwave background radiation라고도 한다. 이 우주배경복사는 양자역학의 흑체복사 이론이 적용되기 때문에 우주 탄생 초기의 온도에 대한 정보를 담고 있다. 빅뱅 이론에 따르면, 우주는 대폭발 초기의 매우 뜨거운 상태에서부터 점차 현재의 우주배경복사에 해당하는 온도까지 식어온 것인데, 이를 측정함으로써 대폭발 당시부터 현재까지 우주가 냉각되는 데 걸리는 시간을 계산할 수 있다. 우주배경복사 관측의 정밀도를 대폭 향상시킨 플랑크 위성 덕분에 우주의 나이는 2014년에 138억 년으로 결정되었다.

138억 년! 그야말로 까마득한 시간이다. 현생 인류가 지구상에 나타난 지 수십만 년 정도의 시간밖에 지나지 않았는데 말이다. 그렇다면 우주에서는 그동안 무슨 일이 일어난 것일까? 우주의 역사에 비하면 이제 갓 태어난 아기에 지나지 않는 인간이 이 거대한 시간의 역사 안에서 우주에서 일어난 모든 일들을 알아내려고 하고 있다. 이 사실도 어떻게 보면 불가사의한 일이다. 도대체 인간은 어떤 존재이고, 지금 무엇을 하고 있는 것일까?

빅뱅 이전의 우주에 대해서는 우리는 아무런 이야기도 할 수 없다. 그냥 모른다고 할 수밖에 없을 것이다. 아인슈타인의 상대성 이론은 우주의 시공간이 에너지와 물질의 분포와 관련되어 있으므로 시공간에 대한 모든 이야기는 빅뱅 이후에 대해서만 이야기할 수 있다. 우주가 시작되기 전에는 시공간의 개념에 아무런 의미도 부여할 수 없다.

존재와 시간의 본질에 대한 진지한 질문을 던진 사람은 성 아우구스티누스일 것이다. 그는 『고백록Confessiones』에서 영원한 존재로서의 신을 예찬하면서 "도대체 시간이란 무엇인가?"라는 질문을 제기하고는 시간의 존재 방식과 본질에 대해 이야기를 시작한다. 그는 시간이 천지창조와 함께 시작되었음을 이렇게 표현했다. "지나가 버린 것이 없으면 흘러간 시간이란 없을 것이고, 다가올 것이 없으면 다가올 시간도 없을 것이며, 현재 존재하는 것이 없다면 현재도 없을 것이다." 아우구스티누스는 신이 아무것도 없는 것에서 천지를 창조했고, 시간은 존재의 형성과 변화에서 비롯되었다고 보았던 것이다. 따라서 '세상을 창조하기 이전에 신은 무엇을 하고 있었는가'라는 질문은 더 이상 의미가 없다. 누군가는 이 질문에 "하느님께서는 그런 질문을 하는 사람들을 위해 지옥을 만들고 계셨다"라는 대답을 했다는 우스개가 있지만, 실제로 우주가 있기 전에는 시간도 공간도 의미가 없다.

우주의 탄생과 우주배경복사

"'빛이 생겨라' 하시자 빛이 생겼다." —창세기 1장

우주배경복사는 우주 탄생 초기의 높은 에너지 상태에서 생성된 빛(광자)으로부터 나온 것으로 보고 있다. 초기 우주의 온도는 매우 높았으므로, 원자를 구성하는 입자들, 즉 전자와 원자핵이 분리된 플라스마• 상태로 존재했다. 빛은 매우 높은 밀도의 입자들과 전자기 상호작용을 하며 끊임없이 충돌하기 때문에 이 플라스마 상태에서 빠져나올 수가 없었다. 마치 매우 짙은 안개가 끼어 있을 때 불빛이 비쳐 나오지 않는 상황과 같다. 그러나 우주의 팽창이 진행됨에 따라 우주는 점차 식어갔고 플라스마를 구성하던 전자와 원자핵이 중성원자로 결합했다. 재결합recombination••이라고 부르는 이 사건은 대폭발 이후 약 38만 년 이후에 발생했다. 이제 우주는 대부분 전자기 상호작용을 약하게 하는 중성원자들로 구성되고, 따라서 빛은 이들과의 충돌이 줄어들면서 바깥으로 빠져나올 수 있게 되었다. 플라스마의 안개가 걷히고 드디어 '태초의 빛'이 생겨난 것이다.

≡ 우주배경복사는 태초의 빛

오늘날 관측되는 우주배경복사가 바로 이때 빠져나온 빛(전자기파)이다. 따라서 이 빛은 재결합 시기의 우주의 상태를 보여주고 있는 것이다. 이때의 우주의 온도는 절대온도•••로 약 3000도 정도였는데, 우주가 팽창하면서 온도는 팽창에 반비례하여 계속해서 낮아지고, 마이크로파의 파장도 늘어

• 일반적으로 양이온과 음이온이 분리되어 유체 형태로 있는 상태를 말한다.
•• 현재의 중성원자를 기준으로 표현한 것으로, 전자와 원자핵이 결합하는 사건을 말한다.
••• 절대온도는 섭씨온도에 273.15도를 더한 값과 같다. 단위는 켈빈(K)을 사용한다.

나 현재 관측되는 2.725 K(-270.4도)까지 온도가 낮아진 것으로 보고 있다. 이 우주배경복사는 빅뱅 이론의 중요한 증거가 되었을 뿐만 아니라 우주의 탄생과 더불어 시작된 물질 생성 과정에 대한 중요한 정보를 제공한다. 따라서 우주의 탄생 과정을 이해하기 위해서 우주배경복사의 발견까지의 과정에 대해 좀 더 알아보자.

빅뱅 이론이 해결해야 하는 문제 중 하나는 우주에 존재하는 원소의 종류에 따른 비율이다. 왜 어떤 물질은 다른 물질보다 더 많이 존재하는가? 특히 우주에서 수소와 헬륨이 대부분(99.9% 이상)을 차지하고 무거운 원소는 매우 희박하게 관측되는 결과를 설명할 수 있어야 했다. 이 문제에 대해 가모프George Gamow(1904~1968)와 앨퍼Ralph Alpher(1921~2007)는 빅뱅 초기 5분 이내에 수소 원자핵과 헬륨 원자핵의 합성이 마무리된다는 이론적 계산 결과를 1948년에 발표했다. 이때 생긴 수소(75%)와 헬륨(25%)이 현재 우주 질량의 대부분을 차지한다고 했는데, 관측 결과와 잘 일치했다. 초기 우주는 고온 고밀도 상태였다가 급격하게 팽창하면서 냉각이 시작되고, 물질의 진화가 진행되려면 너무 뜨겁지도 너무 차갑지도 않은 적절한 온도가 있어야 하기 때문에 이로써 팽창하는 우주에서 원자핵이 합성되는 시기가 결정되는 것이다.

그 시기를 지나면 원자핵의 합성은 멈추지만 여전히 전자와 원자핵은 분리되어 섞여 있는 플라스마 상태로 남아 있게 된다. 우주가 더 냉각이 되면 이제 원자핵과 전자가 결합하여 중성의 원자가 생성되면서 앞에서 설명한 대로 빛이 빠져나올 수 있게 되는 것이다. 앨퍼와 허먼Robert Herman(1914~1997)은 초기 우주의 흔적인 이 우주배경복사가 우주 어딘가에 남아 있으며, 그 온도는 약 5 K(-268도)일 것이라고 예언했다. 그 후 펜지어스Arno Penzias(1933~)와 윌슨Robert Wilson(1936~)이 전파천문학 관측을 위한 새로운 안테나를 연구하던 중 우연히 하늘의 모든 방향에서 오는 설명할 수 없는 잡음

그림 13-3 플랑크 위성이 촬영한 우주배경복사의 비등방성을 보여주는 사진. 가장 어두운 곳과 밝은 곳의 차이는 10만분의 1 정도다.

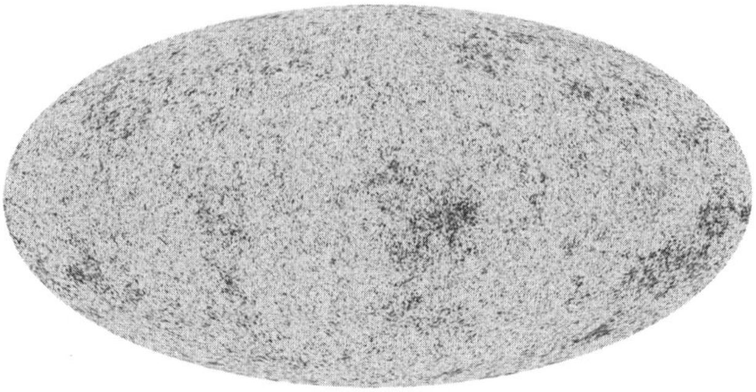

이 계속 측정되는 것을 발견했다. 안테나에 붙은 비둘기 똥을 포함해서 가능성이 있는 잡음의 모든 원인들을 제거했지만 계속 측정되는 잡음은 결국 우주배경복사였음이 밝혀졌고, 펜지어스와 윌슨은 이 업적으로 노벨상을 수상했다.

우주에 존재하는 원소의 비율에 대한 설명과 함께 또 풀어야 할 문제는 물질의 분포였다. 현재 우주는 은하에 물질이 집중되어 있다. 빅뱅은 모든 물질을 온 사방으로 균일하게 흩어버렸을 텐데 어떻게 그것이 가능하냐는 질문이다. 빅뱅 초기의 우주 모습을 보여주는 우주배경복사도 모든 방향에서 균일하게 똑같은 신호를 보내는 것으로 보였다. 초기 우주가 완전히 균일하다면 물질이 집중되어 있는 은하의 생성을 설명할 방법이 없었다. 그러나 만약 초기 우주가 아주 미소하게라도 균일성을 깨뜨렸다면 이 작은 밀도 변화가 지금과 같은 우주의 진화를 설명할 수 있으므로, 우주배경복사를 정밀하게 측정하는 노력이 이루어졌다. 1992년 우주 마이크로파 배경 탐사COBE: Cosmic Background Explorer 위성이 보내온 측정 결과는 놀랍게도 우주 창조의 순간으로부터 38만 년이 흐른 뒤에 10만분의 1 정도로 작은 밀도의 변화가 있었다는 증거를 보여주었고, 플랑크 위성은 더욱 정밀한 측정 결과를 보여주었다.

≡ 우주 구조의 형성

빅뱅 초기에 양자역학의 불확정성의 원리에 따른 양자 요동이 있었고, 이로 인해 온도와 밀도에 차이가 생긴 것으로 보고 있다. 이 작은 차이가 지금의 은하, 별, 행성 그리고 생명체 탄생의 씨앗이 된 것으로 볼 수 있다. 이로써 빅뱅 이론은 우주 창조의 순간과 팽창·냉각되면서 물질이 생성되는, 진화하는 우주의 모습을 볼 수 있는 틀이 된 것이다. 우리 인류의 역사도 그렇고, 인간 개인의 삶도 이 우주의 진화처럼 조그마한 차이가 큰 변화로 이어질 수 있음을 깨닫게 하는 우주적 원리가 숨어 있다.

현재 우주를 설명하는 이 빅뱅 이론에 따르면, 우주는 138억 년 전의 대폭발로 생겨났다. 대폭발 순간부터 10^{-43}초까지의 기간을 플랑크 시대Planck epoch라고 부르는데, 이때는 강력, 전자기력, 약력, 중력 등 네 가지의 기본 상호작용이 아직 분리되지 않은 형태였을 것으로 추정하고 있다. 그러나 이 기간에 대해서는 현재까지 잘 이해하지 못한다. 이 시기는 중력장이 무한히 커지는 특이점 부근이기도 하고, 양자역학적 효과가 중요하기 때문에, 이른바 양자중력quantum gravity 이론이 필요하다. 플랑크 시대가 지나면 이제 네 가지 힘 중에 중력이 먼저 갈라져 나가고, 물리현상은 이른바 대통일 이론GUT: Grand Unification Theory으로 기술될 것으로 기대하고 있다. 대폭발 후 10^{-35}초쯤 지나면 강력도 떨어져 나가서 전자기력과 약력만 하나로 합쳐진 전기약상호작용electroweak interaction으로 남아 있게 된다.

그러고는 놀랍게도 우주가 갑자기 급격하게 팽창한 것으로 보고 있다. 빅뱅 이후 우주는 알 수 없는 에너지•에 의해 10^{-35}~10^{-32}초에 걸쳐 빛보다 빠른 속도로 급팽창inflation이 일어나면서 급격하게 커졌다고 한다. 이 기간을 급팽창 시대inflation epoch라고 부르는데, 이 때문에 우주의 모든 방향의 모든 곳이 비슷해졌다고 생각한다. 물질을 구성하는 기본 입자인 쿼크와 여러 종류의 중성미자와 반중성미자, 그리고 힘을 매개하는 광자와 글루온과 같은 입자들이 급팽창 전후로 생성되었을 것으로 보고 있다. 급팽창 이론•은 빅뱅 이론이 갖는 어려움, 즉 관측되는 우주의 질량 밀도가 반경이 465억 광년••이나 되는 큰 우주에서 전체적으로 매우 균일하며, 우주배경복사도 모든 방향에 대해 매우 균일하게 측정되는 것, 즉 열평형을 이룬 것처럼 보이는 상태를 설명할 수 있었다.

≡ 최초의 3분과 암흑 에너지

빅뱅 후 100만분의 1초 후부터는 양성자와 중성자가 만들어지기 시작하여, 0.01초 후부터 핵융합이 시작되고, 3분이 지나면 핵융합이 끝나면서 우주에서의 물질 생성을 위한 재료 준비가 끝나게 된다. 이때까지를 초기 우주라고 한다. 빅뱅 38만 년 후에 만들어진 물질의 대부분은 수소와 헬륨이었고, 이들이 우주 전체에 성간물질로 골고루 퍼져 있는 것이다. 중력에 의해 물질들이 뭉쳐 최초의 별이 만들어진 것은 빅뱅 후 400만 년 정도가 지난 때라고 한다. 별이 만들어진 후 별들의 진화와 초기 우주에서 양성자와 중성자가 만들어지기 전의 태초의 이야기는 뒤에서 따로 다루어보기로 하자.

우주의 진화와 관련하여 우리는 아직 풀리지 않은 많은 문제들을 그대로 갖고 있다. 최근의 우주 관측 결과는 우주가 가속 팽창한다는 사실을 보여

• 우주팽창의 원인이 되는 알지 못하는 에너지를 오늘날 암흑 에너지라고 표현한다.

• 구스(Alan H. Guth, 1947~)가 1980년에 처음 제안했고, 그 후 린데(Andrei D. Linde, 1948~)가 보완했다. 공간의 팽창은 빛보다 빠르게 팽창할 수 있었다고 한다.

•• 빅뱅 이후 우주의 팽창속도가 달랐기 때문에 우주의 나이 138억 년 동안 빛이 이동한 거리에 비해 실제로는 관측 가능 범위가 더 크게 된 것으로 추정한다.

그림 13-4 빅뱅 이후의 우주 진화 모식도. 윌킨슨 마이크로파 비등방성 탐색위성(WMAP)은 초기 우주의 흔적을 찾기 위한 것이다.

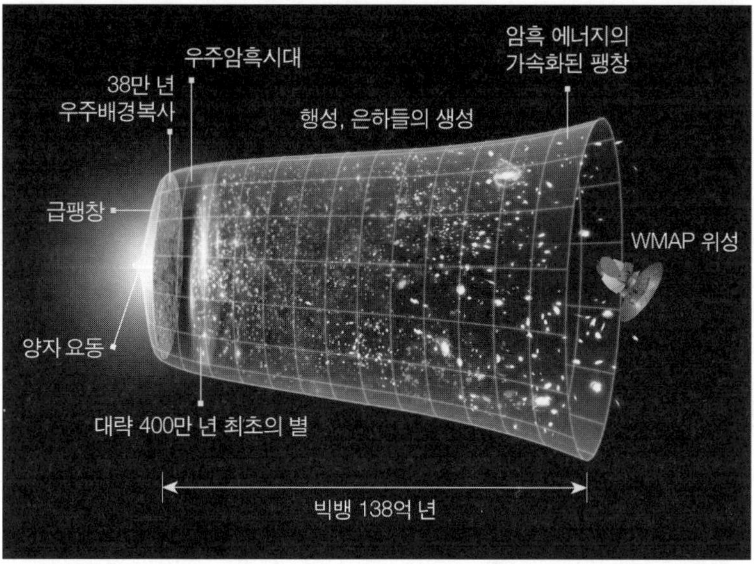

ⓒ NASA/WMAP Science Team. https://map.gsfc.nasa.gov/media/060915/index.html.

주었다. 점점 더 빨리 팽창한다는 것이다. 이는 우주가 팽창하더라도 중력으로 인해 팽창이 느려질 것이라는 생각과는 다른 결과이고, 이를 설명할 원인을 알아내야 하는 큰 숙제가 있다는 뜻이다. 이것은 팽창을 느리게 할 중력을 상쇄하고도 남는 밀어내는 힘을 찾아내야 한다는 것인데, 이 알 수 없는 원인, 즉 암흑 에너지에 대한 것이다. 이는 급팽창에 관여했던 암흑 에너지와는 다른 것으로 생각하고 있으나, 그 관련성 여부는 확실하지 않다.

암흑 에너지와 관련하여 아인슈타인이 일생의 실수라고 했던 우주상수에 대한 관심이 새롭게 생기고 있다. 암흑 에너지를 우주상수에서 찾으려는 시도가 이루어지고 있는 것이다. 이 사실을 아인슈타인이 안다면, 자신이 우주상수를 자신의 우주론 방정식에 넣었다가 후회했던 것을 다시 후회할지도 모른다. 앞으로도 우주의 진화와 관계된 이야기는 흥미진진하게 진행될 것으로 기대한다. 우리가 볼 수 있고 알 수 있는 것보다 보이지 않고 알지 못하는 것들이 아직 훨씬 많다는 사실만 기억하도록 하자.

초기 우주와 소립자의 세계

급팽창 직후의 초기 우주는 혼돈의 세계였다고 볼 수 있다. 물질을 구성하는 소립자素粒子, elementary particle라고 하는 기본 입자들의 생성과 소멸이 수없이 반복되면서 요동치는, 형체도 없이 에너지만 존재하는 세계였다. 여기에서 팽창과 냉각이 일어나며 소립자가 생성되기 시작했고, 이들이 결합하여 양성자와 중성자를 만들었으며, 다시 핵융합 과정과 재결합 과정을 거쳐 오늘날의 물질이 만들어져 별들과 은하로 구성된 우주의 모습이 생겨난 것이다. 소립자와 우주는 크기의 관점에서 보면 완전히 극과 극의 반대쪽에 있는 영역이다. 그러나 우주가 양성자 정도의 크기에서 대폭발을 통해 창조되면서 우주를 구성하는 물질의 재료도 그때 함께 만들어졌다는 것을 생각해 보면, 소립자의 세계에 대한 기술도 우주의 역사에 속한다고 보아도 무방하다. 바로 급팽창 직후 대략 10^{-32}초 이전 찰나의 순간에 해당하는 우주의 역사다.

그러면 물리학자들은 그 찰나의 순간에 일어나는 일을 어떻게 알 수 있을까? 바로 빅뱅 순간의 에너지를 재현하기 위해 입자가속기에서 빛의 속도에 가까운 속력으로 가속된 양성자들을 충돌시키는 것이다. 그리고 충돌 직후에 일어나는 모든 현상들을 추적하여 관찰하고 분석하는 방법으로 초기 우주의 모습을 희미하게나마 볼 수 있는 것이다. 현재 스위스와 프랑스에 걸쳐 있는 대형 강입자충돌장치LHC: Large Hadron Collider가 있는 CERN 연구소에서 전 세계의 과학자들이 모여 이러한 연구를 진행하고 있다.

≡ 원자보다 작은 세계

그러나 초기 우주의 상태 재현과 여기에서 일어나는 사건들의 관측이 기술적으로 매우 어렵기 때문에, 현실적으로는 원자 상태에서 거꾸로 조금씩 거슬러 올라가면서 소립자의 세계를 알아내는 방식으로 접근할 수밖에 없다. 이런 방식의 연구는 양자역학의 발전과 함께 자연스럽게 이루어졌다. 우주론이 나오기 전 19세기 말과 20세기 초에 걸쳐 이루어진 전자와 양성자의 발견은 중요한 몇 가지 질문을 던졌다. 전자와 양성자가 고대 원자론자들에서 시작해서 찾던, 물질을 구성하는 궁극의 입자들인지, 아니면 이들보다 더 기본적인 입자들이 존재하는지의 여부였다. 만약 전자와 양성자가 똑같이 중요한 기본 입자라면, 전자와 양성자는 왜 2000배 가까이나 큰 질량의 차이가 나타나는지에 대한 설명도 요구되었다.

전자와 양성자는 각각 음전하와 양전하를 띠고 있어서 원자가 중성이 되도록 하는 것까지는 좋은데, 대칭적이려면 질량도 같아야 더 합당했던 것이다. 이 대칭적인 성격의 입자를 전체적으로는 '반입자antiparticle'라고 한다. 반입자의 존재는 디랙Paul A.M. Dirac(1902~1984)이 양자역학의 파동방정식을 특수상대성 이론과 모순되지 않도록 만든 상대론적 파동방정식에서 예측이 되었다. 실제로 '전자'의 반입자인 '양전자positron'는 앤더슨Carl Anderson(1905~1991)이 1932년에 우주방사선에서 검출해 냈으며, 다른 입자들의 반입자들도 그 후 계속 발견됨으로써 우주의 대칭성을 보여주었다. 그렇다면 양성자는 어떤 입자인가?

양성자가 근본적으로 전자와는 다른 구조의 입자라는 사실은 디랙의 상대론적 파동방정식이 전자에 대해서는 잘 적용되지만 양성자에 대해서는 그렇지 못하다는 사실에서도 예상이 되었다. 그리고 1920년대까지 물리학자들은 원소의 원자량을 기준으로 볼 때, 양성자의 수가 전자 수의 2배 가까이 되는데도 불구하고 원자가 전기적으로 중성인 사실을 올바로 설명할 수가 없었다.• 이로부터 중성자의 존재가 암시되었고 러더퍼드가 중성자설을 제시하기는 했지만, 채드윅James Chadwick(1891~1974)이 실험적으로 중성자를 발견하기까지는 의문으로 남아 있었다.

채드윅은 1932년 알파입자가 가벼운 원소 물질에 부딪힐 때 나오는 방사선 분석을 통해 전하는 띠지 않으며 질량은 양성자와 거의 비슷한 중성자를 발견했다. 그 후 양성자는 중성자가 베타붕괴라고 하는 방사성 붕괴를 일으키면서 만들어지게 됨을 이해하게 되었다. 이로써 원자의 구조는 양성자와 중성자로 구성된 원자핵과 양성자의 수와 같은 수의 전자로 이루어진 구조임을 알게 되었다. 그러자 여기서부터 더 복잡한 문제가 생기기 시작했다. 전자기적으로 반발력을 가지는 양성자와 전기를 띠지 않는 중성자들이 흩어지지 않고 어떻게 원자핵으로 결합되어 있는지를 설명해야 했던 것이다. 이리하여 1930년대부터 양자역학은 원자의 변두리에 있는 전자들을 대상으로 기울이던 노력을 원자핵이 있는 원자의 중심 쪽으로 방향을 바꾸어 경주하게 되었다.

≡ 원자핵을 묶어주는 힘, 강력

여러 개의 양성자와 중성자로 구성된 모든 원자핵은 전자기적 반발력 때문에 불안정할 수밖에 없다. 그래서 이들을 묶어줄 새로운 다른 힘을 생각해 냈는데, 이 힘을 핵력nuclear force 또는 강력strong force이라고 한다. 이 강력은 원자핵 크기 정도의 범위에서만 강하게 서로 잡아당기는 작용을 하며, 힘의 세기는 전자들에게는 영향을 주지 않아야 해서 거리가 멀어짐에 따라 빠르게 감소해야 했다. 이 힘의 존재는 1935년 일본인 최초로 노벨상을 수상한 유카와湯川秀樹, Hideki Yukawa(1907~1981)가 제안했고, 이 힘이 존재

• 원자핵 내의 '핵전자'를 가정하여 양성자 전하를 상쇄시키려고도 했으나 틀린 설명이었다.

하기 위해서는 '중간자中間子, meson'라고 하는 가상의 입자가 있어야 함을 예측했다. 이 힘의 원리는 양성자나 중성자들이 이 중간자를 주고받으면서 힘이 매개된다는 것이다. 마치 거래 상대방이 주고받는 물품이나 금전으로 강하게 결속되는 원리와 비슷하다.

입자를 주고받으며 힘을 매개한다는 생각은 하이젠베르크가 처음 제안했는데, 모든 힘에는 이렇게 힘을 매개하는 입자들이 존재하는 것으로 믿고 있다. 물질을 구성하는 기본 입자들은 이 중간자를 서로 돌려받기를 원하기 때문에 서로 달라붙어 있게 된다는 것이다. 일반적으로 짧은 거리에서 힘을 매개하는 중간자는 질량이 크고, 먼 거리까지도 힘을 매개하는 입자는 질량이 매우 작거나 질량이 없는 광자와 같은 입자들이다. 이렇게 소립자 세계에서도 무언가를 주고받는 것이 안정된 상태를 유지하는 중요한 원리다. 인간 사회에서는 뇌물이라는 부정적인 주고받음이 문제를 일으키기도 한다. 그러나 입자의 세계에서 보여주는 주고받음은 안정성을 유지하거나 변화를 일으키는 원리로서의 주고받음이기 때문에 근본적으로 다르다. 인간 사회에서의 주고받음도 그것이 무엇이든 보편적 연대의식에 기초하여 공동체의 안정성을 높이는 것이 되어야 한다.

강력을 매개하는 중간자의 존재는 그 후 10년쯤 뒤인 1947년에 확인되었는데, 이론에서 예측한 성질을 가진 파이온pion(π) 또는 파이 중간자라고 하는 입자가 우주방사선에서 발견되었다. 이로써 강력에 관한 유카와의 이론은 완전히 받아들여지게 되었다. 1950년대에는 새로운 입자가속기가 만들어지면서 실험실에서 높은 에너지로 입자들을 충돌시켜 부서져 나온 입자들을 검출해 냄으로써 더 작은 입자의 세계를 들여다볼 수 있게 되었다. 거대한 현미경이 만들어진 것이나 다름없었다. 이리하여 양성자, 중성자, 전자와 같은 입자들은 빙산의 일각에 지나지 않을 정도로, 초기 우주에서 만들어졌을 다른 많은 종류의 작은 입자들이 발견되기 시작했다.

≡ 변화를 일으키는 힘, 약력

이러한 과정에서 점점 늘어나는 입자들과 이들 입자들을 묶어주는 힘들에 관한 관심이 늘어나지 않을 수 없었다. 이러한 관심은 통일장 이론에 대한 연구로 이후 이어졌다. 태초의 우주에서는 이 모든 힘들이 하나로 통합되어 있었을 것으로 생각하기 때문이다. 자연에 존재하는 힘의 종류에 대해서는 이미 알고 있던 중력과 전자기력에 강력이 더해졌으며, 거의 비슷한 시기에 핵분열과 관계된 약력weak force 또는 약한 상호작용이 추가로 알려졌다. 약한 상호작용은 1896년 베크렐Antoine H. Becquerel(1852~1908)이 발견했던 방사성 붕괴와 관련이 있기 때문에 이미 세상에 모습을 드러내고 있었지만, 이것이 독립적인 형태의 힘인지는 20세기 중반까지 제대로 알지 못했다.

약한 상호작용은 1934년 페르미Enrico Fermi(1901~1954)가 베타붕괴라고 하는, 전자를 내놓은 방사성 붕괴를 해석하면서 도입한 것이다. 여기서 베타붕괴는 중성자가 양성자로 바뀌는 과정에서 전자와 함께 질량이 거의 없고 전하도 없는 중성미자neutrino(ν)를 내놓는 것으로 해석되었는데, 약한 상호작용은 바로 중성미자와의 상호작용을 기술하기 위해 도입한 것이었다. 여기서 약하다고 하는 뜻은 힘의 세기가 강력에 비해 10^{13}분의 1 정도로 작기 때문이지만, 짧은 거리에서는 중력보다 세다. 이리하여 자연계에 존재하는 네 종류의 힘, 즉 기존에 알려져 있던 중력과 전자기력, 그리고 원자핵을 묶어주는 강력과 함께 입자의 붕괴와 관련된 약력이 모두 알려지게 되었다.

약력과 관련된 중성미자에 관한 주장은 그 당시에 전자와 양성자, 중성자만 알려져 있는 가운데 나온 것이어서 터무니없이 과감한 것으로 받아들여졌지만, 에너지 보존법칙을 살리기 위해서는 이런 극적인 일이 일어났어야만 했다. 그리고 마침내 1956년 실제로 중성미자가 실험적으로 관측•되었다! 중성미자는 물질과 너무 약하게 상호작용하기 때문에 실험적으로 찾아내기가 매우 힘들 뿐만 아니라, 그 경로가 휘지 않고 은하계 전체를 지나갈 수 있다. 이 때문에 중성미자는 우주배경복사와 마찬가지로 물질의 생성과 우주의 진화와 관련된 신비를 밝혀줄 중요한 자원이 될 것으로 과학자들은 기대하고 있다.

≡ 페르미온과 보손

이렇게 20세기 중반을 거치면서 많은 작은 입자들이 발견되었고, 자연계에 존재하는 힘에 대해서도 어느 정도 알게 되자, 과학자들은 발견된 입자들을 분류하기 시작했다. 가장 넓은 범위의 분류 방법은 파울리의 배타원리를 따르는 입자와 그렇지 않은 입자로 구분하는 것이었다. 파울리의 배타원리를 따르는 반정수의 스핀을 가진 입자들은 페르미온Fermion으로 분류하고, 정수의 스핀을 가진 입자들은 보손Boson으로 나누어 정리했다.

페르미온은 고약한 성질이 있어서 자기가 차지하고 있는 양자 상태를 절대 다른 동일한 입자와 공유하지 않고 서로를 밀어낸다. 그래서 모든 에너지 상태를 넓게 차지하려고 하는 경향이 있다. 신비롭게도 이 고약한 성질 때문에 자연에는 다른 성질의 원소가 만들어지는 다양성이 나타나게 된다. 양성자, 중성자, 전자, 중성미자와 같은 입자가 페르미온에 속한다. 반면에 보손은 기꺼이 자기 자리를 공유하는 것을 허락하는 사교성 좋은 사람과 같다. 즉, 같은 양자 상태를 다른 입자들과 공유하는 성질이 있다. 광자와 파이온과 같은 입자들이 보손에 속한다.

그러면 이 두 종류의 입자들은 왜 이렇게 성격이 다를까? 잘 살펴보면 두 종류의 입자는 우주에서 서로 다른 역할을 하고 있다. 페르미온은 물질을

• C.L. Cowan, Jr., F. Reines, F.B. Harrison, H.W. Kruse, and A.D. McGuire, "Detection of the Free Neutrino: a Confirmation," *Science*, 124(1956) pp.103~104.

구성하는 기본 입자들이고, 보손은 이들을 결합시키고 묶어주어 안정된 상태를 유지시키거나 붕괴를 통해 다른 입자로 변환되는 데 관여하는 입자들이다. 참 오묘하다. 보손들이 한 에너지 상태에 여러 개가 들어가야 했던 것은 스스로를 드러내지 않고 다른 입자들을 결합시키거나 변화시키기 위해 필요했던 성질이었던 것이다. 자연에서 나타나는 다양성과 통일성, 그리고 생성과 소멸의 조화는 바로 입자들이 갖고 있는 이러한 양자적 특성과 관련이 있다고 볼 수 있다. 우주 창조에는 이렇게 양자역학적 원리가 작용하고 있었던 것이다.

소립자에 대한 연구가 진행될수록 더 많은 입자들이 발견되고, 또 이를 설명하는 이론들이 나올수록 질문은 더 많아진다. "아직 더 작은 세계가 존재할까?", "자연에는 왜 네 개의 다른 힘만이 있는 것일까?", "이들을 통합하는 설명은 가능한가?"와 같은 새로운 질문들이 있을 수 있다. 여기에 대해 적어도 지난 50여 년간의 노력은 기본 입자들과 이들 입자들 사이의 상호작용에 관해 어느 정도 믿을 만한 이론을 제시할 수 있었는데, 이를 표준 모형standard model이라고 한다. 특히 우주 창조의 과정에서 가장 중요한 문제는 에너지 상태에서 질량을 가진 입자가 만들어지는 과정이다.

≡ 빌어먹을 힉스 입자? 신의 입자?

아인슈타인의 상대성 이론에서 에너지와 질량의 동등성에 관한 식 $E=mc^2$의 내용은 잘 알려져 있고, 이 원리에 의해 핵분열 또는 핵융합 과정에서 생기는 질량 손실을 에너지로 변환해 낼 수는 있지만, 에너지에서 질량을 만들어내는 문제는 차원이 다른 문제다. 빅뱅 직후 질량이 없는 광자로만 가득 찬 우주에서 특정한 질량을 갖는 기본 입자가 만들어지는 과정은 그야말로 무에서 유를 창조하는 과정이고 신비한 과정이라고 볼 수 있다. 표준 모형은 이에 대해 부분적으로 가능한 해답을 제시하고 있다. 바로 '신

그림 13-5 물리학의 표준 모형을 보여주는 그림. 입자물리학에 따르면, 우주의 물질과 힘은 기본 입자들의 상호작용이다. 힉스 입자는 다른 기본 입자들과 상호작용해 입자들에 질량을 부여한다.

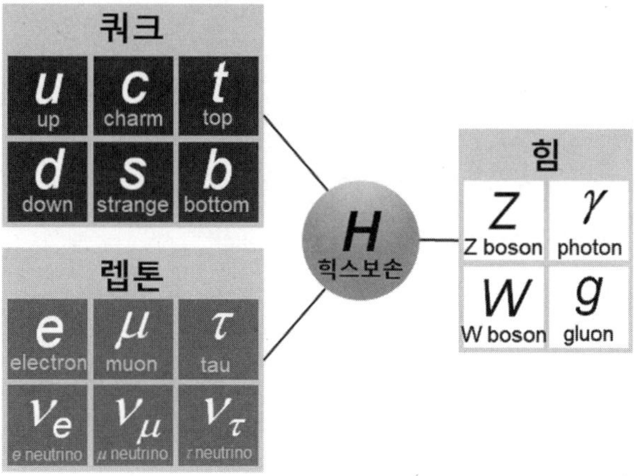

의 입자God particle' 힉스보손Higgs boson에 관한 이야기다. 이 입자는 설명하기도 힘들고 발견하기가 워낙 힘들었기 때문에 발견하기까지 거의 반세기의 시간과 수조 원의 비용이 들었다. 그래서인지 힉스 입자가 발견되기 전에 레더먼Leon Lederman(1922~2018)•이 힉스 입자에 관해 쓴 자신의 저서 제목을 '빌어먹을 입자Goddamn particle'라고 했었는데, 출판사 편집자의 제의로 그냥 '신의 입자The God Particle'라고 순화했다고 한다.

표준 모형은 총 17개의 입자와 이들 입자 사이의 상호작용에 대해 기술한다. 이 상호작용에서 중력은 고려하지 않는다. 문제는 이 표준 모형에서 약한 상호작용을 매개하는 입자가 질량을 가질 수가 없다는 것이었다. 그래서 모형의 기본적인 대칭성을 깨지 않으면서도 입자에 질량을 부여하는 방법을 찾아야 했는데, 그것이 힉스 메커니즘이다. 빅뱅 직후 생겨났을 입

• 레더먼은 중성미자 연구로 1988년 노벨 물리학상을 수상했다.

자들 중 16개(쿼크 6개, 렙톤 6개, 보손 4개)•는 이미 오래전에 확인이 되었고, 이론에서 예측만 할 뿐 실제로 발견하지 못했던 나머지 입자인 힉스 입자는 2012년에야 발견되었다. 힉스 입자는 16개의 입자에 질량을 부여하는 동안만 아주 잠깐 존재하고 사라지기 때문에 이의 실재를 확인하기가 어려웠던 것이다.

빅뱅 초기에 입자들의 생성과 소멸로 가득한 양자 요동 속에서 힉스 입자도 만들어졌을 것으로 보는데, 이때 생성된 입자들 중에서 힉스 입자가 만든 힉스장과 강하게 상호작용을 하는 입자는 큰 질량을 얻고, 그렇지 않은 것은 질량을 얻지 못하거나 작은 질량을 갖게 된다는 것이다. 그러나 아직 풀리지 않은 문제들이 더 많다고 보아야 한다. 우선 힉스 입자 자체의 질량은 어디에서 오는지 설명하지 못하며, 왜 입자들이 특정한 질량을 가지는지, 대칭적으로 생성되었어야 할 입자와 반입자 중에서 왜 우주에는 입자들이 더 많은지 등이 잘 설명되지 않고 있다. 이를 설명하기 위해 제시된 논리들을 살펴보자.

≡ 진공과 디랙의 바다

입자의 생성 및 입자가 질량을 갖게 되는 과정을 이해하는 데 도움이 되도록 먼저 진공에 대한 관념의 변화부터 살펴보는 것이 좋겠다. 고전적인 진공의 개념은 기본적으로 아무것도 없는, 물질이 없는 공간을 의미한다. 이런 진공의 존재는 고대 자연철학자들도 심각하게 다루었는데, 아리스토텔레스는 자연은 진공을 싫어한다고 했다. 진공을 혐오했던 데카르트도 공간은 물질로 충만해 있다고 했다. 이러한 관점은 에테르의 존재를 확인하

• 쿼크(quark)는 무거운 입자인 양성자나 중성자를 구성하는 기본 입자이고, 렙톤(lepton)은 전자나 중성미자처럼 가벼운 입자를 구성하는 기본 입자이며, 보손은 힘을 매개하는 입자다.

려는 근대의 노력으로 이어졌지만, 에테르의 존재는 부정되었다. 이리하여 토리첼리가 진공을 발견한 이후 진공은 아무것도 없는 공간으로 여겨지게 되었다.

하지만 20세기의 양자역학적 진공은 음의 에너지 상태를 차지한 입자로 가득 채워져 있는 공간으로 바뀌었다. 이 진공의 개념은 디랙의 상대론적 파동방정식의 해가 음의 에너지 상태를 가지는 것을 해결하기 위해 제안한 것이어서 '디랙의 바다Dirac's sea'라고도 부른다. 즉, 진공은 아무것도 없는 것이 아니라, 음의 에너지를 가진 입자들로 가득 채워진 공간이다. 고요한 깊은 바다와 같은 진공은 외부로부터 이를 교란하는 작용이 없는 한 그 존재를 알아낼 수 없다. 양자 요동에 의해 찰나적으로 입자와 반입자가 생성과 소멸을 반복할 뿐이다. 그래서 진공은 겉으로는 아무것도 없는 것처럼 보인다. 힉스장도 이 진공을 채우고 있는 장이다. 전자기장이 광자로 채워져 있듯이 힉스장은 힉스 입자로 채워져 있는데, 우주 초기와 같은 높은 에너지 상태에서는 힉스장의 세기가 0이어서 아무런 효과가 보이지 않는다.

이제 음의 에너지를 가진 입자로 채워진 진공에서 입자가 생겨나는 과정을 살펴보자. 디랙의 바다에서 음의 에너지를 가진 입자가 진공에서 빠져나와 양의 에너지를 가진 입자가 나타나면, 음의 에너지가 모자라는 만큼의, 양의 에너지를 가진 반입자도 동시에 생겨난다. 마치 검은색의 종이를 오려내어 구멍을 내면, 아무것도 없는 것에서 오려낸 검은 종이(물질)와 빈 구멍(반물질)이 동시에 나타난 것처럼 보이는 것과 같다. 이것이 바로 입자-반입자 쌍의 생성에 해당하는 것이다. 이 과정에서는 입자 2개의 질량에너지에 해당하는 $2mc^2$의 에너지가 필요하다. 거꾸로 물질이 디랙의 바다 속의 빈 공간을 채우게 되면 물질과 반물질이 서로 사라지는 쌍소멸이 일어나면서 $2mc^2$에 해당하는 에너지가 빛으로 방출된다. 진공이란 결국 아직 태어나지 않은 입자-반입자의 바다, 생성과 소멸이 지극히 순간적으로 펼쳐지는

그림 13-6 디랙의 바다. (왼쪽) 음의 에너지를 가진 입자들로 가득 찬 디랙의 바다. 이것이 에너지가 가장 낮은 상태의 진공의 모습이다. (중간) 음의 에너지 상태가 가득 채워져 있고, 양의 에너지를 가진 입자가 존재하는 경우에 입자의 존재를 알게 된다. (오른쪽) 음의 에너지 상태가 비어 있고 양의 에너지 상태에 입자가 있는 경우는 입자-반입자 쌍이 생성된 경우다.

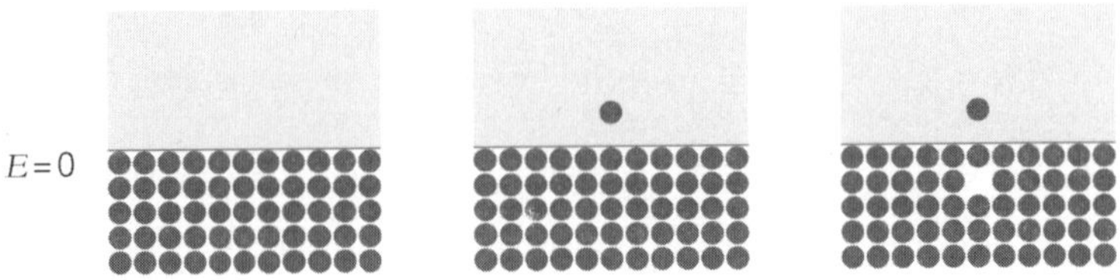

역동적 공간인 것이다.

여기에서 한 가지 더 언급하고 넘어갈 것은 새로운 에너지의 형태다. 질량도 빛도 아닌 제3의 에너지 형태인데, 바로 '진공 에너지'다. 이 에너지는 진공에서의 양자 요동이 갖고 있는 에너지다. 앞에서 언급했듯이 진공에서는 불확정성 원리에 의해 찰나의 짧은 시간 동안 입자와 반입자가 쌍으로 생겨났다가 다시 진공으로 돌아가는 일이 반복되는데, 이때 일정한 에너지가 관여된다는 것이다.

흥미로운 점은 진공 에너지는 공간이 팽창한다고 해도 그 밀도가 전혀 줄어들지 않는다는 것이다. 애초에 진공이니, 공간이 더 생기면 그만큼 진공 에너지가 더 생기기 때문에 밀도가 변하지 않는다. 바로 이 점 때문에 우주가 팽창할수록 우주에서 진공 에너지가 차지하는 부분이 상대적으로 중요해진다. 질량을 가진 입자들의 에너지는 부피에 반비례해서 밀도가 줄고, 빛의 에너지도 공간이 팽창함에 따라 파장이 길어져서 줄어드는 반면, 진공 에너지는 그대로이기 때문이다. 이 진공 에너지는 아인슈타인의 우주상수로 나타내진다고 생각하고 있다. 그래서 진공 에너지가 우주를 가속 팽창시키는 암흑 에너지라고 하는 견해도 있다. 우주의 급팽창도 힉스장과 관계된 진공 에너지와 관련이 있을 것으로 보고 있다.

≡ 물질세계와 자발적 대칭 깨짐

그렇다면 질량은 어떻게 생겨나서 세상의 물질세계가 만들어졌을까? 우주에 존재했던 알 수 없는 에너지에 의해 빅뱅 후 급팽창이 일어나면서 물질과 반물질의 생성과 소멸이 요동치고 있었다. 이런 환경 가운데 어떤 중요한 사건이 일어나 현재의 우주를 만들었다고 볼 수 있다. 우주에는 물질만큼 똑같은 양의 반물질이 존재해야 하지만, 관측되는 실제는 그렇지 않고 물질이 더 많다. 그리고 이들 물질은 질량을 가져야 했다. 이는 '자발적 대칭 깨짐spontaneous symmetry breaking'이라는 상전이 현상으로 설명하고 있다. 즉, 물질과 반물질이 같은 양만큼 생성되었어도 대칭성이 깨지면서 결국 물질의 양이 많아진다는 설명이다. 그래서 반물질로만 이루어진 어떤 은하계가 존재하지 않을까 하는 주장도 많이 제기되고 있다. 힉스장도 이런 자발적 대칭 깨짐으로 인해 상전이를 하면서 입자들과 상호작용할 수 있게 되어 입자들에게 질량을 주었다고 설명한다.

힉스장은 우주의 온도가 10^{17}도 정도로 낮아지면 낮은 에너지 상태로 상전이가 일어나고 힉스장의 세기가 커지게 된다. 그리고 잃어버린 에너지는 일정한 양의 질량으로 바뀔 것이다. 이 질량을 마침 존재하던 입자들이 가져간다는 것이다. 이것은 마치 자석이 높은 온도에서는 자석의 성질을 띠지 않지만, 온도가 내려가면 상전이가 일어나면서 자석의 성질을 띠게 되는 것과 유사하다. 자석의 성질이 나타나면 자기장과 상호작용하는 주변의 물질을 끌어당기게 되는 것처럼, 세기가 커진 힉스장과 상호작용하는 입자는 작용의 크기에 따라 다른 크기의 질량을 얻어가게 된다고 보는 것이다.

물질 생성 과정을 대략 정리해 보면, 양자 요동에 의하여 진공인 상태에서 물질과 반물질의 생성과 소멸이 지속적으로 이루어지고 있다가 우주의 대칭성이 깨지면서 다른 종류의 힘들이 갈라져 나왔다. 그리고 급팽창이 일어나면서 양자 요동이 만든 물질의 비등방성이 우주의 밀도 요동으로 바

그림 13-7 원자의 내부 구조. 쿼크가 세 개씩 모여 양성자와 중성자가 되고, 그것들이 융합하여 원자핵을 이루며, 원자핵 주위에 렙톤인 전자가 분포하여 원자가 된다.

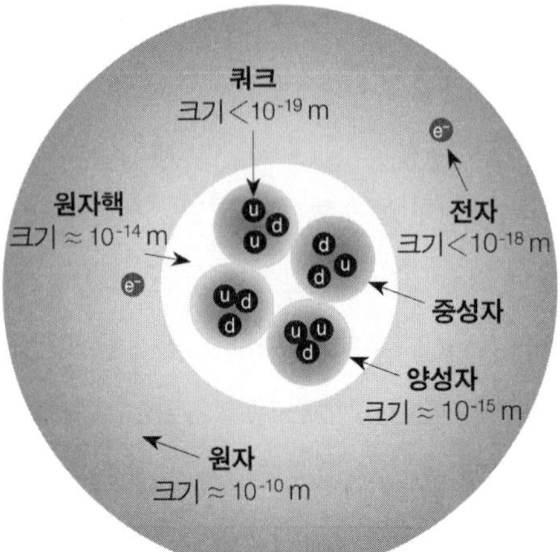

꿔게 된다. 급팽창과 동시에 일어난 자발적 대칭 깨짐이 힉스 입자를 통해 기본 입자들에게 질량을 부여함으로써 밀도 요동을 만들어낸 것이다. 이것이 우주배경복사의 미소한 온도 차이로 측정되고 있으며, 또한 우주의 구조를 형성하는 씨앗의 역할을 했다고 보는 것이다.

이제 입자들 사이에 작용하는 힘으로 인해 쿼크가 세 개씩 모여 양성자와 중성자가 되고, 그것들이 융합하여 원자핵이 되었으며, 원자핵 주위에 렙톤인 전자가 분포해서, 전체가 하나의 원자가 되었다. 원자들이 모여서 분자를 이루고, 또 수많은 원자와 분자가 모여서 비로소 우리가 감각적으로 경험하는 물질을 이룬다. 이 물질들은 중력에 의해 다시 몸집을 키워 은하를 형성하며, 은하 내의 별들과 행성들도 만들어지는 것이다.

은하의 탄생과 별들의 진화

은하의 탄생 과정과 진화, 그리고 궁극적인 우주의 운명은 매력적인 관심사이지만, 여전히 풀리지 않는 의문점들이 많이 있다. 빅뱅 이론이 표준 우주론으로 받아들여지고 있지만, 초기 은하의 형성에 대한 세부적인 과정은 천문학의 어려운 문제다. 은하 형성의 이야기를 시작하기 전에 우선 여러 가지 망원경을 통해 드러난 우주의 모습부터 살펴보자.

현대의 기술은 천문학자들에게 전파망원경, 감마선 망원경, 중성미자 망원경에 이르기까지 다양한 정보를 줄 수 있는 장치들을 제공함으로써 탐지할 수 있는 여러 가지 복사선과 입자들을 통해 우주를 탐구할 수 있게 했다. 더욱이 지구 대기권 바깥쪽에서 지구 주위를 돌면서 우주를 관측하는 우주 망원경은 우주 깊숙한 곳까지 들여다볼 수 있게 했다. 이렇게 멀리 떨어진 은하를 관측한다는 것은 빛의 속력이 유한하기 때문에 이미 먼 과거의 은하의 모습을 지금 우리가 관측하고 있는 것이다. 따라서 더 멀리 있는 은하를 볼수록 더 먼 과거의 우주에 대해 알 수 있는 것이다.

≡ 우주의 구성 요소는 은하단

우주 망원경을 통해 수집된 관찰기록으로부터 우리는 우주의 구성 요소가 은하단galaxy cluster이고, 은하단 내의 은하들은 그들 사이의 중력 상호작용에 의해 한데 묶여 있음을 알 수 있다. 은하 집단은 모인 규모에 따라 은하군galaxy group과 더 큰 규모의 은하단으로 분류된다. 밤하늘에서 별자리 이름이 붙은 곳에는 모두 은하단이 자리 잡고 있다. 시간이 지나면서 은하단 내의 은하들은 충돌하여 합쳐지기도 하고, 작은 은하들은 더 큰 은하들에 의해 찢겨 흩어져 큰 은하들에 합쳐지기도 한다. 우주적으로 국소적인 불평등이 나타나는 것이다.

그림 13-8 태양계가 속한 은하계를 표현한 그림. 태양은 은하수 중심에서 2만 5000광년 떨어져 있다.

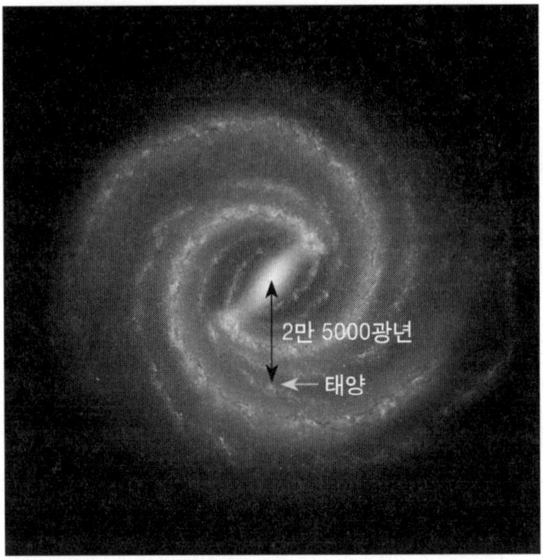

ⓒ NASA/JPL-Caltech/ESO/R. Hurt. https://www.eso.org/public/images/eso1339g/. 원본 수정.

우리 은하인 은하수milky way와 안드로메다은하Andromeda galaxy도 중력에 의해 속박되어 있고 현재 서로 빠른 속도로 접근 중이다. 은하단은 우주 탄생 당시 우주배경복사에서 나타난 불균일한 분포의 고밀도 구역들이 씨앗이 되어 은하들이 탄생하여 성장하고, 또 서로 합쳐지거나 흩어지면서 진화를 하는 곳이다. 은하단은 다시 모여서 초은하단supercluster을 이루는데, 초은하단의 분포는 대체로 균일하다고 알려져 있다.

일반적으로 은하단 안에는 수백 개에서 수천 개의 은하들이 있다. 허블 우주 망원경이 보여준 우주의 모습은 전체적으로 수천억 개의 은하가 있으며, 은하 내에는 또 수천억 개의 별들이 있는 것으로 관측되고 있다. 우리 은하는 이웃의 안드로메다은하와 함께 20여 개로 이루어진 국부은하군local galaxy group을 형성하고 있는데, 은하군의 지름은 약 400만 광년• 정도다.

우리 은하는 은하군의 변두리에 위치하고 있고, 안드로메다은하와는 250만 광년쯤 떨어져 있다. 처녀자리은하단Virgo cluster은 우리 은하에서 약 6500만 광년 떨어져 있으며 2500개 이상의 은하를 포함하고 있다.

≡ 암흑물질

이러한 은하계를 관찰하면서 발견한 놀라운 사실은 은하단 가장자리 근처의 은하의 움직임이 예상보다 너무 빠르다는 것이다. 1933년 츠비키Fritz Zwicky(1898~1974)는 이러한 관측사실을 기반으로 은하단이 관측되는 것보다 수백 배 더 많은 질량을 갖고 있다고 추정하고 이를 '암흑물질dark matter'이라고 불렀다. 암흑물질에 대한 추가적인 징후는 1939년 밥콕Horace W. Babcock(1912~2003)이 보고한 은하 회전 곡선의 측정에서 나왔다.

우리 은하의 구조는 중심부로 갈수록 별들의 밀도가 증가하기 때문에, 태양계 행성들의 공전 속도가 태양에서 멀어질수록 느려지는 것처럼 은하의 바깥쪽에 있을수록 별들이 느리게 움직일 것으로 생각했다. 그런데 실제로 별들의 속도를 측정해 보니 그렇지가 않고 훨씬 빨랐던 것이다. 이는 은하의 외곽부에 별들의 질량을 압도할 정도로 많은 양의 보이지 않는 질량이 존재하여 더 강하게 중심으로 잡아당기지 않으면 설명할 수 없는 현상이었다.

이러한 현상은 대부분의 은하에서 관측되며, 이는 우주에 존재하는 대부분의 은하들이 자신보다 훨씬 무거운 암흑물질에 둘러싸여 있다는 것을 의미했다. 그러나 이 암흑물질의 정체는 아직까지 밝혀지지 않고 있다. 거의 80년 이상의 조사에도 불구하고 정체를 숨기고 있는 것을 보면, 이것이 매

• 천문학에서 사용하는 거리의 단위로서 1광년은 빛의 속도로 1년 동안 가는 거리를 나타낸다. 약 9.5×10^{12} km에 해당한다.

그림 13-9 우주의 구성률

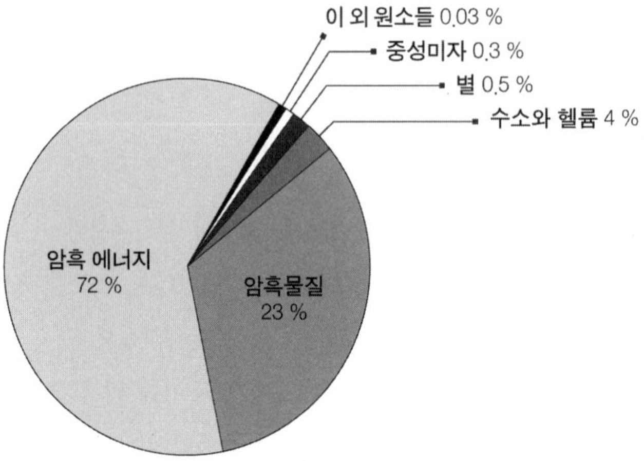

우 난해한 성질을 갖고 있는 것은 틀림없다.

현재 널리 받아들여지고 있는 우주 모형에서는 암흑물질이 중력으로 모여 공 모양으로 형성된 헤일로halo에 의해 초기 우주의 거대한 원반은하가 만들어진 것으로 보고 있다. 대부분의 은하들은 암흑물질로 이루어진 거대한 헤일로에 둘러싸여 있으며, 이 암흑 헤일로의 중력이 은하의 형태를 유지하고 새로운 물질을 끌어들이는 데 중요한 역할을 한다고 생각하는 것이다. 우주배경복사의 정밀한 측정 결과, 또한 비등방성의 차이가 너무 작아서 암흑물질 없이는 우주가 진화하여 현재의 다양하고 복잡한 우주 구조가 될 수 없었을 것으로 본다. 현재 표준 우주론으로 인정받고 있는 '차가운 암흑물질CMD: cold dark matter 이론'이 추측하는 바에 따르면, 암흑물질은 우주 질량에너지 밀도의 약 25% 내외를 차지한다고 한다.

≡ 은하와 별의 탄생

이제 거대 우주 구조의 관측 결과를 살펴보았으니, 다시 우주 형성 과정에 대해 알아보자. 대폭발 후 38만 년쯤 지난 뒤에 우주는 중성 상태의 수소와 헬륨으로 가득 차게 되었다. 우주에는 아주 작은 정도의 밀도 요동이 있었을 뿐 전체적으로는 질량 분포가 매우 균일했다. 수소들은 쉽게 빛을 흡수했으나 별은 아직 형성되지 않았는데, 이 시기를 '암흑시대dark ages'라고 부른다. 암흑시대를 지나면서 수소 가스 구름은 중력에 의한 붕괴를 거쳐 최초의 별들로 만들어지고, 이후 수십억 년 동안 상대적으로 밀도가 높은 지역은 중력으로 더 조밀하게 뭉쳐져 가스 구름과 물질 덩어리를 형성함으로써 원시은하가 되었을 것으로 추측한다. 초기의 아주 작은 밀도 차이가 시간이 지남에 따라 중력의 작용으로 서서히 커지는데, 밀도 차이가 너무나 작아서 별과 은하를 만들 만큼의 물질이 한 곳으로 모이는 데는 수십억 년

그림 13-10 허블 우주 망원경으로 촬영한, 창조의 기둥이라고 하는 독수리 성운의 모습. 7000광년 떨어져 있는 독수리 성운은 가스와 먼지가 밀집되어 있는 천체로 이곳에서 다수의 별들이 태어나고 있다.

ⓒ NASA, ESA, and the Hubble Heritage Team (STScI/AURA). https://hubblesite.org/contents/media/images/2015/01/3471-Image.html.

의 시간이 걸려야 했다. 그리고 상대적으로 밀도가 낮은 지역은 빈 공간이 되었다. 우주에서 빈익빈 부익부의 불평등이 나타나기 시작한 것이다.

우주가 팽창하여 온도가 낮아지면, 기체 상태의 수소와 헬륨은 중력으로 뭉쳐지기 시작하여 기체 덩어리가 된다. 이 덩어리는 중심으로 갈수록 온도와 밀도가 높아지고, 따라서 압력이 높아지면 더 많은 기체가 만드는 중력을 견디면서 덩치를 계속 키운다. 하지만 압력이 더 이상 버틸 수 없는 한계 중력에 이르면 중심부가 수축하면서 막대한 열이 발생하여 중심부 온도를 높이게 된다. 중심부 온도가 계속 상승해 약 1000만 도에 이르면 수소와 헬륨 가스는 재이온화가 일어나면서 핵융합을 일으키는 조건이 만들어진다. 수소의 핵융합 반응에서는 4개의 수소 원자핵이 융합해서 하나의 헬륨 원자핵을 만드는데, 헬륨 원자핵의 질량은 수소 원자핵 4개의 질량을 합한 것보다 0.7% 정도 작아서 그 질량 손실만큼이 에너지로 방출되는 것이다. 핵융합이 시작되면 중력 수축은 정지되고, 소위 별이 탄생하면서 우주 암흑시대는 서서히 막을 내리게 된다. 태양도 이렇게 탄생했다.

별이 탄생한 이후의 생애는 별이 만들어질 때 처음 재료의 질량과 화학적 구성에 따라 결정된다. 광대하게 퍼져 있던 기체가 냉각되면서 갈라져 생긴 조각 중에는 큰 것도 있고, 작은 것도 있다. 수축하는 속력도 덩어리의 질량에 의해 결정되고, 별이 되었을 때의 반지름이나 밝기, 표면 온도 등도 주로 질량에 의해 결정되며, 별이 진화해 나가는 빠르기도 별이 만들어질 때의 처음 질량이 결정한다. 화학적인 조성은 여기에서 부수적인 역할만 한다. 예를 들면, 수소의 비율은 핵융합이 일어날 때 얼마나 빠르게 에너지를 방출하는지를 결정하며, 무거운 원소의 비율은 복사에너지가 별의 중심부에서 표면까지 얼마나 빨리 전달되는지를 결정한다. 태양과 같은 별에서는 중심부에서 발생한 복사선이 표면에 도달할 때까지 3000만 년이 걸린다.

≡ 별의 진화와 물질의 우주적 분배

별의 진화는 별의 질량이 결정하는데, 무거운 별일수록 수소 기체를 핵융합 원료로 빨리 소비하고, 더 빨리 진화한다. 핵연료를 다 태운 후에 별의 마지막 상태가 백색왜성이 될 것인지, 아니면 중성자별이나 블랙홀로 더 진화할 것인지도 별의 질량이 결정한다. 수소를 핵융합 원료로 모두 소비한 모든 별은 에너지가 충분히 만들어지지 않기 때문에 중력을 버티지 못하고 수축하면서 뜨거워진다. 온도가 1억 도 정도로 높아지면 별의 중심부에서는 이제 헬륨을 핵융합 원료로 사용하여 탄소와 산소를 만들며 에너지를 방출한다. 그리고 겉은 부풀어 올라 커지면서 적색거성의 단계로 진화한다. 적색거성은 온도는 낮지만 크기가 워낙 크기 때문에 밝게 빛난다.

헬륨을 모두 사용한 후에는 이제부터 별의 질량에 따라 다른 진화의 길을 걷게 된다. 태양과 비슷한 질량의 별들은 탄소 단계를 넘어 더 무거운 핵으로 변환시키기에 충분한 내부 온도를 만들어낼 수 없으면, 겉이 사방으로 흩어지면서 퍼져나가 기체 구름을 만드는데, 이것이 행성 모양의 성운이다. 그리고 내부는 중력에 의해 찌부러지면서 단단하게 뭉쳐져 온도가 수만 도에 이르게 되는데, 이것이 백색왜성이다. 태양 정도의 질량이 지구만큼의 크기로 작아진 상태와 비슷하며, 전자기체의 압력에 의해 크기가 유지된다. 질량이 작은 별들은 적색거성 다음의 백색왜성 단계에서 진화가 끝난다. 백색왜성의 질량은 태양 질량의 1.4배 이상이 될 수 없다.• 만약 백색왜성이 인접 동반성으로부터 수소를 공급받으면 표면에서 핵융합이 일어날 수도 있는데, 이때 발생하는 엄청난 에너지는 백색왜성의 표면에서 기체를 날려 보내며 갑자기 매우 밝은 빛을 낸다. 이를 신성nova이라고 한다.

반면에 질량이 충분히 크면 백색왜성의 단계에서 중력 수축이 더 진행되

• 1930년 찬드라세카르(Subrahmanyan Chandrasekhar, 1910~1995)가 이를 알아냈다.

그림 13-11 (왼쪽) 빠르게 회전하는 중성자별인 펄사 PSR B1509-58로부터 오는 복사. 근처의 가스에서 X선을 방출하게 만들고 나머지 성운을 밝히고 있다. (오른쪽) 가시광선 및 X선 영역으로 관측한 게성운을 합성한 사진.

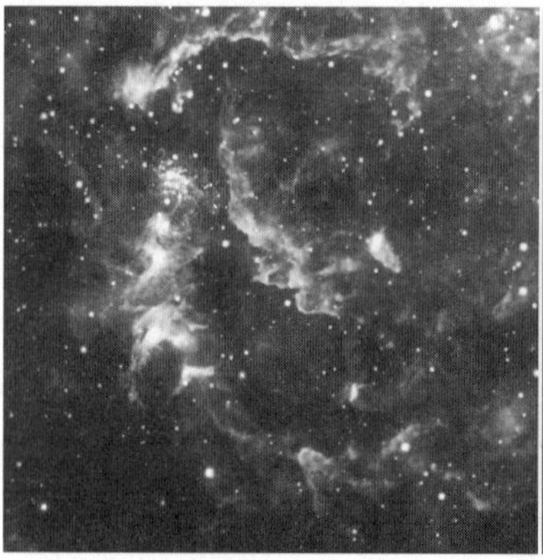

왼쪽: ⓒ X-ray: NASA/CXC/SAO; Infrared: NASA/JPL-Caltech. https://www.nasa.gov/wise/pia18848. 오른쪽: ⓒ X-ray Image: NASA/CXC/ASU/J. Hester et al.; Optical Image: NASA/HST/ASU/J. Hester et al. https://hubblesite.org/contents/media/images/2002/24/1248-Image.html.

어 온도가 올라가고 바깥 부분이 서서히 부풀어 오르다가 터져버린다. 어두웠던 별이 갑자기 밝아지는데, 이것이 이른바 초신성supernova이라고 하는 것이다. 한편, 중심부는 중력으로 무너져 내리면서 중성자별이 된다. 자유전자가 중력에 의해 무거운 원자핵 속으로 빨려 들어가 양성자가 모두 중성자로 변환될 때까지 붕괴를 계속하는 것이다. 중성자별의 지름은 수 킬로미터밖에 안 되지만 질량은 태양의 2~3배 정도가 된다. 중성자별이 더 이상 중력붕괴를 하지 않는 것은 페르미온인 중성자들이 동일한 양자 상태에 놓이지 않으려는 성질로 인해 생기는 압력 때문이다. 중성자별은 또 매우 빨리 회전하는데, 크기가 줄어들면서 회전속도가 빨라지기 때문이다. 피겨 선수가 회전할 때 팔을 오므리면 빨리 돌아가는 원리와 같다. 그렇게 되면 중성자별은 강력한 자기장에 휩싸이게 되는데, 이유는 잘 모르지만 등대 불빛처럼 강력한 맥동전파를 낸다. 이를 펄사pulsar: **puls**ating radio st**ar**라고 한다.

무거운 별들의 진화에서 중요한 결과는 오늘날 우주에서 관찰되는 무거운 원소들이 초신성이 폭발할 때 우주로 흩어진 것들이라는 사실이다. 무거운 별들의 중심부는 온도가 수십억 도에 이르게 되어 가벼운 원자핵들이 무거운 원자핵들로 만들어지기에 충분한 조건이 된다. 그래서 무거운 별의 중심에는 철과 같은 무거운 원소들이 만들어진다. 이 무거운 원소들이 초신성 폭발과 함께 우주로 흩어진 덕분에 여러 가지 원소로 구성된 지금의 지구와 같은 행성이 존재하게 된 것이다. 작은 밀도 요동이 만든 큰 질량의 가스 덩어리가 무거운 별로 진화한 후 이렇게 초신성 폭발을 통해 우주에 무거운 원소들을 퍼뜨리고 중성자별로 진화하여 등대처럼 강한 빛을 발하는 것이다. 우리 인간 사회에서도 부디 더 많이 소유한 사람들이 전체 사회에 더 유익한 것들을 많이 만들어 널리 퍼뜨리면서 어두운 세상을 등대처럼 비추는 빛이 되기를 바란다.

≡ 블랙홀•

더 나아가 별의 질량이 아주 무거워서 태양 질량의 10~15배 이상이 되면, 그 별은 중성자별 단계를 지나서도 계속 중력붕괴를 하여 이른바 블랙홀이 된다고 추정하고 있다. 이 상태는 매우 놀라운 성질을 가지고 있는데, 중력이 엄청나게 강해서 물질은 물론 빛조차도 빠져나오지 못한다고 한다. 빛조차 빠져나오지 못하니까 관측할 방법이 없다. 그러나 블랙홀 주위를 회전하는 천체의 운동이나 주변의 기체들이 빨려 들어가면서 방출하는 강한 전자기파(X선) 또는 중력렌즈와 같은 현상을 관측함으로써 간접적으로

• 일반상대성 이론에서 중력붕괴 이론을 정립한 이론물리학자 휠러(John Wheeler, 1911~2008)가 처음 블랙홀이란 용어를 사용했다.

그림 13-12 타원은하인 처녀자리 A 은하 중앙에 있는 초대질량 블랙홀. 이 블랙홀의 질량은 태양의 약 70억 배로, 이벤트허라이즌 망원경(EHT)으로 블랙홀을 직접 찍은 최초의 사진이다. 여기서 보이는 블랙홀의 그림자는 빛이 빠져나갈 수 없는 완전히 어두운 물체인 블랙홀 자체의 이미지에 가장 가깝다.

ⓒ EHT Collaboration. https://www.eso.org/public/images/eso1907a/.

블랙홀의 존재를 추정할 수 있다. 아인슈타인의 일반상대성 이론에 따르면, 매우 큰 중력을 작용하는 블랙홀 근처의 시공간은 극한에 이를 정도로 휘기 때문에 태양 주위의 시공간과는 완전히 다르다. 이러한 새로운 시간과 공간의 관념은 우주의 본질에 대한 새로운 이해의 가능성을 열어놓고 있다.

최근의 관측 사실에 따르면, 거의 모든 은하의 중심부에는 거대 블랙홀이 있는 것으로 밝혀지고 있다. 은하 중심부의 블랙홀은 초기 우주에서부터도 존재하여 주변부의 별의 탄생을 도왔다고 보고 있다. 이처럼 블랙홀은 별의 진화 마지막에 형성될 수도 있지만, 우주 탄생의 초기에 더 큰 역할을 했다는 것이다. 대폭발 직후의 초기 우주는 밀도가 훨씬 높았고, 밀도 요동이 가스 덩어리의 자체 중력에 의해 증가하여, 작은 블랙홀의 탄생 환경이 은하 생성의 초기에 마련되었을 수도 있다. 작은 블랙홀은 계속 덩치를 키우면서 은하 중심부를 차지하여 은하를 형성했을 것이다. 거대 블랙홀은 주위의 가스를 흡수하면서 마치 별처럼 강렬한 빛을 내는 퀘이사quasar: **quas**i-stell**ar** radio sources를 형성하게 된다.

퀘이사는 은하 중심에 있는 매우 무거운 블랙홀과 그 주변의 밀도가 매우 높은 지역이라고 보고 있다. 퀘이사가 내는 빛은 물질의 중력 위치에너지가 빛에너지로 바뀌어 나오는 것으로서 거대 블랙홀은 제트라는 격렬한 에너지를 밖으로 분출하기도 한다. 퀘이사들까지의 거리는 관측된 적색편이로부터 수억 광년에서 최대 290억 광년에 이를 정도로 멀고, 가까운 곳에서는 퀘이사가 발견되지 않는 것으로 보아 이들은 초기 우주에 주로 생겼을 것으로 생각하며 퀘이사와 그 주변 환경은 우주 탄생의 초기 모습으로 볼 수 있다. 그러나 블랙홀에 대해서는 아직 밝혀야 하는 많은 것들이 있다.

≡ 은하의 형성과 진화

마지막으로, 은하의 형성과 진화에 대해 간단하게 살펴보자. 아직 은하 형성에 대한 이론은 확립되어 있지 않다. 그러므로 관측된 은하의 특징들로부터 추측하는 내용을 간단히 정리해 보자.

은하들은 형태에 따라 원반은하와 타원은하로 분류한다. 원반은하는 나선은하와 같이 나선 구조를 보여주며, 매우 얇은 원반 모양으로 빠르게 회전하는 특징이 있다. 우리 우주 근처에서 원반은하가 굉장히 많이 발견되고, 그 안에서 새로운 별들이 탄생하고 있다는 사실은 원반은하가 먼저 형성되었을 가능성을 말해준다. 은하가 형성되는 처음 10억 년 동안에는 별들이 공 모양으로 집단을 이룬 구상성단과 중심부의 거대 블랙홀, 그리고 금속 함량이 낮은 별들이 만들어졌을 것으로 보고 있다. 이후 20억 년 동안 은하에 유입되어 축적된

그림 13-13 허블 망원경으로 촬영한 거대 타원은하 ESO 325-G004. 태양 질량의 1000억 배 정도로 추정된다.

ⓒ NASA, ESA, and The Hubble Heritage Team (STScI/AURA); Acknowledgment: J. Blakeslee (Washington State University). https://hubblesite.org/contents/media/images/2007/08/2056-Image.html.

그림 13-14 충돌 중인 한 쌍의 은하들(더듬이은하와 생쥐은하). 두 은하가 합쳐지면서 수십억 개의 새로운 별들이 탄생한다.

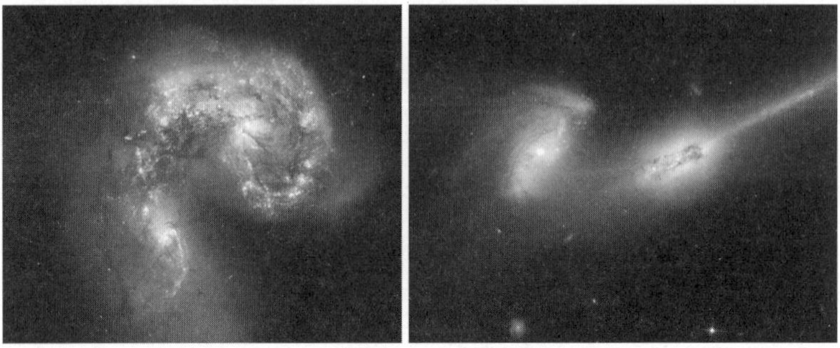

왼쪽: ⓒ NASA, ESA, and the Hubble Heritage Team (STScI/AURA)-ESA/Hubble Collaboration. Acknowledgement: B. Whitmore (Space Telescope Science Institute) and James Long (ESA/Hubble). https://esahubble.org/images/heic0615a/. 오른쪽: ⓒ ACS Science & Engineering Team, NASA. https://apod.nasa.gov/apod/ap040612.html.

물질들이 은하의 원반에 자리 잡게 되었을 것으로 추측하고 있다.

타원은하는 늙은 별들로 구성되어 있으며 먼지의 양이 매우 적거나 없어서 새로운 별들이 거의 만들어지지 않는다. 그리고 원반은하와는 달리 은하의 중심 주위를 회전하지 않는다. 매우 먼 곳에 있는 모든 타원은하의 중심에는 초대질량 블랙홀이 있으며, 블랙홀의 질량은 타원은하의 질량과 상관성이 있는 것으로 알려져 있다. 우주에서 은하단과 같이 은하들이 밀집된 영역일수록 타원은하를 발견하기가 더 쉽다.

최근에 들어서는 은하의 진화 과정에서 은하가 합쳐지는 사건을 이해하는 데 더 많은 관심이 쏠리고 있다. 천문학자들은 현재 타원은하를 우주에서 가장 진화한 은하 중 하나로 보고 있는데, 은하의 진화는 은하들의 상호작용과 충돌에 상당한 영향을 받는다고 보고 있다. 은하들의 병합은 은하 형성 초창기에 흔히 일어나고, 원반은하들이 합쳐져 타원은하로 진화했을 것으로 보고 있다.

우리 은하와 안드로메다은하는 수백만 년 후 충돌하여 합쳐질 것으로 보인다. 그때가 되면 두 은하는 서로 뒤엉키고 먼지와 가스의 유입이 시작되면서, 새로운 별들의 생성이 폭발적으로 늘어날 확률이 높다. 우리 은하와 안드로메다은하의 병합으로 태어날 새 타원은하는 매우 거대할 것이기에, 근처에 있는 다른 은하들도 끌어당겨 모두 합쳐질 것이다. 결국 모두 하나의 거대한 타원은하로 재탄생할 것으로 생각할 수 있다. 이런 은하들은 새로운 별 형성에 필요한 가스를 모두 소비해 버리기 때문에, 결국 이미 태어난 늙은 별들만 남아 나머지 진화 과정을 따라갈 것이다.

14
인간과 생각하는 기계

인간은 무엇으로 사는가? 어떻게 살기를 원하는가?

이 질문은 인공지능AI: artificial intelligence이란 주제를 통해 생각해 볼 궁극적인 내용이다. 하라리는 인간의 미래와 관련된 핵심어 중 하나로 '인공지능'을 들었다. 인공지능이 그만큼 인류의 미래에 큰 영향을 줄 것이라는 예측이리라. 이 '생각하는 기계'에 관한 연구는 아마도 미래에 인류가 이루어 놓은 가장 큰 기술 업적으로 평가될 수도 있는 한편, 반대로 인류가 생산한 가장 파괴적인 업적이 될 수도 있다는 견해도 있으므로, 무엇이 이러한 시각 차이를 주는지 살펴보자.

인류가 발명한 언어와 문자, 인쇄술, 전신, 인터넷과 같은 정보 유통 도구들은 지식을 공유하고 확산하는 데 결정적인 역할을 함으로써 문명 발전에 크게 이바지했다. 최근 정보혁명 또는 디지털 혁명으로 일컫는 정보통신 기술의 혁신적 발전은 앞으로 인공지능, 빅데이터, 사물인터넷 등 초연결 기반의 4차 산업혁명으로 이어질 것으로 보고 있다. 또한 사회의 모든 것들이 네트워크에 연결되어 정보를 주고받음으로써 국가와 사회 및 인간 개인의 삶 전반에 걸쳐 혁신적인 변화를 불러올 것으로 예상하고 있다.

특히 인공지능 기술이 초연결망을 통해 발생하는 대량의 정보를 효과적으로 처리하고 적절하게 유통시킬 뿐만 아니라, 학습을 통해 스스로 판단하고 결정을 내리는 단계까지 발전하면 사회·경제 전반의 패러다임 전환이 일어나게 될 것으로 보고 있다. 이는 인간 삶의 환경을 유례가 없는 방식으로 바꿈으로써 세계관과 가치관에도 큰 영향을 미칠 것으로 보인다. 이러한 관점에서 인공지능에 관한 연구들을 간단히 살펴보고, 인공지능이 가져다줄 유익과 위험, 특히 인간 사회와 사물의 관계 그리고 삶의 가치에 대해 다시 생각해 보고자 한다.

인공지능 연구의 역사

인공적인 두뇌의 가능성에 대한 논의는 1940년대 후반과 1950년대 초반 수학, 철학, 공학, 경제 등 다양한 영역에서 시작되었다. 그리고 1956년에 이르러서는 인공지능이 하나의 학문 분야로 자리 잡게 되었다. 이 생각하는 기계에 관한 초기 연구는 당시 신경학에서 실제 뇌가 뉴런neuron•으로 이루어진 전기적인 연결망이라고 보고 진행하던 연구에서 영감을 얻었다. 위너Norbert Wiener(1894~1964)는 신경의 전기 작용과 두뇌의 기억 작용을 전기적 장치로 대치할 수 있다는 생각을 했다. 그리고 1948년 인체 안의 신경

• 신경세포라고도 한다. 신경계를 구성하는 세포로서 인접한 다른 신경세포와 시냅스라는 구조를 통해 화학적 신호를 주고받음으로써 다양한 정보를 받아들이고 저장하는 기능을 한다.

을 통한 자극 전달을 전자공학적인 방법으로 해석하고 두뇌도 컴퓨터의 기억장치로 대치할 수 있음을 보임으로써 인공두뇌학cybernetics을 개척했다.

한편, 미국 벨연구소의 섀넌Claude Shannon(1916~2001)이 1948년에 제시한 정보이론•은 0과 1의 두 가지 신호로만 구성된 디지털 통신의 이론적 토대가 되었다. 섀넌은 튜링Alan Turing(1912~1954)과 폰노이만John von Neumann(1903~1957) 등과 정보이론에 대해 논의하면서 정보를 엔트로피의 양으로 정량화하는 데 성공했다. 모르는 것이 많을수록 엔트로피는 크고, 아는 것이 많으면 엔트로피는 줄어든다. 정보의 정량화를 통해 섀넌은 디지털 정보를 압축하여 보낼 때 필요한 비트 수를 정할 수 있게 되었다. 그 후 섀넌의 정보이론은 수학, 통계학, 물리학, 생물학 그리고 기계학습machine learning에까지 큰 영향을 미치게 되었다.

≡ 생각하는 기계

1950년 튜링은 "기계도 생각할 수 있는가?"라는 질문으로 시작하여 컴퓨터로 지능형 시스템을 구축하는 방법을 설명하고, 기계가 지능적인 것으로 간주될 수 있는지를 결정하는 방법인 '튜링 테스트'를 소개했다.•• 튜링은 영국의 수학자이자 괴짜 사상가로서 2차 세계대전 중 독일군의 암호 코드인 이니그마enigma를 해독하는 데 결정적인 역할을 하여 종전을 앞당김으로써 수많은 젊은이들의 목숨을 구할 수 있었다. 그는 인공지능에 관하여, 마치 어린이들이 어른을 닮아가는 과정에서 따라야 할 규칙을 교육받고, 다음에는 경험을 통해 따라야 할 규칙을 찾아내듯이 기계도 반복적으로 이러한 과정을 거치게 함으로써 지능을 갖게 할 수 있다고 생각했다.

• C.E. Shannon, "A Mathematical Theory of Communication," *The Bell System Technical Journal*, 27(1948), pp.379~423.

•• A.M. Turing, "Computing Machinery and Intelligence," *Mind*, 59(1950), pp.433~460.

세계가 2차 세계대전의 참화로부터 점차 회복되고 전쟁 중에 개발되었던 초기 컴퓨터의 성능이 개선되어 보급되기 시작하면서 인공지능을 개발하기 위한 노력도 무르익어 갔다. 사이먼Herbert Simon(1916~2001)과 뉴얼Allen Newell(1927~1992)은 기계가 생각하도록 가르치는 방법을 논의하는 과정에서 1955년에 '논리 이론'을 만들고 화이트헤드와 러셀Bertrand Russell(1872~1970)의 『수학 원리Principia Mathematica』에 있는 수학적 정리들을 증명하는 프로그램을 만들었다. 실제로 인간의 문제 해결 능력을 모방하도록 함으로써 인간처럼 생각할 수 있게 하는 프로그램이 처음으로 만들어진 것이다. 이로써 인지과학cognitive science이 탄생하게 되었고, 이후 수십 년 동안 인공지능 연구를 활성화시키는 촉진제 역할을 했다.

1956년에는 미국 다트머스대학에서 인공지능에 관한 다트머스 하계 연구프로젝트Dartmouth Summer Research Project on Artificial Intelligence가 진행되었다. 튜링과 함께 인공지능 연구의 선구자 역할을 했던 매카시John McCarthy(1927~2011)가 주도한 이 회의에서 약 8주 동안 50명에 가까운 과학자들이 인간의 지능을 모방하여 스스로 생각하고 행동할 수 있는 기계를 만드는 방법을 주제로 토론했다. 여기에서 제시된 여러 제안은 라이프니츠가 인간의 사고를 보편언어(8장의 보편언어 참조)로 나타내고자 했던 이상을 곧 실현할 수 있을 것처럼 보였다.

트랜지스터의 발명으로 급속히 발전한 전자공학은 1950년대 후반부터 1970년대 초반까지 컴퓨터의 속도, 가격, 접근성 등에서 놀랄 만한 발전을 이루었다. 기계학습 알고리즘도 많이 개선되었다. 그렇지만 초기 인공지능 연구의 진전은 다트머스 모임에서 기대했던 것만큼 빠르게 진행되지 않았다. 컴퓨터의 발전에도 불구하고 정보를 효율적으로 저장하고 신속하게 처리할 수 없었기 때문에, 1970년대 이후 10년간 인공지능 연구를 추진하는 데 많은 장애가 있었다. 이 문제는 근본적으로 폰노이만 컴퓨터 구조•가

대용량의 데이터 처리에서는 데이터 병목현상을 일으키는 단점이 있어서 당시의 컴퓨터 성능으로는 효과적으로 대처할 수 없었던 것이다.

≡ 초기 인공지능

초기의 인공지능 연구에서도 컴퓨터로 특정 언어를 다른 언어로 번역하는 자동 기계번역에 대한 연구와 음성인식 연구들이 실행되었으나 1970년대까지만 해도 이 작업은 거의 진전이 없었다. 그러나 최근 몇 년 사이에 이러한 작업을 가능하게 하는 시스템 개발에 비약적인 발전이 이루어졌다. 이는 기계학습 기술의 발전에 힘입은 결과이지만, 기본적으로는 데이터의 처리량과 처리 능력이 개선되면서 알고리즘이 크게 향상된 덕분이다.

초기의 어려움 가운데서도 '최초의 전자인간'이라고 불리는 셰이키Shakey• 로봇이 등장했고, 이 움직이는 로봇에 초보적인 자율 기능을 주려던 노력의 부산물로 검색 알고리즘이 개발되어 오늘날 내비게이션 시스템의 핵심이 되었다. 또 하나의 중요한 결실은 분자화학 분야의 전문 지식을 활용하여 유기 분자의 구조를 추론하도록 설계된 인공지능 프로그램이 만들어졌다는 것이다. 덴드랄Dendral이라고 하는 이 최초의 실용적인 인공지능은 컴퓨터 프로그램이 전문가 수준의 지식을 생산해 낼 수 있음을 보여주었다.

영국에서도 인공지능 및 행동 시뮬레이션 연구학회가 1964년에 설립되어 지금까지 활동하고 있다. 튜링과 함께 독일군 암호해독 작업에 참여했던 미치Donald Michie(1923~2007)는 에든버러대학에 인공지능 연구기관을 설

• 현재와 같이 CPU, 메모리, 프로그램 구조를 갖는 범용 컴퓨터 구조를 말한다. 프로그램 순서대로 명령을 수행하고, 명령에 따라 일정한 기억장소에서 데이터를 불러오거나 새로 저장하는 형식으로 작업하기 때문에 데이터 용량이 커질수록 작업 속도가 느려진다.

• 성능이 좋지 않아 동작이 심하게 떨리는 불안정한(shaky) 모습 그대로를 이름으로 지은 것이다.

립하여 처음으로 비전을 통합하고 정밀하게 제어하는 프로그램을 사용하는 프레디Freddy 로봇을 개발하는 성과를 올리기도 했다. 그러나 1973년에 인공지능 연구에 대한 비관적인 평가보고서가 나오고 나서 재정 지원이 크게 줄어들어 그의 선구적인 위치는 흔들리게 되었다.

인공지능 연구는 1980년대로 접어들면서 알고리즘 개발도구의 제공과 벤처기업가들의 지원이 확대되면서 다시 활성화되기 시작했다. 물리학자 홉필드John Hopefield와 인지과학자 러멜하트David Rumelhart는 컴퓨터가 경험을 통해 다량의 데이터나 복잡한 자료들 속에서 핵심적인 내용 또는 기능을 요약하는 작업을 하는 '딥러닝deep learning' 기술을 개발했다. 그리고 파이겐바움Edward Feigenbaum은 인간의 의사 결정을 모방하는 '전문가 시스템'을 선보였다. 그러나 IBM에서 개인용 컴퓨터를 개발하고 하드웨어의 성능이 획기적으로 발전하면서, 용도가 제한적인 고가의 하드웨어를 사용하는 전문가용 컴퓨터의 유지에 어려움이 생겼고, 이로 인해 인공지능 연구는 두 번째 침체기에 접어들었다.

정부 자금과 대중의 인지도가 부족했음에도 인공지능 연구는 이후 20년 동안 관련된 여러 주요 분야의 목표를 달성하는 성공을 거두었다. 1997년 체스 세계챔피언이 IBM의 체스 컴퓨터 프로그램인 딥 블루Deep Blue에 패하는 사건이 발생했다. 같은 해에 음성인식 소프트웨어가 윈도 환경에서 구현되었으며, 또한 MIT 인공지능연구소의 로봇 '코그Cog'는 흥분, 슬픔, 성남, 놀람 등의 초보적인 감정을 인식하고 표현할 수 있는 '키스멧Kismet'이라는 얼굴을 가지도록 개발되기도 했다. 2016년에는 구글의 알파고AlphaGo 프로그램이 이세돌 프로 바둑기사에게 승리했으며, 2017년 카네기멜런대학이 개발한 인공지능 리브라투스Libratus는 인간 챔피언들을 상대로 포커 게임에서 승리하는 일이 벌어졌다.

이로써 21세기의 인공지능 연구는 다시 크게 관심을 끌게 되었고, 동시에 인공지능에 대한 경계의 눈초리도 생겨나기 시작했다. 인간 지능을 초월하는 초지능ultraintelligent 기계가 만들어지는, 소위 기술적 특이점technological singularity이 오게 되면 인간의 시대는 곧바로 종말을 맞이하게 될 것이라는 공포다.

정보혁명과 인공지능 기술의 현재

인간의 두뇌를 모방하려는 인공지능 연구는 그 복잡함으로 인해 몇 가지 분야로 나누어 진행할 수밖에 없다. 실제로 인간의 두뇌도 여러 다양한 부분으로 기능을 나누어 수행한다. 따라서 생각하는 기계를 연구하는 사람들도 여러 분야의 사람들이 참여하여 몇 개의 구분되는 연구를 진행한다. 그 종류를 대략 나누어보면, 기계학습 분야, 인공지능의 추론 능력을 연구하는 분야, 로봇공학자들의 컴퓨터 비전 그리고 자연어 처리 분야로 구분할 수 있다.

≡기계학습과 딥러닝

생각하는 기계를 만드는 방법 중 하나는 바로 인간처럼 배우는 능력을 가진 컴퓨터를 만드는 것이다. 정보혁명으로 엄청나게 많은 자료가 유통되었고, 이렇게 발생한 자료들의 처리에 관한 작업이 바로 요즘 중요하게 언급되는 빅데이터big data에 관한 것이다. 기계학습은 자료를 컴퓨터에 입력시키고 이 자료를 기반으로 컴퓨터가 분류하고 묶어서 스스로 판단을 하도록 하는 것이다.

이때 자료들에는 이름이 붙어 있는 경우도 있고, 그렇지 않은 경우도 있다. 현재 기계학습 분야의 발전은 대부분 이름이 붙어 있는 자료를 입력하는

그림 14-1 인공지능과 관련 기술. 딥러닝은 기계학습 방법 중 하나다.

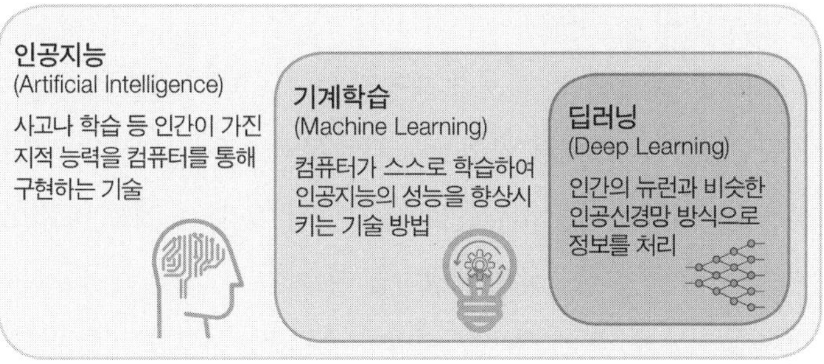

'지도 학습supervised learning'에서 이루어졌다. 말하자면, 강아지와 관련된 많은 자료에는 강아지라는 이름이 붙어 있어서 이 자료들을 학습한 컴퓨터는 이를 바탕으로 강아지를 구분해 내는 것이다. 이름이 붙어 있지 않은 자료를 학습하는 '비지도 학습unsupervised learning' 또는 '자기 지도 학습self-supervised learning'이라고 하는 분야는 최소한의 자료만으로 스스로 규칙을 찾아 분석하는 인공지능 기술로서, 현재 활발하게 효과적인 알고리즘을 개발하고 있다. 인간이 고양이와 강아지를 따로 이름을 붙여주지 않아도 구분하여 판단할 수 있는 것처럼, 기계도 그런 능력을 가지게 하려는 것이다.

기계학습 부분에서 딥러닝은 놀라운 성능을 보여준다. 딥러닝은 기계학습의 하위 집합으로, 최근의 인공지능 분야가 큰 관심을 끌게 된 것은 바로 이 딥러닝 덕분이다. 딥러닝은 기존의 다른 기계학습 방식보다 월등히 뛰어난 성능을 보여주는데, 이는 인간의 뇌 활동에서 영감을 받아 인간의 신경계에서 보이는 학습 원리를 이용하는 것이다. 즉, 다중계층 인공신경망과 빅데이터 처리 및 계산을 결합한 학습 방식이다.

딥러닝 모형은 많은 양의 데이터를 처리하며, 일반적으로 비지도 학습 또는 준지도 학습의 형태다. 2005년도에 도입된 '준지도 학습semi-supervised learning'은 소규모의 이름이 붙은 자료들을 사용하여 더 큰 규모의 이름이 붙지 않은 자료들을 분류, 처리하도록 하는 방법으로서, 학습에 필요한 자료의 양을 크게 줄일 수 있었다.

그렇지만 딥러닝이 모든 문제를 해결해 줄 것으로 생각할 수는 없다. 무엇보다 학습을 위해 방대한 양의 자료와 지속적인 자료 입력이 필요하기 때문이다. 알파고의 바둑 대국을 위해서는 수많은 대국 기보 자료가 필요했고, 이는 수십만 번의 대국에 해당하는 자료였다. 그리고 딥러닝은 특정한 입력이 들어갔을 때 왜 특정한 결과가 출력으로 나오는지를 아직 제대로 설명해 주지 못하기 때문에, 인간에게 설득력을 가지지 못하는 부분도 있다. 인간은 자신의 판단과 결정에 대해 설명을 한다. 이것은 기본적으로 인간의 뇌 구조가 수십억에서 수천억 개의 뉴런을 가지고 있어서, 인공지능의 신경망보다 훨씬 복잡하고 다양한 형태, 다양한 구조로 되어 있기 때문이다. 인간의 뇌 기능을 완벽하게 이해하고 기계적으로 재현해 낸다면, 인간이 두려워하는 궁극적인 생각하는 기계를 만들 수 있을지도 모른다. 그러나 가까운 미래에는 가능하지 않을 것으로 보인다.

≡ 자동추론

자동추론을 연구하는 사람들은 기계에 명확한 생각의 법칙을 부여하려고 한다. 즉, 작업을 지시하는 과정 또는 특정 프로그래밍 작업이 없이도 컴퓨터가 스스로 자료를 기반으로 지속적으로 학습하고 예측하여 필요한 작업을 수행하게 하려는 것이다. 이런 추론 능력을 가진 인공지능은 실질적인 응용에서는 다소 미미한 업적을 보였지만, 기계학습 분야와의 발전과 함께 개척되어 나갈 것으로 보인다.

추론에서 가장 일반적인 형태는 연역추론일 것이다. 자동추론의 기원은 앞에서 언급한 1955년 사이먼과 뉴얼 같은 논리 이론가들이 만든 프로그램에서 찾을 수 있다. 수학적인 예를 들면, 삼각형에서 두 변의 길이가 같으면 나머지 변과 이루는 각이 같다는 사실을 연역하는 것이다. 수학적이지 않은 문제에서도 이를 적용할 수 있는데, 이동로봇이 장애물을 만나면 우회로를 찾아 선택하는 등의 문제들이다. 자동추론의 응용 분야는 계획 분야와 최적화 분야를 대표적으로 들 수 있다.

먼저 계획 분야에 응용될 자동추론은 스스로 문제를 찾아 해결방법까지 찾도록 하는 것이다. 실제로 1999년에 나사의 우주탐사선 딥스페이스원Deep space One에 장착된 제어장치는 자동으로 문제를 진단해서 고장이 나면 수리를 할 수 있도록 했다. 직접 사람이 개입할 수 없는 환경에서 동작하는 기계에 이런 자동추론 능력을 갖추게 하는 것은 매우 중요하다. 다음으로 최적화 분야에 적용될 자동추론은 물류 운송과 자료 분석과 관련된 분야다. 물류 운송의 경우에, 배달할 물품과 장소가 많아질수록 문제는 점점 복잡해진다. 즉, 운송 작업의 경로를 어떻게 계획하는지에 따라 비용과 시간이 크게 달라질 수 있기 때문에 효율성 관점에서 중요한 문제다. 마찬가지로 수많은 자료를 분석하여 중요한 지표를 찾아내고 구체적인 행위로 이어지도록 하는 경우에도 자동추론이 중요하게 적용된다. 대표적인 예로, 제품 원가, 물류비용, 관리비 등을 고려해서 가장 경쟁력 있는 제품 가격을 결정하는 경우가 이에 해당한다.

인공지능 시스템의 운용에도 자동추론은 중요해지고 있다. 인공지능 시스템의 운용에서 업무 효율화를 위해 추론 정밀도를 높게 유지하려면 정기적으로 다시 학습을 시켜야 한다. 이 경우 방대한 자료를 수집하고 정제하는 준비 과정에 많은 비용과 시간이 소요될 뿐만 아니라, 무엇보다도 재학습의 적절한 시기 선택이 어렵다. 자동추론 기능은 학습에서 운용까지의 데이터의 변화 추이를 파악하고, 원래 인공지능 모델의 추론 결과와 비교해 모델의 정확도를 실시간으로 검토함으로써 재학습의 시기를 자동으로 찾아낼 수 있다. 이렇게 하여 인공지능의 정확성을 유지하고 안정된 운용을 실현할 수 있는 것이다.

☰ 로봇공학과 컴퓨터 비전

대형 제조업에서 산업용 로봇이 도입된 것은 오래전이다. 사람이 직접 작업하기 힘든 환경의 일이나 위험한 작업을 로봇이 대신하는 것은 이제 당연한 일이 되었다. 가정에서도 로봇 청소기가 사용되고 있어서 사소하고 반복적인 작업은 점점 로봇으로 대체되고 있는 상황이다. 이러한 로봇의 적용 범위가 넓어질수록 인공지능이 로봇에 응용되는 범위도 넓어지고 있다. 특히 넓은 공간을 이동하며 기능을 실행하는 모바일 로봇에게는 인공지능이 필수가 되고 있다.

특히 자율주행 자동차와 같은 모빌리티 산업에서는 고도의 기술이 요구된다. 초정밀 GPS와 내비게이션 지도, 그리고 다른 차량과 사람, 장애물들을 식별할 수 있는 정밀 전파 레이더 기술이 결합되어야 한다. 그리고 위험한 지역에 물품을 운송하는 무인 운송로봇에도 이러한 기능이 장착되어야만 올바른 기능을 수행할 수 있다. 돌발 상황에 대처하는 능력도 갖추어야 한다. 따라서 로봇산업은 인공지능을 비롯하여 고도의 과학기술이 종합적으로 요구되는 분야다.

그중에서도 로봇이 사물을 지각하는 가장 중요한 감지소자(센서)는 사람의 눈에 해당하는 부분이다. 이 분야의 연구가 컴퓨터 비전이다. 이렇게 볼 수 있는 기계의 개발은 딥러닝 기술의 발전에 힘입어 빠른 진전을 보이고 있다. 비전은 물체 인식, 동작 분석, 자세 측정 등의 여러 기능을 수행할 수 있도록 한다. 물체 인식 연구는 현재 핵심 분야로 부상해 사물을 자동으로 인식하는 다양한 앱이 개발되어 이용되고 있다. 이제 웬만한 스마트폰에는 이 기능이 포함되어 있어 다양한 이미지 분류 작업을 할 수 있게 되었다.

얼굴 인식과 같은 특수 분야에서의 발전도 빠르게 이루어지고 있다. 이

제 국제공항 출입국 심사대에서 얼굴 사진을 찍는 일은 당연한 절차다. 이것은 얼굴 인식 기술이 높은 궤도에 올라 있음을 알 수 있는 사례다. 그러나 아직 조명이 흐리거나, 선글라스 착용, 미소를 짓는 경우에는 정확한 인식에 어려움을 겪는다. 최근에는 딥러닝으로 구현한 얼굴 인식 인공지능 시스템이 개발되어 미소를 짓는 경우를 포함하여 정확도가 99.7%를 넘었다고 하니 곧 빅브러더big brother 기술로 등장할 만하다.

광학 문자 인식 역시 중요한 인공지능 기술 분야인데, 인쇄된 문자의 경우에는 영어 문자 인식률이 99.5%를 넘었다고 한다. 아직 손글씨의 경우는 정확도가 좀 떨어진다고 하지만, 손글씨의 사용이 줄면서 큰 문제가 되지는 않을 전망이다. 동작 인식 분야의 발전도 빠르게 진행되어 CCTV 화면에서 폭력이 행사되는 장면이나 사고로 쓰러진 사람을 구분해 내는 정도까지 발전했고 실제 사고 예방을 위한 목적에 적용되고 있다. 그러나 컴퓨터 비전 분야에서 개별 물체와 전체 장면 사이의 상관관계를 인식하는 문제처럼 좀 더 복잡한 작업을 수행하기 위해서는 아직 극복해야 할 문제들이 남아 있다.

≡ 자연어 처리

자연어 처리natural language processing는 컴퓨터가 인간의 언어를 이해하고, 해석하며, 처리하도록 하는 기술이다. 인간은 다양한 언어를 구사하고 쓸 수 있으나 컴퓨터에서 사용하는 기계어라고 하는 컴퓨터 언어는 대다수 사람이 이해할 수 없다. 컴퓨터의 소통 방식은 단어가 아니라 논리적 반응을 일으키는 수백만 개의 0과 1을 통해 이루어진다. 따라서 인공지능의 자연어 처리 작업에는 인간의 의사소통 방식과 컴퓨터의 통신 방식 사이의 틈을 메우기 위해 컴퓨터 과학이나 전산학, 언어학 등 많은 분야가 참여한다.

실제로 70여 년 전 컴퓨터가 처음 개발되었을 때, 프로그램 개발자들은 펀치 카드를 사용하여 컴퓨터와 소통했다. 이 과정은 비교적 소수의 사람만이 이해할 수 있었는데, 이제는 가정에서 음악을 재생하는 기기에 음성으로 명령을 하면 기계가 이를 알아듣고 음악을 틀어주고, 또 인간의 목소리로 대답도 한다. 이러한 소통 방식은 사용자의 음성 속에 들어 있는 의도를 파악하여 행동을 취하고, 문법에 맞는 문장으로 결과를 알려준다. 이는 기계학습이나 딥러닝과 같은 인공지능의 다른 요소와 더불어 자연어 처리 기술이 등장하면서 초보적인 수준의 소통이 가능하게 된 것이다.

인간의 언어를 해석하는 자연어 처리에는 다양한 기법이 동원된다. 기초적인 자연어 처리 작업은 초등학교에서 국어를 배우는 과정과 같다. 즉, 글자의 인식, 주어와 어간 추출, 품사 표시, 구문 분석, 언어 감지, 의미론적 관계 식별 등이 포함된다. 일반적으로 자연어 처리 작업은 언어를 더 짧은 기본 요소로 분해하고, 각 요소 간의 관계를 이해하며, 요소들이 서로 어떻게 작용하여 의미를 이루는지 탐구한다.

이러한 기초 작업을 거치게 되면 처리된 결과는 여러 가지 고급 기능으로 활용된다. 즉, 내용의 분류, 주제 발견, 맥락 추출, 감정 분석, 음성-문장 변환 및 문장-음성 변환, 문서 요약, 기계번역의 작업이 이루어진다. 질의응답은 자연어 처리에서 가장 오랫동안 연구해 온 문제 중 하나다. 예를 들면, 단순 문장을 기반으로 한 질의응답에서는 간단한 질문을 문장으로 주면 올바른 답을 찾아내도록 하는 것이다. 이러한 과정을 거쳐 음성인식 기능이 더해지면 인공지능과 대화가 가능해진다.

요즘에 가장 급속히 발전하는 분야는 기계번역 분야다. 언어 구조가 비슷한 경우에는 단락 단위의 기계번역으로도 상당한 수준의 번역 작업을 할 수 있다. 기계번역에서 가장 중요한 것은 맥락을 추출하여 정확한 번역을 하도록 하는 것이다. 특정 대명사가 지칭하는 것을 알아야 하고, 관용구도 이해해야 하며, 특수한 상황을 정확히 파악하는 것 등이다.

음성인식 기술은 자연어 처리에 있어서 가장 어려운 부분이다. 이 기술은 사람이 말하는 음성언어를 컴퓨터가 해석해 그 내용을 문자로 바꾸도록 하는 것을 말한다. 여러 사람이 발성한 음성을 통계적으로 처리한 음향 자료를 통해 단어를 수집한 뒤 언어 모형을 구성하는 방식이다. 현재는 음성으로 기기를 제어하거나 정보검색을 할 때 응용되고 있으며, 유튜브 동영상에서는 음성인식을 이용한 자막 서비스가 제공되고 있다.

음성인식 인공지능에서 가장 어려운 부분은 인간 음성의 예측 불가능한 변칙 상황을 수용할 수 있도록 하는 것이다. 그래서 음성인식은 언어학, 수학 및 통계학을 모두 적용해야 하는 가장 복잡한 컴퓨터 과학 분야 중 하나로 간주된다. 최근 딥러닝과 빅데이터 기술의 발전에 힘입어 음성인식 기술 발전이 가속화되고 있다. 2021년에 구글은 인공지능 대화 모델 '람다'를 소개했다. 람다는 '대화를 위한 언어 모델Language Model for Dialogue Applications'의 약자로, 정답이 없는 질문에도 인간처럼 자연스러운 대화가 가능할 정도로 기능이 고도화되었다.

인공지능의 미래와 전망

기술은 생명체와 같아서 생성된 후 초보적인 수준에서부터 점차 성장하여 성숙에 이른다. 그 과정에서 예상하지 못한 혁신을 통해 높은 수준으로 급성장하기도 하고, 쓸모없이 사라져 버리기도 한다. 이는 기술과 기술을 소비하는 시장의 관계에서 그 요구의 크기와 방향이 결정되기 때문이다. 인공지능 기술도 이와 같은 변화가 예상된다.

인공지능 기술은 성능과 목표에 따라 약인공지능, 일반인공지능, 초지능, 강인공지능으로 구분한다. 약인공지능weak AI은 특정한 영역에서 인간의 능력과 같거나 능가하는 기계라고 말할 수 있는데, 이미 여러 전문적인 영역에서 목표가 달성되었다. 바둑에 특화된 알파고와 암을 진단하는 인공지능 왓슨Watson이 여기에 해당한다. 현재 생각하는 기계를 개발 중인 연구자들 대부분은 특정한 목적의 약인공지능에 초점을 맞추고 있다.

반면에 강인공지능strong AI은 생각하는 기계가 궁극적으로 사람과 똑같이 행동한다는 것을 의미한다. 사람처럼 자의식이 있거나, 아니면 적어도 의식 같은 것을 기계가 갖는다는 것이다. 그래서 스스로 데이터를 찾아서 학습하는 것이 가능하다. 인공지능에 대해 비판적인 사람들이 문제 삼는 것도 바로 강인공지능이다. 그러나 많은 전문가는 강인공지능의 탄생은 가까운 미래에 불가능하다고 주장한다. 강인공지능을 만들기 위해서는 인간 두뇌의 기능을 완벽하게 이해해야 하는데, 아직 그 연구는 걸음마 수준이다.

일반인공지능AGI: artificial general intelligence은 강인공지능에 못 미치지만, 인공지능으로서 인간의 문제 해결 능력을 약간 능가하는 수준의 기계를 의미한다. 그러나 의식을 가진 사람의 마음처럼 정신적인 요소는 갖추지 못한 수준이다. 일반인공지능과 초지능artificial super intelligence을 강인공지능과 동일하게 보는 시각도 있는데, 그것은 일반인공지능이 실현되면 초지능을 거쳐 금방 강인공지능으로 발전될 수 있을 정도로 기술 진화가 급속히 빨라질 것으로 예상하기 때문이다. 일단 AGI를 개발하면 그다음은 기계가 스스로 학습을 하여 자기 능력을 끌어올릴 수 있기 때문에 초지능은 금방 달성될 것으로 본다. 이 부분에서 기술적 특이점에 대한 논의가 시작된다.

≡ 기술적 특이점

기술적 특이점이란 인공지능의 발전이 점점 더 빨라져 인간의 지능을 훨씬 능가하는 초인공지능이 출현하는 시점을 말한다. 기계 스스로가 자신의 지능을 향상할 수 있는 능력을 갖추는 시점이 되면, 기계들은 쉽게 지식을 공유할 수 있으므로 초인공지능의 출현은 순식간에 일어날 수 있다. 인공지능 과학자이자 미래학자인 커즈와일Ray Kurzweil은 현재의 인공지능 발전 속도를 고려할 때, 2045년 전후로 기술적 특이점에 도달할 것이며, 특이점 이후 인류의 삶은 되돌릴 수 없는 방향으로 가게 되리라 예측했다.

더 나아가 인공지능의 발전 때문에 제기된 기술적 특이점은 GNR 혁명이라는 이름의 기술혁명을 통해 이루어진다고 주장하기도 했다. GNR는 유전공학Genetic engineering, 나노기술Nano-technology, 인공지능 로봇공학Robotics의 약어로, 특이점을 주장하는 사람들은 발전된 유전공학적 지식과 나노기술을 이용하여 그 원리에 따라 인공지능을 갖춘 로봇이 생명을 자유자재로 조작할 수 있게 되면 그 자체가 바로 기술적 특이점이라고 말한다(커즈와일, 2007).

인공지능을 비롯한 기술의 발전이 인류의 삶을 위협할 것이라는 존재론적 우려는 이 기술적 특이점에서 비롯된다. 이 문제와 관련해서는 여러 가지 다른 논점이 있을 수 있다. 다만, 인류의 삶이 위협을 받을 때까지 인간 스스로 맹목적인 행위를 계속할 만큼 판단력이 흐려지거나 윤리적으로 퇴화하지 않기를 희망할 뿐이다. 한편, 실제로 더 중요한 것은 바로 인공지능이 바꾸어놓을 인간의 노동환경과 정보환경이라고 볼 수 있다. 이 문제가 오히려 인공지능과 관련된 문제의 핵심일지도 모른다.

인공지능과 노동환경

인공지능 기술의 학술적 역사는 70년 가까이 되지만, 산업에 적용되기 시작한 지는 10년 안팎 정도밖에 되지 않았다. 그렇지만 앞으로의 10년은 급속한 변화가 있을 것으로 예상하며, 그 파급효과는 그 어느 때보다 클 것으로 보인다. 1990년대 인터넷이 보급되고 확장되던 초기에 인터넷에 기반을 둔 웹서비스와 전자상거래를 도입한 신생 기업들이 전통적인 제조업을 압도할 만큼 급성장한 사실은 인공지능이 도입되기 시작하는 이 시점에 다시 눈여겨볼 부분이다. 기업의 인공지능 기술 도입은 향후 기업 경쟁력으로 직결될 가능성이 크다. 실제로 인공지능을 얼마나 잘 이해하고, 또 작동 방법을 얼마나 잘 아느냐에 따라 경쟁력이 좌우될 것으로 전망된다. 이것은 바로 기업의 경영 구조와 인간의 노동환경 변화로 이어질 것이다.

산업 발전의 역사를 돌아보면, 새로운 기술이 등장할 때마다 실업률이 증가한다. 이런 '기술적 실업technological unemployment'에 대한 두려움은 기술적 특이점 문제보다 더 현실적인 문제로 다가온다. 특히 산업의 기반이 다른 기술로 넘어가는 이행기에는 더 심각하다. 새로운 일자리도 생기겠지만, 사라지는 일자리보다는 적을 것이기 때문이다.

인공지능 기술의 발전은 선진국들을 선두로 하여 산업생산 경제에서 지식경제로의 전환을 이룰 것이고, 지식 재화의 대부분을 인공지능이 생산하게 될 것이다. 2019년 미국 브루킹스연구소Brookings Institution의 분석에 따르면, 고졸 이하 인력과 비교해서 대졸자 인력이 5배가량 더 인공지능 기술의 영향을 받을 것이라고 한다(Muro, Whiton and Maxim, 2019). 인공지능의 발전으로 인한 실업은 고학력자에게 더 큰 영향을 미칠 것이라는 예측이다. 이제 막 대학을 졸업하고 사회로 진출하려는 젊은이들에게는 이러한 상황의 변화가 당혹스럽게 느껴질 것이다.

≡ 인간과 노동의 의미

인간에게 노동의 의미는 시대에 따라 여러 가지로 다르게 받아들여져 왔다. 노동이 육체적 고단함을 주는 활동이기 때문에 인간의 삶에 있어서 필수적이기는 하지만 원죄처럼 받아들여지던 시대가 있었다. 고대 그리스에서 노동은 인간의 삶의 본질과는 거리가 멀었다. 가령, 아리스토텔레스는 일은 노예들이나 하는 것이며, 이득을 얻기 위해 하는 일은 인간의 정신을 천하게 만들고 덕을 행할 수 없게 한다고 보았다.

그런데 로마제국의 몰락 이후 노동의 의미는 점차 긍정적으로 인식되기 시작했다. 가톨릭 수도원에서는 자급자족을 위해 일과에 노동과 면학을 부과했고, 기도와 노동의 일치, 조화는 수도원의 중요한 가르침이었다. 노동은 그 자체로서 '기도'의 의미가 있었다. 동시에 노동은 게으름이라고 하는 악습을 몰아내고 궁극적인 목적인 영혼과 육신의 건강을 위해 봉사하는 것으로 생각했다.

중세를 지나면서 사회적 환경의 변화에 따라 노동에 점점 더 긍정적 의미가 부여되기 시작했다. 특히 인본주의가 융성하던 르네상스 시대에는 노동이 인간의 발전을 자극한다고 생각했다. 즉, 인간은 노동을 통해 무엇인가를 성취할 수가 있으며, 노동을 함으로써 창조자가 된다고 보았다. 종교개혁 이후 신교 지도자들은 노동이 삶의 기초이자 열쇠라고 하며 게으름은 순리를 벗어나는 사악한 도피라고 비난했다. 이 노동 윤리는 모든 직업을 거룩한 것으로 받아들이는 노동 소명설로 발전했고, 자본주의의 태동 후 많은 노동력이 필요했던 시대적 상황과 맞물려 오늘날의 노동 윤리로 발전했다.

근대에 이르러서는 노동을 자아를 실현하는 수단으로 여기게 되었다. 루소는 인간이 노동을 통해 자연과 사물을 바꾸는 동시에 인간 자신의 모습도 재탄생시킨다고 보았다. 루소에게 노동은 곧 인간화의 과정이었다. 헤겔Georg Hegel(1770~1831) 역시 노동은 자연환경뿐만 아니라 인간 존재 자체를 바꾼다고 보았으며, 자아실현을 위한 필수적인 수단이자 해방의 도구임을 강조했다. 노동이 인간을 인간답게 하며, 일하는 자만이 자유를 얻을 수 있다고 본 것이다.

그런데 19세기부터 인간과 노동 사이에 균열이 생기기 시작했다. 생산량 증가를 위해 산업 현장에 도입된 분업화로 노동 과정에서 인간이 전체 생산과정 중 일부분만 담당하게 됨으로써 생산수단의 일부가 되어버린 것이다. 그래서 분업화 환경에서 노동은 자아실현을 돕기는커녕 자아 상실을 일으키는 요인으로 인식되었다. 자연히 노동 본연의 의미는 퇴색되고 부정적인 이미지로 남게 되었다.

현대를 살아가는 우리에게도 노동은 생계나 윤택한 삶을 위한 재화 획득의 방법으로 인식되고 있다. 이런 점에서 육체적 노동이든 지적 노동이든 노동의 의미는 많이 변화되었다. 더욱이 물질주의와 소비주의가 팽배한 현대에서는 노동이란 것이 욕망 충족을 위한 재화 확보의 수단적 활동에 불과한 것이 된 지 오래다. 일용직 노동자들에게 노동은 하루 벌어 하루 먹고 사는 고통스러운 삶의 멍에다. 정말 노동이란 것이 인간에게 단순한 수단적 활동이나 고생 또는 노역 이상 아무런 의미가 없는 것인가?

≡ 인공지능 시대의 인간과 노동

생각하는 기계가 인간의 노동환경을 바꿀 것은 틀림없지만, 그 효과에 대해서는 미래학자들의 의견이 엇갈리는 부분이 있다. 『제3의 물결The Third Wave』로 유명한 토플러Alvin Toffler(1928~2016)와 같은 미래학자는 인간의 힘든 육체적 노동을 로봇이 대신하고, 노동자는 적응력과 독창력을 갖춘 두뇌 노동자로서 스스로 자기에게 적합한 방식을 결정하여 일함으로써 표준화와 획일화와 같은 인간의 노동 소외 문제가 발생하지 않으리라고 보았다. 반면에 리프킨Jeremy Rifkin은 『노동의 종말The End of Work』에서 생산의 자동화로 노동의 필요가 사라져 가는 것을 재앙이라고 보았다. 노동의 대량 추방은 여가를 누리는 시간의 증가보다도 영속화된 실업을 급속도로 확산시키는 부정적 결과를 초래할 것으로 보는 것이다. 여기서 중요한 것은 어느 예견이 맞고 틀리느냐의 문제가 아니라, 이러한 가능한 상황에 대해 미리 어떻게 대처하느냐의 문제다.

결국, 인공지능 기술을 개발하고 이용하는 경우에 신중하게 고려해야 하는 문제는 인간이 노동을 통해 얻는 모든 만족감이나 창의력 그리고 책임감을 빼앗아 버리거나, 많은 노동자의 직업을 빼앗아 가지 않도록 유의해야 한다는 것이다. 기술은 인간의 노동을 좀 더 수월하고 신속하게 하며, 더 완전하게 하여 효율을 증대시키는 인간의 협조자가 되어야 한다.• 기술이 인간을 노동에서 소외시키거나 기계의 노예로 만들어서는 안 될 일이다. 인간의 삶에서 노동이 근본적으로 중요한 이유는 인간은 노동을 통해 건전한 공동체를 건설하고 더 나은 세상을 만들어감으로써 새로운 창조를 이어갈 수 있기 때문이다. 여기에서 어느 사람도 소외되어서는 안 될 것이다.

인공지능 기술도 결국은 모든 인간을 위해 필요한 기술이어야 한다. 이 점에서 노동의 의미를 다시 생각하고, 인공지능 기술이 어떻게 사용되어야 하는지에 대한 사회적 합의가 필요하다. 인공지능은 인간의 삶이 일과 조화를 이루어 인간이 더 인간다운 삶을 살도록 하는 협조자 역할을 해야 할 것이다. 그래서 인간의 일을 완전히 대체하는 기술보다는, 인간이 과도한 노동이나 위험한 환경에 노출되는 상황에서 벗어나도록 함과 동시에 생산을 비롯한 모든 부문에서 업무 효율을 높임으로써 모든 사람이 좀 더 가치 있는 삶을 살도록 돕는 방향으로 나아가야 할 것이다.

유명한 물리학자 호킹Stephen Hawking(1942~2018)은 2017년 포르투갈 리스본에서 열린 '웹 서밋 기술 콘퍼런스'에서 "인류가 인공지능에 대처하는 방법을 익히지 못한다면 인공지능 기술은 인류 문명사에서 최악의 사건이 될 것"이라는 경고를 했다. 여기서 중요한 점은 인공지능 기술 자체보다는 이

• 교황 요한 바오로 2세 회칙 『노동하는 인간』 5항.

를 사용하는 인간 자신의 문제라고 보아야 한다. 호킹이 또한 온라인 커뮤니티에 올린 글에서 "기술 발전이 불평등을 더욱 가속하고 있다"라고 하면서, "로봇보다 자본주의가 더 무섭다"라는 말을 남긴 것도 결국 인간이 어떤 의도와 목적으로 기술을 사용할 것인지가 더 중요하다는 의미일 것이다.

기술 발달로 일자리를 잃게 될 노동자들을 위한 안전망으로 소위 '보편적 기본소득universal basic income' 제도의 도입이 거론되지만, 문제는 이러한 경제적 해법만으로는 부족하다. 노동과 관련하여 인간 존재의 깊은 곳에 무엇이 있는지를 살피는 것이 더 중요한 문제다. 이것은 노동을 해야 하고, 또 노동에 참여하는 모든 사람이 곰곰이 생각해 볼 부분이다. 어쩌다 세상에 내던져진 존재로 의미 없이 먹고 소비하고 즐기려고 발버둥질하다가 사라져 가는 존재인지, 아니면 함께 더 나은 세상을 만들기 위해 기회를 '공유'하고 '일'을 하는, '참여'하는 존재로서 자신의 가치를 깨닫는 삶을 살 것인지에 관한 문제다.

실재로서의 정보

"한처음에 말씀이 계셨다." —요한복음

인간과 기계가 정보를 주고받음으로써 상호작용을 할 수 있게 되면서부터 인간 존재에 대한 생각에도 변화가 생기기 시작했다. 블랙홀 연구로 유명한 물리학자 휠러는 "비트로부터 존재로it from bit"•라는 유명한 문구를

• John A. Wheeler, "Information, Physics, Quantum: The Search for Links"(Proceedings III International Symposium on Foundations of Quantum Mechanics, Tokyo, 1989), pp.354~358.

남겼다. 비트는 정보의 단위이므로 물리적인 모든 존재의 근원이 정보라는 의미가 내포되어 있다. 과장하면, 정보야말로 물질과 에너지보다 더 근본적인 우주의 실재라고 말하는 것이다. “한처음에 말씀이 계셨다”라는 성경 구절을 떠올리게 하는 현대물리학의 표현이라고나 할까? 이 급진적인 물리학자는 ‘양자 세계’는 존재하지 않으며, 물리학은 사물이 우리에게 어떻게 보일지에 대한 가장 좋은 설명만 제공할 뿐이라고 주장한다. 또한 휠러는 참여적인 우주participatory universe에 관해서 이야기하는데, 측정을 통해 계에 관한 정보를 획득하는 관찰자는 단순한 수동적 존재가 아니며, 특정 상황에서 관찰자가 실재를 만든다는 것이다. 그런데 정보와 존재가 무슨 상관이 있는가?

먼저 정보에 대해 질문해 보자. 정보란 것은 도대체 무엇인가? 우리는 물리계에 대한 정보를 획득하기 위해 측정을 한다. 그런데 양자역학에서 측정이란 물리계가 가질 수 있는 여러 상태 중 어느 하나가 확률적으로 결정된 상태를 보는 것이며, 측정 행위는 계의 전체 상태에 영향을 준다(11장 참조). 따라서 측정할 때마다 얻는 정보의 내용이 달라질 수 있고, 또 정보 획득 과정에 관찰자가 개입함으로써 세상을 바꾼다는 것이다. 결국, 우리에게 주어지는 것은 세상을 구성하는 것들에 대한 주관적 정보이고, 모든 사고와 논리는 이들 정보를 처리하고 인식하는 과정이라는 것이다. 이는 비트겐슈타인이 “세계는 사물의 총체가 아니라, 사실의 총체다”라고 언급한 것과도 일맥상통한다. 즉, 정보란 정보 행위 주체와 대상 사이에 일어나는 사건들의 관계에 관한 것이다. 정보는 사실에 관한 자료이지만, 여기에는 주관적 의미와 해석이 덧붙어 있다고 할 수 있다.

이후 1990년대 플로리디Luciano Floridi는 ‘정보 철학’이라는 표현을 사용했는데, 그는 정보 철학을 모든 사물의 첫째가는 원인과 원리를 취급하는 철학으로 생각했다. 플로리디도 휠러처럼 세상을 이루는 가장 근본적인 것이 정보라고 생각하는 것이다. 플로리디에 따르면, 정보혁명은 자연적 실재와 인공적 실재에 대한 인식에 큰 영향을 끼침으로써, 인간이 독자적이며 고유한 실체가 아니라 '정보 유기체inforgs'이며, '정보환경infosphere' 안에서 밀접하게 서로 연결된 존재로 보게 했다는 것이다. 이런 관점에서는 인간과 기계를 포함하는 더 넓은 범주에서의 존재론적 세계관이 요구된다.

≡ 아는 것과 존재하는 것

실재로서의 정보에 관한 이야기가 좀 추상적이고 복잡하게 느껴지므로 이야기를 쉽게 풀어보기 위해 신생아가 사물을 인식하고 관념을 형성함으로써 사물에 대해 어떻게 의미를 부여하게 되는지를 생각해 보자.

신생아는 신체의 모든 감각을 통해 주변 사물이 주는 자극과 상황을 여과 없이 받아들이면서 일차적으로는 익숙한 것과 익숙하지 않은 것을 구분하기 시작한다. 감각을 발달시키고 자극에 대한 반응이 시작되는 시기에는 자신의 개체 보존 본능에 따라 우선 반응할 것이다. 외부 자극, 즉 사실 자체가 어떤 의미가 있는 것은 아니다. 이 단계에서 감각기관이 받아들이는 것들은 사실에 관한 단순한 자료라고 볼 수 있다.

고대 그리스의 자연철학자 에피쿠로스는 인간은 감각을 통해 우주의 모든 물체(감각되는 모든 대상)를 인식한다고 보고, 옳고 그른 것의 평가 기준은 쾌락 또는 고통의 직접적인 느낌이라고 주장했다. 여기서 쾌락이나 고통의 느낌은 자극에 대한 의미 부여에 해당한다. 이로써 감각을 통해 받아들인 자료에 의미가 더해짐으로써 하나의 정보가 구성되는 것이다. 의미가 부여되면 자동으로 해석이 가능해진다. 신생아는 좋은 느낌의 자극들은 적극적으로 받아들이는 반응을 보이고, 반대로 나쁜 느낌을 주는 자극에 대해서는 피하려고 하면서 감각적 경험을 분류하기 시작한다. 이로써 신생아는 정보 유기체로서 외부 사물과의 관계가 만들어지기 시작하는 것이다.

여기서 외부 자극에 대해 신생아가 보이는 반응은 개별적으로 차이가 있을 수 있다는 점도 중요하다. 사물에 대한 자료에 의미를 부여하고 해석하는 과정, 즉 정보의 인식 과정이 주관적이라는 것이다. 좋은 것과 나쁜 것으로 곧바로 판단되지 않는 외부 정보에 대해서는 가치중립적이다. 특별한 의미 부여나 해석이 요구되지 않는 자료들은 상대적으로 정보로서의 가치가 약하므로 다른 식으로 분류될 것이다. 그러나 계속 같은 자극이 반복되면 이를 적극적으로 경험하려는 시도가 생길 수 있다. 이 점에서 행위 주체는 우주에 참여하는 존재가 된다. 이는 행위 주체가 외부 세계에 영향을 줌과 동시에 전체적으로 정보환경을 구성한다는 뜻이다.

수많은 자극에 대한 경험과 반응의 결과들을 정보로 받아들여 기억하고 분류하며 상관관계를 찾는 사고 작용이 시작되면 논리가 구성된다. 이러한 작용을 전체적으로 지능이라고 말할 수 있을 것이다. 지능이 생기면 사물의 존재에 대한 관념을 형성하면서 비로소 정보가 실재로서의 의미를 가지게 된다. 즉, 관념적으로 사물에 대한 이미지를 그려낼 수 있고 설명할 수 있게 되는 것이다. 그러나 이 실재는 조직화된 정보의 형태로 존재하는 것이지, 절대적으로 존재하는 것이 아니다. 단지 정보의 내용만으로 존재가 어떻게 보일지를 설명할 수 있을 뿐이다. 이렇게 행위 주체는 자신의 요구와 필요에 따라 정보를 재구성하며, 정보 연결망을 통해 다른 정보 유기체와 상호작용함으로써 세계를 만들어나가는 것이다.

동물들에게는 '각인imprinting' 효과라는 것이 있다. 각인 효과란, 결정적 시기critical period라는 특정 시기에 일어나는 학습 효과가 평생 영향을 미치는 것을 말한다. 오스트리아의 동물행동학자 로렌츠Konrad Lorenz(1903~1989)가 이를 관찰해 노벨상을 받았다. 거위의 경우 갓 태어났을 때 처음 본 대상을 어미로 생각한다. 알에서 부화한 새끼 거위가 어미 곁에서 크면 어미를 따르지만, 사람과 함께 있으면 사람을 어미로 알고 따른다. 각인 효과는 영장류와 인간에게도 나타난다. 각인 효과는 본능에 지배되는 현상으로 이해되고 있지만, 인지 작용과 관련이 있으므로 정보와 존재의 관련성을 보여주는 생명체 현상이다. 인공지능도 학습을 통해 정보환경을 구성하는 정보 유기체가 되어 상호작용할 수 있게 되므로, 이제 존재의 문제는 정보의 문제임을 금방 알게 된다.

튜링 테스트는 인간과 기계를 구분하는 방법으로, 칸막이를 사이에 두고 자연언어로 대화를 하여 기계와 인간을 구분할 수 있는지를 테스트한다. 말하자면 정보 소통을 통해 기계와 인간을 구분하려는 것이다. 구분할 수 없으면 기계와 인간은 구분할 수 없고, 존재론적으로 같다. 즉, 정보 소통의 측면에서 사람과 기계가 구분되지 않을 정도의 인공지능 기술이 개발되면 사람과 기계는 동등한 정보 유기체다. 이것은 머지않아 기술적으로 충분히 가능해질 것이다. 그렇다고 기계가 사람이 되는가? 인간을 기계와 다른 존재로 실재하게 하는 것은 무엇인가?

≡ 정보 유기체와 인간 실존

플로리디의 관점에서 보면, 인간이나 동물, 지능을 가진 기계 모두가 정보를 주고받는 환경을 구성하는 동등한 존재다. 여기에서는 생물과 무생물의 구분도 없어지는, 거대한 정보 연결망의 일부로서의 존재가 있을 뿐이다. "나는 생각한다. 그러므로 나는 존재한다"라고 말한 데카르트가 들으면 무덤에서 벌떡 일어날 주장이지만, 정보혁명은 인간 존재에 대한 우리의 관점조차 이렇게 바꾸려 하고 있다. 인간이 대량생산을 위한 컨베이어 시스템을 개발하면서 노동으로부터의 소외 문제를 경험한 이후, 이제는 정보혁명이 가져온 정보환경의 변화로 인해 '존재로부터의 소외'가 문제가 되는 시대가 다가온 것이 아닌가 하는 우려가 생긴다.

19세기 후반부터 시작된 근대 물질문명의 발전은 기계화와 합리화, 사회

구조의 조직화와 대중사회의 평등화를 초래해 인간의 창조적 의지와 개성을 앗아감으로써 인간 소외 또는 인간성 상실의 현실에 직면하게 했다. 그리고 과학기술의 발전과 함께 20세기에 일어난 두 차례의 세계대전은 인간의 합리적 지성과 근대 휴머니즘의 이상을 산산조각 내면서 허무주의로 빠져들게 하여 인간에게 더 심한 삶의 위기와 불안을 가져다주었다. 이에 하이데거Martin Heidegger(1889~1976)•와 사르트르Jean-Paul Sartre(1905~1980)와 같은 현대 실존주의 철학자들은 잃어버린 인간성을 새롭게 회복하려고 인간 존재 자체의 의미를 찾고자 했다. 특히, "실존주의는 휴머니즘이다L'existentialisme est un humanisme"라고 한 사르트르는 인간만이 자기 존재를 스스로 의식하는 존재로서 다른 사물의 존재 양식과는 다르다고 했다.

무신론적 실존주의자였던 사르트르는 인간은 자신의 의지로 태어나지 않았기 때문에 던져진 존재로서 저주와 같은 자유를 '선고'받았다고 했다. 그렇기에 스스로 자기의 본성, 자신의 본질을 창조해야 한다고 주장했다. 말하자면 대본 없이 무대에 선 배우와 같이 자신의 역할을 스스로 만들어 나가야 한다는 것이다. 그런 의미에서 그는 "실존이 본질에 앞선다"라고 했고, 이렇게 불안한 실존적 상황 때문에 인간 스스로 내린 판단과 결정은 중요한 의미가 있다. 사르트르의 관점에서는 인간은 스스로 자유로운 선택과 결단의 행동을 통하여 자기 자신을 만들어나가며, 그러므로 마땅히 자기가 한 일에 대한 책임을 져야 한다. 자유는 순응이나 휩쓸려 사는 방식의 삶이 아니라, 스스로 주체가 되어 무엇인가를 행할 것을, 그래서 자신의 참된 실존을 실현할 것을 요구한다.

인공지능 기술의 발달과 관련하여 정보 유기체로서의 인간이 실존적 위기를 맞지 않으려면 인간 스스로 자신의 존재 의미와 가치, 역할에 대해 고

• 하이데거는 존재론적 입장에서 인간 실존에 대한 실재론적 분석을 시도했다.

민하지 않을 수 없다. 결국, 인간의 운명은 인간의 손에 달려 있다. 과학기술을 둘러싼 여러 상황은 인간의 자유의지와 서로 밀접하게 연결되어 있으므로, 인간 스스로 올바른 선택을 하고 결정을 내리며, 동시에 전체 인류의 삶에 능동적이고 창의적으로 참여할 책임을 느껴야 하는 것이다.

≡ 인간과 정보 그리고 인공지능

이제 마지막으로 인간과 사물, 사물과 사물이 정보망으로 연결된 4차 산업혁명의 시대에 인간 존재와 인공지능의 관계 설정을 어떻게 해야 할 것인지에 대해 생각해 볼 차례다. 인공지능 기술이 가져올 노동환경의 변화와 관련해서는 기본적으로 인공지능 기술이 모든 인간을 위한 기술이어야 한다는 점을 강조했다. 그렇다면 플로리디가 정의한 정보환경 안에서 정보 유기체로서의 인간과 생각하는 기계 사이의 존재론적인 관계는 어떻게 설정되어야 하는가?

정보가 존재를 결정한다면, 정보의 유통이 존재의 의미와 가치에 크게 영향을 줄 수 있다는 사실은 분명하다. 정보와 관련하여 예전의 신문과 방송 편집자들이 어떤 일을 중시했는지 생각해 보자. 그들은 인간 세상에서 일어나는 여러 가지 사건들 가운데 무엇이 가장 중요한지, 그리고 어떤 사건이 가장 사람들의 관심을 끌 것인지를 생각해서 기사제목을 고르는 일에 집중했다. 지금도 정보 유통에 종사하는 사람들은 비슷한 고민을 하고 있을 것이다. 무엇이 중요하고 무엇이 주요 관심사인가? 정보환경을 구성하는 정보 유기체로서, 세상을 만들어나가는 데 참여하는 존재로서의 인간의 역할에 관한 핵심이 여기에 있을 것이다.

정보의 유통에서, 과거에는 개별적인 경험이나 학습을 통해 직접 정보를 획득하는 비율이 상대적으로 컸던 데 비해 지금은 인터넷상에서 훨씬 더 많은 정보가 유통되고 있고 또 이를 이용하고 있다. 바로 이 점에서 문제가 생긴다. 정확한 사실 정보가 있는가 하면 조작된 거짓 정보도 있고, 가치 있는 정보와 가치 없는 정보가 마구 섞여 유통되고 있는 현상을 우리는 경험하고 있다. 이는 정보 유통 참여자들이 각각 다른 형태로 정보환경 내에서 각자의 유익을 취하는 데 집중하기 때문이다. 고대 그리스에서 궤변가들이 온갖 이론을 마구 만들어 퍼뜨리면서 부조리를 심화시키던 때와 비슷하다. 이는 정보와 관련된 엔트로피를 급속히 증가시키는 것이다.

섀넌은 정보를 엔트로피로 정량화할 때, 정보의 부족이 엔트로피를 증가시키는 것으로 정의했다. 그렇다면 이렇게 많은 정보가 유통되는 것이 왜 엔트로피를 증가시키는가? 여기서 정보의 맥락은 의미가 있는 정보와 일반적인 정보로 구분된다. 만약에 내가 원하는 정보가 없다면 엔트로피는 최대가 된다. 카드놀이를 예로 들어보자. 2장의 카드 가운데 원하는 카드가 한 장 있는 경우와 10장의 카드 중에 원하는 카드가 한 장 있는 경우를 생각하면 된다. 카드의 장수가 많을수록 올바른 카드를 뽑을 확률이 줄어들므로 정보가 부족하다고 할 수 있다. 따라서 엔트로피가 크다. 관계없는 정보가 많이 유통된다고 하면 그만큼 카드의 장수가 많다는 것이니 엔트로피는 증가한다. 더욱이 가짜 정보를 포함하여 해로운 정보가 같이 유통된다면 문제는 더 심각하다. 거짓 존재를 만들어내니 말이다.

정보망에서의 엔트로피 증가는 정보의 신뢰성을 떨어뜨리고 불확실성의 증가로 나타난다. 엔트로피가 증가하면 사용 가능한 정보 자원이 줄어든다는 의미다. 검색엔진을 통해 필요한 정보를 찾는 예를 들어보자. 내가 입력한 검색어와 관계된 정보가 정확히 검색될 확률이 줄어든다는 것이니, 정보의 부족은 불확실성의 증가로 나타나는 것이다. 그리고 엔트로피의 증가는 곧바로 존재의 분열로 이어질 수 있다. 사회관계망social network 안에서 거짓 정보를 퍼뜨림으로써 인간관계를 파멸로 이끌고 심지어 생명을 파괴하는 많은 사례가 바로 존재의 분열을 보여주는 예다.

이런 면에서 인공지능은 정보의 유통과 관련하여 엔트로피 증가를 최소한으로 하는 데 이용되어야 한다. 즉, 단순하게 검색 알고리즘을 최적화하는 작업보다 더 중요한 것으로서 유익하고 옳은 정보를 해롭고 거짓된 정보와 구분해 내는 일에 집중해야 할 것이다. 검색엔진의 경우, 검색 결과가 어떤 순서로 제시되느냐에 따라 사람의 선택이 달라질 수 있다. 검색 결과의 표출 순서를 결정하는 인공지능은 내가 아닌 다른 사람의 관심을 모두 반영할 뿐만 아니라, 누군가가 인공지능의 학습 과정에 의도적으로 조작된 자료를 입력한 결과가 반영될 수도 있다. 가령 광고 이익을 얻기 위해 특정한 자료의 비중을 높여서 입력시키면 인공지능이 이를 반영하여 우리에게 편향된 자료를 줄 것이다. 물론 사고의 주체인 인간이 충분히 검토하고 평가하여 판단을 내릴 때는 큰 문제가 없다. 그러나 올바로 평가하고 검토하지 않은 정보를 바탕으로 내린 판단과 결정에 인간 스스로 얼마나 확신을 가질 수 있는가? 결국, 인공지능이 정보 소비자의 실존적 가치를 훼손하게 된다. 이것은 곧 인간 사회의 분열로 이어진다.

따라서 정보의 유통과 관련하여 인공지능은 인간들이 서로 소통하고, 배려하며, 인격적 관계를 맺는 데 이바지할 수 있어야 한다는 대전제가 필요하다. 그렇지 않으면 인간의 실존적 위기는 금방 닥쳐올 것이다. 정보의 유통과 효율성에 대한 부분에만 초점을 맞춘다면 인간은 다른 정보 유기체와 별반 다르지 않다고 해도 반박하기 힘들고, 더욱이 인공지능은 특수한 부문에서의 기능과 정보의 유통 측면에서는 인간보다 월등한 능력을 발휘할 것이다. 그러나 이 지점에서 정보 유기체로서의 인간 존재에 대한 우리의 시각을 인간 공동체로 돌려보아야 할 것이다. 인간이 공동체 내에서 인격적인 관계를 맺는 것은 기계와의 정보 소통과는 본질에서 다르다. 그래서 인간과 인공지능의 관계 설정에 있어서 인간을 정보 유기체의 존재로 간주하기 이전에 인공지능이 인간 공동체를 연결하고 인간의 인격적 관계를 촉진하는 방향으로 기능할 수 있어야 한다는 대전제가 필요한 것이다.

≡ 새로운 세계관과 윤리

바로 이런 점에서 정보혁명 시대에는 새로운 존재론적 가치관과 윤리가 필요하다고 한다. 곧 정보 유기체와 정보환경에 대한 윤리다. 사회관계망 안에서 특정한 사람을 공격하는 행위나 의도적으로 소외시킴으로써 한 인간을 죽음으로 몰고 가는 사례들을 자주 목격한다. 정보는 곧 권력이다. 우리는 군사정권하에서 정부 기관이 정보를 왜곡하고 조작하여 무고한 민주 시민을 탄압하는 도구로 사용했던 과거를 기억하고 있다. 지금도 언론기관이나 온라인 커뮤니티들에서 의도적으로 정보를 조작하거나 편향된 정보를 유통함으로써 자신들의 의도대로 세상을 바꾸려 하는 시도가 있을 수 있다. 오늘날 정보가 존재론적으로도 중요한 의미가 있는 것이 바로 이런 측면 때문이다.

새로운 환경의 세상을 살아가는 우리에게 필요한 세계관과 윤리도 결국은 우리 사회를 구성하는 인간들의 합의에 따라 형성될 것이다. 모든 사람이 같은 가치관과 관점을 갖고 있다면 합의는 쉽게 이루어질 수 있을 것이나, 그렇지 않으면 인간의 역사가 보여주었듯이 어느 정도의 희생을 치르고 나서야 조금씩 틀을 잡아나갈 것이다. 세상은 참여하는 사람들이 만들어나가는 대로 될 것이다. 따라서 어떤 방식이 되든지 이 모든 것을 결정할 수 있는 주체로서 우리는 시선의 기준을 좀 더 높은 데 둘 필요가 있다. 정보 유기체의 관점에서는 인간과 기계가 동등하다고 할지라도, 실존적으로 인간과 기계를 완전히 동일시하는 잘못을 범해서는 안 될 것이다.

인공지능 기술을 배격하거나 생각하는 기계를 편향된 시각에서 보고 무조건 거부하는 것도 바람직하지 않다. 이런 태도도 자기 파괴적이기 때문이다. 인공지능 기술도 이제 인간이 만드는 문화의 일부가 되고 있다. 장인은 자기가 심혈을 기울여 만든 물건을 소중하게 생각한다. 한낱 만년필도 오래 사용하면서 애착을 갖는 것이 인간이고, 반려동물을 가족처럼 사랑하며, 사소한 것에서도 의미를 찾고 부여하는 존재가 바로 인간이 아닌가. 인간이 기계와는 다른 실존적 존재로서 인공지능 기술을 책임감을 갖고 충분히 잘 다룰 수 있기를 기대한다.

사실 인공지능 기술이 국가의 미래 경쟁력을 좌우할 중요한 가치를 가지고 있다는 점에서 전 세계 국가들이 이에 많은 투자를 하고 있다. 동시에 인공지능과 관련된 윤리 지침이 마련되고 있음을 볼 수 있다. 특히 2019년에는 미국을 비롯하여 유럽연합, OECD 국가들이 인공지능 윤리 규범 및 지침을 발표했고, 우리나라도 G20 정상회담에서 인간 중심의 인공지능 기술에 대한 합의를 끌어내고 정부·민간 부문에서 본격적으로 논의를 시작하여 윤리 지침이 마련되었다.

인공지능 윤리는 인공지능이 만들어낼 결과, 특히 인간의 지속적인 개입이 없는 상황에서 정보 유기체들의 상호작용으로 이루어질 완전히 자동화된 결정 또는 자율적 행위가 인간에게 미칠 영향을 고려하여 인간의 기본 인권과 인간 공동체의 가치를 최대한 보장하려는 것이다. 인공지능은 인간 존재에 영향을 미칠 수 있는 중대한 것이기 때문에 단순한 기술이 아니다. 우리 사회 전체의 윤리적 공감대를 반영하는 문화적 산물이 될 것이라는 점을 깊이 인식하고, 기술의 개발 단계에서 이용에 이르기까지 주의를 기울여야 할 것이다.

인공지능 윤리는 원칙에서는 인간에 대한 편견이나 차별을 조장하거나, 인류에게 위협이 되는 파괴적인 기술이 되지 않도록 하는 확고한 지침이 필요하다. 실질적으로는 인간 사회의 다양성을 존중하고, 개인의 권리와 안전을 보장하는 합리적 기준을 제시함으로써 지속성을 갖추어야 할 것이다. 또한 정보를 사유화하려는 시도나 탐욕을 경계하여, 수탈적인 정보 자본주의가 나타나지 않도록 해야 한다. 이러한 노력에서 결국 가장 중요한 것은 정보환경을 구성하는 모든 참여자가 이러한 문제에 대한 인식을 공유함으로써 스스로 더 좋은 세상을 만들어나가는 주체임을 자각하는 것이다.

인간은 결국 인공지능 기술의 개발과 이용에서 이 기술이 초래할 어떠한 상황에 대해서도 스스로 도덕적 책임을 질 수 있어야 하고, 이를 전제로 기술의 발전을 살펴볼 필요가 있다. 인공지능 기술은 제대로 관리하지 않으면 부조리한 인간 사회의 모습을 그대로 반영할 가능성이 높기 때문에 전혀 가치중립적이라고 볼 수 없다. 그래서 인공지능 기술에도 정신이 필요하다. 인간과 생명체, 모든 사물들과의 관계에서 어떤 형태의 것이든 모든 것에 가치와 의미를 부여하고, 이를 소중하게 생각하는 인간 정신이 기술에 반영되어야 할 것이다. 따라서 기술의 발달이 세상과 삶의 환경을 어떻게 변화시키든지 우리에게 필요한 새로운 세계관과 가치관 그리고 윤리는 인간의 정신을 더욱 고귀하게 하는 것이어야 한다.

과학은 가치중립적인가?

20세기 이전의 과학 발전은 어떤 면에서 사회와는 비교적 느슨한 상관관계를 갖고 진행되었다. 그러나 20세기에 들어서는 과학이 기술과 밀접한 관계를 가지면서 이전과는 완전히 다른 양상이 나타났다. 이제 기업이나 국가의 경쟁력이 과학기술에서 나온다고 해도 과언이 아니고, 현 세기의 기술패권은 전 세계의 정치·경제적 지형을 바꾸어놓았다. 그래서 모든 길은 과학기술로 통한다고 해도 지나치지 않을 만큼 과학은 절대적 신뢰를 얻게 되었다. 하지만 20세기 중반을 넘어서면서부터 과학기술의 부작용, 즉 전쟁과 생태계 파괴, 기후변화, 빈부 격차의 양극화 현상, 세계화 물결

가운데서 일어나는 자원 수탈의 문제 등이 눈에 띄게 드러나기 시작했다. 인류 사회에 나타나는 여러 부정적 현상에 대한 책임도 과학으로 돌리는 분위기가 나타나게 되었다.

인공지능 기술이 과학기술에 관한 거대 담론의 주제가 될 수 있는 것도 이 기술이 인간과 사회에 미치는 영향 때문이다. 이것은 과학이 가치중립적이라고 보는 시각에 의문을 던진다. 과학의 가치중립성이란, 과학적 탐구는 그 자체가 목적이기 때문에 과학자는 과학 탐구의 가치에 관한 판단이나 결정을 유보할 수 있다는 생각이다. 그렇지만 과학적 탐구에 있어서 연구의 목적에 관한 한, 결코 가치중립적이라고 할 수 없다. 쿤은 과학 활동이 본질상 사회적이고 역사적인 활동이어서 가치중립적인 활동이 아니라고 주장한 바가 있다. 만약 과학이 가치중립적이지 않다면, 과학 활동도 합의 과정을 거쳐야 할 필요가 있다. 즉, 옳은 과학 또는 좋은 과학에 대한 합의가 있어야 과학 탐구에 정당성이 부여될 수 있다는 것이다. 마치 에덴동산의 나무에 열린 선악과에 관한 이야기같이 느껴지는 주제이지만, 여기에서는 화두만 던져보려고 한다.

≡ 옳은 과학? 좋은 과학?

'옳다' 또는 '좋다'라고 할 때는 수사적으로 가치관이 반영된 표현이라고 할 수 있다. 과학이 정말 가치중립적이라면 당연히 모든 과학의 자유로운 탐구 활동을 보장해야 하며, 언급할 부분이 따로 없다. 그러나 가치라는 관념이 과학에 적용된다면 어떤 부분에서 그러한가?

우리말에서 '옳다'와 '좋다'는 같은 뜻으로 쓰이기도 하고 다른 뜻으로 쓰이기도 한다. 도덕·윤리적 관점에서는 옳은 것은 곧 좋은 것이다. 그러나 지식의 관점에서는 옳은 것과 좋은 것은 차이가 있다. 옳다는 것은 거짓이 없다는 것이고, 좋다는 것은 주관적인 가치판단이다. 수학과 물리학에서 아름답다는 표현은 순수 논리와 물리법칙이 통일성을 갖기 때문에 자주 쓰인다. 이 경우에는 옳은 것이 좋다는 것을 포함하지만, 아름답다는 표현 자체는 주관적인 판단이다. 그렇다면 옳은 것에는 주관적으로 나쁜 것도 포함될까? 과학기술이 판도라의 상자를 여는 것처럼 온갖 나쁜 것들도 다 쏟아져 나올 수 있다면 우리는 어떤 판단을 내려야 할까?

2012년 ≪네이처≫ 학술지에 "물의를 일으키는 연구: 좋은 과학과 나쁜 과학"이라는 제목의 기사가 나왔다(Brumfiel, 2012). 대표적인 네 가지 연구에 대해 언급을 하고 있는데, 질병 진단을 위한 방사능 동위원소 분리에 관한 연구, 인간의 마음을 읽는 뇌과학 연구, 기후변화에 대처하는 지구공학 geoengineering, 임신부 혈액의 유전자 분석을 통한 태아의 유전성 질환 진단에 관한 연구였다. 여기에서 언급한 모든 연구는 양날의 칼처럼 좋은 기대효과와 나쁜 기대효과가 눈에 뻔히 보이는 연구들이다. 원자폭탄 연구와 거의 같은 수준이라고 봐도 틀리지 않는다. 이들 연구를 다른 관점에서 보면, 테러리스트들에게 쉽게 핵 물질을 만드는 방법을 알려주고, 인간의 마음을 지배하려는 사람들에게 훌륭한 수단을 제공하며, 지구의 환경 위기를 더 악화시킬 수도 있고, 또 신종 우생학의 출현이 우려되는 연구로도 각각 볼 수 있다. 이것은 일부 예에 불과하다. 최근 코로나바이러스의 발현 원인에 관한 논란에서 특정 국가의 연구실이 거론된 배경도 마찬가지다. 과연 우리는 좋은 과학과 나쁜 과학에 대해 어떻게 생각하고 판단을 내릴 수 있는가?

결국, 과학기술의 문제는 이용 주체인 인간이 문제의 원인이자 해결 주체라고 볼 수 있다. 과학은 자연에 관한 지식을 얻는 논리적이고 합리적인 과정에 관한 것이며, 제한된 범위에서 합의된 지식의 결정체다. 그것이 우주 원리에 관한 것이든, 가시적 현상에 관한 것이든, 단순한 사실에 관한 법칙이나 변화의 과정에 관여하는 요인들에 대한 이해든, 그 자체로서는 가치를 갖는다고 볼 수 없을지도 모른다. 그러나 과학적 지식이 기술로 연결되는 경우에는 탐구의 목적을 살피고, 일어날 수 있는 문제들에 대한 충분한 검토를 거쳐야 할 것이다. 인간이 과학적 지식을 어떻게 사용하느냐에 따라 지식의 의미와 가치가 크게 달라질 수 있기 때문이다. 양자역학에서 관찰자의 관점에 따라 현상이 다르게 보이듯이, 과학을 이용하는 인간의 생각과 의도가 과학과 기술의 가치를 결정하게 된다. 인간이 자연을 포함하여 모든 존재와 함께 공존하고 조화를 이루며 살아가려는 생각에서 벗어나, 정복하고 지배하려는 헛된 탐욕을 가지고 있는 한, 과학의 가치에 관한 문제는 영구히 제기될 것이다.

주요 참고문헌

가아더, 요슈타인(Jostein Gaarder). 2001.『소피의 세계』. 장영은 옮김. 현암사.

곽영직. 2009.『과학기술의 역사』. 북스힐.

그랜트, 에드워드(Edward Grant). 2014.『중세의 과학』. 홍성욱·김영식 옮김. 지식을만드는지식.

김능우. 2011. "중세 암흑시기에 이슬람은 문명을 밝혔다". ≪신동아≫, 9월 호.

김도현. 2018.「갈릴레오 사건: 교회와 과학자 집단 간 갈등의 시발점」. ≪신학전망≫, 201호, 119~156쪽.

김성호. 2014.「라이프니츠 철학에서 언어와 표상의 문제」. ≪철학탐구≫, 35권, 65~90쪽.

김영식. 1990.『과학사 개론』. 다산출판사.

로이드, 조지 E.R.(George E.R. Lloyd). 2014.『그리스 과학 사상사』. 이광래 옮김. 지식을만드는지식.

모츠, 로이드(Lloyd Motz)·제퍼슨 헤인 위버(Jefferson Hane Weaver). 1992.『물리 이야기』. 차동우·이재일 옮김. 전파과학사.

밀즈, 라이트(C. Wright Mills). 1980.『화이트칼라: 신중간계급연구』. 강희경 옮김. 돌베개.

박종현. 2017.「플라톤 철학의 기본 구조」. ≪대한민국학술원논문집≫, 56권, 2호.

베르그송, 앙리[베르그손, 앙리(Henri Bergson)]. 2005.『창조적 진화』. 황수영 옮김. 아카넷.

봄, 데이비드[보옴, 데이비드(David Bohm)]. 1991.『현대물리학의 철학적 테두리: 전체와 내포 질서』. 전일동 옮김. 민음사.

서울대학교 교양교재편찬위원회 철학분과위원회. 1990.『철학개론』. 서울대학교 출판문화원.

송상용. 1989.『교양과학사』. 우성문화사.

싱, 사이먼(Simon Singh). 2006.『사이먼 싱의 빅뱅』. 곽영직 옮김. 영림카디널.

아이젠슈타인, 엘리자베스(Elizabeth L. Eisenstein). 1991.『인쇄 출판문화의 원류』. 김영표 옮김. 법경출판사.

엄정식. 2019.『격동의 시대와 자아의 인식』. 세창출판사.

월시, 토비(Toby Walsh). 2018.『생각하는 기계: AI의 미래』. 이기동 옮김. 프리뷰.

이진성. 2011. 『그리스 신화의 이해』. 아카넷.
임경순. 1995. 『20세기 과학의 쟁점』. 민음사.
장회익. 2014. 『삶과 온생명』. 현암사.
최무영. 2008. 『최무영 교수의 물리학 강의: 해학과 재치가 어우러진 생생한 과학 이야기』. 책갈피.
카뮈, 알베르(Albert Camus). 1997. 『시지프 신화』. 김화영 옮김. 책세상.
카프라, 프리초프(Fritjof Capra). 2006. 『현대물리학과 동양사상』. 김용정·이성범 옮김. 범양사.
커즈와일, 레이(Ray Kurzweil). 2007. 『특이점이 온다: 기술이 인간을 초월하는 순간』. 김명남·장시형 옮김. 김영사.
쿤, 토머스(Thomas Kuhn). 2011. 『과학혁명의 구조』. 김명자 옮김. 까치글방.
핼펀, 폴(Paul Halpern). 2006. 『그레이트 비욘드: 고차원, 평행우주 그리고 만물의 이론을 찾아서』. 곽영직 옮김. 지호.

Arndt, Markus, Olaf Nairz, Julian Vos-Andreae, Claudia Keller, Gerbrand van der Zouw and Anton Zeilinger. 1999. "Wave-particle Duality of C_{60} Molecules." *Nature*, 401, pp.680~682.
Balter, Michael. 2005. "The Seeds of Civilization." *Smithsonian Magazine*, May.
Berkeley, George. 1710. *A Treatise Concerning the Principles of Human Knowledge*. Dublin: Aaron Rhames.
Bohm, David. 1952. "A Suggested Interpretation of the Quantum Theory in Terms of 'Hidden' Variables, I and II." *Physical Review*, 85, pp.166~193. doi:10.1103/PhysRev.85.166.
Brumfiel, Geoff. 2012. "Controversial Research: Good Science Bad Science." *Nature*, 484, pp.432~434. https://doi.org/10.1038/484432a.
Close, Frank. 2007. *The Void*. Oxford: Oxford University Press.
Cunningham, Andrew and Nicholas Jardine. 1990. *Romanticism and the Sciences*. Cambridge: Cambridge University Press.
Galway-Witham, Julia and Chris Stringer. 2018. "How Did *Homo Sapiens* Evolve?" *Science*, 360(6395), pp.1296~1298.
Hodder, Ian. 2010. *Religion in the Emergence of Civilization: Çatalhöyük as a Case*

Study. Cambridge: Cambridge University Press.

Jacob, François. 1970. *La Logique du Vivant: Une Histoire de L'hérédité*. Paris: Gallimard.

Lemaître, G. 1927. "Un Univers Homogène de Masse Constante et de Rayon Croissant Rendant Compte de la Vitesse Radiale des Nébuleuses Extra-galactiques." *Annales de la Société Scientifique de Bruxelles*, A47, pp.49~59.

Muro, Mark, Jacob Whiton and Robert Maxim. 2019. "What Jobs Are Affected by AI?: Better-paid, Better-educated Workers Face the Most Exposure," Nov. Brookings.

Rosenblum, Bruce and Fred Kuttner. 2006. *Quantum Enigma: Physics Encounters Consciousness*. Oxford: Oxford University Press.

Westfall, Richard S. 1971. *The Construction of Modern Science: Mechanisms and Mechanics*. New York: John Wiley.

찾아보기

• 라 •

• 사 •

• 아 •

• 타 •

• 파 •

• 기타 •

지은이 **윤종걸**

서울대학교 자연과학대학 물리학과를 졸업하고, 서울대학교 대학원에서 물리학(고체물리학) 박사 학위를 받았다. 1987년부터 수원대학교 물리학과에서 강의와 연구를 했고, 현재 전자재료공학부 교수로 재직 중이며 대학원장을 역임했다.
강유전체의 상전이 현상과 물성, 산화물 반도체 박막 연구와 차세대 메모리 소자 개발을 위한 기초 연구를 수행하면서 *Nature Nanotechnology*를 비롯한 세계적 학술지에 140여 편의 논문을 발표했다. 학술 저서로는 『강유전체: 물성과 응용』(서울대학교 출판부, 2017)(공저)이 있다.

한울아카데미 2393

과학의 창으로 본
생각과 논리의 역사

지은이 | 윤종걸
펴낸이 | 김종수
펴낸곳 | 한울엠플러스(주)
편집 | 이진경

초판 1쇄 인쇄 | 2022년 9월 1일
초판 1쇄 발행 | 2022년 9월 13일

주소 | 10881 경기도 파주시 광인사길 153 한울시소빌딩 3층
전화 | 031-955-0655
팩스 | 031-955-0656
홈페이지 | www.hanulmplus.kr
등록번호 | 제406-2015-000143호

Printed in Korea.
ISBN 978-89-460-7393-7 93400(양장) | 978-89-460-8205-2 93400(무선)

※ 책값은 겉표지에 표시되어 있습니다.
※ 무선제본 책을 교재로 사용하시려면 본사로 연락해 주시기 바랍니다.